Ästhetik und Naturwissenschaften

Bildende Wissenschaften –
Zivilisierung der Kulturen

Herausgegeben von
Bazon Brock

Christoph Asendorf

Super Constellation –
Flugzeug und Raumrevolution

Die Wirkung der Luftfahrt
auf Kunst und Kultur
der Moderne

SpringerWienNewYork

Prof. Dr. Christoph Asendorf
Berlin/Frankfurt (Oder), Bundesrepublik Deutschland

Prof. Dr. Bazon Brock
Wuppertal, Bundesrepublik Deutschland

Die Publikation der Arbeit Christoph Asendorfs
wurde gefördert durch Dr. Hubert Burda, München

Das Werk ist urheberrechtlich geschützt.
Die dadurch begründeten Rechte, insbesondere die der Übersetzung, des Nachdruckes, der Entnahme von Abbildungen, der Funksendung, der Wiedergabe auf photomechanischem oder ähnlichem Wege und der Speicherung in Datenverarbeitungsanlagen, bleiben, auch bei nur auszugsweiser Verwertung, vorbehalten.

© 1997 Springer-Verlag/Wien
Printed in Austria

Datenkonvertierung: macTypo Werbegraphik, Peter Schmidt, A-1020 Wien
Druck und Bindearbeiten: Ferdinand Berger & Söhne Ges.m.b.H., A-3580 Horn

Graphisches Konzept: Ecke Bonk

Gedruckt auf säurefreiem, chlorfrei gebleichtem Papier – TCF

Umschlagbild: Norman Bel Geddes, „Futurama" mit „moving chair-train".
Photo: Margaret Bourke-White. © The Norman Bel Geddes Collection – Harry Ransom Humanities Research Center, The University of Texas at Austin, by permission of Edity Lutyens Bel Geddes, Executrix

Reihenlogo: Piranesi, „Römische Wölfin"
(Graphische Sammlung Albertina, Wien)

Mit 294 Abbildungen

Die Deutsche Bibliothek – CIP-Einheitsaufnahme

Asendorf, Christoph:
Super Constellation – Flugzeug und Raumrevolution : die Wirkung der Luftfahrt auf Kunst und Kultur der Moderne / Christoph Asendorf. – Wien ; New York : Springer, 1997
(Ästhetik und Naturwissenschaften)
ISBN 3-211-82849-4

ISSN 1430-5321
ISBN 3-211-82849-4 Springer-Verlag Wien New York

VORWORT

„Raum" ist ein vieldeutiger Begriff. Man kann sich ihm über die Theorien nähern, die von der Philosophie, Mathematik oder Physik entwickelt wurden. Genauso ist ein Zugriff von der Praxis her möglich, über kulturelle Manifestationen wie etwa Bauten, Skulpturen oder Gemälde. Auch ließen sich geographische, völkerrechtliche und sonstige Fassungen heranziehen. Das Problem ist, daß die so gewonnenen Ergebnisse kaum kompatibel sein werden. Das Thema wird eher handhabbar bei einem nicht systematischen, sondern historischen Vorgehen, das die Frage nach dem Raumbegriff auf eine bestimmte Epoche eingrenzt: so können mögliche übergreifende gesamtkulturelle Dispositionen sichtbar werden, die einer Zeit in ihrem Verhältnis zum Raum eigentümlich sind.

Zur Disposition der Moderne gehört das Verfügen über Entfernungen durch neue Verkehrs- und Kommunikationstechnologien wie überhaupt ein allgemeines Anwachsen von Beweglichkeit. Die Absicht der vorliegenden Untersuchung ist es, über einen ebenso innovativen wie wirkungsmächtigen Modus der Mobilität, nämlich das Fliegen, die Herausbildung des spezifischen Raumbegriffes der technischen Zivilisation zu verfolgen. Dabei sollen, neben dem Entstehen einer „planetarischen Perspektive", insbesondere die Wechselwirkungen zwischen dem System Luftfahrt und künstlerischen wie architektonischen Konzepten thematisiert werden.

Für ein solches Vorhaben bot sich der Titel „Super Constellation" aus zwei Gründen an. Die Marketingexperten von Lockheed mögen bei der Benennung ihrer neuen Langstreckenmaschine an ein Netz von Fluglinien gedacht haben, das, ähnlich wie ein Sternbild den Himmel, die Erde überspannt und so einen eigenen Raum definiert. Es ist also ein Flugzeugname, der zugleich die Funktion der Luftfahrt bezeichnet, neue Konstellationen herzustellen. Der Wandel von Konstellationen wiederum ist ein Thema der Geschichtsschreibung. So beginnt Sigfried Giedion sein epochales Werk über die „Herrschaft der Mechanisierung" mit einigen Seiten, die die Perspektive des Historikers betreffen. Er hat, so heißt es hier, „die Objekte nicht mit den Augen des täglichen Benutzers zu sehen, sondern mit denen des Erfinders... Er benötigt die unverbrauchten Augen der Zeitgenossen, denen sie wunderbar oder erschreckend erscheinen. Gleichzeitig hat er ihre Konstellation in der Zeit und dadurch ihren Sinn zu bestimmen."

Diese Sätze klingen einfach. Das heißt nicht, daß sie eindeutig wären. Zielten sie auf die kulturgeschichtliche Bedeutung eines einzelnen Objektes, etwa eines Kunstwerkes, so wäre die Ikonologie Warburgs das geeignete analytische Instrument. Andererseits aber schreibt Giedion, daß ihn die „Formung unserer Lebenshaltung" interessiert, nicht also der Sinn eines Objektes in der Zeit, sondern die sie selbst formenden Kräfte. Zu untersuchen wären dann, wie der Kunsthistoriker George Kubler es einige Jahre nach Giedion in seinem Buch „Die Form der Zeit" forderte, eine Vielzahl von Objekten, „sowohl Artefakte als auch Kunstwerke, einmalige Werke und Repliken, Werkzeuge und Ausdrucksmittel, kurz gesagt, alle Arten von Material, die von Menschenhand bearbeitet worden sind, geleitet von verbindenden Ideen, die sich im Lauf einer zeitlichen Sequenz entwickelt haben. Aus allen diesen Dingen läßt sich die Form einer Zeit ablesen."

Der Versuch, die Wirkung der Luftfahrt auf Kunst und Kultur der Moderne zu bestimmen, wird sich zwischen diesen methodischen Territorien zu orientieren haben, er wird sich ständig hin und her bewegen müssen, um weder das einzelne Objekt in seiner Umgebung noch die allgemeine Frage nach der Veränderung des Raumbegriffes aus dem Blick zu verlieren.

* * *

Zu danken ist an erster Stelle Prof. Dr. h.c. Bazon Brock. Die Wuppertaler Jahre sind mir als eine Zeit ständiger produktiver Anregung in Erinnerung. – Dem Erstgenannten (jetzt offiziell), Prof. Dr. Donat de Chapeaurouge und Prof. Dr. Gottfried Boehm (Universität Basel) sowie der Habilitationskommission der Bergischen Universität/Gesamthochschule Wuppertal danke ich für die freundliche Aufnahme der Arbeit und weiterführende Perspektiven. – Dr. Jeannot Simmen wird selbst erkennen, wieviel Impulse von den teilweise gemeinsamen Projekten ausgingen. Prof. Dr. Wolfgang Ruppert bin ich für seine hilfreiche Kritik an frühen Überlegungen verpflichtet. – Ein glücklicher Umstand war die Möglichkeit häufigen Austausches mit meinem Wuppertaler Kollegen Dr. Norbert Schmitz. Hans Irrek und Dr. Kay Kirchmann danke ich für manchen Hinweis und klärende Gespräche. – Ein ganz besonderer Dank geht schließlich an Dr. Hubert Burda, München. Ohne seine großzügige technische Unterstützung hätte das Buch nicht in der vorliegenden Form erscheinen können.

Berlin, Januar 1997   *Christoph Asendorf*

INHALT

Einleitung: „Die Fesseln der Schwerkraft lösen sich" –
Raumwahrnehmung, Formentwicklung und das Flugzeug 1909–1914 1

ERSTER TEIL

I.   Das Flugzeug als Leitbild der zwanziger Jahre 9

      1. Die Entstehung des Systems Luftfahrt: Flugzeuge, Fluggesellschaften und Flughäfen   9
      2. Ästhetik der Konstruktionen 14
      3. Luftschrauben 21

II.   The Airplane Eye 34

      1. Bertillonage der Landschaft 34
      2. Schwanken der Koordinaten 38
      3. Fliegeraufnahmen sind „Raumraffer" 42

III. „Ein fast equilibristisches Hantieren" 49

      1. Fliegen 49
      2. Horizontale/Vertikale 56
      3. Schrägen 65
      4. Überwindung des Fundaments/Schweben 70
      5. Raum und Zeit 76

ZWEITER TEIL

IV. Kontinuum der Kräfte – Der Einstellungswandel um 1930 83

      1. „Die Tarnkappe der Technik" 83
      2. Totale Mobilmachung – Le Corbusiers „Aircraft" und Jüngers „Arbeiter" ... 90
      3. Die Parabel – Le Corbusiers Sowjetpalast und sein Umfeld 98
          Der Wettbewerb von 1931 98
          Der Bogen als symbolische Form 101
          Parabeln in der Architektur der zwanziger und dreißiger Jahre 103
          Die ballistische Kurve 107
          Campo Santo 108
      4. Schalen 110

5. Bewegliche Gleichgewichte 115
6. Ein Manifest und drei Maler 119
   Aeropittura 119
   Die Erde, wie sie der Sturzflieger sieht: Beckmann 122
   Raum im Kreisen: Kokoschka 126
   Eine Vorstellung von Unendlichkeit: Matisse 128
7. Sphärische Kontinuen 134
   Planetarische Perspektiven 134
   Kreiselgeräte 138
   Das Kugelgelenk 143
   Pavillon de l'Air 148

V. Piloten, Philobaten. Die Auflösung fester Bezugssysteme 158

1. Modifikation des Körperschemas 158
2. Wahrnehmungs- und Reaktionsvorgänge im Flugzeug 161
3. Das „fliegerische Gefühl"/Der Philobat 167
4. Zur Affinität von Problemen der Ästhetik und Aviatik 172

VI. Das Flugzeug und künstliche Umwelten 179

1. Die Druckkabine im Kontext 179
2. Blindflug 191
3. Die ersten Flugsimulatoren 196

DRITTER TEIL

VII. Luftkrieg und Raumrevolution 207

1. Der Luftkrieg von 1939–1945 207
2. Camouflage – Versuche, zu verschwinden 213
   Formzerlegung 217
   Verschmelzung – Gimmie Shelter 224
   Dezentralisierung 229
3. Maginot vs. Kammhuber 233
   Exkurs: Licht-Raum-Modulationen 240
4. Gravity's Rainbow 245
5. Absolute Entortung 258

VIERTER TEIL

VIII. One World, Vision in Motion, Verlust der Mitte 265

IX. Schwingungen und Gitter – Raumbilder der Nachkriegsjahrzehnte 282

1. All-over: Organisation ausgreifender Bewegungen 282

2. Parabeln, doppelt gekrümmte Flächen, hyperbolische Paraboloide 287
3. Neutraler Rahmen – universaler Raum 296

X. Flug ins All 311

XI. Polytope 332

1. Der Gesamt-Meta-Hubschrauber 332
2. Archigram 333
3. Techniken der Manipulation 336
4. Das Ende der stabilen Gefüge 339
5. Die kinetische Utopie 341

Anmerkungen 344

Namensverzeichnis 366

Bildnachweis 372

EINLEITUNG:
„DIE FESSELN DER SCHWERKRAFT LÖSEN SICH" – RAUMWAHRNEHMUNG, FORMENTWICKLUNG UND DAS FLUGZEUG 1909–1914

I.

Der erste Motorflug der Brüder Wright im Dezember 1903 blieb weitgehend ohne Resonanz, lediglich ein Spediteur fragte an, ob die Maschinen zum Frachttransport geeignet seien. Das amerikanische Kriegsministerium, dem die Brüder ihre Flugzeuge als Aufklärer anboten, lehnte ab – man finanziere keine Experimente.[1] Noch 1906 bezweifelte der „Scientific American" grundsätzlich die Leistungen der Wrights. Sie gingen 1907 nach Europa und führten einige Demonstrationsflüge durch. Paris, wo Wilbur Wright sich 1908 für einige Zeit niederließ, wurde zum Mittelpunkt der internationalen Fliegerei, hier wurden die ersten Flugfelder angelegt und die ersten Meetings durchgeführt.[2] Das Interesse der Öffentlichkeit wuchs; es kulminierte in der Ärmelkanalüberquerung Louis Blériots im Juli 1909, die als epochales Ereignis gefeiert wurde.

Am 21. März 1909 veröffentlichte die „Frankfurter Zeitung" den Aufsatz „Luftschiffahrt und Architektur" von Fritz Wichert.[3] Ein Monat war vergangen, seitdem Marinettis Futuristisches Manifest im „Figaro" erschienen war, jenes Lob der Energie, Aggression und Technologie, in dem das Flugzeug eine Statistenrolle spielt – erwähnenswert an seinem „gleitenden Flug" ist offenbar wesentlich der Propeller, der „wie eine Fahne im Winde knattert und Beifall zu klatschen scheint wie eine begeisterte Menge."[4] Wichert hingegen interessiert nicht der Flug als Ereignis, sondern die Frage, welche Art der Neukoordination von Wahrnehmungsbezügen nun notwendig werden wird. Daß im Titel vom Luftschiff und nicht vom Flugzeug die Rede ist, verweist auf einen technikgeschichtlichen deutschen Sonderweg, den von Medien und Militär propagierten Bau von Luftschiffen anstelle der noch als unausgereift geltenden Flugzeuge. Diese Einstellung wurde erst um 1912 revidiert, für Wicherts Argumentation aber ist das eine ohnehin bedeutungslose Frage. Geleitet von der These, „daß das an optische Vorstellungen gebundene Bewußtsein durch die Entwicklung der Technik Verschiebungen erleidet", untersucht er allgemein die Folgen des Fliegens.

Für die Architektur bedeutet die Flugerfahrung im Wortsinn eine „Revolution", eine Umwälzung gewohnter Anschauungsweisen. „Die Fesseln der Schwerkraft lösen sich... Das Dach des Hauses (bekommt) eine ganz andere Wichtigkeit... es bekommt frontalen Wert. Die Dächer werden zu Fronten." Hier ist – nach der der vier Seiten – die fünfte Ansicht gefordert, und das impliziert mehr als eine flache Terrasse, ob diese nun als Dachgarten oder, wie es auch gelegentlich vorgeschlagen wurde, als Landemöglichkeit für Luftfahrzeuge ausgebildet wird. Wichert sieht mit dem frontalen Wert der Dächer ganz generell die „Schwerkraftsarchitektur" überwunden, in der mit Gesimsen, Bekrönungen und oberen Abschlüssen die Schwere in einer Weise zur Form geworden sei, die eine ständige Erinnerung an das Erdgebundensein darstellt.

Da das Dach zur Frontfläche geworden ist, ergibt sich die mögliche Gleichwertigkeit aller Ansichten. Wichert zieht die Konsequenz und propagiert das „stereometrische System", architektonische Komposition als das Gruppieren einzelner Körper bei gleichwertiger Behandlung der vertikalen und horizontalen Flächen. Mit dieser „nach zwei Richtungen empfundenen" Architektur ist die Vertikale geschwächt, werden die Bauten gleichsam aus der stabilisierenden Schwerkraftsachse gekippt. Ihre Ausrichtung verliert an Bedeutung. Bauten entstehen ohne die Analogie zu natürlich Gewachsenem und Verwurzeltem; sie stecken nicht mehr wie Pflanzen in der Erde, sondern liegen auf dem Boden. Wichert konzipiert eine architektonische Formensprache, die sich dem Blick von oben und der durch die Fliegerei relativierten Bedeutung der Schwerkraft stellt.

II.

Wichert ist Schüler Heinrich Wölfflins. Er wurde 1907 promoviert mit der Arbeit „Darstellung und Wirklichkeit. Ausgewählte Antikenaufnahmen als Spiegel des Sehens, Empfindens und Gestaltens in zwei Jahrhunderten italienischer Kunst". Auf den ersten Blick hat die Schulung an der klassischen Kunst mit den Überlegungen zu „Luftschiffahrt und Architektur" nichts zu tun. Bei näherem Hinsehen zeigt sich aber, daß es Fragestellungen gibt, die beide Bereiche übergreifen. Wichert legt seiner Dissertation Wölfflins Werk „Renaissance und Barock" zugrunde und stellt sich die Aufgabe, „Abbildungen von Statuen aus verschiedenen Stilepochen mit den Originalen und untereinander zu vergleichen."[5] Insbesondere das dritte Kapitel, „Postierung und Standpunkt des Betrachters", bietet eine Problemstellung, die im Bereich kleiner Höhenverschiebungen des Blickpunktes dieselbe Frage untersucht, wie sie später durch die Technik des Fliegens und in ganz anderen Dimensionen virulent wird. Während die „absolut horizontale Ansicht" die Festigkeit erhöht und den Eindruck von Ruhe erzeugt, gibt die „Obenansicht... Gelegenheit zu Bewegung und Erleichterung".⁶ Die Differenz von Renaissance und Barock prägt sich unter anderem aus in der Verschiedenartigkeit der Blickpunkte, aus denen die Statuen wiedergegeben werden, in der Weise also, wie Statik durch Dynamik ersetzt wird. Erst die barocken Schrägstellungen, Ansichten von unten oder aus der Vogelperspektive, lösen das Auge aus seiner Fixierung, führen es „im Raum herum".⁷ Dieser Vorgang der „Erleichterung" ist es, der implizit die moderne Sensibilität für Beschleunigung und Bewegungsfreiheit berührt.

Barocke Dynamisierung ist auch Thema in Heinrich Wölfflins Hauptwerk „Kunstgeschichtliche Grundbegriffe" von 1915. Den grundlegenden Gegensatz des Linearen und des Malerischen veranschaulicht er entwicklungsgeschichtlich an der Differenz von Renaissance und Barock. Linear bedeutet hier die Ausbildung der Körper in ablesbaren Umriß- und Flächenformen, sodaß tast- und greifbare Eigenschaften erreicht werden. Liegt hier der Akzent auf den Grenzen der Dinge, so ist im Bereich des Malerischen Entgrenzung intendiert, oder anders gesagt: Das eine Sehen isoliert die Dinge, für das malerisch sehende Auge hingegen „schließen sie sich zusammen" in einem „schwebenden Schein".⁸

Diese Beobachtungen gelten für Malerei und Skulptur so gut wie für die Architektur. Hier bleibt in der Klassik die tektonische Grundform stets dominierend, während sie die barocke Architektur in „möglichst vielen und verschiedenartigen Bildern erscheinen lassen" will. Diese malerische Auffassung rechnet mit dem betrachtenden Subjekt, und das heißt: insbesondere mit seiner Bewegung. Deswegen werden nicht mehr eindeutig gerandete Flächen oder tastbare Kuben verwendet, sondern, ganz im Gegenteil, die Linien als Grenzsetzung entwertet. Der Barock „vervielfacht die Ränder"; nicht mehr die einzelne Form, sondern der – veränderliche – Gesamteindruck ist das Ziel. Damit wird,

Fischer von Erlach, Karlskirche, Wien, 1716–37

und das führt auf Wichert zurück, die einzelne Frontansicht in ihrer Bedeutung neu gewichtet. Wölfflin schreibt über einen barocken Bau Fischer von Erlachs: „Wenn die reine Frontansicht immer eine Art von Ausschließlichkeit in Anspruch nehmen wird, so trifft man jetzt doch überall Kompositionen, die deutlich darauf ausgehen, die Bedeutung dieser Ansicht zu entwerten. Sehr klar ist das etwa bei der Karl-Borromäus-Kirche in Wien mit den zwei der Front vorgestellten Säulen, deren Wert erst in den nichtfrontalen Ansichten sich offenbart, wenn die Säulen unter sich ungleich werden und die zentrale Kuppel überschnitten wird."[9] Hier geht es, wie bei Wichert um die Fragestellung Gleichwertigkeit bzw. Gleichzeitigkeit, um „die Ansichten, nicht bloß die Ansicht." Das schließt auch die Untersuchung der Verbindung vertikaler und horizontaler Elemente ein, wie der „fast unmerkbaren Übergänge von Wand und Decke" im Rokoko.[10]

Wie sehr Wölfflin Fragestellungen seiner Zeit verbunden ist, macht gerade eine von kompetenter Seite vorgetragene Kritik deutlich. Martin Warnke bezweifelt, daß eine von Wölfflin inspirierte Form- und Stilanalyse als historische Wissenschaft verstanden werden kann. Sie nämlich sei das Produkt eines jeweils gegenwärtigen Bewußtseins und „projiziert die unter sehr besonderen Einflüssen organisierten sinnlichen Wahrnehmungsfähigkeiten... um Jahrhunderte zurück."[11] Genau das aber macht hier das Interesse aus: kunstgeschichtliche Forschung als eine der Folien, auf denen sich Veränderungen der Raumwahrnehmung ihrer Zeit abzeichnen.

III.

Nicht nur das „Denken aus der Höhe" war 1909 für Wichert ein neuer Faktor, sondern auch die „Schnelligkeit der Verkehrsmittel". Folge der Verkehrstechnik ist ja das Leitbild der geraden Linie. Straßen und Eisenbahnschienen können sich bei steigenden Geschwindigkeiten nicht mehr mimetisch der Landschaft anschmiegen. Ihr Verlauf wird zunehmend allein von physikalischen Gesetzen diktiert. Das Ideal ist der vollständig ebene und lineare Verkehrsweg, der alle Widerstände minimiert. Übertragen in den Bereich der Architektur, bedeutet das die Forderung nach „gradlinigen, gradflächigen" Körpern. Aus dieser Voraussetzung, Resultat horizontaler Bewegung, entwickelt sich mit dem Blick von oben das stereometrische, nach zwei Richtungen ausgelegte Gestaltungssystem.

Ohne einen bestimmten Bau zu erwähnen, nennt Wichert Peter Behrens den Architekten, der auf dem Weg zum zukünftigen, stereometrischen Stil am weitesten vorangeschritten sei. Wichert und Heinrich Wölfflin hatten bereits 1907, als sie vom Darmstädter Kunsthistorikerkongreß aus die Mannheimer Kunst- und Gartenbauausstellung besuchten, die dortigen Bauten von Peter Behrens als das Beste des Gebotenen bezeichnet. Wölfflin hatte noch etwas

Peter Behrens, AEG-Hochspannungsfabrik, Berlin, Photo 1912

Pablo Picasso, Häuser auf einem Hügel, Horta de Ebro, 1909

hinzugefügt, was vielleicht zur Herausbildung der Wichertschen Argumentation von 1909 beigetragen hat, nämlich daß Behrens die meiste Zukunft dann hätte, „wenn er zu seiner Linien- und Flächenrhythmie noch die kubische Schönheit hinzugewänne." Fritz Hoeber, der diese Szene überlieferte[12], schließt die Vermutung an, daß Wölfflin hier Behrens' Berliner Schaffenszeit vorausgeahnt habe. Sieht man sich daraufhin die AEG-Bauten an, so wird man zwar nicht ein vollausgebildetes kubisches bzw. stereometrisches System vorfinden, aber doch deutliche Hinweise darauf. Die Seitenhalle der Turbinenfabrik, Treppentürme der Hochspannungsfabrik oder Torentwürfe[13] zeigen klare kubische Gestaltung; der Dachgarten auf der Maschinenfabrik Brunnenstraße, in einfacherer Form schon von einem von Behrens' Vorgängern angelegt, nutzt die plane obere Abschlußfläche.

In einer Folge von Vorträgen kommt Behrens ab 1909 auf seine Intentionen zu sprechen, betont, wie er durch bündige Flächen den Eindruck einer starken, geschlossenen Körperlichkeit erzielen wollte.[14] Derartige formale Reduktion und Konzentration wird notwendig als Anpassung an moderne Beschleunigung: „Wenn wir im überschnellen Gefährt durch die Straßen unserer Großstadt jagen, können wir nicht mehr die Details der Gebäude wahrnehmen... Die einzelnen Gebäude sprechen nicht mehr für sich. Einer solchen Betrachtungsweise... kommt nur eine Architektur entgegen, die möglichst geschlossene, ruhige Flächen zeigt, die durch ihre Bündigkeit keine Hindernisse bietet... Ein großflächiges Gliedern, ein übersichtliches Kontrastieren von hervorragenden Merkmalen und breit ausgedehnten Flächen... ist notwendig."[15]

Behrens' Argumentation berührt an zentralen Punkten Fragestellungen der künstlerischen Avantgarden, die sich ebenfalls um 1909 formierten. Geht es ihm darum, mit gestalterischen Mitteln der Verflüchtigung aller Eindrücke durch steigende Geschwindigkeiten entgegenzuwirken, so idolisierten die futuristischen Maler dieses Motiv bis hin zur Geschoßbahn als der eigentlich modernen Bewegungslinie. Radikalisierung der Bewegungsenergie wird zum Selbstzweck.[16] Die Kubisten wählten ein entgegengesetztes Verfahren. Sie versuchten in der analytischen Phase der Jahre 1908/09 der Komplexität der Wahrnehmungsvorgänge mit stereometrischen Reduktionen beizukommen. Picasso zerlegt in den Arbeiten, die im Sommer 1909 in Horta de Ebro entstanden, Gebäude in elementare Formen, nicht aber, um eine neue Bildsprache zu kreieren, sondern um das Inventar der raum- und körperschaffenden Mittel zu überprüfen. Illusionistische und anti-illusionistische Darstellungsweisen treten in ein prekäres Gleichgewicht.[17]

Behrens war das überschnelle Gefährt als Wahrnehmungsbasis, die eine neue, flächig-klare Formensprache erzwingt, offenbar so wichtig, daß er diese Partie aus den 1909/10 gehaltenen Vorträgen wörtlich in seinen Text über den „Einfluß von Zeit- und Raumausnutzung auf moderne Formentwicklung" übernahm, der 1914 im Jahrbuch des Deutschen Werkbundes erschien. Dieses Jahrbuch stand unter dem Generalthema „Verkehr". Beiträger wie Fritz Hoeber oder August Endell betonten unisono die Notwendigkeit, die am Fußgänger der Vergangenheit orientierten kleinteiligen städtischen Architekturen durch großzügig horizontalisierte Einheiten abzulösen, stark reliefierte durch glatte Flächen zu ersetzen.[18] Mit dieser Folge der Verkehrsbeschleunigung hängt ein anderes Moment zusammen: Haus und Straße treten in ein neues Verhältnis. Nicht mehr der einzelne Baukörper ist der Ausgangspunkt der Gestaltung[19], sondern die Straße, der freie Raum und die Bewegung in ihm.

"Die Fesseln der Schwerkraft lösen sich"

Peter Behrens, Entwurf einer Hochbahnstation, um 1912

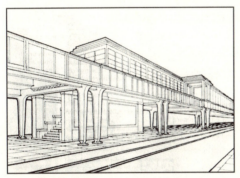

Peter Behrens, Entwurf einer Hochbahnsation, Variante

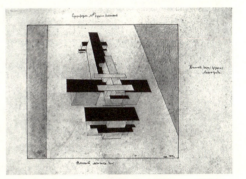

Kasimir Malewitsch, Planit eines Fliegers, 1924

Le Corbusier, Haus in Stuttgart-Weissenhof, 1927

Ein Verkehrsbau trägt naturgemäß diesem Faktor in besonderem Maße Rechnung. Peter Behrens entwarf um 1912 eine Hochbahnstation[20], einen Bahnhof auf Stützen, unter dem der Straßenverkehr ungehindert hätte weiterfließen können. Die Differenz zwischen einer Vorstudie und dem ausgearbeiteten Entwurf zeigt deutlich die Richtung seiner Überlegungen. Zunächst verzichtete er auf eine bei Bahnhofshallen übliche Dachkonstruktion in Bogen- oder Sattelform, entschied sich für ein Flachdach. Die Fassade aber ist im ersten Entwurf noch durch risalitartige Vorsprünge gegliedert, erst im zweiten werden die Fenster „bandartig um den Bau herumgezogen". Diese bündige Art der Fassadengestaltung betont das kubisch-blockhafte des gesamten Komplexes, der langgestreckt über der Straße zu schweben scheint.

Unabhängig von seiner Funktion ist hier ein Prototyp der modernen Architektur schlechthin entworfen. „Schwebende Planiten... werden den neuen Plan der Städte und die Form der Häuser... bestimmen"[21] sollte Malewitsch 1923 schreiben. Das Wort „Planit" ist abgeleitet von „Aeroplan". Als „Suprematistische Form" erscheint 1924 der „Planit eines Fliegers", Entwurf für eines der zukünftigen Häuser Leningrads: eine horizontal betonte Schichtung kubischer Körper. Die berühmten „Fünf Punkte zu einer neuen Architektur", die Le Corbusier 1926 publizierte[22], lassen sich sogar direkt auf den Hochbahnhofsentwurf seines früheren Lehrers Behrens zurückbeziehen. Wesentliche Momente waren hier bereits vorhanden: in rudimentärer Ausführung die Bänder der Langfenster, das flache Dach und vor allem die Stützen, die das Erdgeschoß emporheben und das Terrain der Nutzung offenhalten. Die Antizipation jedoch all dieser Entwürfe und Programmatiken ist das „stereometrische System" der gradflächigen Abschlüsse, das Fritz Wichert 1909 in seinem Aufsatz „Luftschiffahrt und Architektur" als Folge der schnellen Bewegung in allen Raumebenen propagiert hatte.

ERSTER TEIL

I. DAS FLUGZEUG ALS LEITBILD DER ZWANZIGER JAHRE

1. Die Entstehung des Systems Luftfahrt: Flugzeuge, Fluggesellschaften und Flughäfen

Nach dem ersten Weltkrieg standen in jedem der beteiligten Länder tausende von Flugzeugen herum, plötzlich nutzlos geworden. Ihr militärischer Gebrauch war obsolet, die Infrastruktur für jeden anderen Zweck unbrauchbar. Aber auch vorhanden waren eine leistungsfähige Industrie, festgelegte Produktionsabläufe, Bauvorschriften, Erfahrungen im Metallflugzeugbau etc. Verkehrsflugzeuge hatte es vor dem Krieg nicht gegeben, aber bereits während des Krieges wurden sie bei den Firmen Junkers und Fokker konzipiert. Die zivile Luftfahrt begann jedoch mit umgebauten Militärmaschinen.

Die Flugzeuge der Zeit wurden überwiegend in Gemischtbauweise hergestellt, also beispielsweise mit Tragflächen aus sperrholzbeplankten Holzholmen und Rümpfen, deren Stahlrohrkonstruktion mit Stoff bespannt war. Einen wichtigen Schritt in die Zukunft bedeutete die Entwicklung von Ganzmetallflugzeugen. Das erste in dieser Bauweise und in größerer Serie hergestellte Verkehrsflugzeug war die Junkers F 13 aus dem Jahre 1919, ein freitragender Eindecker mit schon geschlossener Fluggastkabine, der bis 1930 gebaut wurde. Wegen der Gewichtsprobleme war die Verwendung von Leichtmetall obligatorisch. Junkers verwendete seit 1917 Duraluminium, eine kupferhaltige Aluminium-Mehrstofflegierung. Bei den Leichtmetallflugzeugen diente Wellblech als tragende Außenhaut, während die Innenkonstruktion aus Rohrprofilen bestand. Die F 13 konnte neben den zwei Piloten nur vier Passagiere befördern; die Entwicklung des Verkehrs erzwang größere mehrmotorige Typen. Junkers brachte 1925 das erste dreimotorige Flugzeug auf den Markt. Am Ende der zwanziger Jahre[23] hatten sich als Konstruktionsweise die Leichtbaustrukturen der Ganzmetallflugzeuge durchgesetzt.

Die ersten Liniendienste wurden 1919 eröffnet; ihre Hauptaufgabe waren zunächst Postflüge und nur gelegentlich wurden auch Passagiere befördert. Die „Deutsche Luftreederei" verlangte 1919 für einen Hin- und Rückflug Berlin-Weimar den exorbitanten Preis von 700 Mark. Fluggesellschaften wurden oft von den Flugzeugherstellern selbst betrieben, die sich so einen regelmäßigen Absatz und Werbung für ihre Produkte versprachen. Ohne die direkten oder indirekten Subventionen des Staates oder der Post aber wären sie nicht lebensfähig gewesen. Nirgendwo war in den zwanziger Jahren ein eigenwirtschaftlicher Luftverkehr möglich. In Deutschland nahm die Zersplitterung in kleine Gesellschaften 1925 ein Ende, als die Reichsregierung vorübergehend die Subventionen sperrte und so die Gründung der „Deutschen Luft Hansa" erzwang. Zugleich wurden die technischen Voraussetzungen eines eigenwirtschaftlichen Luftverkehrs erkundet, nämlich robustes Gerät für ca. 20 Passagiere mit langen Betriebszeiten, rationellen Reparaturmöglichkeiten und höheren Geschwindigkeiten. Aus derartigen Überlegungen entstanden die Muster Ju 52 und DC-3, mit denen in den dreißiger Jahren ein rentabler Passagierverkehr durch konsolidierte Gesellschaften erst beginnen konnte.[24]

Noch 1926 schrieb ein Autor in der Fachzeitschrift „Luftfahrt"[25], daß „die Bewohner der angeflogenen Städte und überflogenen Strecken durch regelmäßig pünktlich erscheinende Verkehrsflugzeuge immer von Neuem auf das Vorhandensein des Luftverkehrs hingewiesen werden". Das beleuchtet den Status der Luftfahrt in der Mitte der zwanziger Jahre, zeigt, daß das neue Verkehrsmittel noch keineswegs ins allgemeine Bewußtsein vorgedrungen war. Hier galt es, propagandistisch zu wirken, den Kreis der potentiellen Nutzer zu vergrößern. Flughäfen erst vervollständigen das System Luftfahrt und als die Schnittstelle zwischen Fluggerät, Betreibergesellschaft und Passagier sind sie ein idealer Werbeträger.

Aufschlußreich nun ist, wie der erwähnte Artikel die Funktion von Flughäfen als Drehscheiben des Luftverkehrs präsentiert. Jeder Hinweis auf Erlebnisqualitäten unterbleibt, Fliegen wird ausschließlich über die Rationalität der Verkehrsorganisation beschrieben und es scheint nötig, sogar den Faktor Zeitersparnis noch zu diskutieren. Ein Flughafen wird definiert über die Lage und Größe der Start- und Landungszonen, über die Orientierungsmittel wie Windsack und Rauchofen, die Beleuchtungsanlagen etc., nicht aber über die Gebäude wie Hangars und Abfertigungshallen. Diese werden nur knapp als praktische Notwendigkeiten erwähnt – im Gegensatz zum Flugzeug, dessen Technologie langsam ausreift, hat sich ein Formtyp Flughafen noch nicht herausgebildet.

Das beginnt sich am Ende der zwanziger Jahre zu ändern. Flughäfen werden zum Diskussionsgegenstand in den Zeitschriften für Architektur und Gestaltung, eine Tatsache, die einen Wandel im gesellschaftlichen Stellenwert des Luftverkehrs anzeigt. Kein Geringerer als der Diplom-Ingenieur und Wölfflin-Schüler Sigfried Giedion besprach 1931 in der „Bauwelt"[26] Hans Wittwers Flughafenrestaurant in Halle. Giedion hatte 1928 seine Arbeit „Bauen in Frankreich" veröffentlicht, Vorstudie zu seinem Standardwerk „Space, Time and Architecture", und war im

Die Entstehung des Systems Luftfahrt 11

Einfahrt zum Bahnhof St. Lazare. Der Bahnhof von heute mit seinem Schienengewirr und seinen vielen Stellwerksanlagen ist bei den Großstädten hart in die Stadt hineingelegt. Die Schienenstränge durchschneiden die Wohngegenden. Ein Gewirr von technischen Formen

La gare d'aujourd'hui avec ses innombrables voies entrelacées et la multitude de ses postes d'aiguillage pénètre, dans les grandes agglomérations, en plein centre de la ville. Les voies sectionnent les quartiers d'habitation. Une foule de formes techniques

The present-day railway-station with its tangle of rails and its many points and interlocking plant, in metropolitan areas, penetrates deep into the heart of the city. The railway-lines cut a path through the inhabited districts. A maze of technical formations

Wird der Bahnhof der Zukunft so aussehen? Enge Bindung an die Landschaft. Weite und Geräumigkeit. Ein Stück Gestaltung der Landschaft, aber keine Zerstörung. Auf diesem Bild ist das neue schwanzlose Flugzeug zu sehen

Le futur type de gare, sera-ce celui-ci? Bonne adaptation au paysage. Ampleur et spaciosité. Modelage du paysage, mais non destruction de l'harmonie. On voit ici le nouvel avion sans fuselage, l'aile volante.

Will the railway-station of the future have this appearance? Close connection with the country-side. Plenty of width and space. Shaping the country-side without destroying its beauty. The new tailless flying machine is to be seen in this picture

Fotos: Keystone

403

Seite aus: Die Form, 1931. Die Enge eines innerstädtischen Bahnhofs gegenüber einem Flughafen im freien Landschaftsraum

Hans Wittwer, Flughafenrestaurant Halle, 1930–31

gleichen Jahr Generalsekretär des CIAM geworden und damit zum „Rädelsführer der Moderne".[27] Für ihn sind Flughäfen ideale Repräsentanten einer zeitgemäßen Architektur: mit ihren großen, freien Flächen bilden sie den äußersten Gegensatz etwa zu den eisenstarrenden Bahnhofsanlagen des vergangenen Jahrhunderts. Flughäfen als „möglichst durchsichtige Durchgangspunkte des Verkehrs" zeigen paradigmatisch das erstrebenswerte Verhältnis von Architektur, Technik und Landschaft.

Unter dieser Prämisse wird Wittwers Flughafenrestaurant für Giedion interessant. Wittwer war Assistent Hannes Meyers während dessen Direktorenzeit am Bauhaus gewesen; sein Hallenser Bau hat im zentralen Obergeschoß sechs Kragbinder als tragendes Gerüst, wie man sie im Prinzip von Bahnsteigen her kennt. Dadurch, daß die Stützen in der Mitte des Raumes stehen, wird es möglich, den Saal mit einem umlaufenden, nichttragenden Glasvorhang abzuschließen; für Giedion entstand hier „ein Raum von einer schwebenden Leichtigkeit, wie wir heute nur sehr wenige kennen". Nun ist Wittwers Bau aber nur ein Wirtschaftsgebäude und noch kein Flughafen, der in neuer Weise gestaltet wäre.

Die Aufgabe des Schinkel-Wettbewerbs 1931/32 bestand im Entwurf einer Flughafenanlage für eine mittelgroße Stadt. Für eine Prämierung vorgeschlagen, aber dann aus formalen Gründen ausgeschieden wurde der Vorschlag von Sergius Ruegenberg für den Flughafen Breslau.[28] Ruegenberg war in den zwanziger Jahren Mitarbeiter Mies van der Rohes und das wird beispielsweise in der klaren Unterscheidung von konstruktivem Skelett und nichttragenden Wänden deutlich, wie sie Mies konsequent im Barcelona Pavillon praktiziert hatte. Wesentlicher aber ist, daß in den Entwurf für Breslau grundsätzliche Überlegungen über die Bauaufgabe Flughafen eingegangen sind. Ruegenberg löst sich völlig von den bisher üblichen kastenartigen Bauten am Rande des Geländes: sein Entwurf ist ein langer schmaler Trakt, der ins Flugfeld hineinragt. So wird eine Überlagerung

Die Entstehung des Systems Luftfahrt 13

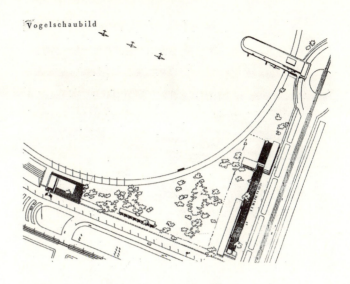

Sergius Ruegenberg, Flughafen Breslau, Wettbewerbsbeitrag 1930. Vogelschaubild und Ansicht des An- und Abflugsteiges

der Verkehrsebenen möglich. Der nach An- und Abflugseite unterteilte Fingertrakt steht auf Stützen, die Flugzeuge können unter ihm hindurchrollen. Treppen führen vom Flugzeug direkt auf die Ebene der Abfertigungsräume und des Zubringerverkehrs. Dieses neuartige Fingerkonzept, im Prinzip bis heute aktuell, war die Konsequenz aus der Überlegung, daß es, so der Erläuterungsbericht, bei einem Flufhafen um die „möglichst nahe Verbindung und Vermittlung zwischen dem rollenden und dem fliegenden Verkehrsmittel" gehe. Mit dem Finger des Flugsteges, und das macht die besondere Qualität von Ruegenbergs Entwurf aus, sind die verschiedenen Funktionen eines Flughafens nicht mehr räumlich getrennt, sondern integriert – Zubringer, Abfertigung und Flugfeld werden ein Komplex.

In der Werkbundzeitschrift „Die Form" erschienen 1929 und 1930[29] zwei Artikel, die ein amerikanisches Projekt Richard Neutras zum Gegenstand haben. Es handelt sich um Entwürfe für eine regionale Siedlung mit Namen „Rush City". Stadt- und Verkehrsplanung sind von vornherein systematisch aufeinander bezogen. Teil der Gesamtanlage ist ein „Air Transfer Rush City". Neutra ermittelte

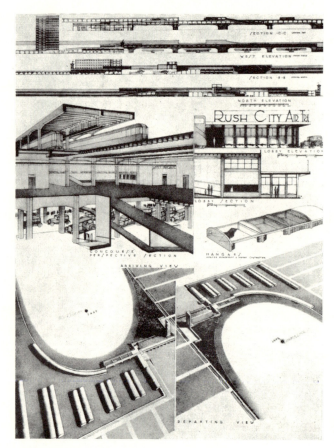

Richard Neutra, Air Transfer
Rush City, Entwurf 1927

zunächst die Höchstleistungsfähigkeit des Flugfeldes und danach den Raumbedarf der Gebäude für den Passagier- und Güterverkehr, und zwar nach Verhältnisaufstellungen, wie sie an amerikanischen Großbahnhöfen gewonnen wurden. Der Flughafen ist angelegt als Durchgangsstation für jede Art von Verkehr, verfügt zusätzlich über einen Drive-in-market und ein Hotel. Alle Einrichtungen sind aufeinander, der Flughafen selbst ist auf die Stadt bezogen. Um 1930 ist das System Luftfahrt technisch und organisatorisch entwickelt – im Projekt Rush City wird es als selbstverständlicher Bestandteil einer technischen Zivilisation gedacht, die sich über die Fähigkeit der Koordination allseitiger Bewegung definiert.

2. Ästhetik der Konstruktionen

Die Ästhetik der Offenheit, Leichtigkeit und Durchdringung, die die zwanziger Jahre prägt, kann als Ergebnis einer Inversion beschrieben werden. Die Konstruktion, vorher sorgfältig verborgen, tritt an die Oberfläche, die Verkleidungen treten zurück. Giedion vergleicht die Konstruktion des 19. Jahrhunderts mit der Rolle des Unterbewußtseins: „Nach außen führt es, auftrumpfend, das alte Pathos weiter; unterirdisch, hinter Fassaden verborgen, bildet sich die Basis unseres ganzen heutigen Seins."[30] Diese Basis bildet sich rein aus zunächst in Ingenieursbauten wie dem Eiffelturm; hier gibt es keinen Innen- und Außenraum mehr, sondern die Sphären durchdringen sich. Wenn aber Giedion noch 1928 schreibt, daß man im Eiffelturm „auf das ästhetische Grunderlebnis des heutigen Bauens stößt"[31], so wird deutlich, daß der Primat des Leichten und Offenen, technisch ermöglicht durch die Eisenkonstruktionen, umstandslos zum Programm des Neuen Bauens erhoben wurde, als Ausdruck einer technischen Zivilisation, die auf „Beziehung und Durchdringung" statt auf Abgrenzung aus ist.

Die Eisenarchitektur ist durch die Auflösung von Massen in eine lineare Struktur geprägt, durch die unkörperliche Räume entstehen, wie sie bis dahin nur die Gotik gekannt hatte. Zum Ausgangspunkt wird die gußeiserne Säule. Diesem vertikalen Element entwachsen gleichsam die horizontalen Deckenträger und schließlich das Stahlskelett, in dem Horizontale und Vertikale prinzipiell gleichwertig sind. Ein wichtiges Element der Konstruktionen, der Punkt, an dem Stütze und Träger zusammenlaufen, ist der Knoten, die Kreuzung der im Bauwerk wirkenden Kräfte. Er verändert im Lauf des 19. Jahrhunderts seine Funktion: aus dem Anschlußstück, das Horizontale und Vertikale verbindet, wird ein Element, von dem aus in alle Richtungen des Raumes Konstruktionsglieder ausstrahlen. Es ist nicht mehr an die Schwerkraftachse gebunden. Prägnantes Beispiel sind die Knoten des Eiffelturms: oft asymmetrische Gebilde mit einer Vielzahl von Anschlußstellen, die Zug- und Druckkräfte aufnehmen und ihren Widerstreit sichtbar machen. Knoten sind die Voraussetzung der Entwicklung von Stabtragwerken – Fachwerke aus dreieckförmig angeordneten Stäben, aus denen Alexander Graham Bell schließlich um die Jahrhundertwende Tetraederkonstruktionssysteme entwickelt: kleine wabenartige räumliche Körper, die in beliebiger Anzahl zu großen Konstruktionen zusammengefügt werden können.

Die leichten Eisenkonstruktionen, besonders im Brückenbau hoch entwickelt, stehen in vielfältiger Beziehung zum Luftschiff- und Flugzeugbau. Bell hatte seine Tetraedersysteme, Vorläufer der geodätischen Kuppeln Buckminster Fullers, direkt aus Studien für Flugkörper heraus entwickelt.[32] Ausgangspunkt war der Bau von Drachen, die so weit perfektioniert wurden, daß sie einen Menschen tragen konnten. Hier wurde deutlich, daß die Verwendung von immer mehr kleinen Einzelteilen leichtere und trotzdem feste Konstruktionen ermöglichte. Für Luftschiffe und Flugapparate ist das eine Notwendigkeit; räumliche Fachwerkkonstruktionen und Verspannungssysteme wurden sofort zum Standard. Die Durchdringung räumlicher Körper in Knotenpunkten ist die wohl bedeutsamste Gemeinsamkeit mit dem Ingenieursbau.

Das Pathos der Leichtigkeit in der Ästhetik der zwanziger Jahre ruht auf der Basis der Konstruktion, und zwar auf der von Stabtragwerken, wie sie der Eiffelturm und das erste Flugzeug der Wrights repräsentieren. Das ist wichtig festzuhalten, denn sowohl in der Architektur wie im Flugzeugbau tritt nach 1930 vermehrt das Flächentragwerk der Schalen auf.[33] In der Schalenbauweise wird die Oberfläche als tragendes Element in die Konstruktion integriert, bei den Stabtragwerken dagegen werden die Kräfte durch ein Stabsystem aufgenommen, welches offen bleiben oder verkleidet werden kann. Nur diese Skelette meint Giedion, wenn er von Konstruktion spricht – sie werden zur prototypischen technischen Form der zwanziger Jahre, und zumeist auch noch in strikt orthogonaler Ausprägung.

Eine Skelettkonstruktion, die bis heute mit dem Bauhaus-Design identifiziert wird, ist der freitragende Stahlrohrstuhl aus einem einzigen Linienzug und mit membranhaft dünner Bespannung. Marcel Breuer sagte über seine klassischen rechteckigen Entwürfe: „Sie füllen mit ihrer Masse keinen Raum aus."[34] Die nahtlosen, gebogenen Rohre, auch Mannesmann-Rohre genannt, die er ab 1925 verwendete, an sich industrielles Halbzeug, erlaubten leichte und reduzierte Konstruktionen. Daß Sitzen mit Seßhaftigkeit zu tun hat, lassen diese Möbel vergessen. Selbst leicht transportabel, sind sie inspiriert von den verschiedensten Transporttechnologien.

Die Designer scheinen der Maxime von Gropius gefolgt zu sein: „Der Fahrzeugingenieur, der Eisenbahnwagen, Schiffe, Automobile und Flugzeuge baut, ist in Konstruktion und Material dem Bautechniker voraus."[35] Mart Stam führte die Anregung zu seinen Rohrkonstruktionen auf Behelfssitze in amerikanischen Automobilen zurück, Marcel Breuer nannte den Fahrradlenker, Le Corbusier den Fahrradrahmen. Er war es auch, der 1928 einen „Table tube d'avion" entwickelte; für das Gestell dieses LC 6 genannten Modells hatte er aerodynamisch geformte Stahlprofile aus dem Flugzeugbau[36] vorgesehen. In fast tautologischer Weise bestätigt hier die Herkunft des Materials die ästhetische Qualität der Konstruktion. Die Tischplatte ruht, einige Zentimeter über das Gestell erhoben, auf dünnen Stäben. Sie scheint zu schweben wie die freitragenden Stühle mit ihrem leicht aufsteigenden Profil.

Le Corbusier hat unter den westeuropäischen Avantgarde-Architekten zweifellos am stärksten auf das Flugzeug reagiert. In sehr verschiedenen Kontexten spielt es in seinem ganzen Werk immer wieder eine Rolle; die erste zusammenhängende Folge von Äußerungen fällt in die Jahre 1920–1922. Ein Aufsatz in der von Le Corbusier gemeinsam mit Ozenfant herausgegebenen Zeitschrift „L'Esprit Nouveau" ist aus Fertigteilen errichteten und transportabeln Häusern gewidmet, den „Maisons Voisin".[37] Gabriel Voisin war Flugpionier und Flugzeugproduzent; die Voisin-Werke hatten zwischen 1915 und 1918 nicht weniger als 10.400

Le Corbusier, Tisch LC 6 – „Table tube d'avion", 1928. Moderner Nachbau

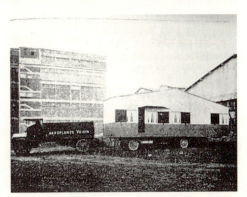

Maison Voisin

Aufklärungs- und Bombenflugzeuge gebaut. Nach Kriegsende begann Voisin, um den Personalbestand halten zu können, die Produktion der Serienhäuser und erlebte einen kommerziellen Fehlschlag.

Le Corbusier war am Entwurf dieser Häuser nicht beteiligt, die architektonisch völlig unauffällig sind. Sein Interesse jedoch war einerseits taktisch bedingt – es galt die Industrie als Werbekunden für eine Zeitschrift zu gewinnen, die die Integration von Kunst und Produktion propagierte –, zum anderen berührten bestimmte Eigenschaften dieser Häuser eigene Forderungen. Die Tatsache, daß sie nicht mehr im Boden verankert sind, war der Anknüpfungspunkt Le Corbusiers. Derartige Häuser sind nicht mehr als Symbol der Unwandelbarkeit geeignet. Sie sind Produkte wissenschaftlich-industrieller Fertigung, wie sie der Flugzeugbau in besonderem Maß repräsentiert. Naheliegend also die allgemeine Forderung, ein Haus wie ein Flugzeug zu bauen, „mit den gleichen strukturellen Methoden, mit Rahmenwerk aus leichtem Material, mit Metallgurten und röhrenförmigen Trägerstützen."[38] Das Flugzeug interessiert nicht als Maschine zum Fliegen, sondern ausschließlich unter dem Gesichtspunkt der Konstruktion. Die Leichtigkeit, Ökonomie und Stabilität der Typenhäuser, abgeleitet vom Rumpf der Flugzeuge (und den Karosserien der Autos), erfordert darüberhinaus einen Bewohner, der seinerseits „beseelt" ist vom Esprit Nouveau. Selbst eher trostlose Blechhütten, werden die Maisons Voisin zum Ansatz für eine architektonische Programmatik, die bis in die Lebensform hereinreicht.

Le Corbusier destillierte aus seinen Aufsätzen in „L'Esprit Nouveau" seine vielleicht bekannteste Schrift, nämlich den „Ausblick auf eine Architektur" (Vers une architecture) von 1922. Ein Kapitel in diesem Buch ist den Flugzeugen gewidmet. Der Text von 1920 über die Maisons Voisin taucht hier nicht wieder auf, wohl aber werden einige Grundgedanken in modifizierter Form erneut vorgestellt. Das Haus wird als „Wohnmaschine" definiert und das Flugzeug bietet das Vorbild eines richtig gestellten Problems, einer technischen Logik, die beispielhaft für Architekten sein könne: „Wie ein Vogel fliegen zu wollen, war eine falsche Problemstellung... Eine Maschine zum Fliegen zu erfinden, ohne Erinnerungen an irgend etwas der reinen Mechanik Fremdes, das heißt nach einem Traggerüst und einer Triebkraft zu suchen." Und so verhält es sich mit dem Haus: aller mythologische und akademische Ballast wird abgeworfen, ein Haus bietet Schutz, ist „Sammelplatz von Licht und Sonne" und enthält „eine gewisse Anzahl von Abteilungen für Küchenbetrieb, Arbeit und häusliches Leben."[39] Was hier noch etwas allgemein formuliert ist, wird in einem der folgenden Kapitel genauer ausgeführt. Le Corbusier stellt sein Typenhaus „Citrohan" vor.[40] Der Name klingt gesprochen und nicht zufällig wie der der Autofirma Citroen. Gemeint ist auch hier ein Haus, das, nach genauer Ermittlung der Wohnbedürfnisse, durchkonstruiert ist wie ein Ingenieursprodukt. Die Ökonomie von Industrieerzeugnissen wird zum Leitbild für das Wohnen.

„Traggerüst und Triebkraft" waren die Dinge, die Le Corbusier wesentlich am Flugzeug interessiert hatten, nicht also Fragen der Aerodynamik oder Steuerungstechnik. Da der Faktor Triebkraft im Bereich der Architektur fortfällt, bleibt das Traggerüst als Inspiration. Die Auswahl der Abbildungen im Flugzeug-Kapitel unterstreicht die Dominanz dieses Aspekts. Es enthält 16 Abbildungen, die mit einer Ausnahme Flugzeuge der Zeit zeigen. Das Material stammt überwiegend aus Prospekten von Flugzeugfirmen.[41] Nur drei Photos zeigen Eindecker, bei denen die Zukunft des Flugzeugbaus lag. Le Corbusier konzentriert sich auf Doppel- und Dreidecker bis hin zu dem monströsen Caproni-Wasserflugzeug,

Farman Goliath. Flugzeugabbildung aus: Le Corbusier, Ausblick auf eine Architektur

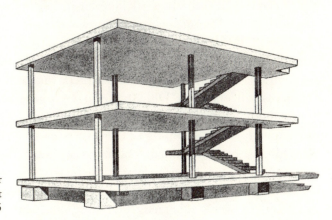

Le Corbusier, Skelettsystem für die „Domino"-Häuser, Projekt 1915

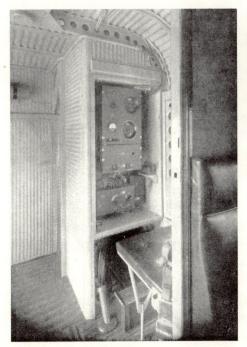

Zwei Abbildungen aus einer Bildgeschichte über „Technische Formen und ihr Einfluß auf die Architektur", in: Die Form, 1929. Der FT-Raum in dem Junkers-Flugzeug G 31 wird einem Verwaltungsgebäude von Ravesteyn in Rotterdam kontrastiert

einem Dreidecker mit drei hintereinander angeordneten Flügelgruppen, der, das konnte er noch nicht wissen, vor seinem ersten Start in einem Sturm zerstört wurde.[42]

Das Flugzeug, das entschieden am häufigsten abgebildet wird, ist der Farman Goliath. Dieser Doppeldecker gehört zur Gattung der Großbomber, die gegen Ende des ersten Weltkrieges einsatzfähig wurden und, in der Nachkriegszeit umgebaut, eine wichtige Rolle in der beginnenden Passagierluftfahrt spielten. Maschinen dieser Art waren in Frankreich, England oder Deutschland verbreitet; hier hießen sie R- (für Riesen) Flugzeuge. Leichtere und kleinere Eindecker, speziell für den Passagiertransport entwickelt, wie die Junkers F 13, der erste Ganzmetall-Tiefdecker, oder die Fokker F II waren bereits seit 1919/20 im Einsatz[43]; daß Le Corbusier sich aber auf den umgebauten schwerfälligen Bomber konzentriert, ist wohl nur aus seiner Vorliebe für das hier besonders ausgebildete Traggerüst zu erklären. Die Abbildungen sind eindeutig auf das sichtbare konstruktive Skelett fixiert. Von hier aus wird eine Beziehung zu einer programmatischen Zeichnung Le Corbusiers aus dem Jahr 1915 deutlich: sie zeigt sechs Eisenbetonpfeiler und drei horizontale Platten, die ein konstruktives Skelett mit der Möglichkeit freier Ausgestaltung bieten. Dieses Schema erscheint wieder im „Ausblick auf eine Architektur"[44] und jetzt wird Le Corbusiers technikgeschichtlich wenig überzeugende Flugzeugauswahl verständlich: Nur die veraltenden Doppeldecker mit ihren Stützen sowie der orthogonalen (und nicht aerodynamischen) Konfiguration liefern die gewünschte Analogie zu architektonischen Prinzipien.

Das berührt einen Nervenpunkt des gesamten Internationalen Stils. Die Avantgarden der zwanziger Jahre, ob L'Esprit Nouveau oder Bauhaus, hatten angenommen, Technologie und Architektur unterlägen den gleichen Gesetzmäßigkeiten. Die großen primären Formen waren das bevorzugte Arbeitsmaterial, sie galten als Inbegriff auch technischer Rationalität. Le Corbusier preist die Würfel, Kegel, Kugeln, Zylinder oder Pyramiden als rein und schön[45]; die ägyptische, griechische und römische Baukunst hätte sie angewendet. Dazu stellt er Bilder von amerikanischen Getreidesilos, reiner Ingenieursleistungen, aber aus denselben baulichen Grundformen, nämlich Zylindern und Kuben.

Genau wie die Flugzeuge sind die Silos additive Agglomerationen elementarer Formen, und eben diese Qualität ist es, die auch für die Architektur bindend wird. Ganz unabhängig von der Frage, wie sinnvoll überhaupt ein solcher Bezug ist, ist der Anspruch des Internationalen Stils, Ausdruck des Maschinenzeitalters zu sein, damit an eine Technologie gebunden, deren Konstruktionen ebenso elementarisch-additiv aufgebaut sind.[46] Mit dem Aufkommen der umhüllenden Stromlinienformen um 1930, am deutlichsten sichtbar im Flugzeugbau, und später mit der Elektronik verfällt diese Weise der Lesbarkeit maschineller

Funktionalität. Der Internationale Stil muß in Zukunft ohne diese ursprüngliche Legitimation auskommen.

3. Luftschrauben

1. Die Flugzeuge, welche die Zuschauer vor dem ersten Weltkrieg auf den Meetings und Ausstellungen zu sehen bekamen, sind in ihrer dürftigen Gestalt von Franz Kafka genau beschrieben worden. Er besuchte 1909 die Flugwoche in Brescia[47], bei der auch der französische Flugheros Blériot anwesend war. Die Maschinen, diese „Kleinigkeiten" und „Holzgestelle", sind von höchster Fragilität, ihre Funktionsfähigkeit ist außerordentlich labil. Kafka beschreibt die Arbeiter, die ständig, bis zur Ermüdung der Zuschauer, mit Reparaturen beschäftigt sind. Schrauben werden nachgezogen, Ersatzstücke geholt, doch die Motoren versagen immer wieder ihren Dienst: „Ein Weilchen lang sitzt Blériot ganz still ... seine sechs Mitarbeiter stehn um ihn herum, ohne sich zu rühren; alle scheinen zu träumen." Perfekte Funktion ist die große Ausnahme, errungen gegen eine Fülle jeweils neu zu überwindender Widerstände. Beim Start sieht Kafka dann einen Apparat, der „über die Erdschollen hinläuft wie ein Ungeschickter auf Parketten."

Die einzige Form am Flugzeug, die schon in den ersten Jahren der Luftfahrt der späteren Vorstellung einer aerodynamisch gestalteten Maschine entspricht, ist der Propeller; auf ihn richtet sich auch schnell das Interesse. Vermutlich auf das Jahr 1912 geht eine häufig zitierte Erinnerung Légers an einen Besuch zurück, den er zusammen mit Duchamp und Brancusi im Pariser Salon d'Aviation absolvierte: „Marcel, der ein trockener Typ war und etwas Ungreifbares hatte, ging zwischen den Motoren und Propellern herum, ohne ein Wort zu sagen. Plötzlich wendet er sich an Brancusi: ‚Die Malerei ist am Ende. Wer kann etwas besseres machen als diese Propeller? Du etwa?' Er war sehr von diesen präzisen Dingen angetan; wir waren es auch, aber nicht so unbedingt wie er. Ich selber fühlte mich mehr zu den Motoren, zum Metall hingezogen als zu den Holz-Schrauben ...Aber ich erinnere mich noch an die Haltung dieser großen Propeller. Mein Gott, was für ein Wunder!"[48]

Alle drei Künstler sollten in späteren Jahren und in sehr verschiedener Weise auf diesen Eindruck zurückkommen. Bei aller Emphase aber bleibt 1912 offen, worin eigentlich die Faszination durch den Propeller bestand. Sie scheint durchaus noch in eine Tradition zu gehören, die ursprünglich auf den Art Nouveau zurückgeht. Henry van de Velde bekannte das starke Gefühl, das ihn „beim Anblick jenes eisernen Schiffsschnabels erbeben ließ, den Krupp im Jahre 1902 in Düsseldorf ausstellte."[49] Was den Gestalter am Schiffsschnabel interessiert, ist die Präzision der Linienführung. Van de Velde entwickelte sein Theorem von der Linie als Ausdruck der in ihr wirkenden Kräfte, und dieses ästhetische Postulat

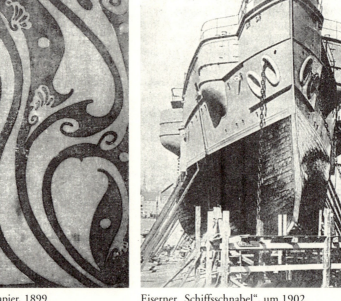

E. R. Weiss, Vorsatzpapier, 1899 Eiserner „Schiffsschnabel", um 1902

findet nur wenig später eine technische Entsprechung in der Stromlinienform, die experimentell schon vor dem ersten Weltkrieg im Automobilbau zur Anwendung kam. Vor diesem Fond konnte die langgestreckte Propellerform mit ihrer eleganten Kurvatur als Inbegriff einer zeitgemäßen Form erscheinen: eine funktional optimierte Konstruktion, die in ihrer reduktiven Schlankheit und vollendeten Linearität einen Nervenpunkt auch des ästhetischen Empfindens trifft.

2. Die ganze mögliche Bandbreite der Propellerfaszination zeigt eine Erzählung Karl Vollmoellers. Sie trägt den Titel „Die Geliebte" und erschien 1914 in der von Leonhard Adelt herausgegebenen Anthologie „Der Herr der Luft. Flieger- und Luftfahrtgeschichten"[50]. Vollmoeller, ein umtriebiger Autor, der als neuromantischer Lyriker und Dramatiker begonnen hatte, später für den Film arbeitete und 1930 das Drehbuch für den Marlene-Dietrich-Film „Der blaue Engel" schrieb, war selbst Flieger; seine Erzählung siedelt er im Milieu an. Ihr Held ist ein verschrobener Konstrukteur. „Sie müßten sie sehen" – mit diesem Hinweis beginnt der Text, und Leser wie Erzähler werden durch ein Labyrinth von Spekulationen geschickt mit dem einzigen Anhaltspunkt einer „gewölbten schwellenden Form", die der Konstrukteur auf einen Tisch zeichnet. Er gibt zunächst Beispiele „idealer" Linien, beschreibt das ekstatische Wohlgefühl, daß der Bogen eines Flusses, die Formen eines „weichen abgerundeten Felssattels" oder

die „sanfte Parabel" eines Berges auslösen. Was sich hier an der Landschaft zeigt und was der Held später bei Frauen fand, wird schließlich zur Suche nach der „letzten Schönheit" der „reinen mathematischen Kurve".

Sie findet ihr Ziel in einer Luftschraube; in der Werkstatt hängend, ist das Konstrukt der Repräsentant absoluter Schönheit, Ausdruck letzter Zweckmäßigkeit und Vollkommenheit. Dieses Objekt, dessen Vorstellungsbild immer wieder auf den weiblichen Körper verwies, wird jedoch zur verschlingenden Maschinerie. In Bewegung versetzt, geht von ihm eine starke Luftströmung aus, und während der Erzähler dem Malstrom des saugenden Trichters entgehen kann, findet der Konstrukteur den Tod. Der Autor mischt routiniert Topoi der Schwarzen Romantik; im Erzähler bleibt die Traumerscheinung eines Mädchens mit Stahlzähnen zurück.

Doch kurz vor dem Punkt, wo die Erzählung umschlägt, das faszinierende Objekt für ein Kabinettstückchen der Ästhetik des Schreckens herhalten muß, da finden sich Ausführungen, die ins Zentrum der Diskussion der Avantgarde zielen. Bewegung erst, so ihr Schöpfer, bringt die Vollkommenheit der Luftschraube zur Erscheinung. „So in der Ruhe ist sie immer noch ein Körper, dessen Grenze sie mit Hand und Auge abmessen können. Eine mathematische Materialisation ihres leichten Elementes, der Luft, aber doch immer Materie. Sobald sie sich bewegt, wird sie mit einem Male wieder körperlos, astral, gottähnlich, denn in der Rotation ist sie eigentlich nichts mehr als ein imaginäres Gebilde aus unendlich vielen im Raum sich schneidenden Linien von Kraft, ist sie nur noch reine mathematische Kurve..." Damit ist, am Beispiel der Luftschraube, das Verhältnis von Materie und Energie thematisiert.

3. In Bewegung versetzt, verwandelt sich die Luftschraube von einem Gegenstand in ein immaterielles Volumen. Luftschrauben treten genau in dem Moment ins künstlerische Bewußtsein, als die Diskussion um die ungegenständliche Malerei beginnt. Die Schlüsselfigur dieser Konstellation ist Delaunay. Er malt 1912/13 seine erste „abstrakte" Farbscheibe und versucht, den Ausdruck von Bewegung allein durch Farben zu erreichen. Doch eine derartige Reduktion bleibt Episode. In dem zentralen Werk „Hommage à Blériot", 1914 entstanden in Erinnerung an den Ärmelkanalflug von 1909, bedient er sich wieder eines gegenständlichen Mediums, um von konkreter Bewegung zu der der Farben hinüberzuleiten. Dieses Medium ist die Luftschraube. In Delaunays Konzept der Simultaneität wird sie zum Repräsentanten der Durchdringung der Energien des modernen Lebens mit den Eigenkräften der Farbe.

Die „Hommage à Blériot" wird beherrscht von den farbigen Kreis- bzw. Rotationsformen. Ist durch das Flugzeug vorn links mit seinem großen Propeller und durch den zurückgesetzten Eiffelturm ein realer Raum angedeutet, so schweben die Kreisformen irregulär durchs Bild. Sie bilden für die angedeuteten

Robert Delaunay, Hommage à Blériot, 1914

Figuren vorn rechts einen Untergrund, der, in Aufsicht gesehen, mit dem nach hinten fliehenden realen Raum nicht verbunden ist. Die Kreisformen für sich sind so unter- und übereinandergeschoben, daß sich keine räumlich lesbare Staffelung ergibt. Nur durch ihr Kleinerwerden nicht zum Horizont, sondern, da sie durchgängig in Aufsicht wiedergegeben sind, nach oben hin entsteht eine perspektivische Wirkung, die Suggestion eines Aufsteigens. Die aber wird zugleich dadurch relativiert, daß die abstrakten Kreisformen und der reale Raum in keine eindeutige Beziehung gebracht werden können. Sie sind nach traditionellen Bildvorstellungen inkompatibel. Delaunay aber mischt die gegenständlichen und die gegenstandslosen Formen so, daß der Eindruck ubiquitärer Bewegung entsteht. Wo die Futuristen sich an photographische Techniken angelehnt hatten, um Gegenstandsbewegungen über die Abfolge verschiedener Phasen sichtbar zu machen, da werden bei Delaunay die farbigen Kreisformen durch ihre Anordnung selbst zu Repräsentanten von Bewegung; deren Darstellung ist nicht mehr an einen Gegenstand gebunden. Die gedachte Rotation ist von der Luftschraube vorn links gelöst, wird von den Kreisformen aufgenommen und frei in den Raum übertragen.

Als Delaunay 1923 sein Bild „Die Luftschraube" malt, ist die Auseinandersetzung mit dem Motiv in ein neues Stadium eingetreten. Wo sie in der „Hommage à Blériot" noch im Kontext der Flugmaschinen und der Stadt Paris erschienen war, konzentriert sich Delaunay in dem Bild von 1923 ganz auf den einen rotierenden Propeller über rudimentären Kreisformen. Generell ist in den frühen zwanziger Jahren ein Prozeß der Verdichtung und Klärung der künstlerischen Mittel zu beobachten. Der Motivvorrat der „Hommage", der prägend für Delaunays späteres Werk werden sollte, wird immer neuen Überarbeitungen unterzogen. So kann das Bild „Eiffelturm und Flugzeug" (1925) als vereinfachte Version der „Hommage" gesehen werden. Hier ist insbesondere ein Detail aufschlußreich, und zwar in der Darstellung des Flugzeugs, dessen Propeller nicht mehr als Gegenstandsform erkennbar ist. Delaunay übersetzt die Rotation in eine Kreisform, die in radiale und peripherische Farbfelder aufgeteilt ist, stellt also einen direkten Bezug von Propeller und Kreisform her, den er in der „Hommage" noch sorgfältig vermieden hatte. Dieser Bezug aber ergibt sich nur aus der direkten Zuordnung zum Flugzeug; für sich genommen wäre die Kreisform gegenstandslos.

In dem Ölbild „Die Luftschraube" dagegen sind die Gegenstandsform Propeller und die abstrakten Kreissegmente in virtuoser Weise verschmolzen, in die Komposition integriert. Während eine der zugehörigen Zeichnungen noch das Gerüst des Eiffelturms miteinbezieht, der von dem Propeller gleichsam umschlungen wird, und hier auch noch unterhalb der großen Buchstaben TZ die Silhouette Tristan Tzaras sichtbar wird, so sind konkret situierende Bestandteile in dem Ölbild verschwunden. Nur ein gelbes T ist geblieben, eine in dieser Isolation vieldeutige Form, die ebenso auf den Namen wie auf einen Flugzeuggrundriß oder eine Landebahn verweisen könnte. Im übrigen aber erscheint die Luftschraube frontal als angeschnittene Doppel-S-Form in dynamischem Gelb-Orange auf den zugrundeliegenden dunkleren Kreisformen. Trotz großer formaler Geschlossenheit läßt Delaunays Komposition die Frage offen, ob die Kreisformen, die sich zum Teil spiralig erweitern, die Bewegungsbahn des Propellers nachzeichnen oder aufsichtig gemeint sind. Im letzteren Fall könnte man noch eine Farbleiter, eine Tricolore mit vertauschten Rot/Blau-Werten, vom Mittelpunkt aus senkrecht in den Himmel steigen sehen. Durch die Art der Überlagerung der Farbflächen bleibt der räumliche Eindruck in jedem Fall mehrdeutig. Dadurch aber, daß der Bildmittelpunkt, also das Zentrum der Kreisformen, und die Nabe des Propellers identisch sind, bindet Delaunay die Formkomplexe zu einer Einheit. Zugleich steigert er die Dynamik der Bildwirkung, indem der obere, größere Teil der Luftschraube vor hellerem Untergrund steht, als würde sie Energie abgeben. „Die Luftschraube" bietet Delaunay einen Vorwand, um ein komplexes Spiel von Farb-, Raum- und Bewegungswirkungen zu organisieren.

Dieses Bild stellt eine Ausnahme dar in der ansonsten überwiegend gegenständlichen Malerei Delaunays zu Beginn der zwanziger Jahre. Im Vergleich mit der „Hommage à Blériot" zeigt es die Art und Weise, wie Delaunay einzelne

Motivkomplexe generiert, bis sie eine selbständige, weitgehend vom Gegenstand abstrahierte Form erlangt haben. Diese Grundform aber wirkt ihrerseits auf die Darstellung von Gegenständen zurück. Sieht man Arbeiten aus dem zeitlichen Umfeld der „Luftschraube", so findet man die dynamische Linie des Propellers gelegentlich als kompositorisches Gerüst. Die Propellerlinie wird hier, wie das Jin und Jang-Zeichen für die chinesische Kosmologie, zur Chiffre für das Ineinandergreifen von Kräften.

Das läßt sich am deutlichsten anhand der Metamorphosen der „L'Equipe de Cardiff" von 1912/13 verfolgen. Das Bild ist eine dynamische Version modernen Lebens, überblendet Eiffelturm, Riesenrad, Flugzeug und Fußballspiel mit Plakatwänden und leuchtenden Farbformen. Apollinaire lobte 1913 eine Variante des Bildes: „Seine Malerei, die vordem intellektuell zu sein schien – zur Freude der deutschen Privatdozenten – hat jetzt einen großen populären Charakter bekommen... Das ist Simultaneität, suggestive und nicht nur objektive Malerei... das Licht ist hier die ganze Wirklichkeit. Das ist die neue Tendenz des Kubismus."[51] Als Delaunay 1922/23 das Bild einer weiteren und diesmal einschneidenden Bearbeitung unterzog, war es seine erklärte Absicht, das alte Thema von 1913 mit „größerer Objektivität der Bewegungen" zu behandeln.[52] Und das Mittel dazu war, das zeigen das spätere Bild und die zugehörigen Zeichnungen, die Propellerlinie; sie vermittelt jetzt die Bildkomplexe. Das Riesenrad und die die Fußballspieler umgebenden Kreisformen, in den frühen Fassungen noch nicht vorhanden, werden zu einer großen Kraftlinie zusammengefaßt: der Propeller als integrales Motiv zivilisatorischer Aktion.

Das Bild „Die Luftschraube" markiert eine Gelenkstelle im Werk Delaunays. Es erweist sich nicht nur als Schlüssel zum Verständnis der Überarbeitungen früherer gegenständlicher Themen, sondern zeigt zugleich voraus auf die abstrakten „Rhythmen" der dreißiger Jahre. Die hier verwendeten Bildelemente gehören der einfachen Geometrie an – Kreisformen, Kreissegmente und -sektoren, Ringe, vielfach neben- und übereinandergestaffelt und farbig instrumentiert. Sie sind die Basis vielfältiger Kompositionen, es entstehen senkrechte und diagonale Figuren vor neutralem Hintergrund oder aber über die ganze Bildfläche ausgedehnte, interagierende Kreissysteme. Wesentlich aber für die Wirkung der späten Versionen der „Rhythmen" ist, daß die leuchtenden Farbscheiben mit sublimierten, sich rhythmisch wiederholenden Propellerlinien aufgeladen sind: sie sind das übergreifende Strukturelement dieser Bilder, die ein Prinzip universaler Wandlung veranschaulichen.

4. Delaunays um 1914 begonnene Auseinandersetzung mit der Luftschraube ist ein Anfang. Das Propellermotiv wird in der Folgezeit zu einem allgemeinen Avantgarde-Thema. Die Lösungen, die Léger, Duchamp und Brancusi finden werden, sind jeweils anderer Natur und auch aus anderen Voraussetzungen

Luftschrauben

Robert Delaunay, Die Luftschraube, 1923

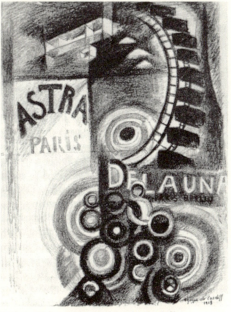

Robert Delaunay, L'Equipe de Cardiff, Lithographie, 1922

Robert Delaunay, Eiffelturm und Flugzeug, 1925

Robert Delaunay, Endloser Rhythmus, 1933

erwachsen. Léger veröffentlichte 1914 seinen Text „Les Realisations picturales actuelles"[53], in dem er die allgemeinen zivilisatorischen Voraussetzungen seiner Arbeit diskutiert. Hier ist nicht vom Flugzeug oder der Luftschraube die Rede, sondern zunächst einmal von den Bedingungen der Wahrnehmung in der Gegenwart im Unterschied zu denen in der Vergangenheit: „Das Vorstellungsbild läßt sich nicht mehr mit gleicher Schärfe fixieren, und das Objekt entzieht sich beständig dem Zugriff der Augen." Ursache dieser Veränderung sind in der Hauptsache die hohen Geschwindigkeiten der modernen Verkehrsmittel mit der Folge einer allgemeinen Steigerung der gesellschaftlichen Zirkulation. Eine größere Zahl von Eindrücken wird auf immer kürzere Wahrnehmungszeit komprimiert. So verliert eine durchfahrene Landschaft „das beschreibbare Detail, gewinnt dafür aber an gedrängter Geschlossenheit." Daraus resultieren die „Kompaktheit und Vielschichtigkeit des modernen Bildes sowie seine aufgebrochenen Formen."

Für sein Konzept aktueller Malerei sind die „Contrastes de formes" von 1913 eine repräsentative Werkgruppe. Léger arbeitet hier mit reduzierten, elementaren Formen, die durch ihre räumliche Ausrichtung und komprimierte Zuordnung ein Bild größter Dynamik ergeben. Obgleich die einzelnen Formen gegenstandslos sind, entsteht die Anmutung ineinandergreifender Maschinenteile. Solche realen Details jedoch tauchen im Werk Légers vor dem ersten Weltkrieg nicht auf. Dennoch haben seine kubistischen Elementarkörper ihr fundamentum in re: die bildnerischen Zeichen der „Contrastes de formes" verweisen auf seine Faszination durch die „schönen Metallgegenstände, hart, fest und brauchbar", die er in einer Erinnerung[54] an den vermutlich selben Luftfahrtsalon beschrieb, den er auch mit Duchamp und Brancusi besucht hatte – „These were the real *motifs* or models whose impact lay behind the rotating formal combinations of the *Contrastes de formes.*"[55]

Erst nach dem Krieg werden die mechanischen Elemente explizit dargestellt. Die Erfahrung als Soldat hatte dabei initiale Bedeutung: „Durch die Artillerie und die Kriegsmaschinerie habe ich die Bedeutung der Mechanik entdeckt. Ein offen in der Sonne liegendes Bodenstück einer 75er-Kanone hat mir für meine bildnerische Entwicklung mehr beigebracht als alle Museen der Welt. Da habe ich das Objekt wirklich erfaßt."[56] In der „Note sur l'élément mécanique" von 1923[57] erinnert sich Léger an den Zeitpunkt, nämlich 1918, von dem an er derartige Elemente seinen bildnerischen Intentionen dienstbar gemacht habe. Sie sind für ihn Rohmaterial, das erst nach einer gestalterischen Bearbeitung verwendbar ist. In die gerüsthaften Bildkonstruktionen der Jahre um 1920, diesem malerischen Äquivalent zu der in den gleichen Jahren besonders von Le Corbusier propagierten Skelettbauweise, bringen die oft gekrümmten mechanischen Elemente ein Moment ausgeprägter Dynamik.

Fernand Léger, L'Aviateur, 1920

Fernand Léger, Les Hélices, 1918

Nun kommt auch die Luftschraube ins Spiel. Im Jahr 1918 entstehen die zwei Versionen von „Les Helices". Hier herrscht ein beinahe klaustrophobischer Raumeindruck vor. Die Bildbestandteile sind so eng ineinandergeschachtelt, daß jede Bewegung einen Zusammenstoß hervorrufen müßte. Die Luftschrauben sind nur ein Element unter vielen; ihre charakteristischen harmonischen Wellenlinien können sich nicht gegen die disfunktional komprimierten anderen Formen durchsetzen. Das ändert sich in „Le Moteur" aus dem gleichen Jahr. Ein Propellerblatt steht vor dem eigentlichen Aggregat, scheinbar unabhängig, aber gespeist von der Energie dessen, was sich hinter ihm befindet. In „Le Mécanicien" von 1919 tritt ein Mensch zu der Maschine, die nach dem Vorbild von „Le Moteur" gestaltet ist; seine Beine sind dem Propeller angeglichen. „L'Aviateur" von 1920 schließlich zeigt eine rotierende Luftschraube, angedeutet durch einen Halbkreis, der den Piloten und die stark fragmentierte Flugmaschine übergreift. Mit minimalen Innervationen des Steuerknüppels fliegt er sein Gerät, durch dessen Enge bedrängt und doch in lässiger Souveränität. Mensch und Maschine bilden eine Funktionseinheit. Légers Thema ist nicht der orphisch sich öffnende Raum, sondern es sind Funktionseinheiten, die Integration bzw. Desintegration mechanischer Elemente allein oder des Mechanischen und des Organischen. Der Propeller ist hier kaum eine autonome Form, wohl aber als Repräsentant moderner Technik, Mobilität und Elevationsmacht ein geeigneter Gegenstand, um diese bildnerische Vorstellung zu realisieren.

Bei Léger ist der Propeller Teil der großen Zivilisationsmaschine; Duchamp dagegen, der seine Faszination noch deutlicher bekundet hatte, ist dazu vermutlich

Rotierendes Karussell. Illustration zur Veranschaulichung eines virtuellen Volumens in: Laszlo Moholy-Nagy, Von Material zu Architektur

Marcel Duchamp, Rotierende Glasplatten, Objekt, 1920. Photo: Man Ray

wesentlich von der Vorstellung des Kreisens stimuliert worden. Dieses Kreisen ist aber kein Verweis auf die unaufhörliche gesellschaftliche Zirkulation, sondern auf das geschlossene System von Junggesellenmaschinen. In diese Richtung zeigt ein Interview: „Es hat immer die Notwendigkeit von Kreisen in meinem Leben gegeben, für Rotation, wie sie es ausdrücken würden. Es ist eine Art von Narzißmus, diese Selbstgenügsamkeit, eine Art Onanismus. Die Maschine dreht sich und auf irgendeine wunderbare Art und Weise produziert sie Schokolade."[58] In der Zeit vor dem ersten Weltkrieg, als er sich vom Kubismus und von der Malerei löste, gibt es mehrere Arbeiten, die Kreisbewegungen thematisieren, wie die „Kaffeemühle" oder das „Fahrrad-Rad"; hier aber spielt Duchamp auf seine zwei Schokoladenreihen an, Metaphern des geschlossenen masturbatorischen Zirkels.

Doch damit ist der Rotationskomplex nicht erschöpft. Seine optischen Maschinen, die er ab 1920 konstruierte, sind Resultat einer anti-artistischen Einstellung, Hinwendung zu physikalischen Experimenten, mit denen er eher als mit den Mitteln der Kunst sein Interesse an Bewegung, an visuellen Effekten zu befriedigen versuchte. An Rotationsvorgängen untersuchte er neu erscheinende, im Stillstand unsichtbare Figuren. Man Rays Photos der „Rotierenden Glasplatten" von 1920 zeigen im Hintergrund eine Tafel mit sich verkleinernden Buchstaben, wie sie Augenärzte verwenden; der Apparat bestand aus fünf Glasplatten unterschiedlicher Größe, die hintereinander auf einer Achse befestigt waren. Duchamp hatte auf jede der Platten Spiralsegmente aufgezeichnet, die aber, wenn der Apparat „wie ein Flugzeugpropeller"[59] in Bewegung versetzt wurde, fortlaufende Kreislinien erzeugten.

Die zweite optische Maschine war die der „Rotierenden Halbkugel" von 1925, auf die eine Schar exzentrischer Kreise aufgetragen war. In Rotation entstand der Eindruck einer richtungslos pulsierenden Spiralbewegung.[60] Schon hier weigerte er sich, das Gerät auf Ausstellungen von Malerei oder Skulptur zu zeigen, und dieser Affekt wird ganz deutlich, als er seine „Rotoreliefs" von 1935 – Zeichnungen von farbigen Kreisen und Spiralen, die auf einem Plattenspieler rotierten und dort plastische Wirkungen hervorbrachten – auf einer Erfindermesse präsentierte, wo sie völlig unbeachtet blieben. Während etwa Moholy-Nagy mit dem Photo eines in künstlicher Beleuchtung rotierenden Karussells das Phänomen virtueller Volumen als Endstadium der Entwicklung der Plastik veranschaulichen wollte[61], stehen die Experimente Duchamps nicht nur für seine Skepsis gegenüber den Möglichkeiten der Kunst: die Beschäftigung mit optischen Täuschungen ist Ausdruck einer grundsätzlichen Skepsis gegenüber der Funktion der Sinnesorgane[62], letztlich gegenüber jeder Art von Wahrheit.

Im Gegensatz zu dieser Haltung ist Constantin Brancusi ganz von der Idee des Fluges eingenommen, nicht allerdings von der des technischen Fluges, sondern von der des geistigen Aufstieges, des Seelenfluges.[63] Ein langer Prozeß führte ihn von den noch fast naturalistischen Vogelskulpturen vor dem ersten Weltkrieg zu der Gruppe seiner „Vögel im Raum", die zwischen 1923 und 1941 entstanden. Hier ist jedes direkte Vogelabbild getilgt, die Arbeiten zielen in ihrer gestreckten elastischen Gestalt auf die Übersetzung der Idee des reinen Fluges. Das Interesse am Propeller, das er 1912 gezeigt hatte, schlägt sich dennoch, wenn auch vermittelt, in dieser Werkgruppe nieder. Zunächst wäre hier der Aspekt der Materialbehandlung zu nennen. Jene New Yorker Zollbeamten, die 1926 die Einfuhr eines „Vogels im Raum" für steuerpflichtig erklärten[64], weil er ihnen als industrielles Rohprodukt, als „gewöhnliches Stück Metall" und nicht als Kunstwerk erschien, trafen durchaus ein bedeutsames Charakteristikum der Arbeiten Brancusis, nämlich, ob in Bronze, Marmor oder anderen Materialien, ihr industriell perfektes Finish. Bei den bronzenen „Vögeln im Raum" trägt die spiegelnde Oberfläche nicht unwesentlich zu ihrer nahezu entkörperlichten Erscheinung bei.

Nicht nur auf dem Felde der Materialbehandlung, sondern auch auf dem der allgemeinen Formcharakteristik weisen die „Vögel im Raum" auf technische Gebilde, auf aerodynamisch raffinierte Formen wie Propeller oder die Stromlinienkörper der Flugzeuge und Raketen. Hier besteht auch ein zeitlicher Zusammenhang: „Brancusi developed his *Bird* between the beginning of the First and the end of the Second World Wars, i.e., during the formative period of modern ballistics."[65] Mit diesem Hinweis allerdings ist wohl etwas über Zeitgenossenschaft ausgesagt, aber nichts über Brancusis Intentionen. Die Assoziation etwa mit den geschwungenen Linien von Propellerblättern ist erst

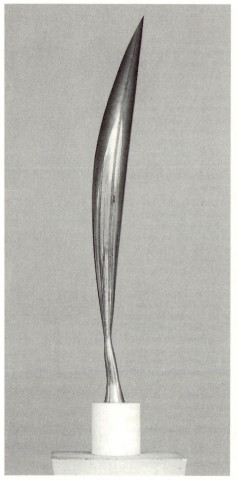

Constantin Brancusi, Vogel (Birth of Space),
Bronze, um 1940

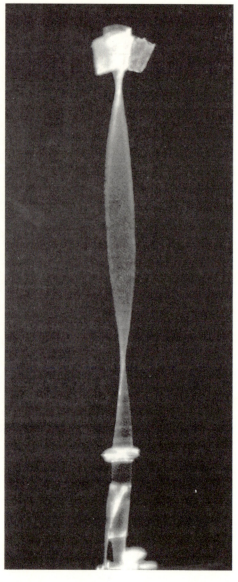

Naum Gabo, Kinetische Konstruktion
(Stehende Welle), 1919–20. Abb. aus dem Kap.
über kinetische Plastik in Laszlo Moholy-Nagy,
Von Material zu Architektur

dann sinnvoll, wenn sie sich nicht auf das technische Gebilde selbst bezieht, sondern auf seine hauptsächliche Gestalteigenschaft, die energisch an- und wieder abschwellenden Kraftlinien. Die Formen der „Vögel im Raum" sind auch, anders als viele technische, irregulär, je nach Ansicht durch infinitesimale oder deutliche Asymmetrien geprägt.

Zwei Punkte sind bei diesen Plastiken besonders ausgezeichnet: die oben und unten schlank zulaufenden Enden. Der Teil oberhalb des Sockels verjüngt sich und an dieser Stelle setzt der eigentliche Körper an. Pontus Hulten fand eine schöne Interpretation für diese untere Verengung, im Hinweis nämlich auf einen technischen Vorgang, den Brancusi seiner skulpturalen Idee anverwandelte: „Wenn barrenförmiges Eisen, Bronze oder Messing bis zur Weißglut erhitzt und dann gezogen wird, bis es schließlich an einem gewissen Punkt bricht, dann nehmen die beiden äußeren Enden der getrennten Stücke diese Form an, die wir im unteren Teil der Vögel als deren Beine sehen", d.h. also am Punkt der Verengung. „Was liegt näher," fährt er fort, „als die Situation des Losreißens, den Moment des Abhebens, des Abflugs zum Himmel durch eben diese natürliche, durch die Trennung zweier Körper mittels großer Kraft und Energie entstandene Form darzustellen?"[66] Bei der entschiedenen Vertikalität der „Vögel im Raum" kommt dem abgeflachten und gerundeten oberen Ende eine noch größere Bedeutung zu. Diese Plastiken thematisieren den Transfer von Materie in Energie, nicht aber wie der Metallstab von Naum Gabos „Standing Wave" durch Vibration, und auch nicht wie der Körper von Vollmoellers Propeller in der Rotation: Brancusi evoziert diesen Eindruck allein durch die skulpturale Energie einer statischen Form, den Fluß der Linien, die alle auf das obere Ende zulaufen, die Spitze, den Punkt, wo die dichte Masse ins Körperlose übergeht.

Selbst noch bei diesen sublimen Skulpturen ist der Propeller ein möglicher Bezugspunkt, wie er es direkt für Léger gewesen war und, zumindest bei den „Rotierenden Glasplatten", auch für Duchamp. Die Eindrücke, die diese drei Künstler 1912 auf dem Salon d'Aviation gewannen, wurden sicher durch den Impuls der wenig später entstandenen Arbeiten Delaunays verstärkt. Dann aber wirkten sie sich in ganz verschiedenen künstlerischen Gattungen aus, nicht nur in der Malerei, sondern auch bei kinetischen Objekten und in der Skulptur. Nur auf den ersten Blick verwundert, daß ein so profanes Gerät wie ein Propeller das Interesse der Avantgardisten über einen längeren Zeitraum zu binden in der Lage war. Diese Avantgarde formierte sich während der Zeit, in der der Propeller als Antriebsmittel die Luftfahrt dominierte. Zu einem zentralen Referenzobjekt ließ ihn die Vielfalt seiner Eigenschaften werden. Der Propeller zeigt nicht nur eine Form, die zwischen Anorganischem und Organischem, zwischen technischer Nützlichkeit und skulpturaler Qualität changiert, er ist nicht nur eine Chiffre zivilisatorischer Mobilität, sondern der Übergang von Stillstand in Rotation berührt auch das künstlerische Problem des Verhältnisses von Gegenständlichkeit und Gegenstandslosigkeit.

II. THE AIRPLANE EYE

1. Bertillonage der Landschaft

Mit dem Luftraum wurde ein neuer Erfahrungsraum erschlossen. Ohne daß der Gebrauch des Flugzeugs schon alltäglich gewesen wäre, tauchen in den zwanziger Jahren neue Sehweisen auf; der Flugzeugblick dringt in die Bildsprache ein, wird zum Thema der Künstler und Theoretiker. Mit dem Flugzeug, so Walter Benjamin, wurde maschinell „das Monopol der Vertikale durchbrochen."[67] Die Vertikale als die Achse, „aus der sich der Mensch auf der Erde umsah", bedingte einen Bildraum, der den gewohnten horizontalen Blick perspektivisch umsetzt. Diese Fixierung wird mit dem Flugzeug überwunden, das Verschiebungen des Blicks in jeder Raumachse möglich macht.

Luftfahrt und Photographie haben sich relativ schnell aufeinander zubewegt; zwanzig Jahre nach Erfindung der Photographie machte Nadar 1858 aus einem Fesselballon die ersten Luftaufnahmen. Mit dem Blick von oben ist die Achse des gewohnten Anschauungsraumes um 90 Grad gekippt. Aus Ballon oder Flugzeug wird „der Augenpunkt, der traditionellerweise stets annähernd in der Mitte der Bildfläche lag, ...nach links und rechts in alle möglichen Positionen gebracht und gleichsam im Erdboden versenkt."[68] Nadars erste Aufnahmen waren weder technisch noch künstlerisch auf der Höhe der Zeit, aber sie waren eine „optische

Nadars erste gelungene Luftaufnahme von Paris.
Die Versuche begannen 1858

Sensation", zeigten sie doch Aspekte der Wirklichkeit, die bis dahin unsichtbar waren. Das prompte Erscheinen von Karikaturen belegt das starke Interesse der Öffentlichkeit. Nadar widmete den Ballonaufnahmen ein Kapitel seiner Autobiographie. Der Blick von oben relativiert auch im übertragenen Sinn das gewohnte Weltbild: „... eine Spielzeugkirche, ein Spielzeuggefängnis, eine Spielzeugfestung – die drei Gebäude, in die sich unsere ganze gegenwärtige Zivilisation zusammenfassen läßt." Obwohl er die Aufnahmen aus nur 300 m Höhe machte und obwohl das noch keine vertikalen Ansichten, sondern steile Schrägblicke sind, entgeht ihm nicht eine wesentliche Begleiterscheinung des Blicks von oben: „Das ganze gleicht einer Landkarte, denn die Höhenunterschiede sind nicht ersichtlich."[69] Die Welt wird zur Fläche.

Nadar sieht sofort einen möglichen Nutzeffekt der Luftaufnahmen. Ein guter Fesselballon und ein guter Photoapparat – das, so schreibt er, wäre seine Ausrüstung, um den aufgeblähten Apparat der Vermessungstechnik zu ersetzen, um an einem Tag den Kataster von tausend Hektar zu erstellen. Und tatsächlich beginnt die Entwicklung der ersten für die terrestrische Bildmessung geeigneten Bildmeßverfahren und entsprechender photogrammetrischer Aufnahmegeräte bereits 1859. Die Probleme der Luftbildauswertung wurden jedoch erst um 1900 gelöst; von der Seite der Photographie her durch die Möglichkeit zur Rekonstruktion des Aufnahmevorganges mittels Doppelprojektoren und durch Techniken der Entzerrung von Bildern. Die andere Voraussetzung war, daß Träger für eine „systematisch fortschreitende Bilddeckung"[70] zur Verfügung standen – und diese gab es erst mit dem lenkbaren Luftschiff und dem Flugzeug.

Die Luftaufklärung im ersten Weltkrieg war dann, noch vor den Bombenflügen, der erste systematisch durchgeführte Einsatz des Flugzeuges überhaupt. Schnell differenzierten sich zwei Formen heraus. Die operative Aufklärung diente dazu, weitreichende Erkundungen zu machen; der mitfliegende Beobachter warf entweder vorbereitete Karten hinter der Front ab oder er photographierte. Das Verfahren wurde schnell automatisiert: der „Meßtersche Reihenbildner" konnte bei einem Flug in 3.000 m Höhe Aufnahmen eines Geländestreifens von 240 km Länge und 2 km Breite in einem fortlaufenden Stück liefern.[71] Im Gegensatz dazu leisteten die Artillerieflieger taktische Aufklärung. Sie wurde nötig, weil bei den kilometerweiten Schußleistungen moderner Kanonen die Ziele außer Sichtweite lagen – die indirekten Schießverfahren machten die Ergebnisse unkontrollierbar. So mußte das Einschießen aus der Höhe geleitet werden und wegen der Notwendigkeit schneller Kommunikation zwischen Kanonier und Beobachter wurden hier Funkgeräte eingesetzt.[72] Das Flugzeug erschien also als Instrument der Planung und Steuerung auf dem Kriegsschauplatz. Während die Nah- und Fernaufklärer das Sichtfeld der Kommandostellen vergrößerten, leistete das Feuerleitflugzeug als Träger von

Beobachter und Funkgerät die Anpassung der Wahrnehmung an den vergrößerten Aktionsraum der Waffen.

In beiden Fällen ist das Flugzeug eine Maschine zum Sehen; es vereinigt die Fähigkeiten zur Aufnahme, Speicherung und Wiedergabe. Das ausgerüstete Aufklärungsflugzeug zeigt, daß das direkte Sehen immer mehr vermittelten Formen weicht. Die Amplifikation des Wahrnehmungsraumes ist ohne Abstraktion, das Einschalten von Zwischengliedern, nicht zu haben – großräumige Operationen aber sind direkt gar nicht mehr überschaubar. Die Marneschlacht brachte die Ablösung der horizontalen Perspektive durch die senkrechte der Aufklärungsflieger. Die Berichte der Bodenspähtrupps waren widersprüchlich, nur aus der Vertikale ließen sich die allgemeinen Bewegungstendenzen erkennen. Das französische Oberkommando zog zunächst die horizontale Sicht vor. Der Ausgang der Schlacht aber, das Zurückschlagen der deutschen Offensive, verdankt sich nicht zuletzt dem schließlichen Vertrauen in die Ergebnisse der Flugzeugbeobachtung. Langsam wurde die Luftaufklärung „zum Wahrnehmungsorgan der Oberkommandos, zur wichtigsten Prothese der Kammerstrategen in den Generalstäben."[73]

Die Operationen der Luftaufklärung des amerikanischen Expeditionskorps in Frankreich kommandierte der Photograph Edward Steichen[74]; er hatte 55 Offiziere und über 1.000 Soldaten zur Verfügung. Insgesamt wurden 1.300.000 Aufnahmen angefertigt. Das Flugzeug als Transportmittel und die Kamera als Informationsmittel bildeten eine Einheit, um den Raum zu erfassen – als Zielgebiet. Denn die so gewonnenen Daten dienten der Vorbereitung von Bombardements und weitreichendem Artilleriebeschuß, deren Ergebnis wiederum photographisch festgehalten wurde.

Bereits in der Natur dieser Aufnahmen liegt ein Moment der Entqualifizierung der vorhandenen Landschaft. Der Vorzug der Neutralität plansichtiger, quasi kartographischer Photographien wird durch den Nachteil ihrer Verfremdung neutralisiert: aus der Luft war es nicht immer einfach, einen Baumstumpf von einem Maschinengewehr zu unterscheiden. Diese Art der Erfassung des Raumes schuf ein Interpretationsproblem. Dem ungeübten Auge zeigen die unendlichen Bildserien nur abstrakte Linienmuster. Als Oskar Schlemmer 1916 Luftaufnahmen sah, das „Phantastischste, Phantasieanregendste", was er sich denken könne[75], goutierte er als Maler gerade diese Flächenreize. Steichen hingegen mußte die Vielfalt der visuellen Informationen auf eindeutige und unverwechselbare Merkmale reduzieren. Ein Mittel war, daß die Aufklärungsflieger in konstanter Höhe flogen, um einen jeweils vergleichbaren Maßstab der Aufnahmen zu erreichen.[76] Dann mußten Erhöhungen und Vertiefungen, bei vertikal gemachten Aufnahmen schwer zu unterscheiden, durch Wiederholung der Prozedur bei verschiedenem Sonnenstand eindeutig

Amerikanische Luftaufnahmen der
fortschreitenden Zerstörung eines Bauernhofes
durch Artillerie, um 1918

Erfassung von Hautfalten durch die Bertillonage

identifizierbar gemacht werden. So konnte durch Standardisierung der Aufnahmeverfahren das Terrain unabhängig vom subjektiven Blick auf bestimmte Dinge hin befragbar wiedergegeben werden. Durch Codierung der Informationen wurden die Ergebnisse verschiedener Aufnahmen auf dem Gitternetz gezeichneter Karten kompatibel.

Derartige Problemlösungen rücken Steichens Arbeit in die Nähe der Bertillonage, eines kriminalistischen Großexperiments des späten 19. Jahrhunderts:

hochdifferenzierte Einzelheiten sollten durch festgelegte Auswertungsverfahren der polizeilichen Aufklärungsarbeit verfügbar gemacht werden. Gegenstand der Untersuchung waren nicht Landschaften, sondern Physiognomien. Bertillon begann mit Zahlen. Aufgrund von Berechnungen des Statistikers Quételet nahm er an, daß es nicht zwei Menschen gebe, bei denen sämtliche Körpermaße übereinstimmen. Also richtete er Vermessungskarteien ein, in denen von jedem Delinquenten 14 verschiedene Maße festgehalten wurden – eine nach den Gesetzen der Wahrscheinlichkeitsrechnung für eindeutige Identifikation ausreichende Zahl. Später verwendete er auch Porträtphotographien. Entscheidend dabei war eine Standardisierung des Aufnahmeverfahrens, wie sie bis heute praktiziert wird: jeweils zwei Aufnahmen sollten angefertigt werden, eine en face und eine en profil, und zwar aus dem gleichen Abstand, bei gleicher Kopfhaltung und Beleuchtung. Schließlich wurden Meßdaten und Photographien noch durch das „Porträt parlé" ergänzt: Buchstabenformeln, die die diversen körperlichen Merkmale repräsentierten.[77] Bertillons Leistung war die Verbindung von unter exakt definierten Bedingungen aufgenommenen Photographien mit verschiedenen Codes – eine Technik der Objektivierung visueller Informationen.

Das gleichsam industrielle Verfahren der Identifikation verbindet die Bertillonage mit der Luftaufklärung. Hier aber kommt noch etwas anderes hinzu. Wesentlich bei militärischen Luftaufnahmen ist weniger das einzelne Bild, sondern die ununterbrochene Bildfolge, das systematische Erfassen der Landschaft in den Kategorien von Raum und Zeit. Nicht bloßes Fixieren, sondern das Registrieren jeder nur möglichen Veränderung ist das eigentliche Ziel. Die Konsequenzen dieser Verfahrensweise lassen sich im Falle Steichens an seiner späteren Arbeit ablesen. In einem Zustand starker Depression verbrachte er nach dem Krieg drei Monate damit, über 1.000 Photographien zweier Stücke Geschirrs anzufertigen. Der – noch der Malerei verpflichtete – besondere Status des Einzelbildes hatte sich aufgelöst. Steichen wurden die Luftaufnahmen zum Katalysator einer Strategie der Bildproduktion, die nicht mehr an der Kunst, sondern am Maßstab technisch-industrieller Perfektion orientiert ist.

2. Schwanken der Koordinaten

Ein gutes Jahrhundert zuvor, nach den ersten Ballonaufstiegen, hatte die Vogelperspektive eine andere Bedeutung: sie war zunächst nicht Vermessungs- und Aufklärungs-, sondern Bewußtseinsperspektive. Der Raum des romantischen Subjekts tendiert zur Entgrenzung, der Ballon war Medium visionärer Weltenschau. Zwar wurde auch hier optisches Gerät mitgeführt – bei Jean Paul in „Des Luftschiffers Gianozzo Seebuch" (1801) ist es ein „englisches Kriegsperspektiv", das durch den gläsernen Fußboden des Ballons hindurch das lächerliche Treiben in kleinen Residenzstädten offenbart –, Fokussierungen aber bleiben beiläufig. Rudimentär wie die Kontrolle des Sehraumes ist auch die der Steuerung des Ballons; nur bei leichtem Wind ist überhaupt Einflußnahme möglich, den Normalfall bezeichnet Gianozzos Eintragung im Luftschiff-Journal: „vom unsteten Wehen ließ ich mich über Sachsen hin und her würfeln."[78] Das beschreibt kein Mißgeschick, sondern die Intention: Ballonfahren, so wie es hier vorgeführt wird, will den Verlust der gewohnten Koordinationen. Vor dem „Gianozzo" ist nie, so Walter Höllerer, „in deutscher Sprache ein Flug geschildert worden, der, als äußerste Möglichkeit des Menschen aufgefaßt, nicht nur sich selbst als begrenzte Bewegung begreifen läßt, sondern der die Bewegung der Erde, das Verhältnis des Menschen zur Erde, das Verhältnis der Erde zu den anderen Himmelskörpern, die Relation der menschlichen Regung zu andersartigen Größen, Weiten, Bewegungen ahnbar macht."[79]

Der Ballon mobilisiert die Vorstellungskraft. Sein Bewegungsmodus, das Schweben und Gleiten, entspricht dem der Träumerei. Die Berichte der Ballonfahrer sind gleichsam das poetische Vorspiel jener Mobilisierung des Anschauungsraumes, die um die Mitte des 19. Jahrhunderts einsetzt. Mit der Eisenbahn werden zunächst die Sinne attackiert, werden die Faktoren Beschleunigung und Geschwindigkeit wesentlich. Der Raum zieht sich zusammen. „Vor meiner Tür brandet die Nordsee" schreibt der Wahlpariser Heinrich Heine nach Eröffnung der ersten großen Eisenbahnlinien und Eichendorff ergänzt: „Diese Dampffahrten rütteln die Welt, die eigentlich nur noch aus Bahnhöfen besteht, unermüdlich durcheinander wie ein Kaleidoskop."[80] Die Eisenbahn ist auch eine optische Maschinerie; sie destabilisiert das Weltbild.

Signatur dieser Verflüchtigung von Objektbeziehungen ist der Schwindel, ein Flug- oder Schwebezustand, der nicht nur Metapher ist, sondern auch konkretes Krankheitsbild. Der Pariser Arzt Menière berichtet 1861 von Kranken, die, von Schwindel erfaßt, zu Boden fielen und sich kaum mehr zu erheben vermochten – ihnen wird buchstäblich der feste Boden unter den Füßen weggezogen. Er nahm an, daß die Ursache dieser Krankheit in den Bogengängen zu suchen sei. Das wissenschaftliche Interesse an dem so entdeckten Gleichgewichtssinn[81] mag auch darin begründet gewesen sein, daß hier solche Sensationen medizinisch greifbar werden, die die moderne Zivilisation in zunehmendem Maße bereitstellt: der Bewegungsmaschinerie Eisenbahn korrespondiert eine allgemeine Beschleunigung der Lebensvorgänge in den großen Städten.

Keinen Halt mehr haben – das sind die irritierenden Sinneseindrücke auch angesichts der technischen Großbauten des 19. Jahrhunderts. Allein die Bewegung des Auges in diesen statischen Gebilden erzeugt schon einen Schwindel durch das Fehlen greifbarer Fixpunkte im Raum. Darin unterscheiden sich nicht grundsätzlich die Reaktionen auf Paxtons Kristallpalast und die auf die Bauten

Galerie des Machines, Weltausstellung Paris 1889

Claude Monet, Boulevard des Capucines, 1873

Gustave Caillebotte, Boulevard, vue d'en haut, 1880

Edgar Degas, Miss Lala im Zirkus Fernando, 1879

von 1889, Galerie des Machines und Eiffelturm. Haltlos, vom Boden nach oben gezogen, irrt der Blick durch das Netz aus Eisen und Glas. Joris-Karl Huysmans beschreibt einen Träger der Galerie des Machines, der „unter dem unendlichen Himmel von Glas seine schwindelnd hohen Enden zusammenführt"; die Form dieses Raumes ist, verglichen mit der gotischen Baukunst, „gesprengt, größer und toll geworden."[82] Die Dreigelenkbinder, die hier in bis dahin nicht gekannter Größe verwendet wurden, bringen auch auf der rein technischen Ebene etwas grundsätzlich Neues in die Architektur: die Enden der Träger sind nicht mehr starr mit dem Erdboden verbunden, sondern ruhen auf Walzenlagern; die beiden Trägersegmente sind in der Höhe gelenkartig verbunden. An die Stelle des starren Verhältnisses von Stütze und Last, wie in der traditionellen Architektur, wo man den Punkt fixieren kann, wo beide aufeinander stoßen, ist ein Zustand labilen Gleichgewichtes getreten; Stütze und Last, horizontale und vertikale Funktion sind nicht mehr voneinander zu unterscheiden.

Naturgemäß mehr als statische Gebilde, die doch zunächst einmal das Auge involvieren, fordern komplexe Bewegungsabläufe den Gleichgewichtssinn heraus. Spektakulär ist die Darstellung, die Degas 1879 von einer frei im Raum hängenden Zirkusartistin gibt („Miss Lala im Zirkus Fernando"). Hier ist der Zirkus nichts Genrehaftes – der angespannt schwebende Körper ist in einer wahrhaft schwindelerregenden Perspektive dargestellt: der Blick geht von unten schräg nach oben, vorbei an der Artistin und hängenden Seilen auf die Eisenträger des vieleckigen Kuppelbaus. Es gibt keine ruhigen Flächen, sondern nur Winkel und Ausschnitte; der Blickpunkt befindet sich in unbestimmter Höhe irgendwo im Raum. Auf diese Weise wird der Betrachter hinsichtlich der Raumgrenzen und der Gesetze der Schwerkraft irritiert, sie scheinen in einem Schwebezustand aufgehoben. Der Gleichgewichtssinn hat keinen festen Anhaltspunkt zur Orientierung, zur Ausrichtung auf eine Raumebene.

Ist Degas' Bild tatsächlich bodenlos, so ist umgekehrt Monets „Boulevard des Capucines" von 1873 ein „aufsichtiges Bild von so konsequenter Art, wie es die Geschichte der Malerei bislang nicht kannte."[83] Als mögliche Anregung Monets gelten die Momentaufnahmen Adolphe Brauns, insbesondere seine Aufnahme der „Pont des Arts" von 1867: keine so steile Schrägsicht wie bei den Ballonaufnahmen Nadars (mit dem Monet befreundet war), aber doch ein Blick von oben, der das eine Flußufer beinahe in Ansicht zeigt, die Brücke aber nach unten wegstürzend. Im Bild Monets kippt in ähnlicher Weise die Straße nach unten, wird tendenziell in Aufsicht wiedergegeben, während sie sich zum rückwärtigen Bildraum hin wieder eher in der gewohnt horizontalen Ansicht präsentiert. Sieben Jahre später geht Gustave Caillebotte einen entscheidenden Schritt weiter, sein Bild „Boulevard, vue d'en haut" bietet eine beinahe ganz vertikale Aufsicht. Mit der wie bei Momentaufnahmen zufällig scheinenden

Komposition versucht Caillebotte keine Verbindung mehr von An- und Aufsicht, sondern entscheidet sich konsequent für den Blick von oben, der den Straßenraum als fast abstrakte Fläche erscheinen läßt. Hatte Monet noch einen Standpunkt auf einem der am rechten Bildrand sichtbaren Balkone, so wirkt Caillebottes Bild, als sei es aus einem tieffliegenden Flugzeug aufgenommen. Vom Impressionismus wird der horizontale, zentralperspektivisch organisierte Anschauungsraum erweitert, in alle nur möglichen Richtungen gedreht. Das Auge operiert, wie eine in die Luft geworfene Kamera, zunehmend standpunktunabhängig.

3. Fliegeraufnahmen sind „Raumraffer"

Die Erfahrungen des Impressionismus und die der Luftaufnahmen bzw. der Luftaufklärung fließen in die Ästhetik der zwanziger Jahre ein – sie werden zum Anknüpfungspunkt des „Neuen Sehens". Von Rodtschenko wird das Kippen des Anschauungsraumes zum Programm erhoben. Im Jahr 1924 hatte er zu photographieren begonnen; viele seiner Aufnahmen zeigen Sichten von schräg oben oder schräg unten. Eine Kontroverse um Plagiatsvorwürfe veranlaßte ihn 1928 zu einer theoretischen Stellungnahme. Er wendet sich gegen die hergebrachten Blickwinkel, gegen Aufnahmen aus dem Standpunkt eines Menschen, der „auf der Erde steht und geradeaus blickt, oder, wie ich es nenne, Aufnahmen vom Bauchnabel aus."[84] Um den Begriff vom Gegenstand zu erweitern, fordert er Photographien aus allen Blickwinkeln, wobei er die von oben nach unten und die von unten nach oben für am meisten interessant erklärt. Die Zeitschrift „Nowy LEF", in der Rodtschenkos Text erschienen war, brachte zwei Nummern später eine Entgegnung von Boris Kuschner. Er vermißt Argumente für „die Festlegung der Blickwinkel auf 90 Grad und auf die vertikale Ebene"[85], die bereits modisch zu werden begann und die die Urheber, so auch Renger-Patzsch, dann zu vorsichtigen Distanzierungen nötigte. Die Diskussion dreht sich um einige (fremde) Photos, die Rodtschenko für seinen Artikel ausgewählt hatte und insbesondere um zwei Aufnahmen des Schuchowschen Sendeturms. Kuschner beklagt, daß mit dem Blick von unten nach oben der 150 m hohe Mast als „Drahtkorb für Brot" erscheine, daß also der Sachverhalt nicht herausmodelliert, sondern entstellt sei.

In seiner Antwort stimmt Rodtschenko der Einzelkritik zu, betont aber auch hier die Qualität der Zerstörung herkömmlicher Vorstellung. Zur Rechtfertigung der von ihm bevorzugten Blickwinkel beruft er sich auf die allgemeine zivilisatorische Entwicklung: „Die moderne Stadt mit ihren vielgeschossigen Häusern, die Werksanlagen, Fabriken usw., die zwei- oder dreigeschossigen Schaufensterzonen, Straßenbahnen, Autos, dreidimensionale Leuchtreklamen,

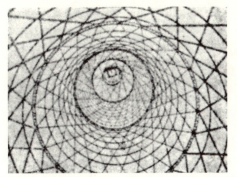 

Links: M. A. Kaufmann, Sendeturm; rechts: S. Fridljand, Sendeturm

Ozeandampfer, Flugzeuge – all das... hat notwendigerweise die überkommene Psychologie der Wahrnehmung um einiges verändert."[86] Die Größe der Objekte, wie die eines Wolkenkratzers, werde mit der Optik des Nabels, die die gesamte Kunstgeschichte dominiert, nur neutralisiert. Das moderne Leben könne nur der (à la Rodtschenko gehandhabte) Photoapparat abbilden. Der Nabel eines 68-stöckigen Gebäudes befindet sich im 34. Stock. Nimmt man es – statt von unten nach oben – in halber Höhe von einem Nachbargebäude aus auf, so hat man zwar einen ausgewogenen Blickpunkt, aber keinen Eindruck von der Höhe, wie sie sich

Erich Mendelsohn, Photographie des Woolworth Building, New York

Mann von oben, Pressephoto, 1929

dem Passanten darbietet. Rodtschenkos eigene Photographien lösen sich von den auf ebene Bodenflächen und sichtbare Horizontlinien bezogenen Regeln stabiler Raumdarstellung; der Sturz der Perspektiven wird zur revolutionären Tugend.

Nicht als Praktiker, der seine Arbeit verteidigt, sondern von vornherein als Theoretiker äußert sich Rudolf Arnheim zur Bedeutung der Aufsicht für die Wahrnehmung. Ein Pferd, in horizontaler Ansicht auf der Leinwand zu sehen, wird in der Regel nicht viel mehr bedeuten als „eine Nachricht, ...ein Pferd sei dort vorhanden" heißt es in seinem Buch „Film als Kunst" von 1932.[87] Seine Überlegungen sind von der Gestaltpsychologie beinflußt; er fragt nach den Bedingungen der Aufmerksamkeitserregung. Auffällige Bildeinstellungen und in besonderem Maße die Aufsicht scheinen ihm geeignete Mittel. Was bei Rodtschenko noch Teil einer gleichermaßen ästhetischen wie politischen Strategie war, wird unter dem Blick des Psychologen zu einer Technik des „Blickfangs" und auch der Analyse, für die Reklame so wichtig wie für die Filmregie. Im Endeffekt jedoch unterscheiden sich die Ergebnisse nicht grundsätzlich voneinander.

Arnheim exemplifiziert seine Überlegungen an einem Pressephoto von 1929: „Mann von oben".[88] Der Körper ist zu einem Flächenbild geworden, die Schwärze der „fast seesternförmigen Figur" fließt mit dem Schatten auf dem Boden zusammen. Von oben bildet der Mann eine dynamische Konfiguration, man sieht, wie die Arme den Körper gleichsam „vorwärts rudern". In seiner ungewöhnlichen Perspektive vermittelt dieses Bild eines anonymen Mannes keine Ansicht, aber eine Einsicht in Bewegungsfunktionen. Genau dieselbe Perspektive wird in einer Erzählung Jean-Paul Sartres sieben Jahre später vollkommen anders gelesen – es ist der bevorzugte Blickwinkel seines „Herostraten": „Man muß die Menschen von oben sehen... Sie sehen von vorn und bisweilen auch von hinten gepflegt aus, aber ihre ganze Wirkung ist auf Betrachter von einem Meter siebzig abgestellt. Wer hat sich schon einmal den Anblick einer ‚Melone', von der sechsten Etage aus gesehen, vorgestellt? Sie sollten ihre Schultern und Schädel unter lebhaften Farben und hellen Stoffen verhüllen; sie verstehen es nicht, gegen den großen Feind des Menschlichen zu Felde zu ziehen: die Perspektive von oben. Ich beugte mich zum Fenster heraus und mußte lachen: wo blieb denn ihr berühmter ‚aufrechter Gang', auf den sie so stolz waren? Sie waren auf den Fußsteig gequetscht, und zwei lange, halb kriechende Beine kamen unter ihren Schultern hervor."[89]

Der Avantgarde aber ist die potentiell destruktive Qualität des Blicks von oben, die Perspektive auch der Strategen des Luftkrieges, kein Thema. Arnheim kommt nach dem Krieg wieder auf die neuen Sichten und ihre zivilisatorischen Voraussetzungen zu sprechen.[90] Die Erfahrung, fliegen zu können, sei eine „wesentliche Stütze" für das Verschieben der Sehachsen aus der Parallelführung zum Boden durch Photoapparat und Filmkamera und schließlich für die frei im

Straßenkreuzung in New York, aus: Laszlo Moholy-Nagy, Von Material zu Architektur

Luftaufnahme eines Roggenfeldes, aus: Laszlo Moholy-Nagy, Von Material zu Architektur

Raum schwebenden Formen in der modernen Kunst, die sich ganz von der materiellen Wirklichkeit gelöst haben. Am deutlichsten formuliert wurde die Vorstellung eines von der Schwerkrafthierarchie befreiten Raumes von Laszlo Moholy-Nagy. „fliegeraufnahmen sind... ‚raumraffer'" heißt es in seinem Buch „von material zu architektur", das 1929 erschien. Er vergleicht Luft- mit Mikroaufnahmen und sieht in beiden Fällen die Möglichkeit, verborgene Zusammenhänge zu erkennen. Die Luftaufnahmen sind nur ein, wenn auch wesentliches Mittel, um einen dynamischen Begriff des Raumes zu veranschaulichen, eines Raumes, dessen Grenzen flüssig werden, in dem innen und außen, oben und unten „zu einer Einheit verschmelzen", in dem ein „stetes Fluktuieren"[91] an die Stelle statischer Beziehungen getreten ist.

Bei Rodtschenko, Arnheim oder Moholy-Nagy sind Flugzeugsichten wohl Anreger, nicht aber der ausschließliche Gegenstand des Interesses. Das indiziert immerhin, daß Luftaufnahmen ins alltägliche Bilderreservoir eingeflossen sind. Das Abstellen der Argumentation ganz oder fast ganz auf Luftaufnahmen bleibt hingegen eine Ausnahme, für die Bücher wie „Deutschland aus der Vogelschau" stehen. Als Mitherausgeber zeichnete 1925 der Deutsche Werkbund. Die Aufnahmen lassen Bildungsgesetze der Landschaften wie der Siedlungen erkennen, Veränderungen im Wechsel der Jahreszeiten und menschliche Eingriffe. Das hätte eine Topographie neuer Art erlaubt, eine Lektüre, die verschiedenartigste Größen in ihrem Beziehungsspiel sichtbar macht. Aber schon dem Rezensenten Theodor Heuß fiel die „ein wenig allzusehr lyrisch-beschwingte

Le Corbusier, Plan für Rio de Janeiro, 1929

Tonlage" des einführenden Textes auf, an dessen Ende der Satz steht: „Der Mensch ist eingeordnet in ein ewiges, dauerndes Geschehen, und diese Erkenntnis macht bescheiden und gewährt Ruhe."[92] Die Luftaufnahmen werden hier im Jargon der Eigentlichkeit gelesen, gleichsam als Lob der „Einfalt des Gevierts".

Forciert aggressiv und ekstatisch zugleich dagegen ist Le Corbusiers Vision in seinem Buch „Aircraft". Von einem Londoner Verleger hatte er den Auftrag erhalten, zu zeigen, welch gesellschaftlicher Stimulus in der Luftfahrt liegt. Das „Aircraft"-Buch erschien 1935 in einer Reihe mit dem Titel „The New Vision"; der Folgeband war Raymond Loewys „Locomotive". Das Layout stammt von Le Corbusier selber, die 124 Abbildungen – technische Details und eigene Entwürfe, vor allem aber Flugzeug- und Luftaufnahmen – sind mit plakativen Zwischentiteln und kurzen Texten spannungsreich montiert.

Illusionslos wird der Krieg als „hellish laboratory" benannt, in dem die Luftfahrt sich entwickelt habe. Noch 1935 muß der Brief eines Colonels an Le Corbusier den Einfluß des Flugzeugs auf Lebensweisen, Gesetze und Ökonomie beglaubigen.[93] Implizit wird in „Aircraft" dem militärischen Sektor eine wesentliche Rolle bei der Umsetzung der neuen Möglichkeiten zugewiesen, so wenn Flugzeugträger als „floating islands, ...shifting airports" apostrophiert werden, also als Repräsentanten von Mobilität schlechthin. Le Corbusiers Programm von Modernität unterscheidet nicht zwischen ziviler und militärischer Ausformung, und auch nicht zwischen Ideologien (er verwendet ein Mussolini-Zitat so gut wie das Photo eines sowjetischen Fallschirmspringers); der einzige Gegner, den er kennt, ist der Akademismus. Das Flugzeug dagegen ist eine ideale Folie, um seine eigenen Vorstellungen zu artikulieren. „Clearness of function" wird zum technischen wie architektonischen Leitprinzip. Der Aluminiumrahmen eines Flugzeuges zeige eine Ökonomie des Materials, die als fundamentales Prinzip anzusehen sei; Detailabbildungen von Flugzeugrümpfen, Tragflächen-profilen oder Propellerblättern belegen „A new state of modern conscience. A new plastic vision. A new aesthetic."[94]

Das sind gleichsam hinführende Bemerkungen, Einkreisungen konstruktiver und formaler Eigenschaften. Erst der Gebrauch des Flugzeuges führt Le Corbusier auf sein zentrales Thema, die neuen Sichten und die Konsequenzen für die Stadtplanung. Seine ersten Erfahrungen mit dem Fliegen gehen auf die Südamerika-Reise im Jahr 1929 zurück. Noch im selben Jahr publizierte er die dort gehaltenen Vorträge. „Vom Flugzeug aus habe ich Schauspiele gesehen, die man als kosmisch bezeichnen könnte" – ein Satz wie dieser schlägt den Ton an, der die Aufzeichnungen durchzieht. Die Entdeckung von Rhythmen und Zusammenhängen mündet in ein Lob der Erhabenheit der Natur. Dann meldet sich der Städtebauer. Le Corbusier entwirft für Sao Paulo und Rio de Janeiro Verkehrssysteme[95] – so generös, wie es der Blick aus dem Flugzeug nahelegt. Das Hauptmittel sind aufgeständerte Autobahnen, die hoch über den Dächern der existierenden Stadt schnelle Verbindungen schaffen, ohne, wie er annimmt, irgendjemanden zu stören.

In „Aircraft" ist die Argumentation radikaler. „The airplane eye reveals a spectacle of collapse". Luftaufnahmen, sie stellen fast ausschließlich das letzte Viertel der Abbildungen, werden zu einem Mittel der Erkenntnis: sie zeigen die Struktur, den chaotischen, menschenunwürdigen Wildwuchs der durch Bodenspekulation entstandenen Stadt des 19. Jahrhunderts. Der strategische Blick Le Corbusiers sieht in den Luftaufnahmen die Aufforderung zu Zerstörung und Neubau der Städte.[96] Folge der Flugzeugsichten ist die Entwicklung einer großräumigen Maßstäblichkeit, die Forderung nach entsprechender Organisation der Bezüge. Die Städte aber würden sich dann, wie in seinen eigenen Plänen für Algier aus den frühen dreißiger Jahren, darbieten wie arrangiert für das Adlerauge des Flugzeugs.

Bei Le Corbusier wird deutlich, daß die Flugzeugsichten und Luftaufnahmen seinen Erfahrungshintergrund einschneidend verändert haben. Es ist nicht nur der kalte Blick des artiste-démolisseur, der sich hier entwickelt. Von oben werden

Seite aus: Le Corbusier, Aircraft. Eine Luftaufnahme Rio de Janeiros über zwei Skizzen mit der Unterschrift: „Two sketches made during a flight in 1929, just when the conception of a vast programme of organic town-planning came like a revelation."

die einfachen Prinzipien sichtbar, die die Natur regulieren. Die Dinge werden als Organismen verstanden, Mikro- und Makrokosmos funktionieren auf die gleiche Weise. Die Vision einer technischen Zivilisation zeichnet sich ab, deren Gestalter dieses Wissen als Ausgangspunkt nehmen. Le Corbusier sagt am Schluß des Buches über den Menschen, der die meditative Erfahrung des Fluges gemacht hat: „His aims and his determinations have found a new scale."[97]

III. „EIN FAST EQUILIBRISTISCHES HANTIEREN"

1. Fliegen

Für die Avantgarde der zwanziger Jahre gibt es zwei grundsätzlich unterschiedene Reaktionsweisen auf die real gewordene Möglichkeit zu fliegen: entweder wird sie direkt repräsentiert oder man wählt eine Formensprache, die eine Referenz erlaubt, ohne aber mimetisch herleitbar zu sein. Im ersten Fall, dem der direkten Repräsentation, wird man beispielsweise Flugkörper als Ausgangspunkt der Gestaltung nehmen. Das ist gegeben im Entwurf Leonidows für das

Iwan Leonidow, Lenin-Institut, Modell, 1927

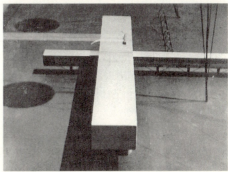

Iwan Leonidow, Lenin-Institut,
vorläufiges Modell

Lenin-Institut in Moskau.⁹⁸ Leonidow gehört der zweiten Generation der sogenannten Revolutionskünstler an, d. h. er erhielt seine Ausbildung nach 1917. Sein Entwurf von 1927 besteht zunächst aus einem Hochbau für die Bücherlagerung, einem flachen Trakt für Lese- und Arbeitsräume und einer Bahnstation. Diese Baukörper sind rechtwinklig aufeinander bezogen. In der endgültigen Fassung des Entwurfs stoßen sie an ihren Endpunkten aufeinander; aufschlußreich hinsichtlich der Leonidowschen Intentionen ist aber ihre Zuordnung in einem wahrscheinlich dazugehörigen vorläufigen Modell: hier sind zwei Trakte kreuzförmig übereinandergelegt. Da auch der untenliegende Trakt aufgeständert ist, evoziert die Anordnung das Bild der Kreuzung von Tragflächen und Rumpf eines Flugzeuges auf dem Rollfeld.

Dieses „Flugzeug" ist im endgültigen Entwurf verschwunden; hier wird eine andere Art von Flugkörper dominant. Ein wenig von dem Punkt versetzt, wo die verschiedenen Baukomplexe aufeinanderstoßen, erhebt sich das Auditorium, eine Kugel auf einem trichterförmigen Tragwerk. Fixiert das dreidimensionale Koordinatenkreuz der übrigen Baukörper gleichsam einen bestimmten Punkt der Erdoberfläche, so scheint das kugelförmige und gläsern-transparente Auditorium, wie ein Globus mit einer Meridian-Einteilung versehen und auch als Planetarium ausgelegt, in den freien Raum aufsteigen zu können.

Es ist natürlich die Metapher des Ballons, die hier wirksam wird. Schon Ende des 18. Jahrhunderts zeigt die Synchronizität des ersten Aufstiegs eines Heißluftballons und eines spektakulären Architekturentwurfs, daß der Ballon als Fluggerät und die Vorstellung der Unendlichkeit des Raumes sofort aufeinander bezogen wurden. Nur ein Jahr, nachdem die Gebrüder Montgolfier 1783 ihr neuartiges Fluggerät einer ungeheuren Menschenmenge vorgeführt hatten, präsentierte der später sogenannte Revolutionsarchitekt Etienne Louis Boullée seinen „Kenotaph für Newton", eine Hohlkugel als Denkmal für den Begründer eines neuen Modells des Universums. Newton hatte den unendlichen, isotropen Raum postuliert, in dem die Körper sich nach mechanischen Prinzipien bewegen. Die Kugelform erlaubt es Boullée, wie er in seinem „Essay sur l'art" schreibt, Newton gleichsam mit seiner „Entdeckung zu umhüllen". Die Größe der Kugel verweist auf die des Universums, sie ist Ausdruck der Erhabenheit des unendlichen Raumes. Der Ballon liefert eine formale Entsprechung zu astronomischen Elementarkörpern; als Fluggerät ist er selbst ein Mittel, um die Größe des Raumes zu erfahren. Denn das gleiche wie einem Menschen auf hoher See geschieht, so Boullée, „in einem Ballon, in dem man, in den Lüften schwebend, die Erde aus den Augen verloren hat und von der ganzen Natur nur noch den Himmel erblickt. Wenn der Mensch so in der Unendlichkeit dahintreibt, in einem Abgrund unermeßlicher Weite, wird er tief erschüttert durch das außergewöhnliche Schauspiel eines nicht faßbaren Raums."⁹⁹

Fliegen

El Lissitzky, Proun RVN 2, 1923

Alexander Rodtschenko, Ballon, Photo, 1927

Boullées Kugel ist zwar doppelt konnotiert, Abbild des Universums und auch des Ballons, aber zugleich ist sie doch eine selbständige architektonische Form. Entwürfe, die in der russischen Revolutionsarchitektur der zwanziger Jahre auftauchen, arbeiten ebenso mit dem Kosmos-Motiv Kugel bzw. Kreis.[100] Dabei läßt sich die eigenständige Qualität von Leonidows Entwurf vielleicht an der Frage messen, ob er das kosmische Motiv direkt repräsentiert oder ob er es künstlerisch transformiert. Die mögliche Bandbreite zeigen zwei beinahe gleichzeitige Arbeiten aus der bildenden Kunst. Der Grundriß von Leonidows Entwurf weist erstaunliche Parallelen zu einem Bild El Lissitzkys auf, dem „Proun RVN 2" von 1923. Drei langgestreckte rechtwinklige Farbkörper markieren, so wie bei Leonidow die Trakte, die drei Hauptachsen des Raumes. Durch die Vermeidung jeder Art von Schattenbildung schweben sie in unbestimmter Höhe über einer weißen Kreis- oder auch Kugelform. Die Stelle des Leonidowschen Auditoriums nimmt eine runde schwarze Form ein, ebenfalls auf der weißen Grundfläche. Lissitzkys suprematistische Sprache ist ohne jede abbildende Eigenschaft; die scharf umrissenen Formen finden sich in nicht definierten Größen- und Raumverhältnissen. Das Gegenteil dieser Art von Bildsprache verkörpert eine Photographie Rodtschenkos. Auch sie ist unzweifelhaft suprematistisch geprägt, zielt aber auf Realitätsabbildung: ein Ballon ist schräg von unten nach oben aufgenommen, für sich der Ausschnitt einer großen schwarzen Form vor weißem Hintergrund, mit der Takelage aber eindeutig in der Wirklichkeit verankert.

Dem konkreten Motiv bleibt auch Leonidow verhaftet. Das trichterförmige Tragwerk, auf dem das Auditorium steht, evoziert das Bild einer Takelage. Mit dieser Substruktion ist die Kugel des Auditoriums gerade soweit vom Erdboden erhoben wie ein startbereiter Ballon auf dem Flugfeld. Bei aller Radikalität der freien Anordnung der Baukörper im Raum bleibt bei der Kugel doch eine irritierende Anmutung, die Werner Hegemann 1929 in die Frage faßte: „Auditorium, Glühbirne oder Luftballon?"[101] Selbst wenn, wie Adolf Max Vogt in seiner passionierten Untersuchung der Revolutionsarchitektur feststellt, es nicht ausgeschlossen werden kann, daß Leonidow die Ballon-Assoziation akzeptiert hätte, so ist doch diese mimetische Eigenschaft unbefriedigend, scheint sie doch den Sieg der Metapher über die architektonische Gestalt anzuzeigen.

Dieses Problem benennt auch Theo van Doesburg in einer Folge von Aufsätzen, die zwischen 1929 und 1931 erschienen sind, und die sich mit Fragen des Flughafenbaus beschäftigen.[102] Seine Leitvorstellungen sind die „elementare Struktur" und die „funktionale Verantwortlichkeit", die Gegenposition bezeichnet ein Arbeiten mit Formen, die aus rein ästhetischen Gründen gewählt werden. Die elementare Struktur ist in sich schön, in ihr ist alles Sekundäre zurückgedrängt. Ein Gebäude in Form eines Flugzeuges aber, und das ist sein eigentliches Thema, ist nicht elementar, sondern expressionistisch. Zentraler Gegenstand seiner Erörterung ist ein Flughafenentwurf für Madrid von den Architekten Bergamin, Soler und Levenfeld aus dem Jahr 1929. Dieser Entwurf sei sehr funktional gedacht, mache die gerade Linie in Entsprechung zum Schnellverkehr zur Dominante und biete überdies eine Integration der verschiedenen Gebäude. Nur das Hauptgebäude: obgleich in Übereinstimmung mit den modernen Prinzipien gedacht, biete es doch eine Silhouette, die sich wiederum an der Form eines Flugzeuges orientiere. Das meint, daß die zum Flugfeld hin symmetrisch angeordneten Gebäudehälften von einem halbkreisförmigen Mittelpavillon aus zurückschwingen und so Rumpf und Flügel eines Flugzeugs zitieren.

Untergründig aber fechten diese Texte eine Polemik mit Le Corbusier aus. Sieht van Doesburg in Spanien auch durchaus Übereinstimmung mit de Stijl-Prinzipien, so schreibt er den expressionistischen Zug dem verderblichen Einfluß Le Corbusiers zu. Aus ästhetischen Gründen Formen zu wählen, die dem modernen Verkehr entlehnt sind, also Passagierschiffe und Flugzeuge nachzuahmen – das heißt sekundäre Formfaktoren zuzulassen und führt zum Expressionismus. Monolithisch eingebaute Möbel, Kommandobrücken in Wohnhäusern und Dachterassen wie Schiffsdecks zeigen eine Unterwerfung unter

Bergamin, Soler und Levenfeld, Flughafen Madrid, Entwurf, 1929

den Zeitgeist. Die Anhänger der Betonform – die „Formfanatiker", zu denen hier auch Scharoun gerechnet wird –, unterscheidet von den Verfechtern der Betonkonstruktion, daß sie die Funktionen ausdrücken, statt ihnen zu dienen. Das Problem der Gestaltung aber liegt nicht in der Form – die ist in der Architektur ganz nebensächlich –, sondern in der Funktion. Van Doesburg geriert sich als Verfechter der reinen Lehre der Moderne, die sich im wesentlichen negativ definiert, nämlich durch den Verzicht auf jede Art direkter Abbildung. Die Eigenschaften, die er an den spanischen Entwürfen rühmt, haben mit dem Fliegen nur in der Weise der Vermittlung einer „Idee" gerader Linien zu tun.

Auf eine grundsätzlich andere Weise als Leonidow und die spanischen Architekten reflektiert Malewitsch die Möglichkeit des Fliegens. Seine Arbeit lief ab 1912 auf den berühmten „Nullpunkt" zu, den er erreichte, nachdem er, vom Kubismus hergekommen, auch den Bildaufbau mit von realen Objekten abstrahierten stereometrischen Elementen hinter sich gelassen hatte: das „Schwarze Quadrat" von 1914/15 bezeichnet die vollständige Negation jedes Einflusses von Gegenstandszeichen, es wird zum Ausdruck eines Bewußtseins von „Gegenstandslosigkeit", eines Bewußtseins, das sich über alle irdischen Formen erhoben hat, um der reinen kosmischen Erregung teilhaftig zu werden.[103] Zugleich jedoch wird das Viereck auf der reinen Fläche zum Quellpunkt seines suprematistischen Werks, die elementare und absolute Form wird, angereichert mit anderen geometrischen Formen, zur Basis freier Kompositionen. Nun erst, nach dieser Austreibung aller Gegenstandszeichen, ist es wieder möglich, Titel zu verwenden wie „Flug des Aeroplans" (1915) oder „Empfindung des Welt-

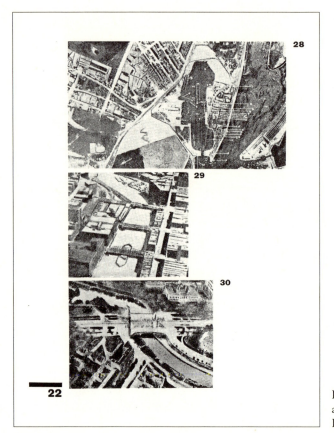

Linke Hälfte einer Doppelseite
aus: Kasimir Malewitsch,
Die gegenstandslose Welt

alls"(1916): nach der suprematistischen Transformation Bilder aus reinen, gegenstandslosen Zeichenkonstellationen.

Als Malewitsch in seinem Bauhausbuch „Die gegenstandslose Welt" von 1927 sein Blatt „Empfindung des Weltalls" reproduziert, stellt er daneben photographische Bildsequenzen, Luftaufnahmen und Bilder von Flugzeugschwärmen, und die Unterschrift lautet: „Die inspirierende Umgebung des Suprematisten". Natürlich gibt es formale Affinitäten, aber das eine steht neben dem anderen, ohne jemals identisch zu sein; nicht Nachahmung, sondern Übertragung ist die Methode.

Ähnlich verhält es sich bei El Lissitzky. In seinem Text „Proun", der 1922 in der Zeitschrift „de Stijl" erschien, steht: „Die Konstruktion des Suprematismus folgt den Geraden und Kurven des Aeroplans".[104] Hier geht es jedoch um den Aufbau einer „neuen Natur", nicht um den Flug des Aeroplans. Lissitzkys Proune, Kompositionen aus geometrischen und dreidimensionalen Formen, die sich frei durch den Raum bewegen, veranlaßten den Kritiker Ernst Kállai 1922 dennoch zu einer sehr anschaulichen Beschreibung: „Beziehungen zum Raumgefühl des Fliegers sind augenscheinlich. Verengend ausgeschachtete, konzentrische Ringe

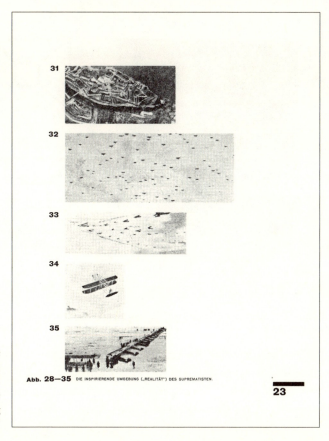

Rechte Hälfte einer Doppelseite aus: Kasimir Malewitsch, Die gegenstandslose Welt. Bildunterschrift: „Die inspirierende Umgebung („Realität") des Suprematisten"

bohren pfeilschnelle und sichere Durchblicke in einen Raum, dessen Freiheit weit über alle Grenzen erdhafter Gravitation hinausreicht." Und zwei Jahre später: „Die gespannte Aufmerksamkeit, glühende Konzentriertheit eines Rennfahrers, Rennfliegers, läßt hart auf hart durchgearbeitete Flächen in ein schwindelndes System von Diagonalen und weit ausladenden oder plötzlichen Kurven dahinjagen."[105] Aber auch Kállai unterscheidet klar zwischen seinen Assoziationen, so nachvollziehbar sie auch sein mögen, und Lissitzkys Absichten, die durchaus keine Konkurrenz mit dem Pilotenerleben anstreben.

Was deutlich wird – und was auch ein programmatischer Text Theo van Doesburgs anzeigt, der das Flugzeug immer wieder erwähnt, aber eine Verarbeitung, eine Synthese mit rein künstlerischen Mitteln einfordert[106] – das also ist, daß das Flugzeug wohl zum zentralen Referenzobjekt der Avantgarden avanciert, daß sie ihre Arbeit aber nicht unbedingt direkt darauf ausrichten. Das Generieren eines neuen Raumverständnisses unter den Bedingungen allseitiger Beweglichkeit erfordert vielmehr das systematische Zerlegen und Überprüfen der gegebenen Kategorien räumlicher Organisation.

Kasimir Malewitsch, Schwarzes Quadrat, 1914–15

Illustrationen aus: Wilhelm Wundt, Grundriß der Psychologie

2. Horizontale/Vertikale

Die Beziehung von Horizontale und Vertikale ist ein elementares Ordnungsprinzip. Schwerkraftachse und Horizontlinie sind die grundsätzlichen Bedingungen räumlicher Orientierung auf der Erde. Das menschliche Gleichgewichtsorgan, naturevolutionär aus diesen Gegebenheiten entstanden, reguliert das Zusammenspiel des aufrechten Ganges mit der ebenen Fläche. In der Wahrnehmungserfahrung und in der Gestaltung dominiert die Vertikale, sie ist die Achse, aus der sich der Mensch auf der Erde umsieht. Der traditionelle Formenvorrat der Architektur mit Giebeln und spitzen oberen Abschlüssen ist auf sie bezogen. Mit dem Flugzeug wurde, Benjamin wies darauf hin, das Monopol der Vertikale durchbrochen. Mit dem Blick von oben ist der gewohnte Erfahrungsraum gekippt. Aus dieser Relativierung der räumlichen Koordinaten leitete Fritz Wichert 1909 die Forderung einer nach zwei Richtungen empfundenen Architektur ab, einer Architektur, die nicht mehr dem Primat der Schwerkraft unterliegt. Erst also nachdem der Absolutheitsanspruch der Vertikale aufgehoben war, konnte ein neues Formenrepertoire entwickelt werden, das über die Beziehung von Horizontale und Vertikale frei verfügt; die Erfahrung des Fluges ist eine Voraussetzung der Vorliebe der modernen Bewegung für elementare Rechteck-Formen.

Sie weiß sich so im Hauptstrom der zivilisatorischen Entwicklung. Die neuzeitliche Kultur ist als „Geometrisierung des Menschen"[107] beschrieben worden; die Reduktion vielfältiger Zuordnungen auf den rechten Winkel von Horizontale und Vertikale erleichtert exakte räumliche Koordination, Kontrolle, Normierung und

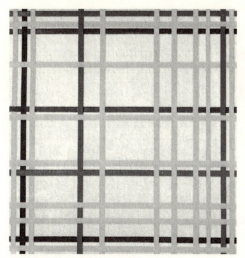
Piet Mondrian, New York City I, 1942

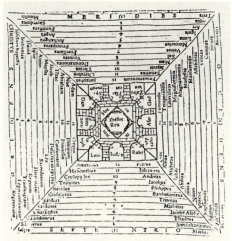
Das himmlische Jerusalem, Holzschnitt, 1510

Vervielfältigung. Die Übereinstimmung der Bedürfnisse einer technologischen Zivilisation mit zeitlosen Gesetzen legitimierte Le Corbusier, den rechten Winkel „zu den Symbolen der Vollkommenheit" zu rechnen.[108] Vollends verabsolutiert Mondrian Horizontale und Vertikale: sie sind das „Universalgestaltungsmittel", „Ausdruck zweier entgegengesetzter Kräfte; dieses Gleichgewicht von Gegensätzen existiert überall und beherrscht alles."[109] Für die Stijl-Gruppe repräsentieren Horizontale und Vertikale die polaren Kräfte schlechthin – Natur und Geist, das weibliche und männliche Prinzip, das Positive und Negative oder das Statische und Dynamische. Nicht um abbildende Formen, sondern um den Ausdruck von Grundverhältnissen geht es.

Der rechte Winkel ist die Basis eines hochgradig differenzierungsfähigen gestalterischen Repertoires, aus dem sowohl Suprematismus wie de Stijl sich speisen. Malewitsch nimmt das Quadrat zum Ausgangspunkt, eine Form, in der Höhe und Breite, Horizontale und Vertikale in einem unentschiedenen, gleichberechtigten Verhältnis stehen. Keine Richtung wird betont. Sein „Schwarzes Quadrat" von 1914/15 vereinigt zwei Formen, deren Verhältnis nicht eindeutig zu bestimmen ist – entweder ein kleines schwarzes Quadrat auf einem größeren weißen oder aber ein schwarzes Quadrat umgeben von einem weißen breiten quadratischen Rahmen. Dann aber bleibt offen, ob das schwarze Quadrat auf einer Ebene mit diesem Rahmen liegt oder davor bzw. dahinter. Die elementare Komposition erweist sich als außerordentlich spannungsvoll.

Die Bildform spielt mit perspektivischen Möglichkeiten und negiert sie zugleich. Das „Schwarze Quadrat" weist Ähnlichkeiten mit einem graphischen Schema auf, das Wilhelm Wundt in seinem Buch „Grundriß der Psychologie" veröffentlicht hatte. Dieses Buch wurde 1912 auch in russisch aufgelegt.[110] Als Modell für die visuelle Wahrnehmung des Raumes durch den Menschen dient Wundt hier ein kleines und fast quadratisches Rechteck in einem größeren, wobei im Gegensatz zu Malewitschs Bild die Ecken verbunden sind. Je nach Betrachtung (eine neutrale Wirkung erscheint fast ausgeschlossen) kommt das innere Quadrat räumlich entgegen oder weicht nach hinten zurück – eine optisch ambivalente Darstellung also, die Inversionen ermöglicht. Ob Malewitsch dieses Schema kannte oder nicht – der Vergleich ist in jedem Fall aufschlußreich, zeigt er doch, wie Malewitsch jede Möglichkeit räumlich-gegenständlicher Wirkung, in seinem Bildschema potentiell durchaus vorhanden, so weit als es geht stillstellt und einen Zustand tendenzieller Indifferenz erzeugt. Horizontale und Vertikale als Quadrat, schwarze Finsternis und konzentriertes weißes Licht: polare Elemente im Gleichgewicht.

Man kann Malewitschs „Schwarzes Quadrat" als neutralisiertes Perspektivschema ansehen, das räumliche Wirkung weitestgehend verflächigt. Das Bild scheint jedoch in jedem Fall, trotz seiner Gegenstandslosigkeit und Nichtdetermination, den Charakter einer Ansicht zu behalten, der Ansicht eines Quadrates, das ohne Fixierungspunkte in dem hellen Grund steht. Als Mondrian nach einem Prozeß der Reduktion von Bildelementen um 1916/17 farbige Rechtecke auf hellem Grund anzuordnen begann, ging er ganz ähnlich vor wie Malewitsch, nur daß sich jetzt durch die Vielzahl der Elemente die Frage nach der Art ihres Zusammenspiels stellte. So konnte er dem Wirken der Farbperspektive nicht entgehen, stand also vor dem Problem, daß die Farbrechtecke auf dem hellen Grund immer noch die Illusion eines Raumes erzeugten, einer Wirklichkeit natürlicher Formen, die den Blick auf die reine Realität verstellen. Sein Interesse mußte sein, die begrenzten Formen in der Komposition zu neutralisieren.[111] Er integrierte die Farbrechtecke also, indem er sie zusammenschob und so ihren Status als isolierte, begrenzte Form aufhob. Sie sind jetzt synthetisiert in einer Komposition elementarer Formen und Farben. Wesentlich für die Bildgliederung wurde das System schwarzer horizontaler und vertikaler Linien, das neutrale Gitter, das, nach den Bildrändern hin offen, die Rechtecke flächig vereinigte. Hier ist – um 1920 – sein Ziel erreicht; Senkrechte und Waagerechte, Farbe und Nichtfarbe sowie die Kontraste zeigen ein Wechselspiel, eine Harmonie aller Gegensätze.

Mit dem Gitter hebt Mondrian potentiell den Charakter der Ansicht auf, der Malewitschs „Schwarzem Quadrat" doch noch zugrunde gelegen hatte. Die Gitter verweisen nicht nur auf Schwerkraftachse und Horizontlinie, auf die Ansicht also als Grundform menschlicher Raumwahrnehmung: die horizontalen und vertikalen Achsen als Ausdruck eines absoluten Gegensatzes können auch plansichtig gelesen werden. Durch die Luftaufnahmen waren nach dem ersten

Horizontale/Vertikale 59

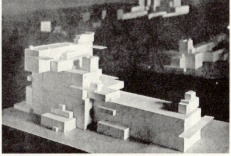

Kasimir Malewitsch, Suprematistische
Architektona, Modelle, 1923 ff

Kasimir Malewitsch, Flug des Aeroplans, 1915

Nikolai M. Sujetin,
Haupttreppe für den Pavillon
der UdSSR auf der
Weltausstellung Paris 1937,
Modell

Robert van't Hoff, Huis ter
Heide, Utrecht, 1915

Weltkrieg Plansichten ins allgemeine Bildreservoire eingedrungen; Mondrian selbst spricht bei seinen Bildern von „Plankompartimenten".

Seine New Yorker Arbeiten nehmen das Straßenraster Manhattans auf. Dahinter stehen Urbilder stadträumlicher Gliederung. So sind die Pläne römischer Städte von hellenistischen vor allem durch die Anlage der beiden Hauptstraßen unterschieden: Cardo und Decumanus, nach den Himmelsrichtungen orientiert, schneiden sich in der Nähe der Stadtmitte.[112] Die Stadt selbst, begrenzt durch die Mauer, die zuerst gebaut wurde, hatte die Form eines Vierecks. Der axiale Stadttyp – Hauptstraßen und zugehöriges Gitternetz – bot eine Reihe technischer Vorteile, aber er war auch als Abbild der kosmischen Ordnung gedacht. Von ähnlicher Gestalt, aber in der Form einer vollständigen symmetrischen Ausgewogenheit, ist auch das utopische Neue Jerusalem, das Johannes im 21. Kapitel der Offenbarung beschreibt: „Die Stadt liegt viereckig, und ihre Länge ist so groß als ihre Breite ...Die Länge und die Breite und die Höhe der Stadt sind gleich." Diese Stadt war bis ins 20. Jahrhundert immer wieder Zielvorstellung architektonischer Utopien, ihre Voraussetzung ist die Zerstörung und Überwindung des Alten. Mondrian wuchs in einem calvinistischen Milieu auf, in dem man glaubte, daß die Welt nach der Endzeit-Katastrophe wieder ihre Paradiesesschönheit zurückgewönne. Von hier aus gesehen ist ein Bild wie „New York City II" eine, so Werner Hofmann, „von Mondrians Metaphern für dieses universale Gleichgewicht, in dem Gegensätze und Konflikte aufgehoben sind. In seinem farbigen Koordinatengefüge kommt die Ahnung vom künftigen Neuen Jerusalem zum Vorschein."[113] Mondrians Ville Radieuse verzichtet allerdings auf die Symmetrie; der Plan gibt ein Bild dynamischer Ausgewogenheit.

In der dritten Dimension, in der Architektur, ist der Kubus die Grundform für rein horizontal-vertikale Gestaltungen. Unter dem Eindruck der Luftfahrt hatte Fritz Wichert die stereometrische, nach zwei Richtungen empfundene Architektur gefordert; „stereometrisch" meinte vor allem „kubisch". In exakter Wiederaufnahme von Wicherts Thesen und mit Blick auf eine „Generation der Chauffeure, Piloten, Maschinisten" schrieb Malewitsch 1923: „Der Architekt weiß zwar, daß ein Haus fünf sichtbare Seiten hat, aber er sieht immer nur eine ...Er setzt die Fassade nicht in Beziehung zu den anderen Ansichten des Hauses, zu den Seitenwänden, zur Rückseite und zum Dach."[114] Seine frühen „Architektona", Architekturmodelle, die er ab 1923 entwickelt, sind Häufungen gestreckter, aber geschlossener kubischer Körper.

Mit der Skelettbauweise ist es möglich, den Kubus zu öffnen. Das Haus, das Robert van't Hoff, der später zur Stijl-Bewegung stieß, 1915 bei Utrecht errichtete, zeigt bei quadratischer Grundrißform vor- und zurückspringende Wände sowie überkragende Dachplatten: eine Balance von horizontalen und vertikalen Werten, ohne daß aber der kubische Gesamteindruck schon aufgehoben wäre. Auch van't Hoff bezieht sich auf die Luftfahrt, als er das Dach flach und als fünfte Fassade ausbildet.[115] Dieses Haus, das zu einem Kristallisationspunkt des Stijl wurde, ist jedoch noch kein eigentlicher Skelettbau, sondern wurde aus Betonmauern errichtet.

Die Möglichkeiten des reinen Eisenbetonskeletts begann Le Corbusier auszuloten. Eine Schemazeichnung von 1915 zeigt neben angedeuteten Treppenläufen lediglich sechs Betonpfeiler und drei horizontale Platten. Das ermöglicht, da die Last an einigen Eisenbetonpfählen hängt, eine offene Gestaltung des umbauten Raumes: Mauern, die nurmehr isolierende Funktion haben, können beliebig fortgelassen, der Grundriß kann frei gestaltet werden. Weder Innenräume noch das Haus von außen erscheinen jetzt mehr als fest umrissene Volumen. Treppen werden nach außen verlegt, Terrassen tief ins Innere hereingezogen, mit Dachgärten und Stützen, auf denen die Häuser stehen (zuerst 1920), neue Flächen erschlossen. Das Volle und das Leere treten in eine reziproke Beziehung, Giedion spricht von einem „fast equilibristischen Hantieren mit Räumen und Raumpartikeln", von einem Phänomen der „Modulation".[116]

Diese Praxis wird von Theo van Doesburg auch theoretisch fixiert. In seinem Manifest „Auf dem Weg zu einer gestaltenden Architektur" schreibt er 1924: „Die neue Architektur ist anti-kubisch, d. h. sie strebt nicht danach, die verschiedenen funktionellen Raumzellen in einem einzigen geschlossenen Kubus zusammenzufassen, sondern sie projiziert die funktionelllen Raumzellen (wie auch Schutzdachflächen, Balkon-Volumen usw.) aus dem Mittelpunkt des Kubus nach draußen, wodurch Höhe, Breite und Tiefe plus Zeit zu einem völlig neuen bildnerischen Ausdruck in den offenen Räumen kommen. Dadurch erhält die Architektur (soweit es konstruktiv möglich ist – Aufgabe der Ingenieure!) einen mehr oder weniger schwebenden Aspekt, die gewissermaßen die natürliche Schwerkraft aufhebt."[117] Diese elementare Architektur wird streng von rechtwinkligen Flächen bestimmt, die „als ins Unendliche ausgedehnt gedacht werden können"; an die Stelle der geschlossenen Form ist die Interaktion von umbautem und offenem Raum getreten. Das Manifest umspielt gleichsam die Eigenschaften der Zeichnungen und Modelle zweier Häuser, die van Doesburg 1923 mit Cornelis van Esteren für die Pariser de Stijl-Ausstellung angefertigt hatte, und zwar für ein „Maison particulière" und ein „Maison d'artiste".[118] In einer schematischen Analyse des „Maison particulière" veranschaulicht van Doesburg mit Hilfe einer suggestiven Darstellungstechnik seine Prinzipien; das Ergebnis ist eine völlig aufgelöste orthogonale Konfiguration transparenter Platten ohne Kern und Außenseiten. Die Häuser selbst aber blieben ungebaut.

Das Verhältnis Mies van der Rohes zum Stijl ist vieldeutig, Kritiker behaupteten schon früh eine enge Beziehung, Mies selbst hingegen äußerte sich

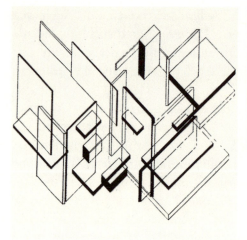

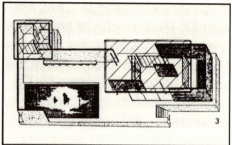

Mies van der Rohe, Barcelona Pavillon, 1928–29

Theo van Doesburg, Maison particulière, 1923.
Analyse der Architektur

Oskar Schlemmer, Illustration aus: Die Bühne am Bauhaus. (Die Gesetze des kubischen Raums)

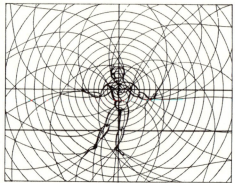

Oskar Schlemmer, Illustration aus: Die Bühne am Bauhaus. (Die Gesetze des organischen Menschen)

eher skeptisch.[119] Dabei ist sein Barcelona Pavillon vielleicht eines der vollendetsten Beispiele einer orthogonalen Konfiguration, die zwischen Ballung und Ausdehnung, Umschließung und Öffnung changiert. In dem Pavillon von 1928/29 trennt er erstmalig konsequent die tragenden von den raumdefinierenden Elementen und erreicht so die Möglichkeit variabler Grundrißgestaltung. Acht Stahlstützen tragen das Dach, die nicht mehr tragenden Wände sind nur eingeschoben. Der Bau besteht also aus zwei völlig getrennten Systemen. Technisch wären die Stützen nicht nötig gewesen, hätten auch die Wände das Dach tragen oder die Stützen in die Wände integriert werden können. Mies aber macht durch die freigestellten Stützen sein Raumkonzept sichtbar.

Beinahe wie bei einer Explosionszeichnung – wenn auch nur in einer Ebene – gleiten die raumeinschließenden Flächen auseinander. Ein Röntgenblick von oben machte deutlich, daß mit Ausnahme der seitlichen Umschließungsmauern die Kanten der einzelnen Flächen nirgendwo direkt aufeinanderstoßen; die Bodenfläche, die Umrißlinien des „Innenraums" und die Dachkanten sind einander in freiem Rhythmus zugeordnet. Umkreist man den gesamten Pavillon, so würde der Wechsel von an den Schmalseiten geschlossenen Wänden und den durchbrochenen Längsseiten auffallen, wobei die Schmalseiten Raumecken einschließen, aber abgesehen vom kleinen Büroteil nicht überdacht sind. Schon so erweist sich, daß hier ein Raum neuer Qualität vorliegt, bei dem die Frage nach seinen Grenzen kaum mehr beantwortet werden kann. Denn was definiert diesen Raum: der Boden oder die weniger als halb so umfangreiche große Dachfläche, die seitlichen Umschließungsmauern – und zwischen ihnen die Bodenfläche oder die weiter nach innen versetzten Längswände? Aber Wand und Mauer tauschen immer wieder ihre Rolle. Gehören beide Bassins dazu oder nur das kleinere, das an drei Seiten von Mauern umschlossen, aber nach oben offen ist?

Ein Gang unter das Dach, von der Treppe ohnehin nur nach einem Schwenk möglich, würde die Frage aufwerfen, wo der eigentliche Innenraum beginnt. Es gibt keine Eingangstür, nur die Befestigungspunkte verraten, daß der Pavillon zu den Schließzeiten durch eingehängte Glastüren auch geschlossen werden kann. Sonst aber finden wir statt eines Eingangs eine tief gestaffelte Eingangszone und hinter ihr so etwas wie einen Innenraum, der durch die vier weit auseinandergezogen um den Onyxblock gestellten Wände mehr angedeutet als ausgebildet wird. Um diesen gedachten Innenraum laufen auf allen vier Seiten teilweise überdachte Umgänge, die aber auch wenig eindeutig definiert sind. Doch derartige Hilfsvorstellungen, um die räumliche Organisation von gewohnten Formen abzuleiten, werden dem ständigen Wechsel von offen und geschlossen nicht gerecht.

Eine außerordentliche Vielfalt kennzeichnet auch die Auswahl der verwendeten Materialien. Wasser und Travertinplatten auf der Grundfläche, eine verputzte Decke und dazwischen die verchromten Stützen. Für die Wände drei verschiedene Sorten Marmor und drei Arten von Spiegelglas: weiß, flaschengrün und dunkelgrau. Besonders auffällig sind die beiden Milchglasscheiben, zwischen denen sich Beleuchtungskörper befinden. Hier ist die Großflächenleuchte, die in den späten zwanziger Jahren entwickelt wurde, als Leuchtwand eingesetzt – ein einzigartiges Element, das eher an Verkehrsbauten oder die raffinierten Illuminationstechniken des Art Deco erinnert als an den Purismus direkter Beleuchtung im Bauhaus.

Der Raumeindruck des Barcelona Pavillons wird also entscheidend von zwei Faktoren bestimmt – zum einen durch den variablen Grundriß und die allseitige Öffnung des Baukörpers, und zum anderen, nicht weniger wichtig, durch die komplexen Eigenschaften der verwendeten Materialien. Die verschiedenen Gläser

Mies van der Rohe, Barcelona Pavillon, 1928–29. Blick auf das Bassin mit der Skulptur von Georg Kolbe

filtrieren in unterschiedlichem Grad den Eindruck der jeweilig hinter ihnen liegenden Raumzonen. Das auf den schlanken Stützen ruhende, aber an seinen Kanten immer freiliegende und weit auskragende Dach scheint zu schweben, wobei die Reflexionen auf den verchromten Stützen diese selbst ein Stück weit entmaterialisieren. Die Kolbe-Plastik (Der Morgen, 1925) steht wie schwerelos auf der Wasseroberfläche. Zwischen dem polierten Marmor, dem Wasser und Glas entfaltet sich ein reiches Spiel von Spiegelungen und Überlagerungen, wobei die Maserung des Steins noch mit dem Naturhintergrund korrespondiert – ein in alle Richtungen zerfließender Raum.

Mies hielt 1928 seinen programmatischen Vortrag über „Die Voraussetzungen baukünstlerischen Schaffens". Der entscheidende Satz, der ein neues Verhältnis zur Technik einfordert, lautet: „Der entfesselten Kräfte müssen wir Herr werden und sie in eine neue Ordnung bauen, und zwar in eine Ordnung, die dem Leben freien Spielraum zu seiner Entfaltung läßt."[120] In nuce ist hier das Programm des Barcelona Pavillons formuliert. Mies' Vortrag entstand, bis hin zu wörtlichen Übernahmen, unter dem Eindruck seiner Lektüre von Romano Guardinis Buch „Briefe vom Comer See".[121] Guardini sah die alte Kultur vom Rhythmus bestimmt, vom Maßstab des menschlichen Leibes, wie es Renaissance-Villen offenbaren. Der Weg vom Comer See zu einem dieser Häuser, der Villa Giulia, wird emphatisch beschrieben als Gang über Terrassen, Treppen und mauergefaßte Wege hin zu einem fast leeren Gartenraum und zur Villa von größter Einfachheit – „die ganzen Anlagen nur, damit der Mensch durch die Sonne schreiten könne, über die Höhe hin, in geformter Größe".[122] Das mechanische Zeitalter habe all das zerstört, es müsse darum gehen, dieses Verhältnis nicht gegen die technische Welt, sondern gerade in ihr wiederherzustellen.

Das „organisch-menschliche Raumbewußtsein", das Guardini verloren und wieder kommen sieht, ist im Wechselspiel von Enge und Weite, von Begrenzung und Entgrenzung fundiert. Dieser freie Rhythmus, der Grad an Dispositionsfreiheit, war es auch, der Kritiker am Barcelona Pavillon und anderen Mies-Bauten faszinierte.[123] So wäre der „Tänzermensch" Oskar Schlemmers vielleicht ein idealer Bewohner. Schlemmer geht aus von einer grundsätzlichen Opposition. Der kubische Raum mit seinem „unsichtbaren Liniennetz" planimetrischer und stereometrischer Beziehungen steht dem Menschen gegenüber und seinen Funktionen wie Herzschlag, Kreislauf, Atmung, Hirn- und Nerventätigkeit. Der Tänzermensch nun folgt sowohl dem Gesetz des Körpers wie des Raumes, ihm ist, wenn er sich seinen körperlichen und seelischen Reaktionen überläßt, „der kubisch-abstrakte Raum dann nur das horizontal-vertikale Gerüst dieses Fluidums."[124]

3. Schrägen

Die Schräge scheint einem System prästabilierter Harmonie zu widersprechen, wie es Mondrian und de Stijl durch die Verwendung von Horizontalen und Vertikalen zum Ausdruck bringen wollten. Anders liegt der Fall aber, wenn man ein rektanguläres Gitternetz um exakt 45 Grad dreht: auch so kann ein ausponderiertes Kompositionsgefüge erreicht werden. Eine Variante diese Verfahrens ist, nicht das Gitternetz, sondern den Rahmen in die Diagonale zu drehen; der Rahmen allerdings muß dann ein quadratisches Format haben. Bei gleichzeitiger Verwendung eines horizontal-vertikalen und eines diagonalen Gitternetzes kann der Rahmen sowohl liegend wie auf einer Spitze stehend gehängt werden – dann tauschen die Gitter jeweils ihre Rolle.

Mondrian spielte 1918/19 derartige Modelle durch[125], konzentrierte sich aber auf das diagonale Gitternetz von 45 Grad im traditionell gehängten Rahmen. Die Schrägen sind so am ehesten durch Gegenlinien und Farbgewichte in ein relatives Gleichgewicht zu bringen. Interpreten führten als mögliche Anregung Mondrians das theosophische Symbol für ausbalancierte Beziehungen zwischen Materie und Geist an, nämlich zwei an einer Seite aneinanderliegende und nach unten bzw. oben gerichtete Dreiecke. Andererseits wurde auf einen bestimmten räumlichen Effekt verwiesen, der nahsichtigen Ausschnitten bei den Impressionisten vergleichbar sei. Damit ist eine wahrnehmungspsychologische Qualität angesprochen, nämlich eine Labilisierung der Bildwirkung, die Mondrian durchaus interessiert haben könnte: diagonale Gitter oder diagonale Hängungen haben etwas Unabgeschlossenes, Offenes, und würden so die Dynamik des Gleichgewichtszustandes akzentuieren. Nun ist dies alles Spekulation. Mondrian selbst führte in dem Brief an Theo van Doesburg vom 4. April 1918 lediglich einen Vorteil der Diagonalen an – anders als Horizontale oder Vertikale komme sie in der Natur nicht vor. Seine Experimente mit den Schrägen aber blieben letztlich ephemer.

Programmatisch wird die Schräge im Stijl erst wichtig, als Mondrian die Bewegung längst verlassen hatte. Unter dem Namen „Elementarismus" verkündet van Doesburg 1926/27 eine neue Stufe des Stijl, die die ältere des „Neo-Plastizismus" überwunden habe.[126] Neu ist (zumindest in diesem „Manifestfragment"), daß der orthogonalen Gestaltungsweise, der immer Horizont und Schwerkraftachse als natürliche Konstanten zugrundegelegen hatten, eine „heterogene, kontrastierende, labile Ausdrucksweise" entgegengestellt wird. Entgegengestellt aber heißt nicht ersetzt – auch dem Elementarismus geht es um Gleichgewichtsbeziehungen, nur daß gegenüber der Statik der Faktor Dynamik nun stärker betont ist. Im Neo-Plastizismus schon angelegte Verfahrensweisen werden lediglich ergänzt – „die Konstruktionsmethode des Elementarismus beruht auf der Aufhebung von Positiv und Negativ durch das Schräge und, was die Farben betrifft, durch die Dissonanz." Wenn man das musikalische Ordnungssystem der Tonalität, also die Bezogenheit aller Töne auf einen Grundton, dem orthogonalen Ordnungssystem gleichsetzen will, so vollzieht van Doesburg hier seine „Emanzipation der Dissonanz", die Schönberg[127] von der Atonalität zur Zwölftontechnik geführt hatte.

Eine einzigartige Möglichkeit, die neuen Prinzipien auch umzusetzen, bot sich van Doesburg 1927/28 in Straßburg. Teile eines historischen Gebäudes, der Aubette, sollten zu einem Vergnügungszentrum umgebaut werden. Hans Arp vermittelte den Kontakt zu den Bauherren. Van Doesburgs grundsätzliche Strategie war, die Aubette als eine Art „Durchgangsgebäude" zu gestalten[128], ohne daß also die Bestimmung der einzelnen Säle exakt festgelegt wäre. Diese passagere Qualität sollte es beispielsweise erlauben, aus den Bars auch in die Kinosäle zu blicken. Kostengründe und auch der Charakter des Etablissements legten die Verwendung illusionistischer Mittel nahe. Eine raffinierte Lichttechnik mit direkter und indirekter Beleuchtung ermöglichte die Anpassung an wechselnde Erfordernisse.

Ausschlaggebend aber für die Raumwirkung wurde die Bemalung der Wände und Decken. Sie wurde reliefartig ausgeführt; van Doesburg trennte die Farbflächen durch kräftige Streifen. Dabei stand er vor dem Problem, kaum

Schrägen 67

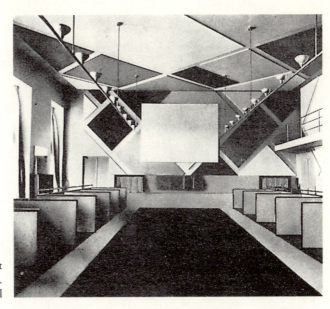

Theo van Doesburg, Cabaret Aubette, Straßburg, 1927–28. Großer Saal

ununterbrochene Flächen zur Verfügung zu haben. Filmleinwand, Notausgang, Fenster und Türen überlagerten oder zerschnitten die reinen Flächen etwa im „Ciné-dancing". Er fand ein Mittel, daß diese Voraussetzungen nicht negierte, sondern überspielte: „Da nun die architektonischen Elemente auf orthogonalen Beziehungen beruhten, paßte zu diesem Saal eine schräge Anordnung der Farben, eine Kontra-Komposition solcher Art, daß sie die Spannung der Architektur aushalten konnte... Wenn man mich fragen wollte, was ich mit der Gliederung dieses Saales beabsichtigte, könnte ich nur antworten: dem materiellen Saal mit

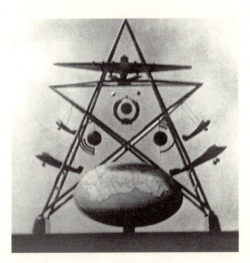

El Lissitzky, Modell für Flugzeugausstellung, 1932

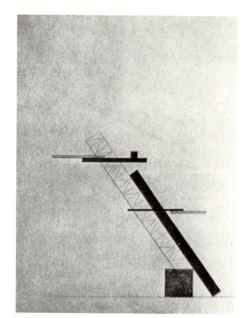 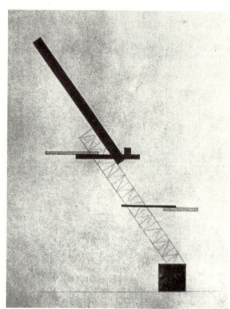

UNOWIS, Atelier El Lissitzkys, I. Tschaschnik, Entwurf einer Tribüne, 1920

seinen drei Dimensionen einen schrägen, übermateriellen und malerischen Raum entgegenzusetzen." Van Doesburg schiebt ein Ordnungssystem in ein anderes, die Schräge bezeichnet die Möglichkeit der Aufhebung vorgegebener Orientierungen. Die Schräge also ist keineswegs verselbständigt, etwa als schräge Wand, wie es der Expressionismus gelegentlich kannte, sondern sie ist ein Gegengewicht in stets sichtbarer Relation zur architektonischen Orthogonalität.

Die Schräge für sich ergibt ein ganz anderes Bild. Ohne das Umfeld einer orthogonalen Bild- oder Raumordnung wirkt sie vollends destabil, wie in einem angehaltenen Augenblick des Fallens oder Aufsteigens. Dieses Moment der Dynamik reizte die sowjetischen Revolutionsarchitekten als Ausdruck universeller Umwälzung. Tatlins Entwurf für ein „Denkmal der Dritten Internationalen" wurde zum Fanal. Es ist nicht mehr eine Schräge von 45 Grad, die immer in direkter Relation zum rechten Winkel erscheint – Tatlin verwendet einen Winkel, der andere Bezüge ermöglicht. Der sowjetische Architekt und Historiker Kyrill Afanasjew, selbst Schüler des Revolutionsarchitekten Alexander Wesnin, wies auf den zentralen Gesichtspunkt hin: „Die schräge Achse des Turms verläuft parallel zur Erdachse."[129]

Grundlegend für diese und all die nachfolgenden Arbeiten[130] ist die Gleichsetzung der irdischen Horizontebene mit der Umlaufebene der Erde um die Sonne. Nur dieser Transfer, physikalisch unsinnig, aber sinnvoll als Ausdruck eines über irdische Bedingungen hinaus erweiterten Bewußtseins, erzeugt eine

Schrägen 69

Doppelseite aus „Magnum", Juni 1959: links Wassily Kandinsky, Hinauf, Aquarell, 1925; rechts Photo einer amerikanischen „Honest John"-Rakete

Plausibilität der revolutionären Schrägen von 23 1/2 Grad, die nicht im Einklang mit Wahrnehmungserfahrungen, wohl aber mit kosmischen Gesetzen stehen. Das Bezugssystem „Erde" wird durch ein interplanetarisches ersetzt.

Tatlin hatte seinen Bau geradezu als kosmologische Maschine ausgelegt. In das Gerüst, das aus dem schrägen Träger und der sich nach oben hin verjüngenden Spirale gebildet ist, sind große Raumkörper eingehängt, die sich im Rhythmus des Sonnensystems, d. h. einmal pro Tag, Monat oder Jahr, um die eigene Achse drehen. Allein auf die Kraft einer einzigen Schrägen dagegen setzt El Lissitzky mit seiner „Rednertribüne für Lenin"(1920–24). Aus einem massiven Block erhebt sich, annähernd in Richtung der Erdachse nach oben geführt, eine offene Gitterstruktur. Der schräge Mast trägt zwei Kanzeln, einen Fahrstuhl und an der Spitze Propagandatafeln. Hier ist die Schräge zur Dominante geworden. Während Tatlin an der schrägen Trägerkonstruktion die sich nach einer Seite hin neigende Spirale aufgehängt hatte, die Schräge also stabilisierend, als Gegengewicht eingesetzt war, steht sie in der Lenintribüne für sich selbst. Nicht ein möglicher Fall ist ihr Thema, sondern der Aufstieg.

Diesen Aspekt verdeutlichen zwei Vorzeichnungen aus dem Atelier Lissitzkys: Ilja Tschaschniks Entwürfe von 1920[131], auf einem Flugblatt veröffentlicht, zeigen eine lange schwarze Form, die auf dem schrägen Gittermast liegt. Der Mast wird gleichsam zu einem Startkatapult – die lange schwarze Form, die auf der linken Zeichnung an ihrer Schmalseite den Erdboden berührt, ist rechts wie ein Geschoß unmittelbar vor dem Eintritt in den ballistischen Flug mit ihrer Unterseite fast an der Spitze des Mastes angekommen; der größte Teil ragt bereits schräg in den freien Raum. Wie eine Weiterführung dieser Vorstellung erscheint Kandinskys Aquarell „Hinauf"[132] von 1925: eine abstrakte Konstruktion, scheinbar durch reine Bewegungsenergie schräg im Raum gehalten, markiert den Weg in astrale Sphären. Eher als die reine Vertikale kann die Schräge mit ihrer dynamischen Qualität die gedachte Überwindung irdischer Gebundenheit veranschaulichen.

El Lissitzky betonte in einem Brief vom 26. Mai 1924 seine Absicht, „daß der Schwung des Baus die Geste des Redners steigert." Und genau das leistet die endgültige Fassung der Rednertribüne: in der Figur Lenins, die auf der oberen Kanzel so plaziert ist, daß Körper- und Gittermastachse in dieselbe Richtung weisen, wird die Dynamik der Konstruktion personifiziert. Diese Synthese aus architektonischer Gestalt und Ausdrucksabsicht wurde sofort verstanden. „Die ganze Rednertribüne...", schrieb Ernst Kállai 1924[133], „ist die reinste, verkörperte, revoltierende Agitation, eine weithin ragende Gebärde, eine herrliche Diagonale, mit der sich nur noch die Arme irgendwelcher Riesenkräne messen können."

In der Geschichte der Moderne hatte als erster Seurat die emotionale Qualität der Schrägen und überhaupt der von einer Horizontalen aufsteigenden Linien zu qualifizieren versucht; sie galten ihm als Ausdruck von Heiterkeit. Sein Bild „Le Chahut" von 1889/90 zeigt in den aufsteigenden Linien der erhobenen Tänzerbeine diesen Ausdruck energetischen Überschwangs. Seurat zerlegte seine Szenerie in ein Liniensystem, um systematisch einen bestimmten Gefühlsausdruck zu erzeugen; empirische Experimente aus den dreißiger Jahren unseres Jahrhunderts verifizierten diesen an sich simplen Ansatz aus gestaltpsychologischer Sicht.[134] In dem Verweis auf Bewegung berühren sich auch die Schrägen von van Doesburgs Arbeiten in der „Aubette", Tatlins Turm und Lissitzkys Tribüne: sie werden mit Tanz, kosmischer Rhythmik und rhetorischem Gestus konnotiert. Die Schräge labilisiert das Gleichgewicht; sie ist ein Zeichen weder des Stehens noch des Schwebens, sondern des Übergangs. Und mit Ausnahme der durch Gegenrichtungen ausgewogenen Schrägen des Stijl weisen die hier erörterten Beispiele, soweit es die Entwurfszeichnungen als Veranschaulichungen des idealen Blickwinkels betrifft, eine gemeinsame Eigenschaft auf: die Schräge erhebt sich gegen die Richtung, in der wir Texte lesen und meist auch Dinge erfassen; die Darstellung eines dynamisch-prekären Bewegungszustandes wird durch diesen Kontrast zu den Sehgewohnheiten noch gesteigert.

4. Überwindung des Fundaments/Schweben

Die Relation zwischen künstlerischen Gestaltungsmöglichkeiten und der zur Verfügung stehenden Technologie von Bewegungssystemen ist ein wenig beachtetes Moment in den theoretischen Texten El Lissitzkys. Von hier aus jedoch ergibt sich eine zivilisationsgeschichtliche Herleitung seiner zentralen Vorstellung der Überwindung des Fundaments und schließlich des Schwebens. Lissitzky veröffentlichte seinen diesbezüglich wichtigen Text „Rad – Propeller und das Folgende" im zweiten Heft der Avantgarde-Zeitschrift „G", an der auch Mies van der Rohe als Autor und Redakteur mitarbeitete. Der Untertitel der Zeitschrift lautete „Material zur elementaren Gestaltung"; anders als etwa „Frühlicht" vertritt sie eine nachexpressionistische Position in enger Beziehung zum Stijl. Das Heft mit dem Beitrag Lissitzkys eröffnete mit Texten von Mies über sein Landhaus in Eisenbeton und einem Bericht über die Fiat-Fabrik in Lingotto, die 1922 auch in Le Corbusiers Schrift „Vers une architecture" abgebildet ist. „G", von 1923 bis 1926 erschienen, stand für ein Programm von „universal-gültigen, überpersönlichen, elementaren Konzepten."[135]

Lissitzkys Text, in einem abrupten Telegramm-Stil gehalten, fügte sich in diesen Kontext. Er selbst war Mitherausgeber der ersten Nummer gewesen. Drei historische Zustände werden in „Rad – Propeller und das Folgende" unterschieden[136]. Der erste zeigt den gehenden Menschen und damit eine diskontinuierliche Bewegung von Punkt zu Punkt. Der Archetyp der Gestaltungsweise des gehenden Menschen ist die ägyptische Pyramide: ein kolossales Fundament und ein Steinberg, um einen Punkt in 150 m Höhe zu erreichen. Ein entscheidender Fortschritt ist im zweiten Zustand mit der Erfindung des Rades erreicht – die diskontinuierliche Gehbewegung verwandelt sich in kontinuierliches Rollen. Als bewegende Kräfte treten zu den Muskeln Dampf und Elektrizität sowie Transmissionsmittel wie Kurbelstange und Zylinder. „Bewegliche Architekturen" wie Züge und Ozeandampfer sind Inkarnationen der neuen Möglichkeiten. Doch erst im dritten Zustand, und nach der Erfindung des Propellers, wird die Berührung mit der Erde unnötig, verwandelt sich das kontinuierliche Rollen in kontinuierliches Gleiten – mit einschneidenden Konsequenzen: „Der fliegende Mensch ist an der Grenze. An der Grenze der alten Konzeptionen, der alten Gestaltung, des alten Gesellschaftszustandes. Es muß eine neue Energie befreit werden, die uns ein neues Bewegungssystem gibt." Gemeint ist damit ein Instrumentarium, das nicht auf Reibung basiert und das die Möglichkeit gibt, „im Raum zu schweben und in Ruhe zu bleiben."

Die Schwebevorstellung also wird aus der Rotation abgeleitet, aus dem Propeller, der sich um seine Achse dreht wie die Planeten um die Sonne. Kein Gedanke mehr daran, wie ein knappes Jahrhundert zuvor, daß Drehbewegungen das Signum äußerster Bedrohung sind wie in Poes „Malstrom"[137] oder Zeichen einer Krankheit wie beim Menièreschen Syndrom – es ist, als hätte bei El Lissitzky eine Adaption stattgefunden. Die Rotation ermöglicht kontinuierliches Gleiten

El Lissitzky, Märchen von den zwei Quadraten, 1920–22. Zweites Blatt: „und sehen schwarzen Sturm"

und sogar das Schweben. „Wir trugen Bild und Betrachter über die Grenzen der Erde hinaus und um es ganz zu begreifen muß sich der Betrachter wie ein Planet um das Bild drehen, das im Mittelpunkt steht" heißt es im „Suprematismus des Weltaufbaus".138 Das Bezugssystem hat sich geändert; aus der Bedrohung irdischer Standsicherheit ist in den Relationen des Kosmos Befreiung geworden.

Das „Märchen von den zwei Quadraten"(1920/22), ein suprematistischer Comic, ist gleichsam ein Prospekt Lissitzkyscher Gestaltungsvorstellungen. Die eigentliche Handlung besteht aus fünf Blättern, die die Metamorphosen zweier Quadrate, eines roten und eines schwarzen, visualisieren. „Die fliegen auf die Erde von weit her" heißt es zum ersten Blatt – die Erde ist hier eine rote Kreisfläche mit atektonischen Aufbauten, die in den freien Raum hinausragen. Das nächste Blatt ist schwarz-weiß gehalten, die quadratische Grundfläche horizontal zweigeteilt. Diese Trennlinie ist lesbar als Horizont, über dem der schwarze Weltraum steht. Geometrische Formen schweben chaotisch durch das Bild. Kleinere Formen stehen auf den größeren oder hängen an ihnen; wo eine Fläche an eine andere stößt, ist fast nirgendwo eine Durchdringung oder Verzahnung der elementaren Körper dargestellt – sie scheinen, wenn sie nicht ohnehin isoliert sind, zueinander in einem Verhältnis leicht lösbarer Verbindungen zu stehen. Licht und Schatten sind irrational verteilt; Lissitzky betont die labile Bildwirkung durch die nicht immer eindeutige Unterscheidung flächiger und körperlicher Formen wie auch von Unter- und Aufsicht. Im letzten Blatt, nachdem im Zeichen des Roten aus der

Destruktion eine neue Ordnung geworden ist, taucht wieder die Kreis- bzw. Rotationsfigur des Anfangs auf. Ihre Isolation ist aufgehoben; suprematistischer Formwille und das kosmische Kräftesystem sind in Interaktion getreten.

Bildlösungen wie diese zeigen, was mit der „Überwindung des Fundaments" gemeint ist, von der Lissitzky als einem seiner Ziele spricht. „Überwindung des Fundaments" heißt Überwindung der Erdgebundenheit und in letzter Konsequenz auch „Überwindung der Schwerkraft".[139] Zu einem Symbol wird der Sendemast des Radios – „in ihm überwinden wir das fesselnde Fundament der Erde und erheben uns über sie." Und in einem biographischen Abriß schreibt er, die Maschinen seiner Jugend hätten „fette Bäuche voll Gedärme" gehabt, jetzt aber würden „Gravitation und Trägheit" überwunden.[140] Suprematistischer Weltaufbau – das ist auch ein Programm phantastischer Physik, elementare Naturgesetze werden revolutioniert.

Dieses Programm war natürlich nicht real umsetzbar – Lissitzky mußte also nach einer künstlerischen Sprache suchen, die zumindest die Intention zum Ausdruck bringen konnte. Seine verschiedenartigen räumlichen Gestaltungen zeigen die Möglichkeiten auf. Auf der Großen Berliner Kunstausstellung, die 1923 in einer Halle am Lehrter Bahnhof abgehalten wurde, richtete er einen „Prounenraum"[141] ein, einen Raum ohne Bilder, der nicht etwas anderes zeigt, sondern sich selbst. Die Wand als „Ruhebett für Bilder" hat ausgedient, ebenso der Raum als stabiles Koordinatensystem. Lissitzky verändert nicht die Grundform der Box, organisiert aber die Beziehungen der einzelnen Flächen zueinander neu. Fünf der sechs raumeinschließenden Flächen wurden in die Gestaltung integriert, nur der Fußboden blieb aus finanziellen Gründen unbearbeitet. Flache und plastische Elemente, die auf den Wänden angebracht waren oder als vorspringendes Relief im Raum zu schweben schienen, sind um die Seitenkanten herumgeführt; diesem horizontalen panoramatischen Kontinuum korrespondiert in der Vertikalen die Decke, die nicht als fester Abschluß, sondern durchscheinend ausgebildet ist. Decke und Wände treten zurück, sind von den interagierenden suprematistischen Elementen überlagert. Damit ist die Orientierung auf eine Fläche verunmöglicht, und um sich ein Bild zu machen, ist der Betrachter gezwungen, sich im Raum hin und her zu wenden.

Mit den Demonstrationsräumen 1926 für Dresden und 1927/28 für Hannover[142] stellte sich eine andere Aufgabe. Hier ging es darum, für (konstruktivistische) Kunstwerke eine neue Form der Präsentation zu entwickeln. Die entscheidende Differenz zu dem Berliner Raum liegt in der Art und Weise, wie hier die Wandfläche aufgelöst wird. Lissitzky arbeitet mit einem System enggereihter vertikaler Lamellen, die senkrecht von der Wand abstehen. Die Wandfläche und die Vorder- und Rückseite der Lamellen wurden in jeweils verschiedenen Farbabstufungen gestrichen. Die Wand ist hier dreidimensional ausgebildet, ihre sonst immer plane Oberfläche entwirklicht sich so, wird ungreifbar. Der Schattenwurf der Lamellen und die je nach Positionierung und Sehwinkel unterschiedliche Farbdominante dynamisieren den Eindruck. Das hat Rückwirkungen auf die Bilder, abhängig vom Betrachterstandpunkt erscheinen sie auf immer anderem Hintergrund. Alexander Dorner, der mutige Auftraggeber des „Abstrakten Kabinetts" in Hannover, das 1937 von den Nationalsozialisten zerstört und erst in den sechziger Jahren rekonstruiert wurde, sprach von dem „schwimmenden" Charakter der Wand. Auf eine Parallele in der religiösen Kunst weist Sigfried Giedion 1929 in einer Besprechung hin: „Man kann heute noch in katholischen Gegenden an vielen Bauernhäusern Heiligenbilder aus gemalten gläsernen Lamellen sehen, die sich für den vorübergehenden Beschauer abwechselnd zusammenfügen und zersetzen. Lissitzky nimmt – vielleicht unbewußt – die barocke Tradition auf und übersetzt sie ins Abstrakte. Vor der irrationalen Fläche hängen nun die Kompositionen Lissitzkys oder Moholys, die erst in dieser schwebenden Atmosphäre das Leben entfalten können, das in ihnen steckt."[143] In der Op-art wurden ähnliche Systeme zum Hinweis auf die Relativität sinnlicher Wahrnehmung; für Lissitzky sind sie ein Mittel, um seine kosmische Vision freier Zuordnungen in der Enge der Museumsbox zu veranschaulichen.

Sein architektonisches Großprojekt des „Wolkenbügels" rechnete Lissitzky selbst zu den Arbeiten, die seine Idee der „Überwindung des Fundaments, der Erdgebundenheit" zum Ausdruck gebracht hätten. Mit radikalem Rigorismus wird die Erscheinung des Baus auf Stütze und Bügel reduziert. Die Stützen hätten Treppenhaus-, Fahrstuhl- und Paternosterschächte enthalten, der horizontale Bügel Bürogeschosse. Im Gegensatz zum vertikalen Hochhaus wird es mit dem Bügel möglich, oberhalb der vorhandenen Bebauung eine weitere horizontale Raumebene einzurichten – auf einer Photomontage von 1925 schwebt der Wolkenbügel über dem Moskauer Nikitsky-Platz. Die besondere Qualität dieses Konzepts wird an einem Vergleich mit gleichzeitigen Ideen Le Corbusiers offensichtlich: Zusammen mit Jeanneret hatte er in seinen „Fünf Punkten zu einer neuen Architektur" das Haus auf Stützen gefordert mit quasi einem Luftgeschoß unter dem ersten Stockwerk. Die Begründung war hier rein utilitaristisch – die Räume würden der Erdfeuchtigkeit entzogen, das Grundstück stehe weiterhin dem Garten zur Verfügung etc.[144] Mit der deutlich größeren Höhe der Stützen wagt sich El Lissitzky in neue Dimensionen vor, symbolisiert die Überwindung der Erdgebundenheit. Hier kommt eine gänzlich andere Gestaltqualität ins Spiel: der Wolkenbügel zeigt wesentlich auch seine Unterseite, wird so zum schwebenden Körper. Zur fünften Ansicht, dem Dach nämlich, die seit Fritz Wichert immer wieder für die Architektur im Zeitalter der Luftfahrt gefordert wurde, tritt – für selbst schwebende Körper – eine weitere. Mit diesem Projekt löst Lissitzky das ein, was er schon im Prounenraum vorhatte, nämlich alle sechs

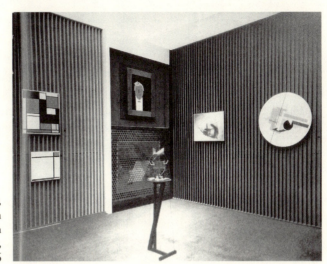

El Lissitzky, Demonstrationsraum auf der Internationalen Kunstausstellung, Dresden 1926

El Lissitzky, Der Wolkenbügel, Projekt, 1925. Die Montage zeigt den Bau auf dem Moskauer Nikitskyplatz

raumeinschließenden Flächen zu gestalten, um die zentralperspektivisch-horizontale Fixierung zu entregeln. Der Wolkenbügel realisiert, nach einer räumlichen Inversion, dem Umschlag von der Innen- zur Außenansicht, diesen Gedanken dynamischer Allansichtigkeit und erscheint damit losgelöst von allen eindeutigen Bezügen.

Durch die Stützen ist der Wolkenbügel noch mit der Erde verbunden. Kasimir Malewitsch hatte kurz zuvor mit seinen schwebenden, flugzeugähnlichen „Planiten" den Bezug zur Erde völlig aufgegeben. Sein kosmologisches Konzept ist theoretisch mehr expliziert und auch anders ausgerichtet als das von Lissitzky. Die Erde als Kugel und nicht mehr als plane Oberfläche begriffen, läßt die Vorstellung von oben und unten verschwinden. Im Weltraum befinden sich die einzelnen Teile im Zustand der Ausgewogenheit. „Wir sagen alle, daß die Häuser stehen", aber Grund, Begründung, das feste Fundament – diese Parallele von Erfahrungs- und Denkform wird hinfällig. Schwerelosigkeit zu erreichen ist einerseits „das höchste Ziel der Technik"; es gilt aber auch noch etwas anderes: „Im Bereich der Seele ist der Mensch schwerelos." Im Weltraum und im menschlichen Vorstellungsraum wirken die gleichen Gesetze, es gibt keine Decke und keinen Boden, keine festen Begrenzungen, sondern nur allseitige Bewegung. Was aber „bedeutet dann Raum, Größe, Gewicht?"[145] Malewitsch verbindet die Utopie einer Technik, die die irdischen Gegebenheiten revolutionär überwindet, mit mystischer Erfahrung.

Um 1920 hatte er eine kosmologische Theorie formuliert. Dort heißt es über die Entstehung der Materie: „Da aber das, was man allgemein als Material bezeichnet, das Ergebnis rotierender Kräfte ist, sollte man darunter nicht nur die Dichte verstehen, etwa des Holzes, des Eisens, des Steins, sondern auch die Intensität der Rotation, wie z.B. bei einem Wirbelsturm... Das Weltall oder der Kosmos erscheint mir als eine unendliche Zahl von Kraftfeldern, die sich um ihre Erregungszentren drehen."[146] Die Vorstellung der materiellen Welt als Produkt der Rotationsenergie, welche also der Schwerkraftordnung vorangeht, ist spekulative Kosmologie und doch zugleich eine Antizipation aktueller physikalischer Theorien[147] über die Entstehung des Universums nach dem sogenannten Urknall. Denn, so die neuen Vermutungen der Teilchenphysiker: Alle Partikel waren zunächst gewichtslos. Erst nach der unvorstellbar kurzen „Planck-Ära" wuchs die Gravitation als erste Ordnungsmacht aus dem Schöpfungschaos, die Schwerkraft folgte, danach die starke Wechselwirkung etc. Übertragen auf Malewitschs suprematistisches Konzept von Gewichtslosigkeit würde das bedeuten: der Künstler setzt sich selbst an den Anfang der Schöpfung, spult wie die Urknall-Forscher die Entwicklung zurück und wirkt als Demiurg auf die noch ungeschiedenen Kräfte.

5. Raum und Zeit

> „Beim Gehen ist (die Straße) mit jedem Schritt betastet und scheinbar das Nächste und Realste des überhaupt Zuhandenen, sie schiebt sich gleichsam an bestimmten Leibteilen, den Fußsohlen, entlang. Und doch ist sie weiter entfernt als der Bekannte, der einem bei solchem Gehen in der ‚Entfernung' von zwanzig Schritten ‚auf der Straße' begegnet."
> Martin Heidegger, Sein und Zeit (1927), § 23

In der traditionellen Physik sind Raum und Zeit absolut; beide Größen aber werden um die letzte Jahrhundertwende in ihrer Bedeutung relativiert und es wird über ihren Zusammenhang nachgedacht. Daß mit dieser physikalischen Dis-

Kasimir Malewitsch, Bühnenentwurf für den zweiten Akt („10. Land") der futuristischen Oper „Sieg über die Sonne"

kussion fundamentale Gewißheiten über die Ordnung der Welt ins Wanken gerieten, zeigt die breite Debatte, die sogleich unter Mathematikern, Physikern, Philosophen und Künstlern einsetzte. Besondere Resonanz erfuhr zunächst, auch ihrer Zugänglichkeit wegen, die lebensphilosophische Variante, die Bergson formulierte. Er behauptet eine grundlegende Differenz von Raum und Zeit, anders also als Kant, der beide als gleichberechtigte Formen der Anschauung beschrieben hatte. Bergson bestimmt den Raum als homogen, aus gleichartigen Punkten bestehend, zwischen denen beliebige Übergänge möglich sind. Im Gegensatz dazu ist die Zeit nicht homogen, sie ist nicht umkehrbar, ein beliebiger Wechsel zwischen den diversen Zeitpunkten ist nicht möglich. Die Zeit ist ein ständiges Fließen und jeder Moment etwas Neues. Dem Raum ist der messende und strukturierende Verstand zugeordnet. Aber nur eine rationalistische Auffassung von Zeit überträgt eine der räumlichen Materie entsprechende Vorstellung von Homogenität auf die Zeit: die reine, unteilbare Dauer kann nur durch Intuition erfahren werden.

Der sich formierende Suprematismus bedient sich dieses Begriffes der Intuition, der Erfahrungen jenseits der Vernunft versprach. Das „10. Land" in Krutschonychs Oper „Sieg über die Sonne", einem der Quellpunkte des Suprematismus, ist ein solcher Ort, an dem die homogene Auffassung von Raum und Zeit außer Kraft gesetzt ist. Wichtig aber wird dann eine andere Anregung, nämlich durch physikalische Theorien. „Die erste Frage galt dem Raum. ,Wo und wohin?' Die Antwort lieferten Lobatschewski, Riemann, Poincaré, Bouché, Hinton und Minkowski: ‚Über die neuen Wahrnehmungen und Maße des Raumes und der Zeit'" – so schrieb 1916 Matjuschin, der Freund Malewitschs.[148] Bei Minkowski ist an die Stelle der getrennten Begriffe von Raum und Zeit ein vierdimensionales Auffassungsschema getreten, das Raum-Zeit-Kontinuum. Im Bereich kosmischer Dimensionen und bei großen Geschwindigkeiten hängen Raum und Zeit vom jeweiligen Bewegungszustand ab.

Die zentrale Informationsquelle der russischen Avantgarde für Fragen der vierten Dimension waren die Schriften von Piotr Ouspensky.[149] Hier vermischen sich wissenschaftliches und spiritualistisch-mystisches Denken. Autoren wie Ouspensky, Hinton und auch Bragdon stehen prinzipiell vor dem gleichen Problem wie die Künstler, nämlich wie jenseits der drei Dimensionen noch eine weitere erfahrbar bzw. darstellbar sei, eine Dimension, die die Data der sensorischen Wahrnehmung überschreite und den Zugang zu einer „höheren" Realität eröffne. Für Ouspensky und Hinton war die Zeit eine – schwer zu verstehende – Manifestation einer höheren räumlichen Dimension. Wie auch Bragdon wählten sie zweidimensionale Schnitte, die dreidimensionale Körper erzeugen würden, wenn sie in verschiedenen Winkeln eine Ebene durchquerten, als Analogie, mit der die Eigenschaften einer höheren Dimension begreiflich gemacht werden könnten – ein Hinweis auf die Bedeutung der Bewegung bzw. Zeit.

Eines der Bilder, die Malewitsch 1915 in der Ausstellung „0.10" präsentierte, hieß „Bewegung malerischer Massen in der vierten Dimension". In seinen Arbeiten aus dieser Zeit gibt es nicht nur einen solchen allgemeinen thematischen Bezug, sondern auch augenfällige formale Affinitäten zu Illustrationen, die die Theoretiker des Hyperraums benutzten. Linda Dalrymple Henderson stellt den Vergleich an zwischen Malewitschs Bild „Acht rote Rechtecke" und einer Tafel aus dem 1912 erschienenen Buch „Man the Square" von Claude Bragdon. Die Tafel zeigt die Spuren, die ein Kubus in verschiedenen Stadien und Aufprallwinkeln beim Durchkreuzen einer Fläche hinterlassen würde. Aber ein direkter Zusammenhang ist nicht beweisbar: obwohl der Text Bragdons in St. Petersburg im Umlauf war, weiß man nicht, ob Malewitsch ihn gekannt hat. In vielen seiner Bilder arbeitet er jedoch mit übereinandergelegten Flächen, die eine räumliche, und nicht eine zweidimensionale Lektüre nahelegen. Die Affinität zu Illustrationen wie denen Bragdons ist demnach eher mittelbarer Natur: mit Flächen auf dem weißen Untergrund versuchte Malewitsch einen multidimensionalen Raum darzustellen, einen Raum unabhängig von der Schwerkraft und gewohnten Orientierungen, und das entspricht der Voraussage Ouspenskys, daß das Signum vierdimensionalen Bewußtseins ein „Unendlichkeitsgefühl" ist.

Nach dem Krieg ändern sich die Bezugspunkte. In ihrer Plötzlichkeit nicht ganz nachvollziehbar, aber allgemein zu beobachten ist die Rezeption von

Raum und Zeit 79

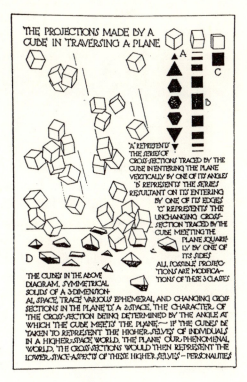

Illustration aus: Claude Bragdon, A Primer of Higher Space, New York 1913

Einsteins Relativitätstheorie. Kaum eine Künstlertheorie, so sie sich mit naturwissenschaftlichen Fragen aufhält, die ohne dieses universale Erklärungsmittel auskäme, wie weit oder wie wenig der Sachverhalt auch verstanden wurde. Von einigen Aspekten lassen sich zumindest vage Vorstellungen gewinnen[150]: Es gibt kein Medium, das im Raum ruht. Einstein verwendete zur Veranschaulichung der Speziellen Relativitätstheorie von 1905 das Bild zweier Beobachter, deren einer in der Mitte eines fahrenden Zuges bei gleichzeitig nach beiden Richtungen ausgesandten Lichtstrahlen feststellt, daß sie auch gleichzeitig am Anfang und Ende des Zuges ankommen. Der zweite Beobachter auf dem Bahndamm wird feststellen, daß der Lichtstrahl am Zugende, das ihm ja entgegenfährt, eher ankommt, und der an der Zugspitze später. Die beiden Beobachter beurteilen die Zeitlichkeit der Ereignisse also verschieden. Die Allgemeine Relativitätstheorie hingegen, zwischen 1913 und 1916 formuliert, gilt nicht nur, wie die Spezielle Relativitätstheorie, für Koordinatensysteme, die durch einen gleichförmigen und geradlinigen Bewegungszustand gekennzeichnet sind. Die Körper lassen sich nicht mehr, wie in der euklidischen Geometrie, fest im Raum anordnen; Grundbegriffe wie Gerade und Ebene haben ihren eindeutigen Sinn verloren. Nach dieser Theorie befindet sich jeder Körper in einem Prozeß andauernder Deformation.

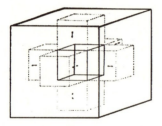 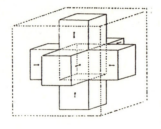

Theo van Doesburg, Veranschaulichung eines Kubus und eines Hyperkubus, 1925

Interessant für die Künstlertheorien wurde hauptsächlich der Gedanke der Variabilität der Raumerfassung. El Lissitzky verweist in seinem Text „K. und Pangeometrie"(1925) auf die Relativitätstheorie, die bewiesen habe, daß die Maßstäbe des Raumes und der Zeit von der Bewegung der betreffenden Systeme abhängig sind. Der Künstler solle sehr wohl mit den Elementen des modernen Wissens arbeiten – entscheidend ist aber dann sein Vorbehalt: „Das ist doch eine alte Wahrheit, lieber Freund, daß, wenn ich den von mir geschaffenen Begriff (Proun) absolut definiert hätte, ich nicht meine ganze plastische Arbeit zustande bringen brauchte."[151] Lissitzky besteht weiterhin auf der grundsätzlichen Differenz künstlerischer Arbeit gegenüber naturwissenschaftlichen Theorien.

Dennoch werden neue Raum-Zeit-Konzeptionen mehr oder weniger direkt zu einem zentralen Movens der Avantgarde der zwanziger Jahre. Van Doesburg bezieht sich explizit auf die Diskussion um die vierte Dimension. Ein Hyperkubus[152], also in einem größeren ein kleinerer Kubus, an dessen sechs Außenflächen sich jeweils sechs weitere (Zwischen-) Kuben anschließen, deren Außenflächen zu einem Teil der Innenflächen des größeren Kubus werden, dient ihm zur Veranschaulichung der neuen architektonischen Prinzipien. Hinton und andere hatten einen solchen Hyperkubus oft zur Darstellung der vierten Dimension als der Bewegung eines Würfels in einem anderen verwendet. Van Doesburg zeigt ihn in zwei Versionen, in einer für die ältere Architektur, wo Pfeile auf die innere Schachtel weisen, und so Konzentration und Abgeschlossenheit signalisieren, und in einer der neuen „hyperkubischen" Architektur: hier sind die innere und die äußere Schachtel nur noch als Negativform vorhanden, die Pfeile weisen nach außen, das dreidimensionale Kreuz der Zwischenkuben wird zur gemeinten Form.

Die Aufhebung der Trennung von innen und außen und das Erzeugen fließender Übergänge wird zu einem Leitprinzip der modernen Architektur. Wo sich van Doesburg direkt auf das Moment des „Vierdimensionalen, Zeiträumlichen"[153] bezieht, tauchen analoge Gestaltungen auch ohne den Verweis auf die Physik auf, so schon um die Jahrhundertwende in den Prairie-Houses Frank Lloyd Wrights als Übergang der Wohnräume ineinander und in die Natur oder im „Raumplan" von Adolf Loos, der innerhalb der Häuser die Treppen zu

Knotenpunkten macht. Die Begründung zielt hier auf das Wohnen und nicht auf eine Philosophie – „man muß diese räume so miteinander verbinden, daß der übergang unmerklich und natürlich, aber auch am zweckmäßigsten wird."¹⁵⁴

Der wirkungsmächtigste Ausdruck der Raum-Zeit-Konzeptionen, die großenteils zwischen 1915 und 1925 entwickelt wurden, ist vielleicht Sigfried Giedions Buch „Space, Time and Architecture", zuerst 1941 publiziert. Das Werk ist lesbar als Zusammenfassung des Wollens der klassischen Moderne. Der Titel ist fast ein Zitat – 1918 erschien Hermann Weyls Buch „Raum, Zeit und Materie", 1935 Eddingtons „Space, Time and Gravitation", beides Arbeiten von Physikern. Giedion hatte 1928 seine Untersuchung „Bauen in Frankreich" veröffentlicht; wesentliche Abschnitte gingen in „Space, Time and Architecture" ein. Der unmittelbare Vergleich beider Bücher zeigt, wie sich Giedions Standpunkt von einer Architekturanalyse hin zur großen kulturellen Synthese verschoben hat.

Das wird beispielhaft sichtbar an der Verwandlung des visuellen Kontextes, in dem der Werkstattflügel des Dessauer Bauhauses 1928 und 1941 erscheint. Hier hatte Gropius mit dem curtain wall gearbeitet, eine dünne, nichttragende Glashaut umspannt das Gebäude. Für „Bauen in Frankreich" nutzt Giedion eines der bekannten Photos von Lucia Moholy. Diagonal durchdringt der Blick den transparenten Baukörper. Eine solche Blickführung verschränkt die im rechten

Pablo Picasso, L'Arlésienne, 1911–12   Walter Gropius, Bauhaus Dessau, 1926

Winkel zueinander stehenden Raumachsen; die separaten Flügel des Baus und die Außenwelt bilden ein räumliches Kontinuum. Dieser Abbildung wird die Glaswand von Eiffels Weltausstellungsgebäude aus dem Jahr 1878 kontrastiert, die Nüchternheit von Industriebauten also. In „Raum, Zeit, Architektur" aber konfrontiert Giedion ein Photo des Dessauer Baus mit Picassos „L'Arlesienne"[155] von 1911/12 und behauptet in der Bildunterschrift innere Verwandtschaften.

Mit der Zerlegung der Objekte, ihrer Transparenz und der allseitigen Ansicht füge der Kubismus, so die Interpretation, den klassischen drei Dimensionen des Raumes eine vierte hinzu, nämlich die Zeit. Und über den daraus resultierenden Begriff der Simultaneität stellt Giedion eine Beziehung her[156] zu Einsteins Schrift „Zur Elektrodynamik bewegter Körper" aus dem Jahr 1905, der ersten Veröffentlichung zur Speziellen Relativitätstheorie. So wird, vermittelt über den Kubismus und die Physik, eine innovative Vorstellung des architektonischen Raumes aufgebaut, der Innen und außen nicht mehr separiert, sondern in überblendender Gleichzeitigkeit als Eines präsent macht. Als Vorschule neuer Raumerfahrungen erscheint neben der Malerei auch der „Vogelschaublick" aus dem Flugzeug.

Einstein zeigte sich, als er 1941 von Giedions Raum-Zeit-Konzeption hörte, wenig amüsiert – eine Gedicht in der Manier von Morgenstern war seine Antwort: „Nicht schwer ist's, Neues auszusagen, wenn jeden Blödsinn man will wagen. Doch seltner fügt sich auch dabei, daß Neues auch vernünftig sei."[157] Giedions Strategie war, da er das Neue Bauen aus der Ingenieursarchitektur hergeleitet hatte, es zugleich über die technische Rationalität hinaus zu legitimieren. Doch steigerte er dabei die vorsichtigen Vergleiche aus „Bauen in Frankreich" bis zu einem Grad, bei dem künstlerische und naturwissenschaftliche Weisen der Raumanalyse als identisch genommen werden. Verführerische Analogien dienen als Beweis der integrativen Vitalität der Moderne.

ZWEITER TEIL

IV. KONTINUUM DER KRÄFTE –
DER EINSTELLUNGSWANDEL UM 1930

1. „Die Tarnkappe der Technik"

Die „ingenieure Einfachheit", die Hermann Lotze bereits 1868 als wesentliches Merkmal der Ästhetik moderner Technik identifizierte[158], wurde von der architektonischen Avantgarde der zwanziger Jahre verabsolutiert. Ihr Programm, Materialreduktion und Verwendung elementarer Formen, hatte die körperlosen Gerippe der Eisenarchitektur zum Leitbild, im weiteren Sinne das Konstruktive überhaupt. Der Konsens aber, daß das Zeigen der Konstruktion grundsätzlich auch als Ausweis von Funktionalität zu werten sei, wurde am Ende des Jahrzehnts aufgekündigt. Wilhelm Lotz etwa spricht 1931 von den durchaus noch aktuellen Konzepten in einer Weise, als wären sie bestenfalls Ausdruck eines Übergangszustandes gewesen. Sein Artikel „Die Tarnkappe der Technik" erschien immerhin in einem Zentralorgan der modernen Bewegung, in der vom Deutschen Werkbund herausgegebenen „Form". Gegenstand seiner Polemik ist die Manier moderner Architekten, im Innenraum Rohrleitungen und Installationen sichtbar zu verlegen, und allgemein die Tendenz, das Konstruktive zu betonen. Wichtig für ein Haus sei doch aber eher, daß „es so konstruiert ist, daß man es gut und praktisch bewohnen kann und daß sich aus der Konstruktion keine Nachteile für die Wohnfunktionen ergeben."[159] Als „praktisch" erscheint die Beruhigung der Umgebung anstelle ihrer demonstrativen Aufladung mit komplizierten Apparaturen.

Der Begriff von Funktionalität wird von der Konstruktion abgekoppelt und auf den möglichst einfachen Gebrauch bezogen. Lotz argumentiert nicht wie die Generation vor ihm mit der Technik als solcher, sondern mit ihrem gegenwärtigen Stand, der vor allem durch einen Zug zur Minimierung und Abstraktion gekennzeichnet ist. Gerade avancierte Technologie, besonders aus dem Bereich der Elektrotechnik, ist nicht mehr direkt repräsentationsfähig. Funktionsweisen werden unanschaulich, ein Röntgenbild der Konstruktion wäre also bedeutungslos. Sichtbar sind nur noch Bedienungselemente und eine schützende Hülle. Sie sind das Medium, das die möglichen Funktionen an die Benutzer übermittelt.

Wagen der Firma Adler, Enwurf Walter Gropius. Faltprospekt von Herbert Bayer, 1931

Mit dieser Entwicklung ist das Leitbild der konstruktiven, gleichsam analytischen Gerippe durch das integrierender Formen ersetzt.

Die Kontroverse um die von Gropius entworfenen Adler-Automobile erwies auf einer anderen Ebene die Notwendigkeit, von elementarisch-additiven Gestaltungen abzugehen. Bewegte Körper fordern andere Formen als stehende, der Absolutismus nur einer universell gültigen Formensprache zerschellt. Gropius hatte 1930 zwei Versionen einer Limousine entworfen, die sich lediglich durch die Anzahl der Sitze unterscheiden. In einem Prospekt der Firma Adler, den Herbert Bayer gestaltete, benennt Gropius die Prämissen seines Vorgehens. Ziel ist die Harmonie der äußeren Erscheinungsform mit der Logik der technischen Funktionen. Das aber ist eine ausgesprochen vieldeutige Aussage. Sieht man die Karosserien an, so fällt ihr dezidiert rechtwinkliger Charakter auf mit additiver Zuordnung von Motorblock und Innenraum – ein formales Repertoire also wie direkt aus dem Vorkurs des Bauhauses. Und das sollte auch so sein, in einem Vortrag betonte Gropius 1933, daß Automobil und Haus als Körper „den gleichen Formgesetzen" unterlägen. Auch sein Adler-Wagen, wiewohl ein Luxusprodukt, ist gleichsam eine Wohnung für das Existenzminimum. Damit aber folgt Gropius entgegen seinem Anspruch nicht einer technischen Funktionslogik, sondern einer elementaristischen Architekturästhetik, die allerdings den Vorteil bietet, daß ein würfelförmiger Raum sich am besten ausnutzen läßt.

Nun erschienen die Wagen zu einem Zeitpunkt auf dem Markt, an dem die Bedingungen für das Erzeugen einer Harmonie von äußerer Erscheinungsform und der Logik der technischen Funktionen komplexer wurden. Der Faktor

Bewegung, die Bedeutung der Aerodynamik, steht in direktem Gegensatz zu den Gesetzen orthogonaler Raumökonomie. Das ist auch der Kern der Attacken, die Robert Michel in der Zeitschrift „die neue stadt" gegen Gropius und die Adler-Wagen führt. „Gleiche Formgesetze? Wir bedauern hier aufrichtig diesen Irrtum."[160] Berechnungen zeigten schon in den frühen zwanziger Jahren die deutlichen Energieeinsparungen, die durch stromlinienförmige Karosserien möglich wurden. Das Problem für den Autobauer besteht fortan darin, die widersprüchlichen Anforderungen der Raumökonomie und Aerodynamik in Einklang zu bringen: nur dann kann von Zweckmäßigkeit gesprochen werden. Auch hier wird also die Lösung in jedem Fall statt einer elementarisch-additiven eine integrierende Form sein.

Das neue Formideal läßt die Ästhetik des Internationalen Stils plötzlich veraltet erscheinen. In diesem Moment ändert sich auch das Bezugssystem. Es sind nicht mehr die Maschine oder die pure Konstruktion, die vergleichend herangezogen werden, sondern es ist die Vorstellung des Organismus und seiner Organisation. Dieser Wandel wird schon seit der Mitte der zwanziger Jahre spürbar. Le Corbusier, durchaus unbekümmert um den Widerspruch, spielt einerseits die Gerade und den rechten Winkel als Ausdruck bewußten Handelns und der Herrschaft über sich selbst gegen die gekrümmte Straße aus als den Weg der Esel, der Ermüdung und der Tiernatur, um im Anhang desselben Buches, „Urbanisme" von 1925, dann doch Abbildungen aus einem Naturgeschichtsbuch zu bringen, von organischen Systemen als Ausdruck des Lebens, des Wesens der Dinge.[161]

Als Zeugnis eines tatsächlichen Übergangs, und nicht nur als unaufgelöste Antithese, erscheint dann 1929 Moholy-Nagys Buch „von material zu architektur". Die Ästhetik der Konstruktionen wird neu bewertet, das Motiv des Zusammenhangs der Teile stärker betont, ohne daß aber die Grundlage elementaristischer Reduktion aufgegeben würde. Ziel ist, daß der „sektorenhafte mensch" überwunden wird, dessen Funktionen der Konstruktivismus im Zweifelsfall doch immer nach dem Vorbild industrieller Arbeitsteilung modelliert hätte. Bei Moholy-Nagy taucht dagegen der Topos des „organischen" auf, der „biologischen bedürfnisse". Das Training des taktilen Vermögens etwa soll das „erlebnishafte begreifen des materials" befördern. Das Bezugssystem ist nicht mehr eine rein mechanisch verstandene Technik, sondern die Biologie, genauer gesagt, eine bestimmte Ausprägung der Biologie, die in den zwanziger Jahren große Popularität erlangte, nämlich die „Biotechnik", wie sie insbesondere Raoul Francé propagierte. Aus desssen Buch „Die Pflanze als Erfinder" zitiert Moholy für seine Programmatik wesentliche Aussagen: „es gibt keine form der technik, welche nicht aus den formen der natur ableitbar wäre... die technischen formen entstehen immer als funktionsform durch prozesse."[162]

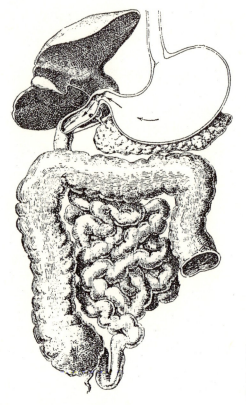

Illustration aus: Le Corbusier, Städtebau. Unterschrift: „Präzise Organe mit fester Bestimmung. Logische Verkettung der Operationen"

Beispielhaft erläutert er die Entwicklung von der elementaristischen Zerlegung hin zum – so sein Lieblingsausdruck – kontinuierlichen „fluktuieren" am Werk Picassos. In dieser, so das Zugeständnis, bewußt einseitigen Interpretation geht es um das Moment des „erlebnishaften", das für Moholy von Picasso nach einer Phase des Elementarismus wiedergewonnen wurde. Zunächst hatte dieser in ihrer Erscheinung reiche Gegenstände auf ihre „stereometrischen urelemente reduziert". Diese Ordnung erwies sich jedoch als unbefriedigend. Nun werden die wiederentdeckten Eigenwerte von Material und Werkzeug zum Thema – die „objektive faktur" wirkt, von Darstellungsabsichten losgelöst, aus sich selbst heraus. „fakturerfindungen" werden zum eigentlichen Bildgegenstand, durch Pinseln, Spachteln, Kratzen wird das „schillernd farbige erlebnis der inneren und äußeren lichterscheinungen" festgehalten. In dieser Richtung sieht Moholy-Nagy die Gestaltungsaufgaben der Gegenwart: noch der Farbstoff, das Pigment, müsse überwunden werden, um aus dem Licht selbst den Ausdruck zu gewinnen.[163] Hier wird seine Entwicklungslogik deutlich: elementarisch-stereometrische Zerlegung ist nur eine Vorstufe, ist letztlich noch an den Gegenstand gebunden. Um nicht das isolierte Einzelne, sondern dynamische Beziehungen sichtbar zu machen, müsse es danach darum gehen, Gestaltungen mit immer weiter entstofflichten Mitteln zu finden.

Diese Entwicklungslogik entfaltet er mit wünschenswerter Deutlichkeit an der Geschichte der Plastik. Unter dem Leitgedanken „von masse zu bewegung"[164] werden fünf Stadien unterschieden. Das erste ist durch Blocks charakterisiert wie die Pyramiden oder die Kaaba in Mekka: reine Masse in unangetasteten Volumen. Urelemente plastischer Gestaltung sind gleichermaßen stereometrische Körper wie auch die Eiformen Brancusis. Das zweite Stadium vertritt der modellierte Block mit der Differenzierung kleiner und großer Volumen, das dritte der perforierte, durchlöcherte Block mit einer Durchdringung von Leere und Fülle. Die schwebende Plastik (viertes Stadium) bringt dann etwas grundsätzlich Neues. Während alle anderen in eindeutigen Richtungsbeziehungen zur Erde stehen, ist sie nur auf das eigene System bezogen. Moholy unterscheidet zwei Stufen der schwebenden Plastik: auf die Körper, die auf minimierten Stützpunkten errichtet sind, folgen nicht mehr nur perforierte, sondern völlig skelettierte Gebilde, die von der Gravitation unabhängig scheinen. Das Nacheinander zweier textbegleitender Abbildungen bindet diesen plastischen Entwicklungsstand an den der (Flug-)Technik – dem Gerippe eines Luftschiffes folgt eine hängende Konstruktion Rodtschenkos aus dem Jahr 1920. Im fünften und letzten Stadium, dem der kinetischen Plastik, erscheint das Material schließlich nur noch als Träger von Bewegungen, das virtuelle Volumen ist erreicht wie bei Gabos „Stehender Welle" oder den bewegten Lichterscheinungen in der nächtlichen Stadt.

Moholys Entwurf integriert in bisher nicht gesehener Weise künstlerische mit allgemeinen kulturellen Erfahrungen. Das Illustrationsmaterial, das er in seinem Buch verwendet, reicht weit in das Gebiet des Alltags herein. So gibt es neben Illustriertenphotos und Filmbildern auch mehr als ein Dutzend Aufnahmen aus dem Bereich der Luftfahrt: alles Zeugnisse der These, daß der moderne Wahrnehmungsraum keine Separation mehr kennt, sondern als ein beständiges Spiel von Beziehungen einander durchdringender Objekte und Ereignisse verstanden werden muß. Nach dem trefflichen Wort von Banham erweist sich seine Einstellung als „eine Art indeterministischer Funktionalismus".[165] Die Entwicklungslogik, in die Moholy sein Körperbild stellt, mit der Tendenz zunehmender Entmaterialisierung, bleibt noch den Voraussetzungen der frühen zwanziger Jahre verpflichtet, als das ästhetische Ideal und das technische Ideal zu korrespondieren schienen im Bild des elementarischen Gerippes, des nackten Skeletts. Im Bereich der Funktionsweisen aber, und nicht in dem der Gestalten, ist das Leitbild des Mechanischen durch den komplexeren und auf Prozesse verweisenden Begriff des Organischen ersetzt.

Die Konsequenzen derartiger Einsichten für die konkrete Gestaltung differenzierten sich um 1930 heraus. Das direkte Vorbild biologischer Formen

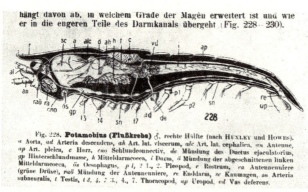

Gehäuse eines Flußkrebses, Abb. aus: W. Lotz, Die Tarnkappe der Technik

forderte Wilhelm Lotz. Er beruft sich auf Ernst Kropps Buch „Wandlung der Form im XX. Jahrhundert", in dem es heißt: „Die Schönheit eines lebenden Körpers der Natur zeigt sich auch nicht in den Formen von Herz, Lunge und Nerven, sondern in der Verkleidung dieser inneren Organe und seiner plastischen Gestalt."[166] Lotz bildet dazu das Gehäuse eines Flußkrebses ab, in dem, analog zur modernen Technik, die einzelnen Organe verborgen sind. Mit dieser Tarnkappe, notwendig aus funktionalen Gründen, sei die „Diktatur des Materials und der Konstruktion" beendet. Lotzs Argumentation bleibt insofern reduziert, als er sich mit dem Vorbild biologischer Hüllen im wesentlichen auf den leichten Gebrauch konzentriert, auf die Faktoren Überblick und Sicherheit. Damit sind die Möglichkeiten der Hülle aber bei weitem noch nicht erschöpft.

Sie liegen vor allem im Bereich der Dynamik. Untersuchungen zu diesem Thema aus biologischer Sicht stammen von Sir D'Arcy Wentworth Thompson. Er veröffentlichte 1917 seine klassische Abhandlung „On Growth and Form", in der er Biologie mit Physik und Mathematik kombinierte; organisches Design ist für ihn die Übertragung natürlicher Prinzipien, um größtmögliche mechanische Effizienz zu erreichen. Eines seiner Themen sind die Formgesetze bewegter Körper, und hier setzt das Interesse der Gestalter der dreißiger Jahre an. Hüllen sind für ihn nicht nur beliebig geformte Verkleidung, sondern essentieller Bestandteil der Funktionen: „The naval architect learns a great part of his lesson from the streamlining of a fish; the yachtsman learns that his sails are nothing more than a great bird's wing, causing the slender hull to fly along; and the mathematical study of the streamlines of a bird, and of the principles underlying the areas and curvatures of its wings and tail, has helped to lay the very foundations of the modern science of aeronautics."[167]

Erst als Stromlinienform also wird die „Tarnkappe" zum Gestaltvorbild. Katalysator dieser Entwicklung ist das Flugzeug. Mit der intendierten Steigerung

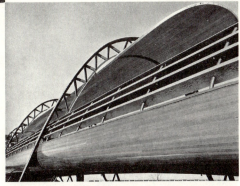

Doppelseite aus: Walter Dorwin Teague, Design This Day. „Lines of beauty" bei einer DC-3 und einer Brücke

der Fluggeschwindigkeiten setzt um 1930 ein fundamentaler Wandel im Flugzeugbau ein; organische, umkleidete Formen sind nun die ideale Lösung, als es um die Verringerung des Luftwiderstandes geht. Die Gerippe verschwinden, geschlossene Formen erscheinen. Und wie das Flugzeug der zwanziger Jahre Pate stand bei der Formulierung der konstruktivistischen Ästhetik, so generieren auch jetzt wieder Entwicklungen im Flugzeugbau ein neues Körperbild. Die technischen Veränderungen faßt 1930 Franz Ludwig Habbel in einem Artikel der „Form" zusammen.[168] Die Ganzmetallbauart der freitragenden Eindecker mit dickem Flügelprofil hat die mehrstieligen verspannten Doppeldecker abgelöst. Der Baustoff Duraluminium und aerodynamische Untersuchungen boten die materiellen und gestalterischen Voraussetzungen. So wird die „ins Unentwirrbare gehende Auflösung aller tragenden Teile" durch konstruktive Durcharbeitung wieder rückgängig gemacht. Das Ergebnis ist eine Zusammenfassung der Elemente, eine klare, flüssige Linienführung. Zum epochalen Prototyp des Stromliniendesigns wurde dann die DC-3, ein Flugzeug, das seit 1933 erprobt und anschließend viele tausend Male gebaut wurde. Die integrierte Form mit den runden Konturen wurde zum Symbol technischen Fortschritts schlechthin, vereinte sie doch funktionale mit emotionalen Qualitäten. Der Gestalter Walter

Dorwin Teague schrieb über einen spezifischen Linienzug, der überall an dieser Maschine begegnet: „This line, composed of a short parabolic curve and a long sweep, straight or almost straight, expresses force and grace... There surely is no more exciting form in modern design."[169]

2. Totale Mobilmachung – Le Corbusiers „Aircraft" und Jüngers „Arbeiter"

Das „excitement", das Walter Dorwin Teague angesichts der runden Glattblechkonstruktion der DC-3 notierte, führt in Zusammenhänge, die über das Flugzeugdesign hinausweisen. Dahinter wird ein tiefgreifender Gestaltwandel sichtbar, der bis ins Menschenbild hineinreicht. „Let's streamline men and women"[170] fordert 1937 der Designer Count Alexis de Sakhnoffsky, die Menschen müßten den Bedingungen der modernen Gegenwart angepaßt werden. Die Ansichten des neuen Menschen, die er gibt, sind wie Ingenieurszeichnungen

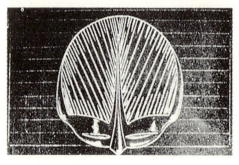

Sakhnoffskys Design für einen stromlinienförmigen Menschen, 1937

ausgeführt, die Differenz von Mensch und Maschine ist tendenziell getilgt. Die Zehen werden eliminiert als atavistische Reste der Zeit, wo Menschen auf Bäumen kletterten, die Ohren in den Kopf integriert, die Nase wird stromlinienförmig modelliert. Die angepaßte Funktionseinheit wird zum obersten Leitbild.

Die geschlossenen Körper der Flugzeuge und überhaupt der verkleideten Maschinen unterscheiden sich von den skelettierten Gerippen der vorhergehenden Dekade so wie die Stahlrohrmöbel von den schweren Fauteuils des Art Deco oder die eckige Garconne von der kräftigen Diva. Nach dem Kult des Sachlichen und Konstruktiven ist zu Beginn der dreißiger Jahre eine Wiederkehr des Körpers zu beobachten, eines Körpers, der als Menschenkörper geschmeidig und wohltrainiert, als Maschinenkörper schnell und effektiv erscheint. Augenfällig wird eine epochenspezifische Faszination an der Glätte der Körper, am Zusammenschluß aller Einzelelemente in das fließende Kontinuum integrierender Großformen, was die Frage nahelegt, ob mit diesem Gestaltmodus nicht auch bestimmte Bilder von Vergesellschaftung generiert werden.

Eine bemerkenswerte Demonstration der Ausdrucksqualitäten stromlinienförmig verkleideter Flugzeuge liefert Le Corbusier im vierten Kapitel seines Buches „Aircraft". Die Publikation (1935) fiel in eine Zeit, in der er in seiner Architektur den Übergang von orthogonalen Systemen hin zu plastischdynamischen Körpern vollzieht. Vier Flugzeugabbildungen (Nr. 37–40) sind über eine Doppelseite verteilt; es sind Bilder aus den Filmen „Aero Engine" und „Contact". In der Komposition Le Corbusiers erscheinen die Maschinen als überwältigende Aggregate. Alle vier Bilder sind aus Untersicht aufgenommen und zeigen enge Ausschnitte; so dominieren Details als Großformen. Kleine Öffnungen in den glatten Rümpfen (Nr. 37) wirken fast animalisch; die runden Nasen der Maschinen (Nr. 38, 39) drängen auf den Betrachter zu. In einem Fall (Nr. 39) wählt Le Corbusier eine frontale Ansicht: das mächtige Aggregat, achsensymmetrisch wiedergegeben, scheint, durch die Stellung der Propellerblätter angedeutet, eine Aureole zu besitzen. Zusammengenommen ist das eine raffiniert kalkulierte Inszenierung funktioneller Potenz.

Le Corbusier zeigt das Flugzeug nicht, wie Leni Riefenstahl in dem fast gleichzeitig entstandenen Film „Triumph des Willens", als Herrschaftsinstrument eines bestimmten politischen Systems. Wo sie, mit der Musik Wagners als Bindemittel, in der langen Eröffnungssequenz Hitler und die Ju 52 zu einem allgegenwärtig-totalitären Mensch-Maschine-System verkoppelt, da zieht Le Corbusier sich auf eine neue Ästhetik zurück, auf die Energie und Kraft der Flugzeugformen allein. Aber auch diese technischen Formen sind durchaus nicht wertneutral. Die vier Flugzeuge, obwohl nur mit dünnem Blech verkleidet, scheinen in ein Gestaltfeld zu gehören, das die Atlantikwall-Bunker ebenso umfaßt wie Le Corbusiers brutalistische Sichtbetonkonstruktionen für Kirchen

92 *Kontinuum der Kräfte*

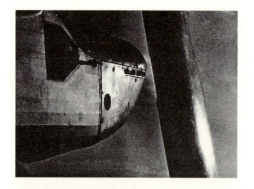

Doppelseite aus: Le Corbusier, Aircraft (Nr. 37–40)

Filmplakat 1932

und öffentliche Gebäude in den fünfziger Jahren. Die Flugzeuge werden als technisch machtvoll vorgeführt, als glatte und unwiderstehliche Körper.

Eher beiläufig tauchen die Nutznießer der potenten Aggregate auf; kaum jedoch sind es zivile Passagiere. In die Bildauswahl eingestreut ist ein signifikanter Anteil von Beispielen aus dem Bereich der diversen Luftstreitkräfte. Der Passagiertransport wird sofort (Nr. 11, 12) kontrapunktiert mit dem Hinweis auf Bombenflugzeuge als neuer Artillerie. Unübersehbar ist die Faszination an großtechnischen Verbundsystemen. Wo aber etwa Karl Hartl 1932 in seinem Film „F. P. 1 antwortet nicht" die gigantische Konstruktion einer schwimmenden Flugplattform als Zwischenstation transatlantischen Luftverkehrs vorstellte (die Bauten stammen von Erich Kettelhut, dem langjährigen Mitarbeiter Fritz Langs), da rekurriert Le Corbusier nicht auf die Organisation zivilen Luftverkehrs, sondern zeigt umstandslos und in suggestiver Bildmontage (Nr. 14–16, 18) Flugzeuge auf Flugzeugträgern: Symbole höchstorganisierter militärischer Macht und unbeschränkter Mobilität.

Am Ende übernimmt er selbst die Prinzipien dessen, was er beschreibt. Er wird zum Strategen der Organisation. Die Stromlinien, die Flüssigkeiten bilden, wenn sie auf Widerstände stoßen bzw. Bilder von Flügelprofilen, die dem Vorbeistrom so gut angepaßt sind, daß sie kaum Verwirbelungen erzeugen (Nr. 50–52), weisen auf die Notwendigkeit der Minimierung von Widerständen und der Einpassung in den Lebensstrom. Er sieht alle Dinge als Organismen; das reibungslose Zusammenwirken der Teile wird zum Maßstab. Die Bildsequenz der aero- und hydrodynamischen Experimente gehört so mit einer anderen Abbildung zusammen, die in erheblich anderer Größendimension einen See in den französischen Pyrenäen zeigt: eine vertikale Luftaufnahme (Nr. 117) aus weiter Distanz, die die strukturierende Arbeit von Naturkräften zeigt, das Zusammenwirken der Elemente, die das große Ganze formen. Das ist die Perspektive, die Le Corbusier letztlich auch für sich als souveränen Demiurgen reklamiert. Sein Plan für Algier (Nr. 110) ist von hoch oben her gedacht: riesige Gebäudekomplexe und Straßenzüge sind in Beziehung zum Verlauf der Küstenlinie gesetzt; die Großkörper dieses Masterplans liegen so auf der vorhandenen Stadt, als sei diese lediglich ein desorganisierter und nicht mehr neu zu formender Steinhaufen. Die Maschinenzivilisation entwickelt ihre eigenen Maßstäbe; das Durchsetzen der Stromlinie als dem Garanten der Zirkulation wird zur urbanistischen und damit auch gesellschaftlichen Leitvorstellung.

Fast scheint es möglich, Le Corbusiers „Aircraft" als Appendix zu einem anderen Werk der Zeit zu lesen, nämlich Ernst Jüngers „Arbeiter" von 1932. Das Bild der modernen Zivilisation wird aus dem zentralen Gedanken der „totalen Mobilmachung" heraus entwickelt. „Totale Mobilmachung" war ursprünglich der Titel eines Aufsatzes von Jünger, der 1930 in dem von ihm herausgegebenen

Abb. aus: Le Corbusier, Aircraft. Hydrodynamisches Experiment (Abb. Nr. 51)

Abb. aus: Le Corbusier, Aircraft. Obus-Plan für Algier, Projekt von 1930 (Abb. Nr. 110)

Sammelband „Krieg und Krieger" enthalten war. Gerade die jüngste Kriegstechnologie, nämlich die Luftkriegsführung, hatte hier das Thema mit krasser Deutlichkeit veranschaulicht: „Wir haben das Zeitalter des gezielten Schusses bereits wieder hinter uns. Der Geschwaderführer, der in nächtlicher Höhe den Befehl zum Bombenangriff erteilt, kennt keinen Unterschied zwischen Kämpfern und Nichtkämpfern mehr, und die tödliche Gaswolke zieht wie ein Element über alles Lebendige dahin. Die Möglichkeit solcher Bedrohungen aber setzt weder eine partielle, noch eine allgemeine, sondern eine Totale Mobilmachung voraus, die sich selbst auf das Kind in der Wiege erstreckt."[171] In diesem

Text aber bezieht sich Jünger mit dem Begriff der totalen Mobilmachung in der Hauptsache noch auf die dem technischen Zeitalter adäquate Form des Krieges.

Dieser Blickwinkel verschiebt sich im „Arbeiter". Der „totale Arbeitscharakter" des Krieges war nur Probe einer neuen Wirklichkeit. Den „Leib als reines Instrument zu behandeln"[172] wird zur ständigen Anforderung. Jünger hatte 1926 einen Flugkurs an der Verkehrsfliegerschule in Staaken absolviert; ein Echo davon findet sich in der ersten Fassung des „Abenteuerlichen Herzens" von 1929, nämlich das Gefühl hinter dem Triebwerk eines Flugzeuges, „wenn die Faust den Gashebel nach vorn stößt und das schreckliche Gebrüll der Kraft, die der Erde entfliehen will, sich erhebt": kein Atom scheint mehr möglich, „das nicht in Arbeit ist. Es ist die kalte, niemals zu sättigende Wut, ein sehr modernes Gefühl."[173] Im „Arbeiter" wirkt eine derartige Verschränkung von Mensch und Maschine auf die Physiognomik zurück; Jünger konstatiert als zeittypisches Merkmal Entindividuierung, eine „maskenhafte Starrheit des Gesichtes"[174], eine metallische Qualität, gleichsam eine Panzerung als Ausdruck der Anpassung an hohe Geschwindigkeit, Gefahren etc.

Die Kulturlandschaft, die diesem Zustand entspricht, wird als „Übergangslandschaft" beschrieben, als Werkstätte, in der alle Formen ständig neu modelliert werden. Sie bleibt provisorisch, unaufgeräumt, charakterisiert durch ameisenhaftes Durcheinander und ein Gewirr von Architekturen. Diese Diagnose stimmt überein mit der Le Corbusiers, nur daß dieser den Wildwuchs des 19. Jahrhunderts als Ursache nennt und Jünger den embryonalen Zustand der Technik. Das führt auf die gleichen Ursachen und ebenso korrespondieren die Lösungsvorschläge: Wo Le Corbusier seine „Cité radieuse" propagiert, da sieht auch Jünger eine „Bestimmtheit der Linienführung" entstehen, eine Sensibilität „für die eisige Geometrie des Lichtes... Die Landschaft wird konstruktiver und gefährlicher, kälter und glühender."[175]

Bei Jünger taucht die Vorstellung der Stromlinie nur implizit auf, in der Einfachheit der Werkzeuge als Ausdruck ihrer Perfektion, in der „Steigerung an Einheitlichkeit".[176] Das ist bezogen auf einen Entwicklungsstand der Technik, in dem ihr allumfassender, totaler Charakter manifest wird. Hier nun führt er den Begriff der „organischen Konstruktion" ein, der sich von dem, was Le Corbusier beschreibt, nicht terminologisch, aber in der Sinngebung unterscheidet. Le Corbusier führt das großtechnische System Luftfahrt vor, um schließlich doch die Priorität menschlicher Erfahrung zu behaupten: Das Flugzeug ist ein Vorbild gestalterischer Organisation und das Fliegen ein Mittel, um die großen Zusammenhänge zu erkennen, das Organische nämlich als Übernatur. Es läuft eine Bruchlinie durch sein Buch, die Veränderungsdynamik der Technik wird schlußendlich noch zur Voraussetzung einer neuen Harmonie des Menschen mit seiner Umwelt stilisiert.

Nichts davon bei Jünger: die organische Konstruktion äußert sich als „enge und widerspruchslose Verschmelzung der Menschen mit den Werkzeugen"[177] – Stromlinie als Lebensform. Die Werkzeuge selbst sind dann organische Konstruktionen, wenn sie jenen Grad an Selbstverständlichkeit erreicht haben, „wie er tierischen oder pflanzlichen Gliedmaßen innewohnt." Die Einfachheit der Linie, die Integration der Details sind zeittypische Designvorstellung, und ebenso ist es das Flugzeug, das die Annihilierung des Unterschiedes von organischen und technischen Mitteln anzeigt. Aber bei Jünger ist auch das Gesellschaftsbild zentral von diesem Gedanken der Homogenität geprägt[178], einer Homogenität, die den Einzelnen zum Atom macht. Und als solches ist er Gegenstand der Mobilmachung, die Mensch und Technik zu einem einzigen Aktionskörper verschmilzt.

Das Flugzeug, so wie es als zentrales Objekt bei Le Corbusier begegnet und als immer wiederkehrendes Beispiel der Technisierung bei Jünger, ist eine Folie, auf der ein Bild der Vergesellschaftung in der Moderne erscheint. Die Luftfahrt macht am Ende der zwanziger Jahre einen Entwicklungssprung, wird zum großtechnischen System wie auch zu einem volkswirtschaftlich wesentlichen Faktor. Die Auswirkung dieses Vorgangs zeigt sich unter anderem daran, daß die Produktgestaltung sich immer mehr an der Stromlinie orientiert, einer Formensprache also, die genuin mit dem Flugzeugbau verbunden ist. Die Stromlinie ist zugleich auch eine Chiffre für den dynamischen Fluß aller Dinge, ihre Einpassung in den Prozeß der Zirkulation. Le Corbusier geht im Subtext über die konkrete Fragestellung „Aircraft" hinaus und behandelt genau wie Jünger das Verhältnis von Einzelnem zum Gesamtprozeß, die Frage von Integration bzw. Subordination.

„Widerspruchslose Verschmelzung" ist eine Formel, die gleichermaßen für die Funktionsweise großtechnischer Systeme wie für Organisationsformen politischer Herrschaft angewendet werden kann. Adorno untersucht in den dreißiger Jahren im amerikanischen Exil auch die Massenkultur unter diesem Gesichtspunkt; kein „starknerviger Versuch völliger Positivierung", wie Sloterdijk diskret Jüngers Mobilmachungstheorie charakterisierte[179], sondern kritische Analyse. Jenseits aber dieses fundamentalen Unterschiedes in der Ausrichtung korrespondieren wesentliche Motive. Als Antwort auf Benjamins Kunstwerk-Aufsatz hatte Adorno 1938 den Text „Über den Fetischcharakter in der Musik und die Regression des Hörens" veröffentlicht; ausschlaggebend für die Präsentation von Musik im Zeitalter der Kulturindustrie ist der Gestus „maschineller Präzision". Das Arrangement wird zum Garanten der Einpassung, der Organisation des Materials unter dem Gesichtspunkt größtmöglicher Verwertbarkeit.[180] Wenn, wie es in der „Dialektik der Aufklärung" heißt, „Autos, Bomben und Film" das Ganze zusammenhalten, dann bezeichnet der „stählerne Rhythmus" diesen Zusammenhalt; technische Rationalität wird zur „Rationalität der Herrschaft."[181]

Totale Mobilmachung 97

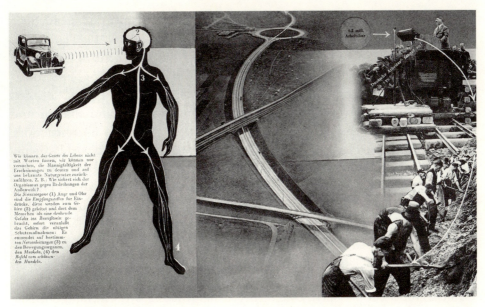

Herbert Bayer, Doppelseite aus dem Katalog
„Das Wunder des Lebens", 1935

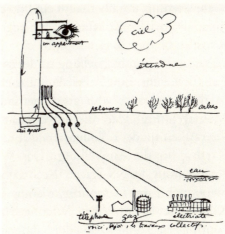

Le Corbusier, Zeichnung aus: La ville radieuse

Nur als Bruchteile einer Großfigur hatte Siegfried Kracauer 1927[182] die einzelnen Tillergirls gesehen, Ornamente aus Körpern, die nicht nur in den Revuen zum Inventar der zwanziger und dreißiger Jahre gehörten, sondern auch in den großen Massenveranstaltungen. Der Einzelne wird zum Teil eines unauflöslichen Komplexes; er verschwindet als organisches Wesen in dem Muster, das die Organisation vorgibt. Das ist ein Abbild des industriellen Produktionsprozesses, „den Beinen der Tillergirls entsprechen die Hände in der Fabrik."

Auch das Ornament der Masse ist eine Form widerspruchsloser Verschmelzung – nur nicht wie bei Jünger von Mensch und Maschine, sondern von Menschen als Elementen einer großen Maschinerie. Das Massenornament ist unabhängig von denen, die es bilden, ohne es zu sehen. Es ist nicht, wie etwa die Figuren des Balletts, von innen, aus einem dramatischen Impuls der einzeln am Geschehen beteiligten Tänzer heraus entstanden, sondern ausschließlich von einer übergeordneten Regie organisiert. Darin, daß es nicht dem Innern der Gegebenheiten entwächst, gleicht es, so Kracauer, „den Flugbildern der Landschaften und Städte". Die Inszenatoren der Massenornamente zeigen einen übergreifenden Gestaltwillen, dessen Grundbedingung großer Abstand und die Vernachlässigung des Einzelnen ist. Nur so entstehen die Muster. Auch die Pläne der Städte, die wie das Algier Le Corbusiers (oder später Brasilia) für den Überblick des Fliegers angelegt scheinen, kann man als Ornament lesen, auch sie geben aus sich selbst heraus, von unten also, ihre Struktur nicht zu erkennen.

Die totalitäre Perspektive des Arrangements von Massenornamenten und die potentielle Verfügungsgewalt, die Luftaufnahmen implizieren, koinzidieren in dem Motiv der Verschmelzung. Alles Einzelne, Individuelle, Ausgeprägte wird zum Element großer Formationen. Umgekehrt ist diese Maßstabsverschiebung auch die Voraussetzung, um überhaupt ein Bild der Gesellschaft beispielsweise als Organismus, als soziales Kontinuum zu begründen. Von dem ehemaligen Bauhaus-Künstler Herbert Bayer stammt eine Darstellung, die diesen Gedanken direkt visualisiert. Grundvorstellung ist der menschliche Kreislauf als Abbild staatlichen Funktionierens. Eine Arbeitskolonne erscheint als Teil eines Ornaments, das sich in der Reichsautobahn als Lebensader der Nation fortsetzt. In gekonnter Montagetechnik fließt die Autobahn, eine Luftaufnahme, gleichsam als Produkt ihrer Arbeit aus der Kolonne heraus. Diese Darstellung von 1935 ist Teil von Bayers Katalog für die Ausstellung „Das Wunder des Lebens", einer Propagandaveranstaltung des NS-Staates. Rechts oben erscheint der „Führer" als Kybernet, als Steuermann des Gesamtorganismus: Soziobiologie als Zusammenschluß der Kräfte unter einem Willen. Wichtig scheint nur die Steuerung des Energieflusses, kontrollierte Koordination der Kräfte, und dieser Gedanke ist unabhängig davon, ob es sich um totalitäre oder demokratische, um politische oder technische Systeme handelt, um Le Corbusier, Jünger oder andere Theoretiker. Bayer erarbeitete 1942 für das Fortune Magazine die Darstellung eines Flughafens der Zukunft und hier übernehmen Radargeräte die Regulierung des Verkehrs.

3. Die Parabel – Le Corbusiers Sowjetpalast und sein Umfeld

Der Wettbewerb von 1931

Le Corbusier hatte 1929 mit dem Centrosojus ein großes Projekt in Moskau beginnen können. Den Wettbewerb von 1931 für den Palast der Sowjets verlor

Die Parabel

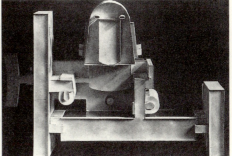

Le Corbusier, Centrosojus, Studienmodell von oben, um 1929

Le Corbusier am Modell seines Sowjetpalastes, 1931

Sowjetisches Großflugzeug, Abb. aus: Le Corbusier, Aircraft

Le Corbusier, „Victoire sans brutalité", Zeichnung nach einem Traum während des Centrosojus-Wettbewerbes, Moskau 1928

er dann; Stalins Vorstellung eines proletarischen Neoklassizismus hatte dazu geführt, daß sämtliche avantgardistische Vorschläge ausmanövriert wurden. Le Corbusier aber hat mit seinem Projekt dennoch ein unübersehbares Zeichen gesetzt. Der Parabelbogen, der das Dach des großen Auditoriums tragen sollte, steht zwar durchaus im Kontext des Kosmismus der Revolutionsarchitektur, ablesbar daran, daß die Enden der Parabel eine Neigung haben, die auf die der Erdachse verweist.[183] Es ist aber weniger die Schrägneigung der Äste, sondern die Parabel selbst, die als architektonische Form innovativ ist.

Der Parabelbogen erscheint im Zusammenhang mit dem generellen Interesse an Kurven, das bei Le Corbusier nach seiner orthogonalen Orientierung in den zwanziger Jahren um 1930 einsetzt. Der Obus-Plan für Algier von 1932 mit seinen frei ausschwingenden Großkörpern, der auch in „Aircraft" abgebildet ist, wurde von mehreren Interpreten in Beziehung gesetzt zu einem skulpturalen Interesse, das auch die gleichzeitige Fülle an Aktzeichnungen in den Carnets Le Corbusiers anzeige.[184] In den Grundrissen tauchen jetzt Anthropomorphismen auf, so konnte man im unteren Geschoß der Villa Savoye Analogien entdecken zur Proportionsanalyse eines Frauenporträts. Die Bildquelle fand sich in Le Corbusiers Besitz.[185] Ebenso ist der Grundriß des Sowjetpalastes als Figur wahrnehmbar, als technische Figur mit Anklängen an den menschlichen Körper: dreht man den symmetrischen Gesamtkomplex so, daß das große Auditorium oben steht, so wird es lesbar als Kopf, die Verbindungstrakte darunter bilden dann die Schultern.

In zweifacher Hinsicht hat auch die Luftfahrt zur Ausbildung von Kurvaturen im Werk Le Corbusiers beigetragen – einerseits durch das Vorbild der stromlinienförmigen Körper der Flugzeuge selbst. Zum anderen durch den Blick auf die Erde, der von oben möglich ist: Es scheint, als hätten die mäandernden Linien, in denen die Landschaften erscheinen und die Le Corbusier in vielen Zeichnungen festgehalten hat, auch seine urbanistische Konzeption verändert, weg von der strengen Geometrie der Ville contemporaine und hin zu den offenen Konfigurationen der Pläne für Rio oder Algier. Im Einzelfall überlagern sich all diese Einflüsse; Le Corbusiers Weise der Formerfindung, sein Einsatz der verschiedenen Kurven, ist ein fast surrealistisches Vexierspiel von hoher kombinatorischer Qualität.

Die freistehende Parabel des Sowjetpalstes ist dabei nicht nur neu in seinem Werk (wie überhaupt in der Architektur); im Falle Le Corbusiers sollte sie auch singulär bleiben. Ein knappes Jahrzehnt zuvor hatte er in seiner Programmschrift „Vers une architecture" zwar schon einmal Beispiele parabolischer Formen aufgeführt. Aber das waren Werke anderer Architekten, die die Parabel in ihrer Eigenschaft als statisch ideale Bogenform und nicht als selbständiges Element verwendet hatten. Das eine Beispiel ist das Garabit-Viadukt von Gustave Eiffel, der den so gewaltigen wie filigranen Brückenbogen als parabolisches Gitterwerk ausgelegt hatte, das andere sind die zwei Luftschiffhallen in Orly: Freyssinet hatte die 1916 begonnenen Gewölbe aus hintereinander gestaffelten parabolischen Betonrippen von 60 m Höhe errichtet. Le Corbusier zitiert beide Werke als Beispiel reiner Ingenieursbauten. Die Parabel aber erscheint hier lediglich als eine

Eugène Freyssinet, Luftschiffhalle, Orly, 1916

der möglichen Konstruktionsformen – ihre über die statische Rationalität hinausweisende Zeichenqualität wird so nicht evident.

Der Bogen als symbolische Form

Der Sowjetpalast war gedacht als Repräsentation eines revolutionären Staatswesens. Wenn Le Corbusier den Parabelbogen zu seinem Zeichen macht, so wählt er damit eine Kurve, die in ihrer ständig sich wandelnden Krümmung einen kontinuierlichen Kraftfluß anzeigt. Allgemeiner gefaßt, tut sich hier ein Bedeutungsfeld auf, das über die konkrete Gestalt hinaus auf Umwälzung, dynamische Veränderung verweist. Das wird schon in der alten Tradition der Rundbögen sichtbar. Der Bogen ist der Ausgangspunkt der römischen Architektur, mit dem sie die der griechischen Antike revolutionierte. Der klassische Ausgleich, die Beruhigung des Auges durch die klar ablesbare Beziehung von Stütze und Last, von Säule und Architrav, ist mit dem Bogen aufgehoben. In der Folge verschiebt sich das gesamte Proportionssystem, das unter anderem verankert war im Abstand der Säulen voneinander: die begrenzte Länge der monolithischen Teile, aus denen sich der Architrav zusammensetzt, gab ein Regelmaß an. Bögen und auch Wölbungen erlauben die Lösung von diesen Vorgaben.[186]

Das Bogentor wird zum „Symbol von Sühne, Triumph und Apotheose".[187] Ursprünglich vermutlich nur aus zwei Pfosten mit horizontalem Sturz gebildet, markiert es eine Schwelle, einen Durchgang von einem in einen anderen Zustand: das siegreiche Heer reinigt sich beim Drängen durch den engen Spalt von seiner Blutschuld, Feldherr und Soldaten erleben ihre symbolische Wiedergeburt. Ein- oder mehrtorige, freistehende Triumphbögen sind ein wesentliches Element der römischen Architektur, ihre Geschichte ist eng mit der Kaiserzeit verbunden. Die Funktionen von Herrschaft und Verwandlungsmacht gelten in gewisser Weise auch für Brücken. Sie sind nicht nur Instrumente des Verkehrs und der Territorienbildung, sondern ebenso, wie häufig im Mittelalter, Richtstätten. Ihre

Höhe, der Scheitel, war als besonderer Punkt ausgezeichnet: hier wurde Recht gesprochen und wurden Strafen vollzogen.[188] Bögen und Brücken sind Kristallisationspunkte staatlicher und religiöser Organisation, Orte der Regulierung zivilisatorischen Miteinanders.

Die Parabel nun als spezifische Bogenform wurde erst um die Jahrhundertwende Gegenstand symbolischer Aufladung. Im Falle des Architekten Karl Buschhüter gerann diese Bogenform zum höchsten Ausdruck einer obskuren Privatphilosophie. Im Haus des Dürer-Vereins Krefeld hatte er 1907 im Untergeschoß als äußeren Abschluß des Hochkellers einige Parabelbögen verwendet. Er nennt diese Form „Fallbogen": „Nach meinem Gesetz der reziproken Kräfte kommt er aus dem Wirken der Last auf seinen Scheitel verbunden mit dem Widerstand der gegen ihr Schieben geneigten Kurve gefühlsmäßig zustande."[189] Das „beinahe märchenhafte Gebilde der Müngstener Brücke, diesen breitbeinig auf den Bergeshalden stehenden prächtigen Eisenbogen"[190], sieht er als Beispiel einer Architektur, die aus ähnlichem Geist entstanden ist. Als technisches Großbauwerk hat die Müngstener Brücke mit ihrem Parabelbogen in Deutschland eine Bedeutung, die der des Garabit-Viaduktes nahekommt.

Was Buschhüter aber am Parabelbogen wirklich interessiert, ist der Ausdruck eines Kräftespiels. Die „reziproken Werte" bereits hatte er mit einem eigenartigen Bild veranschaulicht: „Die beiden Kräfte, der Faust Kraft und des Breies Kraft kämpfen miteinander: Die Faust mit ihrer Härte und mit ihrem Stoß-Willen und

Karl Buschhüter, Tempelentwurf

der Brei mit seinem Leim-Willen, der Klebe-Zähigkeit, und liegen nun gekämpft habend ineinander geschmiegt... Die Faust als Sieger, der Brei als Besiegter, der Sieger als Wulst, der Besiegte als Höhle."[191] In seine Metaphorik spielt der Geschlechterkampf herein; allgemein gilt, daß nach dem Kampf der Kräfte die Machtverhältnisse im Ineinanderschmiegen geklärt sind. Als er 1935 seine Gedanken noch einmal zusammenfaßt, kommt dieses Motiv in anderer Weise wieder zum Ausdruck: „Der Schwung, der das Wellt-all wellet, in das gebogen sich alle Kräfte fügen-und-schmiegen, die nach außen drängenden und die nach innen zwängenden, genau aufgehoben in der Leistung und Gegen-leistung, war auch genau der Grund des Bogens, meines Bogens".[192] Statische Eigenschaften werden als Ausdruck eines allgemeinen Dynamismus gewertet und, in jeweiliger Entsprechung zur Kaiserzeit wie zum „Dritten Reich", ideologisch umgedeutet: Der Parabelbogen als natürlich-kosmisches Ordnungsmodell, als Kurve der Macht, die Einfügung erzwingt.

Auch dieser Extremfall gehört in den Kontext einer Diskussion, die während der Zeit des Jugendstils um den Begriff der „Kraftlinie" geführt wurde. Die Linie wurde gesehen als der Ausdruck von Kräften, die auf sie einwirken. Während die Parabel als besondere Kraftlinie bei van de Velde oder Theodor Lipps nicht auftaucht, spielt sie im Werk Antoní Gaudis eine herausragende Rolle. Im Palast Güell, der 1889 fertiggestellt wurde, verwendet er diese Bogenform zum ersten Mal[193] und fortan in den meisten seiner Bauten, so etwa im Dachgeschoß der Casa Milà oder in dem Projekt für ein Hotel in New York, wo auch die Umrißlinien der Türme parabelförmig ausgebildet sind. Gaudi verwendet die Parabel mit ihren statisch idealen Eigenschaften als prägnantes konstruktives Element, bildet seine Bauten generell so durch, daß der Kraftlinienverlauf sichtbar wird. Dieser Faktor war es, der Le Corbusier (der bei seinen Hagener Aufenthalten auch von Buschhüter gehört haben könnte) am Werk Gaudis faszinierte: 1928 rühmte er die bemerkenswerte Beherrschung der Strukturen und noch 1957 galt er ihm als der herausragende Konstrukteur der Jahrhundertwende.[194] Auch bei Gaudi aber hatte das hyperbolische Paraboloid als plastische Parabelform eine dezidiert symbolische Bedeutung, nämlich als Ausdruck der heiligen Dreieinigkeit[195], abgeleitet vom Verhältnis der drei geraden Leitlinien zueinander, die die gekrümmte Fläche bilden.

Parabeln in der Architektur der zwanziger und dreißiger Jahre

Die Parabel taucht in der Architektur der Zwischenkriegszeit in den verschiedensten gestalterischen und ideologischen Kontexten auf. Die Frage ist, ob den heterogenen Repräsentationsfunktionen untergründig nicht doch verwandte Motive innewohnen. Nicht lange nach Kriegsende erhält Peter Behrens, der frühere Lehrer Le Corbusiers, von den Farbwerken Höchst den Auftrag, ein Verwaltungsgebäude zu planen. Die Anfrage der Firma erging im August 1920; die Einweihung des Baus erfolgte 1924. In der langen Fassade der damals vielbefahrenen Mainzer Landstraße, die heute im Innern des Werkkomplexes liegt, in der Brücke über die Straße und im hohen Turm wurden Parabelbögen als signifikantes Motiv verwendet. Gerade der Komplex von Brücke und Turm erwies sich im Lauf der Jahre als so prägnant, daß ab 1946 Überlegungen einsetzten, ihn zum Firmenzeichen der nach der Zerschlagung der I. G. Farben neugegründeten Hoechst AG zu machen. Die Firmenleitung legte Wert auf ein dynamisches Symbol[196], das dann nach einem Vorentwurf von Richard Lisker 1951 von Robert Smago in der schräg gestellten, nach oben führenden Brücke gefunden wurde, die mit dem Turm zugleich den Buchstaben „h" nachbildet.

Nun war aber die Parabel bei Peter Behrens ein architektonisches Motiv und kein Firmenzeichen. Der gesamte Baukomplex mit den Böschungen im Sockelgeschoß, dem massiven Turm und der Brücke mit dem wie eine Pechnase ausgebildeten Erker im Bogenscheitel[197] zeigt einen ausgeprochen wehrhaften Charakter; die Firma präsentiert sich als autonomes Machtzentrum. Über dem geböschten Sockelgeschoß folgen zwei Etagen, die Behrens in der Fassade vereinheitlicht: hochrechteckige Fenster zwischen einer Reihe herrschaftlicher Pilaster. Die Fenster sind so tief eingeschnitten, daß sie in Schrägsicht verschwinden. Die Enden der Fensterparabeln im oberen Stockwerk fassen dann jeweils zwei der vertikalen Achsen zusammen. Es ist sicher richtig[198], diesen raffinierten Fassadenrhythmus auf das „übersichtliche Kontrastieren von hervorragenden Merkmalen" zurückzubeziehen, das Behrens seit 1909 immer wieder für eine Architektur im Zeitalter gesteigerter Geschwindigkeit gefordert hatte. Die Vertikalität der Pilaster wirkt gegen die bedeutende Längserstreckung des Gebäudes, während die darüberliegenden Parabelfenster den Rhythmus wieder beruhigen.

Mit dem Verweis auf ihre rhythmische Funktion ist jedoch das Verhältnis der Parabelbögen zum gesamten Gebäude noch nicht geklärt. Sie prägen, mit Ausnahme des Brückenbogens, nicht die Konturen, sondern sind stets zeichenhaft eingesetzt. Liest man die Fassade von unten nach oben, so erscheinen die Parabelbögen immer da, wo Höhe gewonnen ist. Anders als einem Rundbogen ist der Parabel neben der energetischen Binnenkrümmung eine vertikale Richtung eingeschrieben; am Turm setzt Behrens drei parabelförmige Schallöffnungen senkrecht übereinander, so daß sie seine Aufwärtsrichtung fortzusetzen scheinen.

Diese parabolische Himmelsleiter wird zum Medium einer Botschaft. Behrens führte einen Briefwechsel über das Geläut des Turms.[199] Beim Akademischen Institut für Kirchenmusik in Berlin-Charlottenburg holte er sich Rat und

Die Parabel

Peter Behrens, Verwaltungsgebäude der Hoechst
AG, Turm und Brücke, 1920–24

Bernhard Hoetger, Haus Atlantis, Saal des
Himmels, 1931

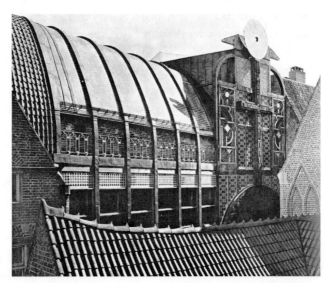

Bernhard Hoetger,
Haus Atlantis, 1931

entschied sich schließlich für ein Motiv, das Wagners Bühnenweihfestspiel „Parsifal" entnommen ist. Auch wenn dieses Geläut nicht zur Ausführung kam, so zeigt die Wahl doch die Richtung seiner Intentionen. In Wagners Komposition steht das Motiv in Zusammenhang mit der Gralsburg, dem Gral und dem Erlösungsgedanken; es verweist auf die Transsubstantiation in der Vergegenwärtigung des Heiligen. Behrens' architekturtheoretische Äußerungen aus dieser Zeit gehören der gleichen Sphäre an: „Baukunst strebt zum Unendlichen... Darum ist die Begrenzung als eine ideelle, nicht materielle und wirkliche zu verstehen. Darum sind die Raumgrenzen nicht umschließende Mauern..., sondern Vorboten, Verheißungen einer Erlösung."[200] Die große Halle im Innern der Konzernverwaltung präsentiert sich als expressionistischer Lichtdom. Die als Brücke übergreifende, die Fassade zusammenfassende und am Turm aufwärtsstrebende Parabel signalisiert Verwandlungsmacht.

Dieses Moment, so könnte man vermuten, spielt an einer Stelle auch in Fritz Langs „Metropolis" herein. Für die Bauten des 1927 uraufgeführten Films waren Otto Hunte, Erich Kettelhut und Karl Vollbrecht verantwortlich. Der „Palast der Arbeit" ist mit parabelförmig gebogenen Trägern überwölbt, einer Konstruktionsform, die, so dezidiert eingesetzt, zur Kraftlinie industrieller Produktivität wird, der totalen Mobilmachung. Darüberhinaus ist noch eine weitere Bedeutungsebene denkbar: der Film behauptet ja, was ihm heftigste Kritik eingetragen hat, die mögliche Synthese von Kapital und Arbeit in der Form strikter und hierarchischer Organisation. Die Parabel würde diesen Kraftschluß versinnbildlichen können, fließen doch ihre beiden Äste in der dramatischen Krümmung um den Scheitelpunkt herum ineinander über.

In diesen Jahren scheint die Parabel prädestiniert für eine Rolle als gleichsam weltanschauliche Kurve. Als Bernhard Hoetger im Auftrag des Kaffeefabrikanten Ludwig Roselius in der Bremer Böttcherstraße das „Haus Atlantis" errichtet, setzt er einen weiteren Akzent. Das Haus wurde 1931 eröffnet, vier Jahre nach „Metropolis" und gleichzeitig mit dem Wettbewerb für den Sowjetpalast. Wo Behrens die Konzernzentrale sakralisierte und Le Corbusier nach der Repräsentation eines revolutionären Staates suchte, da stand Hoetger im Bann einer nordischen Mythologie. Die Mythe von Odin, der zur Sommersonnenwende stirbt, lag dem holzgeschnitzten Figurenprogramm der Fassade des Querbaus zugrunde.[201] Die Fassade des Langbaus dagegen bleibt frei von derartigem Schmuck; Hoetger arbeitet mit Industriestahl als Baumaterial und verkleidet das Traggerüst mit Kupferblech. Die Stützen fließen in der Dachzone parabolisch zusammen; hier befinden sich in den Zwischenräumen farbige Glasbausteine. Der so entstandene, parabolisch gewölbte obere Raum firmierte als „Saal des Himmels". Er diente gymnastischen Übungen; sie werden zum Ritus eines kosmischen Lichtkultes erhöht. An der Stirnwand findet sich eine Sonnenscheibe des äußeren Figurenprogramms wieder und ihre Positionierung ist aufschlußreich: sie überlagert die Scheitelpunkte der dekorativen Parabellinien und ist so die Vereinigungsfigur, zu der die einzelnen Parabeläste hinstreben.

Die ballistische Kurve

Daß die Worte Parabel und Ballistik denselben Stamm haben, führt auf einen Zusammenhang, der für die Geschichte dieser Kurve nicht ohne Bedeutung ist. Eines der zentralen Erkenntnisprobleme des ausgehenden Mittelalters ist die Frage nach der Erklärung des Wurfes, eine Frage, deren Beantwortung schließlich zur Überwindung der aristotelischen Physik und zur Herausbildung des neuzeitlichen naturwissenschaftlichen Weltbildes beiträgt. Der Natur gemäß waren für Aristoteles die kreisförmigen Bewegungen der Himmelskörper und die Auf- und Abwärtsbewegungen der Elemente; der Wurf dagegen war eine künstliche Bewegung, erzwungen durch den Werfer, der durch seine Bewegung auf die Luft einwirkt, die ihrerseits, und das ist der entscheidende Punkt, den Körper – geradlinig – weiterbewegt. Ist die Bewegung der Luft erschöpft, so fällt nach dieser Theorie der Körper senkrecht herab. Eine erste Kritik daran formuliert im 6. Jahrhundert Johannes Philoponos mit der später sogenannten Impetus-Theorie. Ihr liegt der Gedanke zugrunde, daß der Werfer dem geworfenen Ding einen Schwung, einen Impetus verleiht, was bedeutet, daß die Kraft der Bewegung nicht in das umgebende Medium übergeht, sondern in den Körper selbst.

Im Hintergrund steht hier immer die Frage nach der Bewegung oder nach dem Beweger der Himmelskörper. Aristoteles nimmt für das Weltall einen unbewegten Beweger an (den die Scholastik mit Gott identifizierte), für alle Himmelskörper aber eigene unbewegte Beweger. Nach der aristotelischen Kinematik war auch die Wurfbahn solange von der Erdanziehung unabhängig, wie die Bewegungskraft nicht erschöpft war. Der Gedanke einer ständig bestehenden Relation von Flugbahn und Erdanziehung war unter diesen Voraussetzungen revolutionär. Niccolo Tartaglia findet um 1540, daß die Wurfkurve überall gekrümmt ist, daß also ein ständiger Einfluß der Erdanziehung besteht. Galilei beschrieb die Kurve einer von einem Tisch herabrollenden Kugel als Halbparabel und schloß daraus die Parabelform von Wurfkurve und Geschoßbahn (die, dem Auge entgleitend erst 1886 von Marey chronophotographisch festgehalten werden konnte); er führte experimentelle Daten mit einer mathematischen Theorie zusammen.[202] Sein Nachweis der Parabel, die ein Geschoß im luftleeren Raum beschreibt, gilt als das erste klare Beispiel für die Methoden der modernen Physik.

Offenbar war die ballistische Qualität von Kurvenformen auch Le Corbusier nicht fremd: „Obus", der Name, den er seinen Plänen für Algier gab, bedeutet

E.-J. Marey, Chronophotographie der Flugbahn eines Balles

Der Garten der Mathematik – Holzschnitt aus einer Ausgabe der Werke Tartaglias von 1606. Ein Mörser und ein Geschütz führen überall gekrümmte Geschoßbahnen vor

Oscar Niemeyer, Parabelbogen vor dem Armeeministerium in Brasilia

„Granate". Der langgezogene Komplex von Wohnungen unter einer Autobahn scheint so die Bahn eines Geschosses nachzuzeichnen, das beim Aufprall in viele Einzelteile zersprengt. Aber sich kreuzende Geschoßbahnen selbst als ephemeren Bau zu empfinden, der die Geborgenheit einer Höhle vermittelt – das blieb Ernst Jünger vorbehalten: „Wir (saßen) unter der Feuerglocke wie unter einem enggeflochtenen Korb" heißt es in den „Stahlgewittern".[203]

Campo Santo

Der Parabelbogen, den Le Corbusier im Entwurf für den Sowjetpalast vorgesehen hatte, erweist sich somit als ein Zeichen von großer Mehrdeutigkeit. Drei grundsätzliche Bedeutungsstränge lassen sich feststellen. Der eine ist der Parabelbogen als statisch ideale Bogenform. Die moderne Tradition reicht hier von den Brückenbögen Eiffels über die hintereinander gestaffelten Betonrippen

Die Parabel

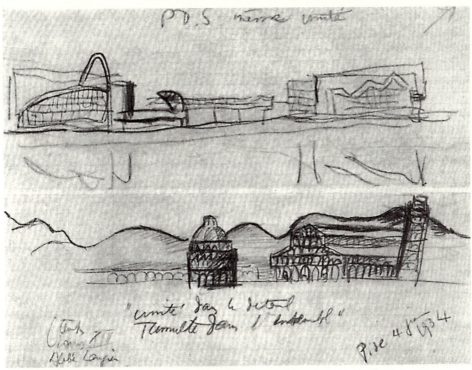

Le Corbusier, Sowjetpalast und Campo Santo in Pisa, Zeichnung, 1934

bei Freyssinets Luftschiffhallen bis zu der spektakulären Gewölbekonstruktion Maillarts bei dem Ausstellungspavillon aus Stahlbeton von 1939: große Belastbarkeit bei nur 6 cm Wandstärke wurde möglich durch ein parabolisch geformtes Tonnengewölbe. Den zweiten Strang bildet die Parabel als Vereinigung- und Verwandlungsmotiv bei Behrens, Lang und Hoetger. Der dritte Strang – das ist die ballistische Kurve, die Parabel als Verweis auf die Flugbahn von Geschossen, auf Destruktionsenergie, aber ebenso auf Mobilität und die Überwindung der Schwerkraft. Hierher gehören Luciano Baldessaris Entwurf für den „Saal der Luftfahrt und des Faschismus", der mit seinen parabelförmigen Bögen für die Mailänder „Mostra dell'Aeronautica Italiana" von 1934 gedacht war, und ebenso der elegante Parabelbogen, den Oscar Niemeyer geradezu als Denkmal der ballistischen Kurve exakt vor das Armeeministerium in Brasilia plazierte.

All diese Stränge mögen bei Le Corbusier hereinspielen, ohne jedoch eindeutig identifizierbar zu werden. Der Stellenwert, den er seinem Projekt gab, läßt sich an einer Zeichnung von 1934 ablesen. Eine Zugfahrt an Pisa vorbei inspiriert ihn zu einer Darstellung, bei der er den Campo Santo mit seinem Sowjetpalast in Beziehung setzt. Der Parabelbogen entspricht in seiner Position der des

Baptisteriums. Folgt man dieser selbstgewählten Traditionslinie, dann wäre Le Corbusiers Moskauer Ensemble eine Stadtkrone, der Bogen eine Schrumpfform der Pisaner Kuppel, aber auch als Tor noch ein Himmelszeichen – Kraftlinie revolutionärer Verfügungsmacht, des großen Sprunges, der Mobilisierung aller Energien.

4. Schalen

Fast gleichzeitig setzt in der Architektur und im Flugzeugbau die Entwicklung der Schalenbauweise ein. Das revolutioniert den konstruktiven Aufbau der Flugzeuge und ermöglicht in der Architektur neuartige Raumgestaltungen. Die Ausgangssituation ist ähnlich: die Architekten sind daran interessiert, Raum mit einem Minimum an Material zu überspannen, die Flugzeugbauer suchen nach leichten Konstruktionsformen. Die Materialien sind relativ neu, in der Architektur ist es Eisenbeton, im Flugzeugbau vor allem Duraluminium. In beiden Fällen erlaubt dies ein Abgehen von tragenden inneren Skeletten und die Ableitung der Kräfte in die Außenfläche. Vergleichbar sind auch die statischen Probleme: Wo Skelettkonstruktionen in ebene Systeme zerlegbar und relativ einfach zu berechnen sind, da ist das räumliche Kontinuum schalenartiger Konstruktionen immer in seiner Gesamtheit zu behandeln.

Schalen, gekennzeichnet dadurch, daß sie ihre Flächenlasten vorwiegend durch Membranspannungen abtragen, sind zugleich Raumabschluß und tragendes Gerüst. Seit den zwanziger Jahren findet diese Konstruktionsform im Ingenieursbau Anwendung. Die Entstehung der modernen Schalenbauweise wird exakt auf die dünnwandigen und stützenfreien Schalenkuppeln in Eisenbeton datiert, die Walter Bauersfeld errichtete. Für das Planetarium des deutschen Museums in München, für die Projektion des Sternenhimmels, wurde eine Halbkugelform benötigt, die Bauersfeld als Netzwerk aus Eisenstäben ausbildete. Zur Erzeugung einer glatten Innenfläche wählte er das sogenannte Torkret-Betonspritzverfahren: von innen her wurde eine „Holzschalung von kugeliger Krümmung am Netzwerk angelegt und von außen der Beton in solcher Stärke angespritzt, daß das Drahtgeflecht und das Stabwerk selbst vom Beton ganz eingehüllt wurden."[204]

Diese Schale von 10 m Durchmesser ist der Vorläufer des berühmt gewordenen großen Planetariums der Zeiss-Werke in Jena, das 1925 nach wesentlich komplizierteren Berechnungen im Prinzip nach dem gleichen Verfahren errichtet wurde. Lage und Länge der einzelnen Stäbe wurden mathematisch genau ermittelt und Kuppelformen großer Stabilität erreicht. Das räumliche Fachwerk aus Stahlstreben, wie es ab 1948 auch die geodätischen Kuppeln Buckminster Fullers zeigen, ist also der strukturelle Ursprung der

Flugzeughalle, Bug (Rügen), 1936–37. Schale mit dünnen Rippen

Walter Bauersfeld, Geodätische Netzwerkkonstruktion als Basis der Schale für das Planetarium Jena, 1925. Dieses Werksphoto verwendete auch Laszlo Moholy-Nagy in seinem Buch „Von Material zu Architektur". Er schrieb dazu: „eine neue fase der besitznahme von raum: eine menschenstaffel in schwebend durchsichtigem netz, wie eine flugzeugstaffel im äter."

Schalenbauweise. Bauersfelds Mitarbeiter Dischinger schlug dann zwei wesentliche Modifikationen vor, nämlich erstens das räumliche Fachwerk als konstruktiven Bestandteil der Schalen durch die einfachere und billigere Rundeisenarmierung zu ersetzen. Und zweitens wies er darauf hin, daß die Schalenbauweise eine Bedeutung nicht nur für runde Kuppeln wie bei den

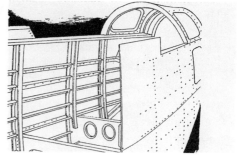

Flyer I der Gebrüder Wright in Kitty Hawk, 1903   Moderne Metall-Schalenbauweise

Planetarien hat, sondern auch zur Überdachung rechteckiger Grundrisse angewendet werden kann. Die zylindrischen Schalen von Elsässers Frankfurter Großmarkthalle (1926/27) sind dafür ein frühes Beispiel. In der Folgezeit entstehen im Ingenieursbau der späten zwanziger und der dreißiger Jahre auch parabolische und hyperbolisch-paraboloide Schalenkonstruktionen.

Das erste Flugzeug der Gebrüder Wright war als reines Stabtragwerk ausgelegt. Der feste Zusammenhalt der beiden Flügel wurde durch senkrechte Streben und diagonale Drähte erreicht, was das Prinzip auch einfacher verstrebter Brücken ist. Die Rumpfkonstruktionen in den ersten Jahren der Luftfahrt bestanden zumeist aus drachenähnlichen Rahmen, Rumpf und Flügel waren mit Stoff bespannt. Diese Flugzeuge waren vergleichsweise stabil, aber aerodynamisch ungünstig. Die Grundelemente des modernen Flugzeugbaus wurden dann aber sehr schnell, bis etwa 1915 entwickelt. Die Komponenten sind, in der historischen Reihenfolge, der Eindecker, ab 1907 von Blériot geflogen, wenig später die freitragende Tragfläche, dann 1912 die ersten holzgefertigten Schalen bei den französischen Deperdussin-Flugzeugen und schließlich das Ganzmetallflugzeug, das Hugo Junkers 1915 vorstellte. Normalerweise aber kamen diese Bauprinzipien noch nicht gleichzeitig zur Anwendung; der komplette moderne Typus, der Ganzmetall-Eindecker mit selbsttragenden Flügeln und Schalenbauweise, wurde erst in den dreißiger Jahren zur Regel.[205]

Strukturell anders als die Schale, dennoch aber zu ihrer Vorgeschichte gehörig, ist das Prinzip der „tragenden Haut". Junkers beispielsweise benutzte Wellblech, das die Festigkeit der Struktur gegenüber Querkräften und Drillmomenten erhöht. Aber erst mit der Schalenbauweise wird die Außenhaut selbst zum tragenden Element; sie löst die Fachwerks- oder Gitterstruktur ab und nimmt insbesondere Torsions- und Biegebelastungen auf. Zur Versteifung wird die Blechhaut in der Längsrichtung mit Stringern, in der Querrichtung mit Spanten versehen. Schalen mit ihren gerundeten Rumpfquerschnitten bieten zwei Vorteile: der Innenraum bleibt frei und die aerodynamischen Nachteile entfallen, die bei eckigen Rumpfquerschnitten durch die ungünstige Umströmung der Kanten entstehen.

Ein Satz aber aus einem Abriß über Verfahren des Flugzeugbaus von 1937[206] macht deutlich, daß die Fähigkeit zur Herstellung von Rumpf- und Flügelschalen ohne wissenschaftliche und industrielle Grundlagen nicht möglich war: „Je mehr durch Heranziehen der Außenhaut zur Übertragung von Kräften die Bedeutung des eigentlichen Rumpfgerüstes schwindet, desto größere Schwierigkeiten ergeben sich auf rechnerischem und konstruktivem Gebiet." Und nicht nur die Berechnung der Schalen stellte vor neue Probleme, sondern auch das gängige Material, nämlich Duraluminium, erforderte aufwendige Verfahren bei der Verformung.

In Deutschland repräsentiert ein Mann wie Hugo Junkers, selbst nicht mehr Pilot, sondern Professor für Thermodynamik, den neuen Unternehmertyp, der von Anfang an ingenieurwissenschaftlich arbeitet. Flugzeuge in konventioneller Fachwerks- oder Gitterstruktur konnten noch von handwerklich orientierten Konstrukteuren und deren Werkmeistern in wenigen Monaten entwickelt werden; notwendige Änderungen ergaben sich dann aus der Flugerprobung und konnten schnell eingefügt werden. Diese Herstellungstechniken reichten aus in einer Phase der Luftfahrtgeschichte, in der ein größerer Entwicklungsaufwand meist in keinem Verhältnis zu den noch bescheidenen Einsatzanforderungen stand. Erst zu Beginn der dreißiger Jahre, als der Wunsch nach größeren Geschwindigkeiten neue aerodynamische Anforderungen stellte und erstmalig ein eigenwirtschaftlicher Flugverkehr möglich schien, wurde eine systematische Optimierung der Fluggeräte sinnvoll. Zu Prototypen der neuen Flugzeuggeneration wurden die Lockheed Orion von 1931 und die Heinkel He 70 von 1933, genannt „Blitz": beides Maschinen in Schalenbauweise, die den Typus des Schnellverkehrsflugzeuges inaugurierten.

Die Möglichkeiten der Schalenbauweise sind damit entwickelt; Flugzeugbau und Architektur bedienen sich ihrer gleichermaßen. Einen außerordentlich hohen Grad erreichen die strukturellen Ähnlichkeiten Mitte der dreißiger Jahre, als der englische Ingenieur Wallis eine neue Bauweise für Flugzeuge vorstellt und Nervi seine Flugzeughangars errichtet. Wallis geht aus von der Notwendigkeit leichterer Bauweisen. Sein „Netzhaut-Verfahren" ist eine besonders ökonomische Variante der Schalenbauweise. Die Grundelemente sind sich kreuzende Diagonalen, „die in Form der Oberfläche des Körpers gekrümmt sind und in Richtung der größten Schubspannungen verlaufen... Aneinandergereiht ergeben die Kreuzelemente ein in der Oberfläche liegendes Netz, dessen Glieder geodätischen Linien (kürzeste Verbindungslinien auf der Oberfläche) folgen."[207] Als Nervi 1936 von der italienischen Luftwaffe den Auftrag für die Flugzeughangars erhält, bedient er sich ebenfalls einer langgezogenen geodätischen Struktur. Die Dächer sind als diagonal

Das Gerippe dieses ausgebrannten Wellington-Bombers zeigt eine geodätische Konstruktion, wie sie Wallis entwickelt hatte

Pier Luigi Nervi, Flugzeughangar mit geodätischer Struktur, 1936

verlaufendes räumliches Fachwerk ausgebildet, das als Einheit zusammenwirkt.[208] Diese Konstruktionsmuster von Wallis und Nervi sind prinzipiell ununterscheidbar.

Die Schalenbauweise gehört in einen historischen Zusammenhang, in dem das dynamische Kontinuum fließender Körperformen wichtiger wird als die Elemente, aus denen sie bestehen. Dieses Thema wird seit den frühen zwanziger Jahren auch im Umfeld des Expressionismus und später von den Streamline-Designern erörtert. Es verweist auf zivilisatorische Veränderungen. Organismus, Bewegungsfluß und Schnelligkeit sind die allgemeinen Leitbegriffe und ihr Ausdruck ist das Ziel.

In zwei Vorträgen von 1919 und 1923 legt Erich Mendelsohn dar, warum ihn die Skelette der Eisenarchitektur, diese Leitmotive des Neuen Bauens, zutiefst unbefriedigt lassen: sie bieten „dem Auge keinen Halt, dem Tastgefühl keine Rundung, dem Raum keine Begrenzung." Das Flugzeug (er bildet einen Eindecker mit gerundeten Flügeln ab) ist ein Beispiel für das, was ihm vorschwebt, verrät es doch „in der metallenen Schwingung seines Rumpfes die selbstverständliche Sicherheit, mit der es sein Element beherrscht." Das architektonische Material, das über die dürftigen Gerippe hinausführt, ist für ihn der Eisenbeton; möglich werden die „Geschlossenheit einer Fläche, die Räumlichkeit einer Masse". Hier ist der Stoff für neue Formen, die Bewegtheit und Rhythmus zum Ausdruck bringen können. Der Einsteinturm, wiewohl nicht aus Eisenbeton, manifestiert diesen Formwillen, ist ein „klarer architektonischer Organismus". Man kann ihm, so Mendelsohn, „nicht einen Teil fortnehmen, ohne das Ganze zu zerstören, weder an der Masse, an der Bewegung, noch an seinem logischen Ablauf."[209] Die Formensprache der „Streamlined Decade" dagegen ist weniger auf einen unbestimmt-evokativen rhythmischen Fluß aus, sondern sie ist konkret ableitbar aus aerodynamischen Fließformen, die schließlich zu allgemeinen Metaphern der Zirkulation werden. Manche Gebrauchsgegenstände im Streamline-Design, wie etwa Loewys berüchtigter Bleistiftanspitzer, bilden diesen Flow ab, ohne sich weiter um funktionale oder konstruktive Begründungen zu scheren.

Die Schalenbauweise ist der mathematisch und materialtechnisch am genauesten kalkulierte Ausdruck eines Körperbildes, das sich aus dem Kräftefluß ergibt. Das Formganze ist nicht auflösbar, einzelne Segmente sind für sich allein nicht tragfähig. Das Prinzip additiver Reihung ist durch das der Integration abgelöst, vielfältige Spannungen werden im Gleichgewicht gehalten. Schalen entsprechen einem Modus der Orientierung, der sich von der vertikalen Schwerkraftachse wie von der Bindung an die Horizontlinie gleichermaßen freigemacht hat. Sie bieten ein Potential, das zur Lösung von orthogonalen Bezugssystemen und damit auf grundsätzlich neue Raumgestaltungen führt. Diese Qualitäten werden erst in den fünfziger Jahren entwickelt, nach dem Krieg, als die Notwendigkeit planetarischer Interaktion die Sensibilität für sphärisch oder anders gekrümmte Schalen verstärkt.

5. Bewegliche Gleichgewichte

Um 1930 setzt in verschiedenen Wissenschaften, in der Ästhetik und auch in der theoretisch avancierten Literatur ein Interesse an Denkmodellen ein, in denen statt eindeutiger, elementarisch-additiver Zuordnungen dynamisch-prozessuale Zusammenhänge im Vordergrund stehen. Innerhalb der Biologie führt dieser Wechsel weg vom morphologischen Aufbau und hin zur Betrachtung funktioneller Systeme. Der Biologe Ludwig von Bertalanffy wird zu einem der Begründer der Systemtheorie, die sich nicht mehr fixierten und isolierten Einheiten, sondern dem komplexen Zusammenspiel von in Wechselwirkung stehenden Elementen zuwendet.[210] Er propagiert gegen den Atomismus die „organismische Auffassung": jeder Organismus ist ein System; das Verhalten eines isolierten Teils verändert sich im Zusammenhang. Das Problem des Lebens ist eines der Organisation. Die Zelle als grundlegendes Strukturelement des Lebens existiert nicht in einem stabilen Gleichgewichtszustand, sondern im „Fließgleichgewicht". Ständig werden Stoffe aufgenommen und wieder abgegeben. Über Membranen, also äußere Oberflächen, laufen die Stoffwechselvorgänge zwischen Umwelt und Innenwelt einer Zelle oder eines Organismus ab. Organismen sind offene Systeme; das herrschende Fließgleichgewicht erhält ihre Strukturen.

Als solche offenen Systeme beschreibt John Dewey auch Kunstwerke. Sein Buch „Art as Experience" erschien 1934, es geht zurück auf Vorlesungen von 1931, die er in Harvard gehalten hatte. Dort heißt es: „In einem Kunstwerk verschmelzen die verschiedenen Akte, Episoden und Begebenheiten miteinander und schließen sich zu einer Einheit zusammen, doch weder verschwinden sie dabei, noch verlieren sie ihren eigenständigen Charakter."[211] Hier wird im Grunde auch ein Fließgleichgewicht angenommen, ein Prozeß, in dem die einzelnen Elemente in Wechselwirkung stehen – ihr Gleichgewicht „stellt sich nicht durch trägen Mechanismus ein; es entsteht auf Grund von Spannung." Deweys zentraler Begriff der Interaktion meint diese dauernde Spannung, oder, wie er anders sagt, den „Rhythmus vom Verlust der Integration in die Umwelt und ihrer Wiederherstellung". Das Gleichgewicht selbst ist ein dynamischer Zustand, ständig gefährdet und wieder eingerichtet. Im Bereich der Soziologie prägte später Talcott Parsons[212] für dieses Phänomen, hier das Verhältnis von Gleichgewicht und sozialem Wandel, den Begriff des „Moving Equilibrium".

Als Robert Musil in seinem Roman „Der Mann ohne Eigenschaften" (1931ff) das Problem moralischer Normen behandelt, kommt er dazu, in ihnen „nicht länger die Ruhe starrer Satzungen zu sehen, sondern ein bewegliches Gleichgewicht, das in jedem Augenblick Leistungen zu seiner Erneuerung fordert." Der Zusammenhang, in dem diese Überlegung steht, ist die „Utopie des Essayismus"[213], in der Musil wesentliche Strukturen seines Denkens darlegt. Der Grundansatz ist der, gegen den „Wirklichkeitssinn", der auf eindeutige Zuordnungen gerichtet ist, den „Möglichkeitssinn" zu setzen, gegen fixierte Eigenschaften das „ohne Eigenschaften": „Kein Ding, kein Ich, keine Form, kein Grundsatz sind sicher, alles ist in einer unsichtbaren, aber niemals ruhenden Wandlung begriffen". Moralische Ereignisse stehen in einem „Kraftfeld", dessen Konstellation sie erst mit Sinn erfüllt. Der Essay, der Dinge von vielen Seiten ergreift, ohne sie ganz erfassen zu wollen, ist eine offene Denkform, die diesem „unendlichen System von Zusammenhängen" gerecht wird, dem fließenden „Wechselspiel" der verschiedenen Faktoren.

Hier ist ein Modell entwickelt, das den Roman auf allen Ebenen prägt. Soweit Architekturen beschrieben werden, ist es naheliegenderweise das Fenster, das zum zentralen Motiv wird. Das Fenster bezeichnet einen Übergang, ist selbst ein ambivalenter Ort, eine Gelenkstelle, Öffnung und Absperrung zugleich. Das Motiv des Fensters durchzieht Musils gesamtes Werk. Ihm geht es nicht, wie den zeitgenössischen Apologeten des Neuen Bauens, um die architektonische Durchdringung des Innen- und Außenraums, sondern um das Subjekt an der Grenze. Schon die frühesten Tagebuchaufzeichnungen beginnen mit einem Fensterausblick. Das Ich sieht nach außen und sieht sich zugleich von außen nach innen – ein Ruhepunkt zwischen den Sphären. In dem Prosastück „Der Erweckte" befindet sich der Protagonist frühmorgens in einem Raum zwischen zwei Fenstern, die nach Osten und Westen weisen, an der Grenze von Tag und Nacht, im Übergang vom Schlaf- in den Wachzustand. Diese Zweideutigkeit bestimmt auch die Funktion des Fensters im Roman – ein Ort des Übergangs und zugleich der eines andauernden Dazwischenseins. Das Fenster ist ein idealer Aufenthaltsort des Mannes ohne Eigenschaften, der den Punkt zwischen Kunst und Wissenschaft, zwischen innerem und äußerem Leben sucht, und zugleich im Zwiespalt befangen bleibt.

Schließlich wird das Fenster zum Ort einer einschneidenden Erfahrung. Aus dem Palais des Grafen Leinsdorf blickt Ulrich, der Mann ohne Eigenschaften, auf einen Demonstrationszug. Hinter sich „fühlte er das Zimmer, mit den großen Bildern an der Wand, dem langen Empireschreibtisch, den steifen Senkrechten der Klingelzüge und Fensterbehänge. Und das hatte nun selbst etwas von einer kleinen Bühne, an deren Ausschnitt er vorne stand, draußen zog das Geschehen auf der größeren Bühne vorbei, und diese beiden Bühnen hatten eine eigentümliche Art, sich ohne Rücksicht darauf, daß er zwischen ihnen stand, zu vereinen. Dann zog sich der Eindruck des Zimmers, das er hinter seinem Rücken wußte, zusammen und stülpte sich hinaus, wobei er durch ihn hindurch- oder wie etwas sehr Weiches rings um ihn vorbeiströmte. ‚Eine sonderbare räumliche Inversion!' dachte Ulrich. Die Menschen zogen hinter ihm vorbei, er war durch sie hindurch an ein Nichts gelangt; vielleicht aber zogen sie auch vor und hinter ihm dahin, und er wurde von ihnen umspült wie ein Stein von den vergänglichgleichen Wellen des Baches: es war ein Vorgang, der sich nur halb begreifen ließ, und was Ulrich besonders daran auffiel, war das Glasige, Leere und Ruhselige des Zustands, worin er sich befand."[214]

Im weiteren Verlauf der Romanhandlung gibt Ulrich selbst einen Hinweis auf die Bedeutung dieses Erlebnisses, als er sich an die Arbeit eines Psychologen erinnert, der zwei Vorstellungsgruppen trennt, das Umfangenwerden vom Inhalt der Erlebnisse und das Umfangen, ein „Raumhaft-" wie ein „Gegenständlichsein".[215] Bei dieser Arbeit handelt es sich um den Aufsatz „Über optische Inversion" des mit Musil befreundeten Gestaltpsychologen Erich M. von Hornbostel aus dem Jahre 1922.[216] Die Gestaltpsychologie, in der Elementarbestandteile durch Komplexe und deren Beziehungen ersetzt werden, war für Musil von außerordentlicher Bedeutung. Hornbostels Ausgangspunkt sind Beobachtungen über die Inversion räumlicher Gebilde, wie sie Münzengießer oder Stempelschnitzer schon immer gemacht haben, die aber jetzt für eine psychologische Theorie der Raumwahrnehmung herangezogen werden. Ein Beispiel ist die gezeichnete Würfelfigur, bei der Vorder- und Hintergrundflächen je nach Betrachtung umspringen, ihre Position tauschen; nur ein Zugleich ist unmöglich. In der dritten Dimension ist das Konvexe geschlossen und schließt aus, es ist gegenständlich; das Konkave dagegen raumhaft, offen und es umfaßt. Zu invertieren bedeutet (auch gegenüber Erlebnissen), Konvexes konkav machen und umgekehrt, das Von-innen und das Von-außen zu vertauschen. Dieser Vorgang galt Gestaltpsychologen als Beispiel für die Weisen der Wahrnehmungsorganisation.

Ulrich aber liest aus diesem Text, und das ist für das große erotische Experiment des Romans von entscheidender Bedeutung, einen Hinweis auf die „verborgene Einheit des Empfindens", die Überwindung der „uralten Doppelform des menschlichen Erlebens". „Bewegliches Gleichgewicht" bedeutet von hier aus die Möglichkeit, das Getrennte (Mann und Frau, innen und außen) ineinander übergehen lassen zu können, es in der Gleichzeitigkeit eines „anderen Zustandes" zu überwinden. In dem späten Kapitel „Atemzüge eines Sommertags" wird dieser Zustand beschrieben, Ulrich und Agathe sitzen im Garten und erfahren eine unio mystica: „Ein geräuschloser Strom glanzlosen Blütenschnees schwebte, von einer abgeblühten Baumgruppe kommend, durch den Sonnenschein; und der Atem, der ihn trug, war so sanft, daß sich kein Blatt regte... Frühling und Herbst, Sprache und Schweigen der Natur, auch Lebens- und Todeszauber mischten sich in dem Bild; die Herzen schienen stillzustehen, aus der Brust genommen zu sein, sich dem schweigenden Zug durch die Luft anzuschließen. ‚Da ward mir das Herz aus der Brust genommen', hat ein Mystiker gesagt: Agathe erinnerte sich dessen."[217] Für einen Moment ist die Trennung zwischen den Liebenden und die zwischen ihnen und der Natur aufgehoben, alles in gemeinsame Bewegung überführt.

Musil trieb seine Konzeption bis zu diesem Punkt voran, von dem aus ihm eine Fortsetzung zunehmend schwierig wurde. Der andere Zustand, diese private Utopie, ist nicht von Dauer, zerfällt. An einer Stelle beschreibt Ulrich seine Auflösung mit einem aviatorischen Vergleich, der seinerseits auf die andere

Wirklichkeitserfahrung des Fliegens verweist: „Es gibt einen besonderen Augenblick, wenn man mit dem Flugzeug landet; der Boden tritt rund und üppig aus der kartenhaften Flachheit hervor, zu der er durch Stunden vermindert war, und die alte Bedeutung, welche die irdischen Dinge wieder erlangen, scheint aus dem Boden zu wachsen".[218] Aber auch wenn das Neue und Andere ephemer bleibt, so bietet der Roman das einzigartige Zeugnis einer Verbindung alter mystischer Tradition mit zeitgenössischen wissenschaftlichen Denkmodellen. Deren übergreifendes Motiv ist die Untersuchung beweglicher Gleichgewichte, dynamischer Wechselwirkungen statt starrer Einheiten. Musil überträgt Einsichten der frühen Systemtheorie[219] und der Gestaltpsychologie auf das Experiment der Erfindung eines anderen Erlebens.

6. Ein Manifest und drei Maler

Aeropittura

Der Futurismus tritt in den zwanziger Jahren in seine zweite Phase ein und versucht die moderne Umwelt in allen ihren Bereichen künstlerisch zu durchdringen. Eines der wichtigen Manifeste aus dieser Zeit ist das der „Aeropittura", der Flugmalerei, das, 1929 entstanden, 1931 veröffentlicht wurde. Marinetti, Balla, Dottori, Prampolini und andere gehörten zu den Unterzeichnern.[220] Die Absicht war, die neue Wirklichkeit, die im rasanten Perspektivenwechsel während des Fliegens liegt, bildnerisch zu verarbeiten. Bewegung, schon immer ein Leitmotiv der Gruppe, sollte in allen drei Dimensionen untersucht werden.

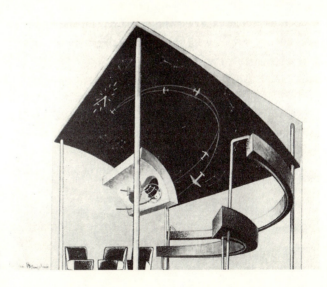

Enrico Prampolini, Warteraum eines Flughafens, Entwurf, 1933

Voraussetzung ist, daß die Maler selbst an dieser Bewegung teilnehmen, und zwar sogar in der Weise einer direkten Verschaltung: „Jede Flugmalerei enthält gleichzeitig die doppelte Bewegung des Flugzeuges und der Hand des Malers." So, aus dieser Künstlerpiloten-Perspektive, geraten die konkreten Veränderungen der Raumwahrnehmung in den Blick: zunächst das Verschwinden der Einzelheiten und der daraus resultierende „Zwang zur Umformung und zusammenfassender Neuschöpfung." Die Maler sehen sich als Demiurgen einer neuen Weltordnung, als Abbildner fliegerischer Polyzentrizität, die zu „außerirdischer Geistigkeit" führe.

Doch sind das nur einleitende Gedanken; wirklich interessant wird das Manifest da, wo die neuen Wahrnehmungsweisen vorgeführt, die diversen Bewegungslinien und Blickrichtungen hinsichtlich der Möglichkeiten einer künstlerischen Darstellung untersucht werden. Geschwindigkeit auf der Erde hat andere optische Auswirkungen als Geschwindigkeit in der Luft. Hier fehlen die „horizontale Kontinuität der Ebene" und das begleitende Panorama: „Das Flugzeug, das gleitet, sich senkt, sich aufrichtet, schafft einen hypersensiblen Beobachtungsposten, der irgendwo im Unendlichen hängt." Im Kurvenflug, genauer wohl bei dessen Beginn, „schließen sich die Falten des Fächerblickfeldes..., um sich senkrecht der Senkrechten entgegenzuwerfen, die Flugzeug und Erde bilden." Der in Spiralen herabgleitende Flieger erfährt eine beständige Veränderung von Gestalt und Dimension der Umwelt. Beim horizontalen Flug geraten stets andere und sich jeweils überlappende Panoramen in den Blick. Seitliche Blickrichtungen bieten kreisende Bewegungen, aufeinanderfolgende Drehvisionen im Sehfeld, die sich mit den Frontausblicken durchdringen. Das alles bedeutet, daß das „Prinzip der Flugperspektive und folglich auch der Flugmalerei eine unaufhörliche und graduelle Vervielfachung der Formen und Farben ist, die, unter dehnbarsten Crescendos und Diminuendos, sich verstärken und ausbreiten und so neue Stufenreihen von Formen und Farben gebären."

Im Zentrum dieses Textes steht zweifellos das Studium der Flugperspektive selbst, die umstandslos zum künstlerischen Programm gemacht wird. Die Genauigkeit der Beobachtung ist frappierend, die Ergebnisse wurden später von der Wahrnehmungspsychologie bestätigt.[221] Anders sieht es aus, wenn man sich die künstlerische Umsetzung anschaut; die Komplexität der visuellen Studien findet hier kaum eine Entsprechung.

Als das erste Werk der Aeropittura wird im Manifest das bereits 1926 entstandene Bild „Prospettive di volo" von Azari genannt, ein Bild aus der Vogelschau über Hochhäusern, aufgelöst in abstrakte, geometrisch-gefächerte Linienbündel und von eher dekorativem Charakter. Den ersten großen Auftrag für eine Luftmalerei erhielt 1929 Dottori, und zwar ging es um die Ausmalung der Halle des Flugplatzes in Ostia. Auch Dottori bedient sich keiner eigentlich

Tullio Crali, Sturzflug auf die Stadt, 1939

Im Sturzflug. Photo aus dem Propagandawerk „Sturzkampfflugzeuge" von H. Brausewaldt, Berlin 1941

neuen Bildsprache, als er das Fresko mit im Grunde den gleichen Mitteln anlegt, die er bereits 1925 in Perugia für sein Triptychon „Geschwindigkeit" angewendet hatte. Hier ging es um die Darstellung eines Autorennens: die Straße (im Mittelteil) scheint eine Geschoßbahn nachzuzeichnen und die Rennfahrzeuge sind von einem Schlierenbündel umgeben, wie es Dottori von ballistischen Photographien her gekannt haben könnte.[222] Schillernde Facetten als Mobilitätskennung tauchen auch in Ostia wieder auf, jetzt aber als Ausdruck fliegerischer Dynamik. Etwas deutlicher wird der angestrebte Zusammenschluß von Mensch, Maschine und Landschaft in seinem Gemälde „L'Aviatore": Flieger und Propeller sind eine Großform in einem von Lichtkegeln zerschnittenen Bildraum. Immer aber besteht hier ein enger Bezug zu futuristischen Darstellungstraditionen. Neben Fillia ist es eigentlich nur Prampolini, der eine eigenständige Aeropittura ausbildet, nur daß diese in ihrer surrealistisch-kosmologischen Qualität den konkreten Bezug zur Flugperspektive fast aufgibt. Eine Ausnahme ist sein Projekt für den Wartesaal eines Flughafens: gewölbte Deckenelemente mit aufgezeichneten Flugbahnen und freie plastische Kurvenformen lassen einen schwingenden Raum entstehen.

Das Problem der Aeropittura stellt sich zunächst durch den programmatischen Ansatz, der auf Fragen der Wahrnehmung zentriert ist, ohne daß die Maler für diese Phänomene eine genuine Bildform fänden. Sichtbar in den Gemälden wird nur die Faszination durch das technische Gerät selbst, die Bewegungsdynamik und Kraft des Flugzeuges. Dies aber gerade erlaubte die Integration der Aeropittura in die Inszenierungsstrategien des italienischen Faschismus.[223] Der technische Fortschritt, verkörpert durch die Luftfahrt, deren Popularität nach dem Transatlantikflug des Luftwaffenchefs Italo Balbo einen gewaltigen Schub erhalten hatte, wird zur Legitimation imperialen Superioritätsstrebens. Nach 1936, nach Angriffen auf die Futuristen als „Kunstbolschewisten", stellt sich die Aeropittura zunehmend direkt in den Dienst der Propaganda.

Die Erde, wie sie der Sturzflieger sieht: Beckmann

Auf beinahe lapidare Weise veranschaulicht das weniger bekannte Gemälde „Sonnenaufgang" von 1929 Beckmanns Darstellungsverfahren. Der Bildraum ist im Vordergrund zunächst abgesperrt, öffnet sich erst hinter der dunklen Barriere. Doch auch dann versperrt noch ein Dickicht aus Gegenständen (ein Fernglas, ein Buch etc.) den Blick zum Meer. Erst hinter dieser zweiten Übergangszone öffnet sich, vielfach überschnitten, der weite Meeres- und Himmelsraum. Horizontlinie und Küstenlinie aber sind so aufeinanderzu gebogen, daß die Meeresfläche zur selbständigen, geschlossenen Form wird – der Meeresraum

Max Beckmann,
Sonnenaufgang, 1929

erscheint fast wie ein eigener Planet[224], der von den Gegenständen als seinen Trabanten umkreist wird. In die sommerliche Strandszene ist eine beunruhigende Dissoziation der Größenverhältnisse und Bezugspunkte eingeschrieben und diese Qualität wird noch verdeutlicht durch zwei der Gegenstände und ihre Funktion. Das Fernglas ragt dominant durch den rechten Bildvordergrund, es ist gerichtet auf einen Raum, der über dem Bildraum liegt, während der potentielle Benutzer unter der vorderen Holzbarriere verborgen ist. Seine Sehrichtung und der Bildraum sind inkompatibel, beinahe um 90 Grad gegeneinander verschoben. Die Horizontale wird von einer imaginären und ins Unendliche führenden Vertikalen durchdrungen. Konkret greifbar wird die Diskontinuität des Raumes durch den nahen Spiegel: nur er zeigt den Sonnenaufgang, der nicht im Bildraum selbst, sondern schräg hinter ihm, hinter dem Rücken des Betrachters stattfindet. Die zweite Übergangszone, eine Zone konzentrierter Ballung von Objekten – Zeichen der Anwesenheit von Menschen, die nicht sichtbar sind –, wird so zugleich zum Quellpunkt: Beckmann öffnet seine Komposition in alle Richtungen, die optischen Geräte verweisen auf die Einbindung der Szenerie in kosmisches Geschehen.

Die verwirrende Kreuzung der Raumbezüge, die er hier in einer reinen Objektwelt inszeniert, hatte bereits 1924 die Positionierung einer Gruppe von Menschen bestimmt. Das Bild „Lido", wieder eine Strandszene, zeigt Badegäste, zum Teil am Strand, zum Teil im Wasser, in einer eng begrenzten Umwelt in jeder nur denkbaren Raumlage und in größtmöglicher Abwendung voneinander. Schon der Bildaufbau ist zweideutig: ein Strand im Vordergrund, auf den Wellen zurollen – aber hinter dem letzten Wellenkamm erscheinen statt des leeren Meeresraumes große Gebäude, Ausschnitte der Strandpromenade. Die Spaziergänger im Vordergrund sind so isoliert von der Promenade, ausgesetzt im Irgendwo. Das Wasser selbst wird zum Vehikel der großen Umwälzung aller stabilen Gleichgewichtslagen: die Badenden kopfüber darin oder in wenig entspannter horizontaler Rückenlage auf ihm, von Naturkräften zerwürfelt, wie frei in den Raum geworfen.

Diskontinuität und Destabilisierung sind bei Beckmann die notwendige Begleiterscheinung eines Raumbildes, das feste Orientierungen nicht mehr kennt. Die Entregelung fixierter Koordinaten, mit der Suprematismus und de Stijl die Emanzipation des Menschen von irdischen Gegebenheiten intendieren, ist für ihn nur ein Mittel der Darstellung universeller Labilität. Besonders deutlich wird dies in der Gruppe der Artistenbilder: sie sind Metaphern von Reichweite und Grenze menschlichen Vermögens. In dem Bild „Das Trapez" hängt das Gerät so tief, daß die Künstlerin mit noch angewinkelten Beinen auf der Erde steht; ihr Partner hängt kopfüber so eng vor ihr, daß jeder Schwung zum Zusammenprall

Max Beckmann, Luftakrobaten, 1928

führen muß. Die Zirkusarena, die das Schauspiel der Überwindung der Schwerkraft bieten soll, ist eng wie ein Käfig. Die Wuppertaler „Luftakrobaten" von 1928 haben sich zwar in der Gondel eines Ballons vollständig von der Erde gelöst. Das aber hat keinerlei Konsequenzen für die enge und fatale Verstrickung der Frau und des nach unten hängenden Mannes. Mit der Krümmung einer einzigen Linie erreicht Beckmann eine Inversion des Raumes, macht das Weltall selbst zur Kippfigur: indem der Horizont nach oben aufgebogen ist, wird das All zum Planeten und die Erde zum leeren Raum. Ein Blatt aus den Illustrationen zu Faust II bezieht sich auf die Worte des Mephistopheles: „Versinke denn! ich könnt' auch sagen: steige!" Der Wimpel in der Hand zitiert den männlichen Luftakrobaten; hier aber ist die kopfüber dargestellte Figur in eine Kurvatur eingefügt, die, würde man sie um 90 Grad drehen, das mathematische Zeichen für Unendlichkeit darstellte.

In der Werkbundzeitschrift „Die Form" erschien 1928, also ungefähr zur Zeit der Entstehung dieser Gemälde, ein Aufsatz mit dem Titel „Max Beckmann und einiges zur Lage der Kunst". Sein Autor ist Fritz Wichert, inzwischen und bis 1933 Direktor der Städelschule, an der auch Beckmann unterrichtete. Wichert, der bereits 1909 die möglichen Auswirkungen der Luftfahrt auf architektonische Gestaltungsweisen untersucht hatte, kommt hier, fast zwanzig Jahre später und im Zusammenhang seiner Überlegungen zu Beckmann, auf das Thema des Fliegens als kulturelle Erfahrung zurück. Auf eine signifikante Verschiebung seiner Argumentation könnte ein Buch eingewirkt haben, das 1922 erschien, Wilhelm Fraengers Seghers-Studie nämlich, die Wicherts verstorbener Frau gewidmet ist. Fraenger sieht bei Seghers zwei entgegengesetzte Stiltendenzen[225] wirksam, die beide aus der Aufgabe eines festgelegten räumlichen Standpunktes resultieren: dem losgelösten Höhenblick korrespondiert eine katastrophenhafte Sicht, ein Taumel der räumlichen Koordinaten, der die Nachtseite des „planetarischen Bewußtseins eines kopernikanischen Barocks" zeigt.

Diese Ambivalenz kennzeichnet auch Wicherts Argumentation. Sein Ausgangspunkt ist die Gegenwart von 1928, die ohne die katastrophische Erfahrung des ersten Weltkrieges nicht gedacht werden kann. Der Glaube an das Unverrückbare der Dinge ist aufgegeben. Das „merkwürdige Schwanken, das heftige Divergieren und Konvergieren der für gewöhnlich aufrecht stehenden Dinge, das Schaukeln des Bodens in Beckmanns Bildern" macht ihn zum „gegenwärtigsten Maler".[226] Wicherts Vision einer stereometrisch-aufgeräumten Architektur, 1909 als Resultat des Blicks von oben entstanden, kann sich nunmehr schwer gegen seinen zivilisatorischen Skeptizismus behaupten. Mit dem Fliegen zwar „schwindet das Schwerkraftgefühl", der vom Erdboden losgelöste Standpunkt gestattet ein „viel freieres Ordnen". Aber: Was in Beckmanns Bildern erscheint, ist nicht nur eine derartige Gelöstheit, sondern im übertragenen Sinn auch „die Erde, wie sie der Sturzflieger sieht."

Raum im Kreisen: Kokoschka

Durch das ebenso generöse wie geschickte Angebot des Kunsthändlers Paul Cassirer, ihm einen unbeschränkten Kredit für Reisen durch ganz Europa zur Verfügung zu stellen, war Kokoschka ab 1925 für einige Jahre in die Lage versetzt, frei von allen materiellen Bedrängnissen zu arbeiten; Cassirer gedachte seine Mittel durch den Verkauf der Bilder wieder hereinzubringen. Das Ergebnis war jene große Reihe von Städtebildern, die Kokoschkas Werk in der Zwischenkriegszeit wesentlich prägen. Die Bilder sind durchgängig von einem hochgelegenen Standpunkt aus gemalt, bieten weiten Überblick. Kokoschka gab eine biographische Erklärung für diese Sehweise, die Bevorzugung der Vogelschau, er begründete sie als Reaktion auf das Dahinvegetieren in den Schützengräben des ersten Weltkrieges: „Aus diesem Dreckdasein... wollte ich heraus, und ich habe mir geschworen: wenn ich da jemals lebend herauskomme und wieder malen kann, werde ich nur von den höchsten Gebäuden oder von Bergen, on the top, ganz oben, stehen und sehen, was mit den Städten geschieht".[227]

Der Verlust und Wiedergewinn von Standsicherheit und Überblick ist ein Problem, das Kokoschka von früh an beschäftigte. Er berichtet von mehreren Situationen in seinem Leben, in denen die Fähigkeit zur Orientierung im Raum plötzlich außer Kraft gesetzt wurde. Nach der tumultuösen Aufführung seines Schauspiels „Mörder Hoffnung der Frauen" im Juli 1909 erlebte er einen Augenblick der Bewußtseinsstörung – „mein eigener Körperschatten hatte sich von meinen Beinen abgelöst, als ob der Boden unter mir mitsamt dem Schatten ins Rollen gekommen wäre... Das Ganze mag Bruchteile einer Sekunde gedauert haben, daß ich gleichsam in die Höhe fahre, mit meinen Beinen vergeblich niederstrebe und eine Bewegung mit dem ganzen Körper auszuführen gezwungen bin, bis ich mich in einer waagerechten und auf meiner linken Seite etwas zum Boden hängenden Lage befinde. Das wäre im Wasser oder in einem Medium schwerer als Luft nichts Widersinniges gewesen. Ich habe allerdings viele Jahre später, im Weltkrieg, lange Zeit an einer ähnlichen Sinnestäuschung gelitten, als infolge eines Kopfschusses mein Gleichgewichtssinn gestört war, weil das Organ dieses Sinnes, das Labyrinth im linken Ohrgang, zerstört wurde."[228]

Die Suche nach möglichen Spuren des frühen Erlebnisses im Werk erbringt bis 1915 nur fünf Bilder, in denen die Figuren nicht aufrecht stehen oder sitzen. In keinem dieser Fälle kann von einer stabilen waagerechten Ruhelage gesprochen werden. Auf den ersten Blick scheinen die „Spielenden Kinder" von 1909, ihre Beschäftigung nur kurz unterbrechend, auf dem Fußboden zu liegen.

Oskar Kokoschka, Porträt Albert Ehrenstein, 1913

Der Kontakt besonders des Mädchens zum Boden bleibt jedoch unbestimmt, ja dieser selbst ist überhaupt nicht eindeutig fixiert. Die „Verkündigung" von 1911 zeigt den Moment des Auffahrens der Liegenden, wobei der Boden im Vordergrund wie Wasser mitbewegt wird. Das Bildnis „Albert Ehrenstein" visiert den Dichter diagonal im Raum, die Augen schräg nach oben gerichtet, in bodenloser Körperlage. Stabilisierende horizontale oder vertikale Achsen sind verschwunden.

Dieses Bildnis ist im unmittelbaren zeitlichen Umfeld der „Windsbraut" entstanden. Hier ist das Koordinatensystem gewohnter Weltbezüge vollends aufgelöst, der ganze Raum in strudelnde Bewegung versetzt. Das Bild steht am Ende der Liebesbeziehung mit Alma Mahler, zeigt das Paar liegend-gleitend nach Kokoschkas Worten auf „einem Wrack im Weltmeer".[229] Das Boot löst sich auf, seine Reste sind von den Wellen kaum mehr zu unterscheiden. Wie eine Fortsetzung erscheint dann „Der irrende Ritter", noch unmittelbar vor dem Kriegseinsatz begonnen, der ebenfalls Kokoschkas Züge trägt wie die kriechende Frau im Hintergrund die von Alma Mahler. Das Paar ist getrennt, der Ritter schwebt desparat über einer wüsten Landschaft. „Der irrende Ritter" bildet den vorläufigen Abschluß einer künstlerischen Wandlung, an deren Anfang „Kokoschkas antizipatorische Schwebe-Halluzination von 1909 stand... (Sie) veränderte irreversibel Kokoschkas Bilderwelt: im Stürzen und Schweben werden überlieferte Perspektiven gekippt und das alte Zentrum perspektivischer Raumkonstruktion verlassen. Das sehende Ich ist kein ruhender Ort, wo Strahlen sich bündeln."[230]

Hier wird ein Zusammenhang des Werks mit psychischer Disposition, erotischem Erleben und zerstörerisch-umwälzender Zeitgeschichte deutlich. Für die spezielle Darstellungsweise der Städtebilder bildet das aber nur einen Hintergrund. In ihnen setzt Kokoschka gegen die klassische Linearperspektive seine „Zweifokusperspektive": diese Bilder sind „auf Grund einer elliptischen Composition mit zwei Glühpunkten gemalt. Weil ich immer gegen die sogenannte Cavaliereperspektive mit einem Focus wetterte. Der Mensch hat zwei Augen."[231]

Zur gleichen Zeit, als das Neue Sehen zu Luftaufnahmen und diagonalen Blickführungen greift, erreicht Kokoschka mit seiner Variante der klassischen Perspektive eine Öffnung des Gesichtswinkels, gewinnt die Freiheit universaler Überschau – eine Synthese aus Aufsicht und außerordentlicher Breiten- und Tiefenerstreckung. Sein so ferner wie angesichts der Problemstellung aber auch aktueller Referenzpunkt war dabei, so schrieb er später, die barocke Raumdynamik und dahinter Altdorfers „Alexanderschlacht", ein Bild ohne Einfokusperspektive: „Daß man nicht eher in der ‚Alexanderschlacht' das früheste Barockbild erkannte! Dessen wird man erst gewahr, nachdem zwei Weltkriege bedeutende Zentren der Barockkunst dem Erdboden gleichgemacht haben. Ein Kapitel der Geschichte des Abendlandes ist mit dem Bild Altdorfers gerettet: ‚eppure si muove', die Erde dreht sich auf dem Bild, das entstand, bevor Galilei deren Gang lehrte. Die Drehung gewahrt man sofort, die Drehung der Sonnenlohe, Raum im Kreisen mit der Erde trächtig, was die Wirklichkeit zur Welt bringt."[232] Die „Alexanderschlacht" ist für ihn ein „kosmisches Bild" und ein Werk der „Einsicht", kaum anders als eine Ikone für die Suprematisten. Mit der Wiederverwendung der Zweifokusperspektive entregelt Kokoschka feste Bezüge und lädt den Raum dynamisch auf.

Eine Vorstellung von Unendlichkeit: Matisse

„Der Mann, der mit einem Scheinwerfer nach einem Flugzeug sucht, durchstreift den Himmel nicht so, wie es der Flieger macht. Ich hoffe, sie verstehen, ...wie wesentlich der Unterschied zwischen den zwei Einstellungen ist."[233] Matisse machte diese Äußerung im Zusammenhang mit einem seiner Hauptwerke, den drei Fassungen von „La Danse", die zwischen 1931 und 1933 entstanden. Es ging um die Frage, ob die Komposition in entsprechend vergrößertem Maßstab einfach auf die vorgesehene Fläche von 52 Quadratmetern projiziert werden könne oder ob sie im anderen Maßstab auch neu konzipiert werden müsse. Matisse entschied sich für die „tätliche Auseinandersetzung" vor Ort.

Mit dem Bild des Fliegers ist eine Haltung benannt, grundsätzliche Momente des künstlerischen Selbstverständnisses von Matisse lassen sich von ihr herleiten. Wenn sich die Verhältnisse in einem Bild mit seiner Vergrößerung oder Verkleinerung so entschieden ändern, dann wird deutlich, daß es ihm niemals um eine 1:1-Reproduktion von Wirklichkeit – oder eben eines Bildes von ihr – zu tun ist, sondern um das jeweils aktuelle Erfinden von Formen und Konstellationen, die wohl auf die Wirklichkeit verweisen, aber nicht ihr Abbild sind. Dabei kann jedes Detail das Ganze verändern, Ziel ist die Erzeugung eines „Gleichgewichts". Dieser Begriff steht im Denken von Matisse an zentraler Stelle[234]. Ein Gleichgewicht zu erzeugen heißt, die Gegenstände in immer neu ansetzender Arbeit zu transformieren.

Die Manier des „Dekorativen" ist dabei ein Hilfsmittel; sie bezeichnet die Weise, in der Matisse Formen wiedergibt, nicht aber sie nachahmt, sondern sie auf die ihnen inhärenten Eigenschaften hin befragt – ein Verfahren der Abstraktion. Die Arabeske etwa ist so ein synthetisierendes Mittel, sie ist ein Zeichen, das Wirkungskräfte übersetzt, sie macht, wie es ein spätes Bonmot sagt, „einen einzigen Satz aus allen Sätzen."[235] Zu dieser bildnerischen Auffassung gehört auch, daß der Begriff des Raumes weiter gefaßt ist, als es eine zentralperspektivisch-separierende Ordnung zulassen würde: der Raum ist für Matisse kein Ding-, sondern ein Bewußtseinsraum. Wiederholt verweist er auf die moderne Gegenwart, die die Raumvorstellung erweitert habe, so etwa im Gespräch mit Gaston Diehl: „Jede Epoche bringt ihr eigenes Licht mit sich, ihr besonderes Raumgefühl, wie ein Bedürfnis. Unsere Zivilisation hat eine neue Auffassung des Himmels, der Ausdehnung, der räumlichen Weite hervorgerufen, selbst für jene, die nie im Flugzeug gereist sind. Man kommt heute dazu, eine totale Beherrschung dieses Raums zu fordern."[236] Die realen Raumerfahrungen verändern die Vorstellungskraft, der Raum wird zur unbegrenzten Einheit.

Wie in einem Brennglas konzentriert sich diese Konzeption in den Versionen von „La Danse". Matisse bezeichnete diese Arbeiten als das Bedeutendste, was er in den frühen dreißiger Jahren gemacht habe.[237] Der Auftrag für ein großes Wandgemälde kam von dem amerikanischen Pharma-Industriellen Barnes und bezog sich auf einen bestimmten Saal, auf einen Ort unter Gewölben über drei Glastüren in der Barnes-Foundation in Merion bei Philadelphia. Es entstanden insgesamt drei Fassungen; die als Nr. 2 bezeichnete hängt in Merion, Nr. 1 im Musée d'Art Moderne de la Ville de Paris. Im Frühjahr 1992 tauchte völlig überraschend eine weitere auf[238], als der Nachlaß des Sohnes Pierre Matisse

130　　　　　　　　　　　　　　　*Kontinuum der Kräfte*

Ein Manifest und drei Maler 131

Henri Matisse, La Danse, Urfassung, 1931

Henri Matisse, La Danse, Erste Fassung (Paris), 1931–32

Henri Matisse, La Danse, Zweite Fassung (Merion), 1932–33

noch einmal gründlich durchgesehen wurde: drei große Panneaux in einer Rolle, die unter Verpackungsmaterial verborgen war. Diese Version kann als Urfassung und zugleich als Experimentierfeld angesehen werden. Sie weist die gleichen Maße auf wie die Pariser Museumsfassung. Diese Maße aber waren falsch, die Breite der Gewölbeansätze in Merion, unter denen sich die Komposition hinwegzieht, betrug statt 50 cm einen Meter und das war der Anstoß für die zweite Fassung, die keine Anpassung, sondern eine Neuformulierung ist.

Matisse erfand eine neue Technik, um die Möglichkeiten der Komposition auszuloten. Bei der Ur- und Experimentalfassung hat er zwar auch mit einem Stück Kohle an einem langen Bambusrohr gearbeitet, um zeichnerisch die Darstellung zu erproben. Wichtiger aber wurde ein anderes Verfahren, nämlich Flächen aus Buntpapier, die in immer neuer Zusammensetzung an die Leinwand geheftet wurden. In späteren Werken setzte er dieses Verfahren selbständig ein; hier diente es dem Experiment, der Vorbereitung des Farbauftrages. Das bezeichnet einen Wendepunkt in seinem Werk, nämlich den Übergang vom Malen zum Arrangieren von Formen und Farben.[239] Dieses Vorgehen, ein Collage-Verfahren, kam seiner Arbeitsweise, dem sehr langwierigen kompositionellen Ausponderieren, offensichtlich deswegen so außerordentlich entgegen, weil es schneller ist, Offenheiten läßt, eine unendliche Vielzahl von Kombinationen überhaupt erst ermöglicht. Es ist ein Vorgehen wie das des Musilschen Mannes ohne Eigenschaften – induktiv, unablässig experimentierend, Festlegungen so lange aus dem Wege gehend, bis eine stimmige Konstellation gefunden ist.

Die drei Fassungen unterscheiden sich deutlich in ihren Ausdrucksqualitäten. Die Ur- und Experimentalfassung zeigt noch eine spontane malerische Handschrift, die Pariser Museumsfassung und die in Merion dagegen sind fakturlos. Die Urfassung deutet Plastizität an, die beiden anderen sind plan, was ihrem dekorativen Charakter entgegenkommt. Über die Unterschiede der ersten und zweiten Fassung schrieb Matisse selbst, daß die eine „kriegerisch", die in Merion hingegen „dionysisch" sei.[240] Das läßt sich beziehen auf die eher vertikale, sagittale, vergleichsweise aggressive Anlage der Pariser Fassung im Gegensatz zu der in Merion: die Figuren hier schmiegen sich fast in die Fläche, schließen sich im Mittelteil zu einer orgiastischen Figur zusammen, wie hereingerissen in einen unwiderstehlichen Kreislauf.

Auch die Fassung in Merion durchlief noch mehrere Stadien, bevor sie ihre endgültige Form fand. Die einschneidendste Veränderung ist wohl die, daß die Figuren des linken Bogens anfangs nach außen drängten, dann aber auf die Mitte hin bezogen werden. Die vier Photos der Entstehungsphasen, die 1935 in den „Cahiers d'Art" veröffentlicht wurden, zeigen den faszinierenden Prozeß, wie

Matisse den rhythmischen Fluß immer mehr über die drei Flächen hinwegzieht und die Linien in Korrespondenz bringt. Dargestellt sind insgesamt acht Figuren, jeweils zwei in den Lünetten und je eine unter den Zwickeln. Die weiblichen Akte, deren individueller Ausdruck ganz in die Bewegung abgeflossen scheint, sind in gleichmäßigem Perlgrau gemalt – über einem blauen, rosaroten und schwarzen Grund aus einfachen geometrischen Dreieckformen und aufwärtsstrebenden Streifen, die wie Scheinwerferstrahlen durch den Raum wandern.

Matisse inszeniert raffiniert das Losgelöstsein seiner Figuren von aller Schwere. Das Bild befindet sich ja ohnehin nicht in normaler Augenhöhe, sondern über den Glastüren; schon damit ist jeder Hinweis auf eine Bodenfläche unnötig, Matisse zeigt die Tänzerinnen irgendwo im Raum. In der linken Lünette erscheinen die Figuren mit hochgerissenen Beinen wie im Aufsprung begriffen, in der mittleren beschreiben sie in höchster Aktivität und dennoch gehaltener Schwebe annähernd eine Kreisfigur; die nicht in gleichmäßiger Krümmung, aber dennoch fließend gezogene Bogenlinie vom rechten Arm der unteren Figur bis zu ihrer rechten Kniekehle berührt dabei den unteren Bildrand nicht. Die rechte Lünette spiegelt seitenverkehrt die linke, nur daß hier ein anderer Bewegungszustand wiedergegeben ist, eine Tänzerin ist hoch über die Bildgrenze hinaus aufgestiegen. Matisse wollte „auf einer Fläche, die nicht sehr groß war, ...einen viel größeren Tanz anschaulich machen".[241] Virtuos bedient er sich der dynamischen Möglichkeiten von Fragmentierungen: sämtliche Figuren sind angeschnitten, keine erscheint vollständig im Bild, das Sichtbare ist nur Teil eines größeren Zusammenhangs.

Die Wirkung des Bildes ist ohne den Raum nicht erfahrbar. Louis Gillet bemerkte schon 1933 in einem inspirierten Kommentar zu den Zwischenfiguren unter den Zwickeln: „Diese hockenden, chthonischen Figuren ...verbinden die Architektur mit der Darstellung, das Unbewegliche mit der Bewegung, und bezeichnen den Punkt, fast möchte man sagen: den Angelpunkt, an dem die statische Energie sich in dynamische Werte und in entfesselte Figuren verwandelt und befreit."[242] Diese Figuren für sich und der übergreifende Gesamtfluß der Komposition machen die Unterbrechung durch die Zwickel vergessen. Matisse ging noch einen Schritt weiter, bezog nicht nur die Zwickel und Wölbungen gleichsam als Negativform in seine Komposition mit ein, sondern dachte auch umgekehrt die Gesamtwirkung seines Bildes von dem Raum her, in dem es sich befindet. Seine Komposition „überhöhe" die zu flachen Bögen des Gewölbes. Auch das Licht wird integriert, das von außen her eindringt. Das Wandbild steht im Gegenlicht; oberhalb der Flächen zwischen den Glastüren setzt er Schwarz, die dunkelsten Stellen des gesamten Werkes, um auf diese Weise ein Gleichgewicht herzustellen.[243] Die Wechselwirkung von Bildrhythmus und Bau und der

Einbezug noch des Außenlichtes dienen dem einen Ziel: der Öffnung, der Erweiterung zu einem fließenden Kontinuum – „Ich mußte vor allem in einem beschränkten Raum eine Vorstellung von Unendlichkeit erwecken."244

7. Sphärische Kontinuen

Planetarische Perspektiven

Als Karl Jaspers 1931 sein Buch „Die geistige Situation der Zeit" veröffentlichte, teilte er eine Beobachtung mit, die in dieser oder jener Form und in den verschiedensten Kontexten von vielen seiner Zeitgenossen geteilt wurde: „Als technische und wirtschaftliche Probleme scheinen alle Probleme planetarisch zu werden. Der Erdball ist nicht nur zu einer Verflechtung seiner Wirtschaftsbeziehungen und zu einer möglichen Einheit technischer Daseinsbemeisterung geworden; immer mehr Menschen blicken auf ihn als den einen Raum, in welchem als einem geschlossenen sie sich zusammenfinden zur Entfaltung ihrer

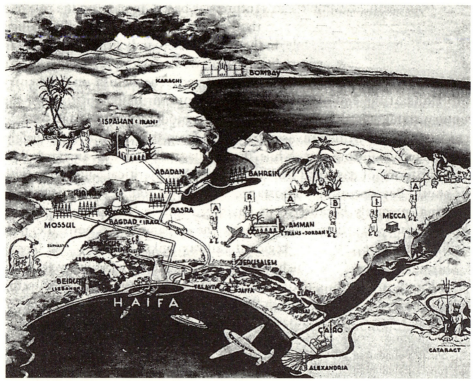

Haifa als Kreuzungspunkt der Verkehrs- und Versorgungsnetze des Britischen Empire im Mittleren Osten. Zeichnung eines unbekannten Planers, dreißiger Jahre

Geschichte."[245] An die Stelle der Vorstellung separierbarer Einheiten ist die eines übergreifenden Kontinuums getreten. Jaspers versteht diesen zivilisatorischen Entwicklungsstand als krisenhaft; seine Begleiterscheinungen seien zunehmende Nivellierung, allgemeiner Substanzverlust und Autoritätsverfall, ergo die Auflösung aller Bindungen durch das Verschwinden des Heterogenen. Die gleichen zivilisatorischen Symptome werden von anderen Autoren anders bewertet; das krasse Gegenteil der restaurativen Einstellung von Jaspers stellt Ernst Jünger im „Arbeiter" dar: die Faszination durch die totale Homogenität nach der Komposition der Menschen zu quasi-maschinellen Funktionseinheiten. Die vorsichtige Antizipation eines neuen humanen Selbstverständnisses dagegen, gespeist aus einem aufgeklärten Katholizismus, formulierte Romano Guardini 1927 in seinen „Briefen vom Comer See". Gerade daß die Erde „übersehbar, ...zu einem geschlossenen Feld politischen Geschehens und Handelns" wird, könnte ein neues „Kosmos-Bewußtsein"[246] heraufbringen, ein Bewußtsein, daß vom Menschen her gesehen ist und die Entwicklung der Technik auf den ihm zugewiesenen Lebensraum bezieht.

Die Dynamik der Entwicklung hin zu einem planetarischen Kontinuum wird besonders deutlich im Bereich der Kommunikationstechnik. Die geordnete Sukzession der Informationen, garantiert durch die räumliche Distanz von Sender und Empfänger und die Langsamkeit ihrer Übermittlung, geht über in einen Zustand der Simultaneität. Die Reaktionen auf diese Entwicklung waren außerordentlich zwiespältig. Der Kulturtheoretiker Aby Warburg behauptete 1923 apodiktisch: „Telegramm und Telephon zerstören den Kosmos."[247] Diese Äußerung – Warburg bezieht als „Ferngefühl-Zerstörer" auch die Gebrüder Wright mit ein – wird nur verständlich im Rahmen seiner Kulturtheorie, in deren Zentrum der Begriff des Denkraumes steht. Der Denkraum ist die Folge eines Schaffens von Distanz zu den Phänomenen, die in der rationalen Welt anders als in der der Magie nicht ohne Zwischenglieder aufeinander wirken können. Ursachen zu isolieren, zurückzutreten, um ganze Ereignisketten zu überschauen, ist als „bewußtes Distanzschaffen zwischen sich und der Außenwelt... (der) Grundakt menschlicher Zivilisation."[248] Nur so könne sich der Mensch von zwanghaften phobischen Reaktionen befreien und souveräne Entscheidungen treffen.

Die Gefahr liegt für Warburg in der „Zerstörung der Distanz", die durch die Lichtgeschwindigkeit der Informationen bedroht ist. Die „elektrische Augenblicksverbindung raubt, falls nicht eine disziplinierte Humanität die Hemmung des Gewissens wieder einstellt", den Denkraum. Damit drohe der Kultur des Maschinenzeitalters das, was die „aus dem Mythos erwachsene Naturwissenschaft mühsam errang", wiederum zu zerfallen – also die Rückkehr ins Chaos.[249] Warburg sieht durch die Geschwindigkeit der elektrischen Informations-

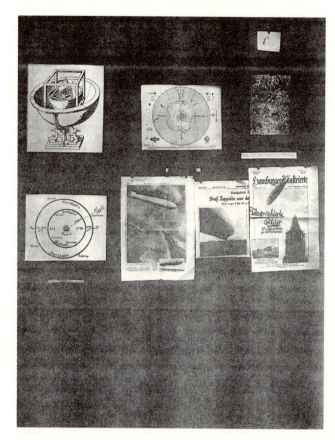

Aby Warburg, Mnemosyne-Atlas, Tafel C, 1929. Ausgreifen in den Kosmos und Versuch seiner Beherrschung durch Wissenschaft und Technik

übertragung, die plötzliche Nähe, das Übertragene in einen Zustand der Indifferenz zurückfallen, der chaotischen Ununterscheidbarkeit, in der Distanz, Überblick und damit die Möglichkeit auseinandersetzender Reflektion vernichtet sind. Denselben technischen Vorgang preist Paul Valéry 1928 als „Eroberung der Allgegenwärtigkeit". Mit dem Heraufkommen audiovisueller Medien (sein Text verweist bereits auf die noch in Entwicklung befindliche Technik der Television) seien weder die Materie, noch Raum und Zeit das geblieben, was sie zuvor waren – „Man wird das Gefüge der Empfindungen – genauer: das Gefüge der Reize – überall hin zu befördern oder an jedem Orte neu zu erzeugen verstehen, das irgendein Gegenstand oder irgendein Geschehnis ausstrahlt. Die Werke werden zu einer Art von Allgegenwärtigkeit gelangen."[250] Warburgs Alptraum erscheint hier als große kulturelle Hoffnung.

Von nicht zu unterschätzender Bedeutung für das zeitgenössische Bewußtsein universeller Verflechtungen und Interdependenzen ist die Vorstellung der physikalischen Abläufe selbst, die Vorstellung fluktuierender Bewegung, die, dem Auge verborgen, doch allen Erscheinungen zugrunde liegt. Der renommierte

Francis Bruguière, Anzeige für den British Postal Service, 1934

Physiker A. S. Eddington beschrieb 1931 in seinem Buch „Das Weltbild der Physik und ein Versuch seiner philosophischen Deutung" die Überlegungen eines entsprechend vorgebildeten Menschen, der im Begriffe steht, ein Zimmer zu betreten: „Das ist ein kompliziertes Unternehmen. Erstens muß ich gegen die Atmosphäre ankämpfen, die mit einer Kraft von 1 Kilogramm auf jedes Quadratzentimeter meines Körpers drückt. Ferner muß ich auf einem Brett zu landen versuchen, das mit einer Geschwindigkeit von 30 Kilometer in der Sekunde um die Sonne fliegt; nur den Bruchteil einer Sekunde Verspätung, und das Brett ist bereits meilenweit entfernt. Und dieses Kunststück muß fertiggebracht werden, während ich an einem kugelförmigen Planeten hänge, mit dem Kopf nach außen in den Raum hinein, und ein Ätherwind von Gott weiß welcher Geschwindigkeit durch alle Poren meines Körpers bläst."[251]

Eddingtons Text, mit grotesker Konsequenz vorgetragen, führt auf die Frage, wie mit dem Wissen um die allgegenwärtige Dynamik zu verfahren ist. Wörtlich genommen, verwandelt es das Bild der Welt in ein chaotisches Abstraktum. Man kann die Augen vor der mikrophysikalischen Realität aber auch verschließen. So reagiert, mit weitreichenden Konsequenzen, Canettis Protagonist in dem Roman „Die Blendung" (1935): „Diese bedruckte Seite, so klar und gegliedert wie nur irgendeine, ist in Wirklichkeit ein höllischer Haufe rasender Elektronen. Wäre er sich dessen immer bewußt, so müßten die Buchstaben vor seinen Augen tanzen. ...Es ist sein Recht, die Blindheit, die ihn vor solchen Sinnesexzessen schützt, auf alle störenden Elemente in seinem Leben zu übertragen."[252]

Eine mögliche Weise, mit dem Widerspruch von Bewegung und Fixierung, von Wissen und Wahrnehmung zu verfahren, präsentiert Musil gleich zu Anfang seines Romans „Der Mann ohne Eigenschaften" von 1931. Ein barometrisches Minimum und ein anderswo lagerndes Maximum werden erwähnt, Isothermen und Isotheren, Temperaturzyklen und astronomische Gegebenheiten. Das ist die eine Darstellungsweise; sie wird kontrastiert durch eine andere – „Mit einem Wort, das das Tatsächliche recht gut bezeichnet, wenn es auch etwas altmodisch ist: Es war ein schöner Augusttag".[253] So schafft sich Musil einen Spielraum, paradigmatisch für die Operationsweise des Mannes ohne Eigenschaften, seinen experimentellen Wechsel der Optionen. Ohne Eigenschaften zu sein – das impliziert die Forderung, ein intellektuelles Orientierungssystem in den sich verändernden Konstellationen der inneren und äußeren Wirklichkeit immer neu zu erfinden.

Die zwei Versionen des Musilschen Augusttages reflektieren die „Unbestimmtheit als Zeitsignatur" (Arnold Gehlen[254]) genauso wie das Naturbild, das Paul Klee zur Veranschaulichung der Voraussetzungen seiner künstlerischen Arbeit wählt. Er unterscheidet das Erlebnis eines Schiffers im Altertum, der ganz selbstverständlich sein Boot benutzt, von dem eines modernen Menschen auf einem Dampfer. Der hat Folgendes zu gewärtigen: „1. die eigene Bewegung, 2. die Fahrt des Schiffes, welche entgegengesetzt sein kann, 3. die Bewegungsrichtung und Geschwindigkeit des Stromes, 4. die Rotation der Erde, 5. ihre Bahn, 6. die Bahnen von Monden und Gestirnen drum herum. Ergebnis: ein Gefüge von Bewegungen im Weltall, als Zentrum das Ich auf dem Dampfer."[255] Auch für Klee geht es darum, ein variables System zu erfinden, ein bildnerisches Zeichensystem, welches, changierend zwischen Anschauung und Abstraktion, zwischen Mikro- und Makrokosmos, einem energiegeladenen und in ständiger Bewegung befindlichen Raum gerecht wird.

Kreiselgeräte

Kaum eine einzelne Erfindung scheint so repräsentativ für den Umgang mit den variablen Bedingungen des räumlichen Kontinuums wie der Kreiselkompaß. Er kommt in Schiffen und Flugzeugen zum Einsatz, in Fahrzeugen, für die jeder feste Standpunkt inexistent ist, die räumliche Lage also nur aus dem Zusammenspiel veränderlicher Faktoren bestimmt werden kann. Ein kardanisch aufgehängter und schnell rotierender Kreisel behält seine Impulsachse im Raum bei. Beim Kreiselkompaß wird die Erddrehung als die Kraft benutzt, welche die Achse des Kreisels richtet. Bezugsgrößen sind also nur noch, unabhängig von der Lage des Fahrzeuges, diese beiden Drehbewegungen. Voller Respekt schrieb der Technikhistoriker Artur Fürst in den zwanziger Jahren: „Der Gedanke, der dem

Kreiselkompaß zugrunde liegt, ist geistvoller und nützlicher als manche vielbewunderte philosophische Lehre."[256]

Der Kreiselkompaß ist die Basiserfindung einer ganzen Gattung von Kreiselgeräten. Anstoß seiner Erfindung waren Probleme der Navigation, die um die Jahrhundertwende bei den modernen Schiffstypen auftraten.[257] Der Magnetkompaß als der historische Vorläufer des Kreiselkompasses funktionierte zufriedenstellend solange, wie die Schiffe überwiegend aus Holz gebaut waren. Die moderne Bauweise aber aus Eisen und Stahl und die ganz anderen Größenordnungen änderten die Situation. Die Metallmassen schirmten den Kompaß vom Erdmagnetismus ab und schufen ein falsches Magnetfeld mit der Folge, daß Deviationen auftraten, die nur schwer korrigiert werden konnten. Ein weiteres Problem trat dadurch auf, daß um die Jahrhundertwende auf den Schiffen elektrische Geräte zum Einsatz kamen – sie schufen elektromagnetische Felder, die den Magnetkompaß ebenfalls irritierten. Bei Unterseebooten wirkten sich diese beiden Faktoren besonders störend aus. Und noch eine weitere Entwicklung führte dazu, daß die Suche nach einem Ersatz für den Magnetkompaß dringlich wurde. Neue Schiffskanonen mit wesentlich vergrößerter Reichweite erforderten entsprechend dimensionierte Geschütztürme. Ihr Drehen aber auf den sogenannten Großkampfschiffen verursachte Bewegungen der Rose des Magnetkompasses, die eine exakte Kursablesung nahezu unmöglich machten.

Ein neuer Kompaß mußte also unabhängig sein von diesen Bewegungen und von magnetischen Kräften, die ihre Aussagefähigkeit eingebüßt hatten. Der konkrete Anlaß für die Entwicklung des Kreiselkompasses war 1902 der Plan der Fahrt eines Unterseebootes zum Nordpol. Hermann Anschütz-Kaempfe entwickelte dann bis 1908 den Kreiselkompaß zur Praxisreife. Seine Erfindung basierte auf schon länger bekannten physikalischen Phänomenen und auf der Arbeit von Experimentatoren des 19. Jahrhunderts. „So seltsam es auch klingen mag", schrieb Artur Fürst, „der neue Kompaß ist entstanden, indem ein Spielzeug, der Kreisel, in Beziehung zu einem kosmischen Vorgang, der Erddrehung, gebracht wurde."[258] Ein Kreisel, den ein Kind (dieses Spielzeug war schon der Antike bekannt) durch Abziehen einer Schnur in Drehung versetzt hat, läuft eine Zeitlang auf seiner Spitze stehend, selbst wenn seine Achse schräg steht. Das funktioniert nach dem bereits von Newton entdeckten Gesetz, daß ein Körper nicht nur seine Geschwindigkeit, sondern auch seine Bewegungsrichtung im Raum solange beibehält, wie er unter dem Einfluß der auf ihn wirkenden Kräfte steht. Die Schwerkraft vermag den Kreisel nicht umzuwerfen, solange die Drehkraft über einem bestimmten Wert bleibt. Die Auswirkungen dieses Gesetzes zeigen sich auch bei einem Diskus, der als geworfener und sich drehender Körper Abweichungen von der ballistischen Kurve zeigt, da die Drehachse ihre Richtung

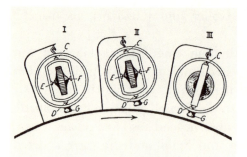
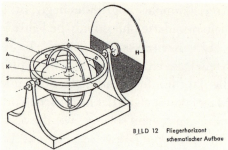

Präzession eines Kreisels auf dem Äquator   Künstlicher Horizont mit kardanischer Aufhängung

im Raum beibehält, wodurch ein weitertragender Auftrieb erzeugt wird. Eine geringe Kreiselwirkung tritt ebenso in der Bewegung des Fahrrades auf.

Mit diesen Rotationseffekten sind aber die Möglichkeiten des Kreisels bei weitem nicht erschöpft. Mit einer relativ einfachen Versuchsanordnung[259] läßt sich ein anderer Effekt veranschaulichen, nämlich seine Präzessionsbewegung, und damit eine der entscheidenden Voraussetzungen für die Funktionsfähigkeit des Kreiselkompasses. Dabei ist ein scheibenförmiger Kreisel um die waagerechte Achse drehbar in einem Rahmen aufgehängt. Dieser Rahmen hängt seinerseits, um seine senkrechte Achse drehbar, in einem zweiten Rahmen, der wiederum mit einem Haken in einer Öse hängt. Die Gesamtanordnung ist also ein Pendel. Wenn man nun dieses Pendel mit dem sich drehenden Kreisel von Hand nach links verschiebt, wird die Drehachse des Kreisels aus ihrer ursprünglichen Lage hinausbewegt. Der Kreisel kann nicht in diese Richtung zurück. Jetzt aber dreht sich der innere Rahmen soweit, bis er im rechten Winkel zu seiner ursprünglichen Lage steht. Der rotierende Kreisel bleibt in der so erreichten Stellung. Das ist die Präzession: aus ihrer Lage herausgezwungen, weicht die Drehachse des Kreisels in eine Richtung aus, die um 90 Grad gegen die der Verlagerung versetzt ist. Elmer Sperry, einer der wichtigsten großindustriellen Entwickler und Produzenten von Kreiselgeräten, nannte diesen Vorgang „die Bewegung der Kraft um die Ecke".[260]

Nun macht das noch keinen Kompaß. Wenn man aber das Pendel nicht von Hand verschiebt, sondern die Erddrehung als Kraft benutzt, welche die Drehachse des Kreisels richtet, dann tritt ein neuer Effekt auf: Ein Kreisel, der so über dem Äquator aufgehängt wäre, reagierte auf die Erdbewegung. Die Kreiselachse richtete sich auf die Drehachse der Erde, auf einen Meridian, und das könnte zur Richtungsbestimmung genutzt werden.

Als Urheber der Idee des Kreiselkompasses gilt der französische Physiker Léon Foucault.[261] Ihm war 1851 der mechanische Nachweis der Erdrotation gelungen, als er ein 62 m langes Pendel von der Kuppel des Pariser Pantheons herabhängen ließ; die Drehung der Schwingungsebene des Pendels war durch die Erdrotation verursacht. Ein Jahr darauf hatte er die Französische Akademie der Wissenschaften davon unterrichtet, daß man die Rotation der Erde auch mit symmetrischen Kreiseln beweisen könne. Den dazu notwendigen Apparat nannte er Gyroskop: ein kardanisch aufgehängtes Kreiselrad, das durch Abziehen einer Schnur in Bewegung versetzt wurde. So aufgehängt, behielt der Kreisel die Richtung seiner Drehachse, auch wenn das Gyroskop bewegt wurde. Der Gedanke Foucaults war, daß die Kreiselachse immer auf den Fixstern zeigen müßte, auf den sie bei Versuchsbeginn eingestellt war – sie müßte also der durch die Erdbewegung vorgetäuschten Bewegung des Sterns folgen. Die Drehzahlen aber waren klein und nahmen beim Auslaufen des Kreisels ab; es war unmöglich, die Bewegung der Kreiselachse zu beobachten und so einen Rückschluß auf die Erdrotation zu ziehen. Eine Variante gab später die Anregung zur Entwicklung des Kreiselkompasses. Hier war der innere Kardanring rechtwinklig zum äußeren festgeklemmt. Wenn sich die Horizontalebene auf einem fahrenden Schiff festlegen ließe, dann würde, so Foucaults Rechnung, die Kreiselachse Bewegungen um die Nord-Süd-Richtung ausführen und sich danach in den Meridian einstellen. Doch auch hier verhinderten technische Probleme den Nachweis.

Die besonderen Eigenschaften bewegter Kreisel ließen sie zum Gegenstand vielfältiger Phantasien werden. Bei Hans Christian Andersen spricht ein Spielzeugkreisel zu einem Ball: „Wollen wir ...nicht Brautleute sein? Wir passen so gut zueinander, Sie springen und ich tanze!" Die Magie der antigraven Bewegungsenergie blieb auch dem Pysiker John Perry nicht verborgen: „Ein eigentümliches Gefühl überkommt uns, wenn wir zum erstenmal erkennen, daß alle sich drehenden Körper, wie z. B. die Schwungräder der Dampfmaschinen, sich (d. h. ihre Achsen) stets dem Polarstern (der in Richtung der Erdachse liegt) zuwenden wollen; solange sie in Bewegung sind, drücken sie leise, aber vergeblich gegen ihre Lager, um sich dem Gegenstand ihrer Verehrung zuzuwenden." Und bei Michel Tournier beginnt eine Pappschachtel, in die ein Foucaultsches Gyroskop verpackt ist, dessen Kreisel rotiert, auf einem Tisch zu rumoren: „Ein kosmisches Spielzeug" murmelt der Besitzer, „das naturgetreue Abbild der Erdbewegung im kleinen ...mein Absolutum in Taschenausgabe."[262]

Die praktische Umsetzung der längst erkannten Möglichkeiten gelang, nach zahllosen Versuchen, erst Anschütz-Kaempfe. Bei seinem Kreiselkompaß[263] ist ein kardanisch aufgehängter Kessel bis zu einer bestimmten Höhe mit Quecksilber gefüllt. Darin liegt ein ringförmiger Hohlkörper, der um die senkrechte Mittelachse frei drehbare Schwimmer. Fest mit diesem Schwimmer verbunden ist eine Kapsel, in der sich der Kreisel selbst befindet. Um seine Richtkraft überhaupt nutzen zu können, ist das Erreichen sehr hoher Umlaufzahlen notwendig. Voraussetzung dafür ist ein Elektroantrieb, der um die 20.000 Umdrehungen pro Minute erzeugen kann. Wenn der Kreisel sie erreicht

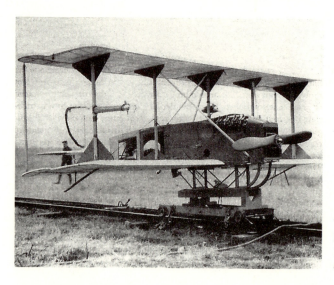

Von Elmer Sperry entwickelter Lufttorpedo, kreiselstabilisiert, 1917–18. Vorläufer der V 1 und der Cruise Missiles

hat, vergeht noch einige Zeit, bis er sich in den Meridian einstellt und der Kurs abgelesen werden kann.

Das war der Anfang; in den folgenden Jahren entstanden weitere Kreiselgeräte, die speziell für die Luftfahrt entwickelt wurden. Unter schlechten Witterungsverhältnissen oder bei Nacht ist die Horizontlinie nur schwer oder gar nicht auszumachen. Die traditionellen Instrumente, Lot und Libelle, versagen beim Kurvenflug, da sie sich in die Richtung des Scheinlotes einstellen, d. h. in die Resultante aus Schwere- und Zentrifugalbeschleunigung. Damit entfällt eine elementare Bedingung der Orientierung über die Lage im Raum. Ein Substitut der fehlenden Horizontsicht mußte geschaffen werden. Der Künstliche Horizont wurde entwickelt. Die Firmen Anschütz (ab 1916) und Sperry lieferten die ersten Apparate. Der Künstliche Horizont ist ein Kreiselgerät[264], das die Neigung des Flugzeuges zur Horizontalen anzeigt. Der Kreisel behält aufgrund der kardanischen Aufhängung seine Richtung im Raum bei, unabhängig davon, um welche Achse sich das Flugzeug bewegt. Das Gerätegehäuse dagegen macht alle Flugzeugbewegungen mit. Diese Differenz der jeweiligen Stellung von Kreisel und Gehäuse ermöglicht die Anzeige der Lage. Wenig später wurde auch der Wendezeiger entwickelt, ein weiteres Kreiselgerät, das die Drehung des Flugzeuges um die Hochachse anzeigt und so den Übergang in die Kurve, den der irritable Gleichgewichtssinn nicht immer registrieren würde. Als um 1930 all die Kreiselgeräte zur Standardausrüstung der Flugzeuge gehörten, inklusive der kreiselgestützten Autopiloten, mußten die Piloten lernen, was eine fundamentale Umstellung bedeutete, das eigene Gefühl zu unterdrücken und sich auf die Instrumente zu verlassen. Unabhängig von jedem Fixpunkt und von störenden magnetischen und sensorischen Einflüssen erlaubt die Rotation der allseitig beweglich aufgehängten Kreisel die präzise Orientierung im freien Raum.

Das Kugelgelenk

Die Eigenschaft der Form- und Bewegungskontinuität leitet das Erkenntnisinteresse vieler Künstler der dreißiger Jahre. Mechanik, Physik und Mathematik werden als Ideenspeicher genutzt, sphärische Formen, Drehmechanismen und ganz allgemein Rotationsvorgänge den eigenen Bedürfnissen anverwandelt. So benötigte Hans Bellmer für die Konstruktion seiner Puppen, die dazu gedacht waren, allen nur denkbaren Impulsen der Phantasie zu gehorchen, ein technisches Mittel, um ihre vollständige jederzeitige Verwandlungsfähigkeit sicherzustellen. Den Bau der künstlichen Mädchen begann er im Herbst 1933; im Dezember 1937 war die zweite Konstruktionsserie, technisch komplizierter als die erste, abgeschlossen. Sie wurde unter dem Titel „Die Spiele der Puppe" erst 1949 publiziert: handkolorierte Photographien mit Prosagedichten von Paul Eluard sowie Texten und Zeichnungen von Bellmer. Das Vorwort schrieb er bereits 1938, es trägt den Titel „Das Kugelgelenk".[265]

Bellmer beginnt also mit einer Untersuchung des mechanischen Faktors der Beweglichkeit. Von einer technischen Frage her entwickelt er seine Theorie der Puppe, des „Poesie-Erregers". Merkmal der zweiten Serie ist nicht mehr das Skelett, sondern ein Gelenk aus einem zentralen Kugelkopf in der Körpermitte, auf dem die Glieder mit Hohlkugelschalen angesetzt sind. Dessen Bedeutung erschließt er zunächst über eine Analyse verschiedener Gelenkkonstruktionen. Erstes Beispiel ist die kardanische Aufhängung, zugleich aber auch die Disposition ihres Erfinders: „Cardano erklärt in seiner Lebensbeschreibung, welchen Angriffen auf sein inneres Gleichgewicht er zu begegnen hatte, und man glaubt, das Bild seiner eigenen menschlichen Strategie in der ‚cardanischen Aufhängung' wiederzuerkennen, in jener ‚Anordnung kreuzweise drehbarer Ringe, in deren Zentrum ein Körper so aufgehängt werden kann, daß kein Schwanken der Umgebung seine stabile Gleichgewichtslage stört'." Die Geschichte der Mechanik wird als Psychogeschichte gelesen.

Hans Bellmer, technische Darstellung kardanischer Aufhängungen, aus: Die Puppe

Bellmer weist darauf hin, daß Cardanos Arbeiten in der Renaissance entstanden sind und damit in einer Zeit des Übergangs vom geozentrischen zu einem heliozentrischen Weltbild. Das Verhältnis von Zentrizität und Exzentrizität ist fortan labil, es muß immer neu bestimmt werden. Für die Gegenwart erinnert er an die „Rotoreliefs" von Duchamp, die beide Tendenzen in eigenartige Beziehung setzen, indem auf eine Scheibe mit dem Zentrum A exzentrische Kreise gezeichnet sind, die sich um das Zentrum B anordnen. Rotiert diese Scheibe um A, so entsteht eine Trugwahrnehmung, in der die reale konzentrische und die scheinbar exzentrische Bewegung sich, so Bellmer, zu einem optischen Wunder verbinden: „Wie Puddingteig oder wogender Busen, steigt die Oberfläche der Kreise hoch, sackt zusammen und bläht sich periodisch wieder auf."

Darum geht es ihm auch: Gelenke, Übergänge zu erfinden, mit den Mitteln der Mechanik ein Kontinuum herzustellen, in dem das Stabile und das Labile, das Reale und das Virtuelle unauflöslich amalgamiert sind. Deswegen der Rekurs auf die Geschichte der Mechanik, auf die kardanische Aufhängung und das Kardangelenk: sie sind Garanten zunächst technischer, dann aber imaginativer Bewegungsfreiheit. Schließlich erwähnt er noch den Kreisel und „unzulässige Neigungen seiner Drehachse"; das widerspricht zwar der Schwerkraft, läßt aber den „transzendenten Ton seiner Ironie" erkennen, die gerade so das virtuelle Bild eines ergänzenden Gegengewichtes heraufbeschwört, das abwesend bleibt.

Als illustrative Beigabe tauchen Kreisel in mehreren von Bellmers Arbeiten auf; drei Werke, zwei Gemälde und ein Aquarell, die zurückgehen auf ein Skulpturenprojekt aus der Mitte der dreißiger Jahre und vermutlich anfangs der fünfziger Jahre ausgeführt wurden[266], tragen direkt den Titel „Der Kreisel". Auf einem dieser Gemälde, das sich im Besitz der Tate Gallery befindet, setzt eine kapriziös skelettierte Hand einen Kreisel in Bewegung. Diese Hand ist Teil eines offensichtlich weiblichen Körpers, der seinerseits in so starke Torsionsbewegung versetzt ist, daß unter dem Einfluß der Zentrifugalkraft die Körperformen zerfließen.

Daß Verformungen mit äußerster Gewalt verbunden sein können, belegt die „unverblaßte Erinnerung" Bellmers an eine Photographie: Ein Mann hatte sein Opfer mit Eisendraht umschnürt und „aufgequollene Fleischpolster, unregelmäßige sphärische Dreiecke hervorgebracht, lange Falten und unreine Lippen eingeschnitten, hatte nie gesehene Brüste vervielfacht, an unsagbaren Stellen."[267] Auf dieses Erinnerungsbild verweist Bellmers Photoserie von Unica Zürn: der nackte Körper ist mit Bindfäden verschnürt, die grausige Vorlage wurde zur Anregung eines erotisch-skulpturalen Experiments und scheint ihren Niederschlag auch in einer Reihe von Zeichnungen gefunden zu haben.

Das Generieren neuer Körperformen geschieht auf jede nur denkbare Weise. Ein Spiegel etwa, senkrecht auf das Bild eines Körpers gestellt und dann langsam

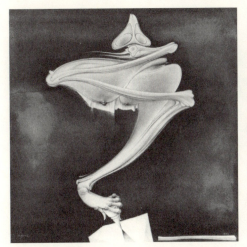 

Hans Bellmer, The Top (Der Kreisel), um 1951

Hans Bellmer, kolorierte Photographie, aus: Die Puppe (Zweite Konstruktionsserie)

gedreht oder verschoben, läßt neue Bilder entstehen. Der jeweils noch sichtbare Ausschnitt der Vorlage bildet mit seinem Spiegelbild ein Ganzes, neuartige organische Formen wachsen, die bei weiterer Spiegelbewegung in andere überzufließen scheinen. Ergebnis ist, daß „dieses Wuchern positiven oder negativen Formwerdens das Auge an die ununterbrochene Ausdeutung der Erscheinung fesselt, und die Frage nach Realität, Virtualität und Identität ihrer Hälften ganz am Rand des Bewußtseins verblaßt." Bellmer spricht von dem „faszinierenden der ununterbrochenen Verwandlung". Was in einem Anagramm mit den Elementen der Sprache geschieht, unternimmt er mit dem Bild des weiblichen Körpers – der wird einem unendlichen kombinatorischen Prozeß unterzogen, um sich über die „Anatomie des Begehrens"[268] klarwerden zu können.

In der zweiten Puppenserie, die eine zentrale Position in Bellmers Werk einnimmt, haben die Permutationen und Metamorphosen ihren mechanischen Ausgangspunkt im Kugelgelenk. Kugelkopf ist die Bauchkugel, darangesetzt und beliebig drehbar sind die Hohlkugelschalen der Glieder. Hier hat Bellmer das ideale Mittel, das Körperbild in jeder Weise umzuformen. Mit diesem mittigen Gelenk verschwindet die gerichtete Achse; er muß nur zwei gleiche Formen ansetzen, um die Vorstellung von oben und unten, von Kopf und Fuß hinfällig zu machen. Die zwei beckenähnlichen Formen, die er in den meisten Varianten der Puppe an die Bauchkugel ansetzt, sind ihrerseits selbst Kippfiguren; je nach Zusammenhang und Drehrichtung invertieren sie zwischen den Bedeutungen ‚Becken und Schenkel' oder ‚Brust und Schulter'. Die fünfzehn Photographien, die schließlich als „Spiele der Puppe" veröffentlicht

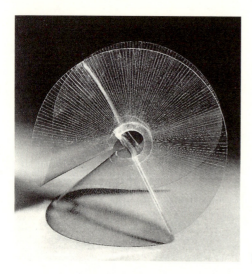

Naum Gabo, Sphärisches Thema, 1937

wurden, enthalten Mischwesen jeder Art, androgyne Körper, prall schwellende Torsi oder kopflose Figuren aus Beinpaaren, nackt oder teilweise bekleidet, kalkig wirkend oder obszön fleischlich schimmernd, durch Szenerie, Beleuchtung und Blickwinkel noch einmal differenziert: das Kugelgelenk im Dienst eines unerschöpflichen Mechanismus projektiver Verwandlungen, der Puppe, „die nur von dem lebte, was man in sie hineindachte".[269]

Bellmer ist das Kugelgelenk das Mittel, fließende Übergänge, die Kontinuität der Verwandlung sicherzustellen. Calder leitete die unerschöpflichen Kombinationsmöglichkeiten, das komplexe Spiel relativer Bewegungen in seinen Plastiken, von der Himmelsmechanik ab, von der „Vorstellung losgelöster Körper, die durch den Raum gleiten."[270] Im Bereich statischer Plastik werden die kompliziert gekrümmten Oberflächen mathematischer Modelle zur Anregung, Begrenzungen, Diskontinuitäten zu überwinden. Max Ernst und Henry Moore entdeckten diese Modelle, deren große Zeit in der zweiten Hälfte des 19. Jahrhunderts lag. Einige Popularität erreichten sie durch die Photographien, die Man Ray 1937 in den Cahiers d'Art veröffentlichte. Naum Gabo reagierte mit einer ganzen Reihe von Arbeiten; „Sphärisches Thema", 1937 in mehreren Variationen ausgeführt, zeigt am deutlichsten die Konsequenzen: „Ich fühlte", schreibt er, „daß der visuelle Charakter des Raumes nicht rechtwinklig ist, daß dieser vielmehr, wenn man die Raumvorstellung plastisch zum Ausdruck bringen will, sphärisch sein müsse ...Ich betrachte gerade dieses Werk als eine befriedigende Lösung des Problems. Anstelle einer Andeutung des Raumes durch eine rechtwinklige Überschneidung von Flächen schließe ich den Raum in eine kurvige, fortlaufende Fläche ein."[271] Die mathematischen Modelle korrespon-

Sphärische Kontinuen 147

Max Ernst, Junger Mann, beunruhigt durch den Flug einer nichteuklidischen Fliege, 1942

dierten unmittelbar mit seiner plastischen Problemstellung; sie führten ihn zur Realisierung sphärischer Kontinuitäten.

Max Ernst malte 1942 ein Bild mit dem Titel „Junger Mann, beunruhigt durch den Flug einer nichteuklidischen Fliege". Zwei Ordnungen prallen aufeinander: ein fester Körper und frei ausschwingende Bewegungsbahnen. Der Kopf ist gemalt; zur Aufzeichnung der kontinuierlich kreisenden Bewegung aber bediente er sich einer neu erfundenen Technik. Die Gebrauchsanleitung findet sich in seiner Autobiographie: „Bindet eine leere Konservendose an eine Schnur von ein oder zwei Meter Länge, bohrt ein kleines Loch in den Boden, füllt die Dose mit flüssiger Farbe. Laßt die Dose am Ende der Schnur über eine flachliegende Leinwand hin- und herschwingen, leitet die Dose durch Bewegungen der Hände, Arme, der Schulter und des ganzen Körpers. Auf diese Weise tröpfeln überraschende Linien auf die Leinwand. Das Spiel der Gedankenverbindungen kann dann beginnen."272

Nur zwei Jahre später, 1944, fand Sidney Janis für diese Technik den Namen „Oszillation". Wesentlich ist, daß die Schwingungs- und Pendelbewegungen sich dem Vorsatz, der direkten Kontrolle entziehen, welcher ein Pinsel auf der Leinwand unterliegt. Zwischen der Innervation, die der Künstler der Dose gibt, und dem Aufprall der Tropfen auf der Leinwand liegt ein kleines Zeitmoment. Gesteuert wird der Farbauftrag, nachdem die Dose den Bewegungsimpuls erhalten hat, nicht mehr durch den Künstler selbst, sondern durch das Wirken physikalischer Kräfte, durch das Zusammenspiel der Schwer- und Zentrifugalkraft. Die Bewegungsbahn ist also einerseits ein Produkt des Zufalls und gleichzeitig so exakt gesteuert wie die eines Foucaultschen Pendels. Anders als später Pollock, der dieselbe Technik zu eigenen Zwecken benutzte, geht es Max Ernst aber nicht um psychische Improvisation, sondern genau umgekehrt um ein gleichsam objektives Verfahren, die Aufzeichnung des freien Spiels sich überlagernder Farbbahnen. Wie bei Bellmer das Kugelgelenk die Voraussetzung kontinuierlicher Verwandlung ist, so ist es hier eine Technik der Erzeugung kontinuierlich kreisender Bewegung, die das „Spiel der Gedankenverbindungen" in Gang setzt.

Pavillon de l'Air

Robert Delaunay malte 1936/37 die Gouache „Luftschraube und Rhythmus", gleichsam eine Synthese verschiedener Phasen seines Werkes. Nicht nur hatte er seit der „Hommage à Blériot" das Motiv der Luftschraube immer wieder aufgegriffen, sondern auch an Farbscheiben – Kreissegmenten in rhythmisierter Anordnung – systematisch Simultankontraste, räumliche Wirkungen und

Robert Delaunay, Luftschraube und Rhythmus, Gouache, Entwurf für den Pavillon der Luftfahrt auf der Pariser Weltausstellung 1937

Rotationseffekte untersucht. „Luftschraube und Rhythmus" entstand aus einem konkreten Anlaß: das Bild veranschaulicht Delaunays Vorstellungen von der Gestaltung des Pavillon de l'Air auf der Pariser Weltausstellung von 1937.[273] In Zusammenarbeit mit Architekten schuf er einen großflächig verglasten Raum mit der Außenform einer umgedrehten Luftschiffgondel. Innen war ein Flugzeug aufgehängt, umgeben von Kreisbahnen in verschiedenen Raumebenen und einem begehbaren Steg. Arbeiten des Künstler-Ehepaars Sonja und Robert Delaunay hingen an den Wänden. Der gesamte Raum, dessen Wirkung Le Corbusier begeisterte, realisiert Delaunays Utopie einer Synthese aus Malerei, Architektur und Technik; er suggeriert unbegrenzte Bewegung.

Die Kreisbahnen verweisen einerseits auf kosmische Bewegungen, auf die Bahnen der Planeten im Sonnensystem. Andererseits aber bildet die Anordnung der beiden Kreisbahnen innerhalb des umlaufenden Steges auch das System der kardanischen Aufhängung ab. Der Steg vertritt den äußeren Metallring, in dem zwei weitere Ringe mit jeweils um 90 Grad gegeneinander versetzten Lagerzapfen drehbar ineinander gelagert sind – die Aufhängung auch des Kreiselkompasses. Delaunays Konzept allseitiger Bewegung im Raum läßt zielgerichtet-lineare Verläufe mit einem Anfang und einem Ende obsolet erscheinen; wichtig wird die Idee eines dynamischen Kontinuums. Mit den kreisenden Formen und ohne direkte Mimesis findet er ein formales Repertoire zur Repräsentation der Luftfahrt.

Robert Delaunay/Félix Aublet, Innendekoration des Pavillons der Luftfahrt, Paris 1937

Präsentation eines Henschel 123-Sturzkampfeinsitzers auf der Luftfahrt-Ausstellung Mailand 1937

Andere Inszenierungen und Architekturen der Zeit bedienen sich prinzipiell der gleichen Sprache. Das gilt schon für die Präsentation von Flugzeugen selbst. Auf den großen Luftfahrtausstellungen, die 1937 in Berlin und Mailand[274] stattfanden, werden die zumeist militärischen Maschinen vielfach, aufgeständert oder hängend, in einem dramatischen Flugzustand vorgeführt, in eindrucksvoller Kurvenlage oder auf die Erde niederstoßend. Die Firma Henschel zeigte in Mailand einen Sturzkampfeinsitzer auf einem fast halbkreisförmigen Ständer: Zeichen einer aggresssiven Flugbahn und weit entfernt von der Sphärenharmonie Delaunays, ohne aber daß die Darstellungsweisen grundverschieden wären.

Die gleiche Aufgabenstellung wie Delaunay hatte William Lescaze; für die New Yorker Weltausstellung von 1939/40 schuf er in Kooperation mit J. Gordon Carr das „Aviation Building".[275] Hinter einem flachen Eingangs- und Restauranttrakt erhob sich eine hangarähnliche Ausstellungshalle, überschnitten von einer Viertelkugel, in der sich das sogenannte Cyclorama befand. Hier war ein großes Transportflugzeug aufgehängt mit Blinklichtern und rotierenden Propellern, hinter das Wolken, Sonnenuntergänge oder Sterne projiziert werden konnten. Lescaze war wie Delaunay an einer Synthese von Architektur und Malerei interessiert und beauftragte zusätzlich Arshile Gorky, der schon 1935/36 für den Newark Airport Wandgemälde entworfen hatte[276], mit Fresken. Der Bau selbst ist eine etwas bizarre Collage dreier verschiedenartiger Volumen, eher eine hypertrophe Maschine als große Architektur. Kritiker verglichen ihn mit einem Luftschiff, daß in die Muschel eines Musikpavillons eingedrungen ist, und schrieben doch zugleich, daß es Lescaze gelungen sei, die Formensprache von Flugzeugen zu synthetisieren. Unter diesem Gesichtspunkt nimmt er die Intentionen Delaunays auf, arbeitet, strikt anti-orthogonal, mit Kurven und, bei der dominanten Halbkuppel, mit der Kreisform, mit Elementen also, die Bewegungsfreiheit verkörpern, bzw. für Lescaze „the idea of ...flight in space".

Auch der ehrgeizigste Großflughafen der Zeit ist, zumindest in Teilen, diesem formalen Vokabular verpflichtet. Nach Entwürfen von Ernst Sagebiel wurde 1936 mit dem Bau des Tempelhofer Flughafens in Berlin begonnen.[277] Der Bau ist ein merkwürdiger Zwitter aus NS-Monumentalität und formaler wie funktionaler Modernität. Die Zufahrt und die große Abfertigungshalle sind starr symmetrisch, rectilinear und bei aller Größe von beklemmender Raumqualität. Der weite Schwung der Anlage aber von der Flugfeldseite her ergibt ein anderes Bild: statt des mit Naturstein verkleideten Eisenbetongerippes von Front und Halle nun Stahl und Glas; ein technischer Bau in der Tradition kompromißloser Industriearchitektur. Für den abfliegenden Passagier also entkleidet sich der Bau zwischen Eintritt und Verlassen gleichsam seines Aufputzes.

Spezifisches Merkmal Tempelhofs ist die zum Flugfeld hin offene große Halle des Flugsteiges: die Passagiere konnten überdacht direkt zu den Maschinen

Sphärische Kontinuen

Ernst Sagebiel, Flughafen Berlin-Tempelhof, Modellphoto aus der „Bauwelt", 1938

Egon Eiermann, Design für die Ausstellung „Gebt mir vier Jahre Zeit", Berlin 1937

William Lescaze mit J. Gordon Carr, „Aviation Building" für die Weltausstellung New York 1939–40

gelangen. Diese Halle erstreckt sich freitragend und in einer diffizilen Konstruktion über eine Länge von annähernd 400 m bei 50 m Tiefe. Zu beiden Seiten schließen sich Hangars an. Halle und Hangars sind als ein Kontinuum aufgefaßt, als ein Baukörper, der sich, in einen Viertelkreis gebogen, über die enorme Länge von 1240 m erstreckt und Teile des Flugfeldes einfaßt. Über die gesamte Länge zieht sich die Reihe der Kragbinder, die das Dach tragen. Nach langen Entwurfsarbeiten wurde für diese Binder eine geschweißte Stahlkonstruktion gewählt. Sie sind, in 16,50 m Abstand angeordnet, als asymmetrische Dreigelenkbogen ausgebildet – zum Flugfeld hin weiter ausgreifend, zur Front hin kürzer. Dieser hintere Ast ist im Boden verankert und zusätzlich durch steinerne Bauteile beschwert. Wesentlich ist, daß die Binder nicht nur in den Hangars, sondern auch unter dem Dach des Flugsteiges, der eine lichte Höhe von 12 m hat, unverkleidet ihre technische Form zeigen.

Norman Foster, dessen Stansted-Airport von 1991 ein Muster an Funktionalität und Transparenz darstellt, nannte Tempelhof die „Mutter aller modernen Flughäfen". Sagebiel verteilte nämlich die Verkehrsströme auf verschiedene Ebenen, integrierte Abfertigungshalle, Flugsteig und Hangars und erreichte so vor allem, daß Tempelhof für den Passagier ein Flughafen mit großer Übersichtlichkeit und kurzen Wegen ist. Dennoch bleibt die Großform zweideutig. Der aus der Stadt kommende Passagier ist mit monumentalen Symmetrien konfrontiert, mit einem archaisierenden Neoklassizismus, der nichts von der Funktion erkennen läßt. Auch die stadtzugewandte Seite des Großkomplexes Flugsteig-Hangars ist mit massiven Treppenhausblocks besetzt, die den Zugang zum Dach als gigantischer Tribüne für 80.000 Menschen ermöglichen sollten. Diese Blocks, euphemisch 1938 von der „Bauwelt" als „starke architektonische Gliederung" bezeichnet, geben dem Anblick einen abweisend-wehrhaften Charakter; der Straßenpassant findet sich gegenüber der konvexen Form wie ungeschützt auf einem Glacis. Vom Flugsteig her gesehen aber, und mit Blick auf die Hangars invertiert das Konvexe, es wird konkav, zieht sich in freiem Schwung nach den Seiten, in dynamischer Korrespondenz mit der weiten Leere des Flugfeldes. Angesichts dieser Widersprüche mag man bei Tempelhof von einer Architektur gefesselter Bewegung sprechen. In seiner gebrochenen Monumentalität ist dieser Bau eine Formierungsmaschine[278] für Menschen und verweist doch zugleich auf die Idee eines planetarischen Kontinuums.

All diese Beispiele der mittleren und späten dreißiger Jahre mit ihren zirkulären Formen zeigen, trotz ihrer Differenz im Einzelnen, eine bemerkenswerte Homogenität in der Weise, die Raumerfahrung durch die Luftfahrt zu repräsentieren. Der gestalterische Code ist wohl von niemandem so konsequent über Jahrzehnte entwickelt worden wie von Robert Delaunay. Sein Grund-

Robert Delaunay, Rhythmen, 1938 (Entwurf)

gedanke ist zutiefst optimistisch, er glaubt an die Möglichkeit einer künstlerischen Synthese von Natur und technischer Innovation. Ein Jahr nach der Weltausstellung von 1937 schreibt er im Rückblick auf seine „Hommage à Blériot" von 1914: „Schaffung der konstruktiven Scheibe. Künstliches Sonnenfeuer. Tiefe und Leben der Sonne. Konstruktive Beweglichkeit des Sonnenspektrums. Aufblitzen, Feuer, Entwicklung der Flugzeuge. – Alles ist Rundung, Sonne, Erde, Horizonte, voll mit Leben, Intensität ...Der Motor im Bild, Sonnenkraft und Erdkraft."[279] Von diesem Bild aus führte der Weg nicht nur zum Pavillon de l'Air, sondern auch zu den späten Serien der „Endlosen Rhythmen" und „Formes Circulaires" – als Ausdruck der Zeit sei seiner Kunst das Element „der kreisförmigen Beweglichkeit"[280] zu eigen.

Und genau hier setzt Herbert Bayer unter den veränderten Bedingungen mitten im Krieg wieder an. Die Raumerfahrung im Zeitalter weltumspannender Luftfahrt und die neue Wissenschaft der Elektronik sind Gegenstand einiger graphischer und ausstellungsarchitektonischer Arbeiten der Jahre 1942/43.[281] Zur Repräsentation der modernen Wirklichkeit entwickelt Bayer einen eigenen visuellen Code, der sich nicht grundsätzlich von den anderen Konzepten der Zeit unterscheidet: alle verbindet das Interesse an Bewegungs- und Formkontinuität. Weitaus eindeutiger allerdings als vor ihm Delaunay setzt er sein prinzipiell verwandtes, dezidiert dynamisches gestalterisches Vokabular in Bezug zu technischer Innovation.

„Electronics – a new science for a new world" – so lautet der Titel einer Informationsbroschüre, die er 1942 für die General Electric Company entwarf, Beispiel einer PR-Strategie, mit der im Krieg die absehbare Konversion jetzt überwiegend militärisch genutzter Technologien vorbereitet wurde. Geschichte, Funktionsweisen und künftige Anwendungsgebiete elektronischer Geräte werden in einer Folge souverän konzipierter Doppelseiten vorgestellt. Dabei taucht naheliegenderweise ein Motiv häufiger auf, nämlich Elektronenbahnen, die, wie in den Modellen von Rutherford und Bohr, einen Atomkern umkreisen. Auffällig aber ist, wie weit Bayer dieses Motiv ausreizt – Elektronenbahnen umkreisen Menschen wie Planeten, er zeigt sie in Mikro- und Makrokosmos, sie werden zur allübergreifenden energetischen Chiffre schlechthin. Legte man Delaunays Gouache „Luftschraube und Rhythmus", Max Ernsts Bild „Junger Mann, beunruhigt durch den Flug einer nichteuklidischen Fliege" und diese Darstellungen Bayers übereinander, so ergäbe sich, trotz der Verschiedenheit der Sujets, eine frappierende Homogenität der leitenden Vorstellungen.

Gemälde Bayers aus dieser Zeit, freie künstlerische Arbeiten, tragen Titel wie „Interstellare Kommunikation" oder „Himmlische Räume"; Pfeile, die bei Paul Klee vieldeutig auf potentielle Wirkungszusammenhänge gedeutet hatten, zeigen jetzt die Richtung der Rotation von Himmelskörpern an, Kräftekonstellationen oder die beständige Durchdringung meteorologischer Phänomene in der Erdatmosphäre – Bilder allseitig wirkender Energien. Dieser Grundgedanke dynamischer Kontinuität kennzeichnet auch die Bayerschen Visualisierungen modernen Verkehrs, genauer die Auswahl der Brennpunkte, die er trifft. Für die Erstausgabe von Giedions „Space, Time and Architecture" entwarf er 1941 einen Umschlag, auf dem über einen Barockgarten die 1936 erbaute kreuzungsfreie Zufahrt der New Yorker Triborough Bridge montiert ist. Giedion selbst war sie ein Ausdruck seiner Raum-Zeit-Konzeption, nämlich ein charakteristisches Element der neuen Parkways, deren Organisation den „ununterbrochenen Verkehrsfluß"[282] garantiert. Ein solcher Flow prägt ebenso – 1942 in der Zeitschrift „Fortune" – Bayers Darstellung eines „Flughafens der Zukunft": Verkehrskontrolle mittels Radiowellen, die das gleichzeitige Ankommen und Abfliegen Dutzender von Flugzeugen ermöglichen würde. Zentrales Element ist ein kreisförmiger Warteraum als Verteiler für die anfliegenden Flugzeuge. Hier ist auch das Hauptgebäude des Flughafens, auf dem Bild kaum sichtbar, kreisförmig angelegt; der Plan zeigt eine hochintegrierte Kombination von Verkehrs- und Kommunikationstechnik.

Ein bedeutender Auftrag erreichte ihn 1943 vom Museum of Modern Art, nämlich die Gestaltung der Ausstellung „Airways to Peace". Generalthema war die Veränderung des Weltbildes durch das Flugzeug. Form und Inhalt der Ausstellung standen in enger Beziehung. Bayer bemalte feste Wände, die von

Sphärische Kontinuen 155

Herbert Bayer, Symbolische Darstellung aus der Broschüre „Electronics", 1942

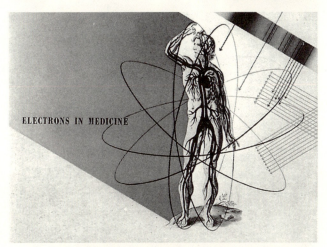

Herbert Bayer, Electrons in medicine, aus der Broschüre „Electronics", 1942

Enrico Prampolini, Sala dell'Elettronica, Ausstellungsdesign 1940

 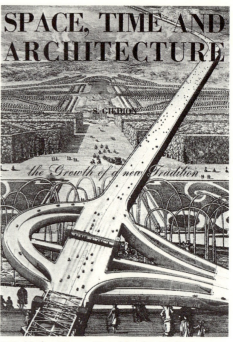

Herbert Bayer, Hohlglobus aus der Ausstellung „Airways to Peace", 1943

138. Herbert Bayer, Umschlag für: Sigfried Giedion, Space, Time and Architecture, 1941

flugzeugtechnischen oder kartographischen Darstellungen freigeblieben waren, mit Höhenlinien; im übrigen nutzte er verspannte Seile als Raumteiler, Hinweis auf ein Raumbewußtsein, das Separationen nicht mehr kennt. Eines der zentralen Objekte war ein großer und betretbarer Hohlglobus, bei dem die Erdoberfläche statt außen innen aufgetragen war. Diese Inversion erweitert das Gesichtsfeld, es wurde möglich, auf der nun konkaven Fläche größere Partien mit einem Blick zu erfassen. Die gleiche Intention, nämlich durch visuelle Hilfen das Verständnis für Zusammenhänge zu erweitern, liegt der Rampe zugrunde, von der die Besucher auf Luftaufnahmen herabsehen konnten. Diese Art von Display hatte Bayer zuerst auf der Pariser Werkbundausstellung von 1930 verwendet und 1935 sogar als 360 Grad-Version gezeichnet, als Rampe, auf der die Besucher allseitig von Bildern umgeben gewesen wären; aber auch die vereinfachte Version in „Airways to Peace" bringt die Absicht noch zum Ausdruck. Die Inszenierung dieser Ausstellung, ihre raumintegrierende Gestalt, und ebenso, noch mitten im Krieg, die optimistische Vorführung einer zukünftigen Geographie globaler Bezüge – das zeigt, was Bayer im Flugzeug sieht: nämlich einen wirkungsvollen Katalysator für das Entstehen einer Zivilisation, die vom Gedanken universeller Interaktion geprägt ist.

Sphärische Kontinuen 157

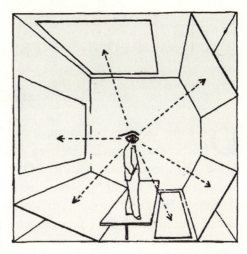

Herbert Bayer, Graphische Darstellung des
erweiterten Gesichtsfeldes, 1935

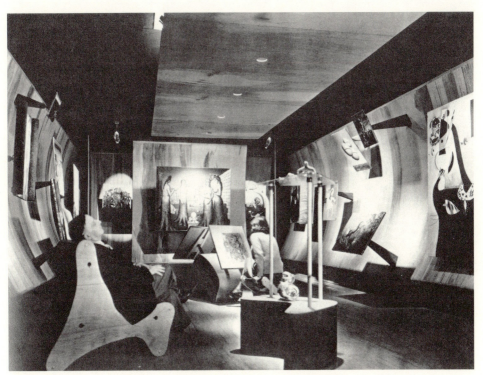

Frederick Kiesler, Art of This Century Gallery, New York, 1942. Photo: Berenice Abbott

V. PILOTEN, PHILOBATEN.
DIE AUFLÖSUNG FESTER BEZUGSSYSTEME

1. Modifikation des Körperschemas

Das Körperschema bestimmt das Verhältnis des Menschen zum Raum. Wie Körper und Raum interagieren, machte Oskar Schlemmer 1925 am Beispiel seines Tänzermenschen deutlich. Der kubische Raum[283], der Raum zentralperspektivischer Ordnung, ist bestimmt von dem „unsichtbaren Liniennetz der planimetrischen und stereometrischen Beziehungen". Dieser Ordnung entgegengesetzt sind die Funktionen des „organischen Menschen, ...Herzschlag, Blutlauf,

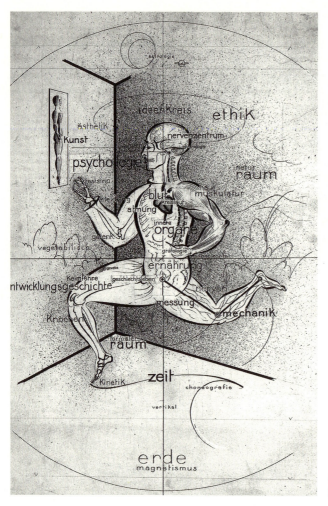

Oskar Schlemmer, Der Mensch im Ideenkreis, Zeichnung, 1928

Atmung, Hirn- und Nerventätigkeit". Seine Bewegungen schaffen einen zweiten, imaginären Raum, der nicht als geometrisches Gerüst ausgebildet ist, sondern aus Kurven, Rhythmen, An- und Entspannungen entsteht. Der Tänzermensch ist eine Schnittstelle: in die Statik des kubischen Raumes schreibt er die Gesetze freier Bewegung ein.

Schlemmers Theorie vom Tänzermenschen ist eine der prägnantesten Formulierungen für die Auflösung eines stabilen Zueinanders von Mensch und Raum. Von der klassischen Moderne werden „die konstanten Topoi des menschlichen Körperschemas wie das Gefühl für die Mitte und die sagittale Längsachse des Leibes, die Positionen von Kopf (oben) und Fuß (unten), die Tastgrenze der Glieder (die haptische Peripherie rechts und links), die Bevorzugung der Aktivzone (vorne) gegenüber dem Rücken (hinten) und dergleichen Grunderfahrungen"[284] emphatisch in Frage gestellt. Die Voraussetzung für den vielfach sichtbar werdenden Willen, erweiterte, unabgeschlossene Körperschemata künstlerisch zu generieren, ist die Erfahrung zivilisatorischer Beweglichkeit, die Beobachtung des Einflusses wechselnder Bewegungszustände auf das Raumgefühl.

Man darf wohl vermuten, daß diese Erfahrung auch der Anstoß war, das Phänomen des Körperschemas, also der „Vorstellung vom Leib als Koordinationssystem aller Raumerfahrung"[285], überhaupt zu definieren. Das alte Problem des „Körper-Seins und Körper-Habens" wurde aus seinem philosophischen Kontext gelöst[286]; in den Mittelpunkt psychologischer und medizinischer Forschung traten empirische Untersuchungen zum Körperbewußtsein, zur Körperwahrnehmung und zur Körper-Umwelt-Interaktion. Der Begriff des „Körperschemas" wurde 1908 eingeführt; Pick betonte die Bedeutung des optischen Vorstellungsbildes für das Bewußtsein unserer Körperlichkeit. Für den Hintergrund seiner Forschungen ist aufschlußreich, daß eine seiner wichtigen Studien, nämlich der Aufsatz zur „Pathologie des Bewußtseins vom eigenen Körper", 1915 als „Beitrag aus der Kriegsmedizin" veröffentlicht wurde.

Grundlegende experimentelle Untersuchungen und eine bis in die Gegenwart anregende Theorie stammen von Head und Holmes: sie formulierten 1911 das Konzept des „postural scheme", entwarfen, mit besonderer Berücksichtigung der Bedeutung für die Haltung und Orientierung im Raum, ein Modell und den Bezugsrahmen normaler Körperwahrnehmung. Die Muster sensibler und kinästhetischer Repräsentationen nannten sie „Schemata" – dynamische Funktionsprinzipien, die sich, entsprechend dem dauernd sich ändernden sensorischen Input, laufend neu organisieren. Systematische Untersuchungen über Körperschema-Phänomene wurden dann insbesondere in den zwanziger Jahren von der Wiener Schule (Schilder, Pötzl) angestellt; das Problem der Lokalisierung einzelner Funktionen aber blieb angesichts des komplexen Charakters der Körpererfahrung ungelöst.

Die allgemeine Schwierigkeit bei der näheren Bestimmung des Körperschemas liegt darin, daß wir die Informationen über unseren Körper, also über die Stellung der Glieder, die Spannungsverteilung in der Muskulatur und die Lage im Raum, nicht nur oder gar nicht von Organen erhalten, die im klassischen System der fünf Sinne vertreten sind. In Frage kämen hier nicht das Schmecken, Riechen und kaum das Hören, sondern wesentlich nur der Tast- und Sehsinn. Über diese Sinne hinaus aber muß man einen Stellungs-, Kraft- und Lagesinn mit berücksichtigen. Das sind „die Stellungsrezeptoren in und an den Gelenken und Wirbeln (Ruffinische Nervenendigungen, Golgische Sehnenspindeln, Vater-Pacinische Körperchen), die Spannungsrezeptoren in den Sehnen und die Muskelspindeln sowie der Vestibularapparat."[287] So erst hat man die aufbauenden Faktoren des Körperschemas benannt.

Hier aber stellt sich das Problem[288], wie wir die Informationen über die räumliche Ordnung der Körperwahrnehmungen erhalten und verarbeiten. Denn auch wenn wir die räumliche Gestalt unseres Körpers nicht betrachten oder betasten, ist sie uns dennoch vertraut, bleibt jedoch unter normalen Bedingungen vage und peripher. Erst gerichtete Aufmerksamkeit oder Zustandsänderungen machen uns den Körper oder Teile davon bewußt. Merleau-Ponty hat dieses eigenartige Schwanken sehr schön veranschaulicht: „Wenn ich vor meinem Schreibtisch stehe und mich mit beiden Händen darauf stütze, konzentriert sich alles auf meine Hände, während mein ganzer Körper wie der Schweif eines Kometen zurückbleibt. Ich weiß zwar, wo sich meine Schultern und Hüften befinden, aber dieses Wissen ist von der Stellung meiner Hände abgeleitet, und meine ganze Haltung ist gewissermaßen aus den auf dem Schreibtisch aufgestützten Händen abzulesen."[289]

Aufrechte Haltung[290], ob im Ruhe- oder Bewegungszustand, wird durch eine Hierarchie von Regulationen herbeigeführt, die veränderlich im Körperschema verankert sind. Ein von der Schwerkraft gesteuertes Bezugssystem ermöglicht die Einstellung auf die vertikale und horizontale Raumrichtung. Dabei wissen wir um das eigene Körpersystem und seine Hauptachsen Kopf-Fuß, rechts-links, vorne-hinten. Weiter arbeitet das Vestibularsystem, das die Richtung der Schwerkraft anzeigt und auf Beschleunigung und Verzögerung reagiert, mit dem haptischen System zusammen. Besonders Ortsveränderungen, ob von äußeren Kräften ausgelöst oder durch freien Entschluß, werden so von einer Fülle an Informationen begleitet. Für die Informationsverarbeitung bei Bewegung prägte Boring 1942 den Begriff der Kinästhesie.

Die Entwicklung der Orientierung am eigenen Körper ist untrennbar von der der Orientierung im Raum.[291] Charlotte Bühler beschrieb 1928 die Entfaltung der Raumschemata als ein Fortschreiten vom Mund-Raum als dem sogenannten Urraum zum Greif-Raum als Nahraum bis hin zum visuellen Raum als Fernraum.

Das impliziert, worauf Piaget entschieden hinwies, daß auch räumliche Relationen nicht objektiv determiniert sind, daß also die geläufige euklidische Raumvorstellung selbst das Produkt einer Entwicklung ist: erst nach einer Phase anthropomorpher Raumwahrnehmung werden gerade Linien erfahrbar, Maße und Koordinaten. Die zentrale Bedeutung der Körperwahrnehmung für die „Konstruktion der Realität" wird hier bestätigt.

In der gängigen psychologischen Literatur werden die zivilisatorischen Einflüsse auf die Ausbildung und Veränderung des Körperschemas nur gestreift. Zwar ist diese Literatur selbst im unmittelbaren zeitlichen Zusammenhang mit der Steigerung gesellschaftlicher Mobilität entstanden. Auch ist das Körperschema zwangsläufig mit diversen Mobilitätserfahrungen korreliert. Diese aber erscheinen zumeist als ahistorische Größen. Selten sind Hinweise wie der[292], daß der phänomenale Raum ständig verändernden Einflüssen unterliegt, daß seine Erschließung durch Kommunikations- und Verkehrsmittel auch eine Umstrukturierung des Raumgefühls zur Folge hat.

Nur beim Bezug auf die Körpergrenzen kommt die moderne Umwelt deutlicher ins Spiel. Die Erfahrung der Körpergrenzen geht über das rein Morphologische hinaus: sie sind weniger scharf und werden als weiter gefaßt erfahren. Gerade die Gestaltpsychologie hat das Problem der Offenheit und Geschlossenheit der Selbst-Grenzen thematisiert und sie zur Umgebung in Beziehung gesetzt. Kurt Lewin, der Mitte der dreißiger Jahre seine Feldtheorie formulierte, beschrieb die Persönlichkeit als Organisation von Interaktionssystemen; er operiert mit dem Gegensatz von Solidität und Permeabilität bzw. Fließgleichgewicht. Situationsabhängige Variationen können die personalen Grenzen beeinflussen.[293] Weniger abstrakt bedeutet das, daß nicht nur Kleidung, sondern auch Objekte, die in einem festen Funktionsverband mit dem Körper stehen, mit einbezogen sein können, wie etwa Werkzeuge und Fahrzeuge.[294] Wenn also in einer Untersuchung über einen Autofahrer gesagt wird, daß sein Selbstgefühl mit dem Fahrzeug „verwachsen" ist, dann gilt das ebenso für einen Piloten: insbesondere in der Ära vor dem Instrumentenflug, als die Maschinen noch „nach Gefühl" geflogen werden konnten, ist das Körperschema bis zu den Grenzen des Flugzeuges erweitert; die Reaktionen der Maschine werden gleichsam kinästhetisch erfühlt. Wie der Tänzer, an dem Rudolf Arnheim das kinästhetische Körperbild veranschaulicht[295], so ist auch der Pilot ein Repräsentant komplexer und spezifisch moderner Bewegungserfahrung, bei der die Variabilität des Körperschemas radikal ausgereizt wird.

2. Wahrnehmungs- und Reaktionsvorgänge im Flugzeug

Die Frage nach den Grundlagen der Lage- und Bewegungsorientierung beim Fliegen führt direkt auf das Problem der Orientierungs- und Sinnestäuschungen.

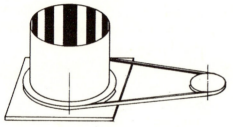

Die Machsche Trommel

Blick in einen Flugsimulator: Objekte, die den Piloten umkreisen, erzeugen in ihm die Täuschung einer Eigendrehung in entgegengesetzter Richtung

Schon seit den Forschungen des 19. Jahrhunderts, seit den Arbeiten von Helmholtz, Mach oder Hering, die erste Einsichten in die Mechanismen der Sinnesfunktionen brachten, war die Abhängigkeit der Wahrnehmungen von der Stabilität der Umwelt bekannt. Irritationen aber können auf der Erde im Regelfall ausgeglichen werden. Der Organismus schafft sich ein Bezugssystem, das ihm prinzipiell jederzeit seine Lage anzeigt. Dieses Bezugssystem, mit der Raumvorstellung des Individuums eng verknüpft, ist tief im Physiologischen verankert und auf die irdischen Verhältnisse zugeschnitten; beim Fliegen unterliegt es starken Störeinflüssen.[296] In den dreißiger Jahren, in dieser für die Geschichte der Luftfahrt entscheidenden Dekade, in der mit der DC-3 der Prototyp des modernen Flugzeuges entstand, Instrumentenflug und Druckkabinen eingeführt wurden, setzt auch eine systematische luftfahrtpsychologische und luftfahrtmedizinische Forschung ein.

Allgemein sind bei der Lage- und Bewegungsorientierung[297] das Auge und das Vestibularorgan von besonderer Bedeutung. Nachdem Menière 1861 das Vestibularorgan entdeckt hatte, erschien im darauffolgenden Jahrzehnt eine Reihe von Arbeiten, die zur Klärung der Funktionsweise beitrugen, zunächst 1873 und 1875 von Ernst Mach „Physikalische Versuche über den Gleichgewichtssinn des Menschen" und „Grundlinien der Lehre von den Bewegungsempfindungen", sowie ebenfalls 1875 von Josef Breuer, der später mit Freud zusammenarbeitete, die „Beiträge zur Lehre vom statischen Sinne". Von Breuer folgten bis zum Ende des Jahrhunderts noch weitere Arbeiten zum Thema. Bei der Lokalisation von Richtungen und Entfernungen spielt auch das Ohr eine Rolle; Wertheimer, von Kries und von Hornbostel untersuchten die Bedeutung der zeitlichen Verschiebung von Schwingungsverläufen für das Richtungshören.[298] Weiter werden die Sinne wirksam, die Strughold 1950 als Mechanorezeptoren bezeichnete: der Drucksinn vermittelt bei jeder mechanischen Deformierung der Haut Empfindungen der Be- oder Entlastung; der Muskelsinn vermittelt Belastungsänderungen in den tieferen Geweben – das dient der Bewegungsorientierung, während der Stellsinn der Lageorientierung dient, indem er die Gelenk- und Gliederstellung signalisiert.

Nun unterscheiden sich die Vorgänge bei der Lage- und Bewegungsorientierung auf der Erde insofern von denen beim Fliegen, „als in der Luft die Erhaltung des Gleichgewichts von einem anderen tragenden Medium abhängt, in dem sich der Mensch mit Hilfe des Flugzeuges bewegt. Die Änderung des Unterstützungsverhältnisses bedingt eine Veränderung der Sinnesmechanik und der Wahrnehmungsfunktionen derart, daß die Einwirkungen der Atmosphäre, die bei den Bewegungen am Boden praktisch keine Rolle spielen, den Bewegungsvorgang hauptsächlich bestimmen. Der Bewegungsvorgang ist notwendig für die Erhaltung des Gleichgewichtes und der Fluglage."[299]

Beim Starten und Landen sind insbesondere der Muskel- und der Drucksinn relevant, die in der dorsalen Oberschenkel- und Gesäßmuskulatur wirksam werden. Der Pilot spürt etwa, ob die Maschine schon abgehoben hat. Aber auch in anderen Flugzuständen[300] sind diese Sinne wichtig: schneller als die Reizung der Gravirezeptoren wird die Druckverlagerung in den Muskeln wahrgenommen, wenn die Maschine in eine Neigung geht. Der Rolle des Drucksinnes versuchte man auch dadurch Rechnung zu tragen, daß durch ein richtiges Vergurten des Piloten die Berührungsfläche zwischen Körper und Flugzeug erweitert wurde. Besonders in großen Flugzeugen, in denen der Pilot nicht mehr in direktem Kontakt mit den Reaktionen der Maschine steht, dachte man so die physische Verbindung zu verbessern. Drucksinnesnerven bieten einen Vorteil durch das Fehlen von Nachempfindungen; die Bedeutung von Muskel-, Druck- und Stellsinn liegt wesentlich in der taktilen Kontrolle der Steuerung. Seitdem aber Steuerbewegungen nicht mehr mechanisch oder hydraulisch übertragen werden, sondern durch elektrische, digitale Signale (Fly-by-wire)[301], ist diese Bedeutung beschränkt.

Deutlich zurückgegangen im Lauf der Luftfahrtgeschichte ist die Beachtung des Gehörsinnes.[302] Vor dem Stromlinienflugzeug, als die Maschinen noch Verspannungsdrähte aufwiesen, konnten die dort entstehenden Geräusche zur Feststellung von Geschwindigkeit und Geschwindigkeitsänderungen genutzt werden. In geschlossenen Kabinen ist auch die direkte Beobachtung des Triebwerkgeräusches eingeschränkt; die Kontrolle wird Sichtinstrumenten überantwortet. Indiz für die geringergewichtige Bedeutung des Hörens ist, daß seit den fünfziger Jahren die Prüfung des Richtungshörens kein Teil der Pilotenausbildung mehr ist.

Die Besonderheiten der visuellen Wahrnehmung beim Fliegen wurden schon früh beschrieben. Im Jahr 1926, also noch in der Anfangsphase zivilen Passagierverkehrs, erschien in der Zeitschrift „Luftfahrt" ein Artikel, der die optischen Täuschungen des Fluggastes zum Thema hatte.[303] Eine der dafür genannten Voraussetzungen ist, daß zwischen dem Flugzeug und einem gesehenen Objekt, anders als auf der Erde, jeder weitere Anhaltspunkt fehlt. Damit wird die Schätzung von Entfernungen schwierig. Ohne weitere Anhaltspunkte im Zwischenraum werden auch Bewegungen als langsamer denn in Wirklichkeit wahrgenommen, bis hin zum Gefühl des Stillstandes in größerer Höhe – und das trotz der, so der Berichterstatter, „enormen Geschwindigkeiten von 200 und mehr Kilometern pro Stunde." Schließlich erwähnt er noch (in den Folgejahren wird man das durch die Annahme der Kabine als Bezugssystem erklären) den „eigenartigen Nervenkitzel", der dann entsteht, wenn das Flugzeug eine Schräglage einnimmt und diese als Neigung der Erdoberfläche empfunden wird.

Hier sind einige der Phänomene angesprochen, die dann Gegenstand luftfahrtpsychologischer Forschung sind.[304] Bei Abwesenheit von Vergleichspunkten im Gesichtsfeld wird die Ausdehnung prägnanter Objekte aus größerer Flughöhe überschätzt, was bedeutet, daß sie beim Niedergehen plötzlich kleiner werden, während Nachbarobjekte an Ausdehnung zunehmen. Weiter ist die Lokalisation der Horizontlinie abhängig von der Flughöhe, nur in ca. 4.000 m erscheint sie in Augenhöhe, darunter gehoben, darüber tiefer gelegen. Scheinbewegungen entstehen durch die Übertragung der Eigenbewegung auf die Umgebung. Plötzlich auftauchende oder verschwindende Objekte führen zu einer Täuschung, die als Gamma-Bewegung bezeichnet wird: obwohl sie feststehen, scheinen sie sich zu bewegen oder Größenänderungen zu durchlaufen.[305] Ausgesprochen prekär kann sich die autokinetische Täuschung auswirken. Der Terminus bezeichnet ein Phänomen, das bei der Beobachtung eines einzelnen Lichtpunktes in einem dunklen Raum auftritt: dieser Punkt bleibt nicht stehen, sondern scheint sich zu bewegen. Start- oder Landeunfälle bei Nacht können vermieden werden, indem der Pilot einzelne Lichter nicht über längere Zeit fixiert.[306]

Neben dem Auge ist das Gleichgewichtsorgan von besonderer Bedeutung für die Lage- und Bewegungsorientierung, aber beim Fliegen ist gerade dieses Organ auch von besonderer Irritabilität. Bei der Beurteilung der Gleichgewichts- und Bewegungsempfindungen wirken normalerweise Augen und Vestibularapparat

„Graveyard Spin",
Darstellung aus:
Roy L. DeHart, Fundamentals
of Aerospace Medicine

zusammen. Ohne Sicht aber ist das Gleichgewichtsorgan außerstande, einen Unterschied zu erkennen etwa zwischen der Schwerkraft und der Resultierenden aus Schwerkraft und Zenrifugalkraft; ein Pilot also könnte so die Lage seines Flugzeuges zum Horizont nicht bestimmen. Auch kann er mit dem Gleichgewichtsorgan keine gleichmäßigen Geschwindigkeiten, sondern nur Veränderungen der Geschwindigkeit wahrnehmen.[307] Zu den wichtigsten vestibularen Orientierungstäuschungen beim Fliegen, zu denen auch die oft mit körperlichem Unbehagen verbundene Erscheinungsform als „Vertigo" zählt, gehören die Scheinbewegungen[308] von Gegenständen.

Für eine außergewöhnlich heimtückische Täuschung gibt es in der amerikanischen Fliegersprache einen drastischen Ausdruck. „Graveyard Spin" meint das Phänomen, das eintritt, wenn eine Drehbewegung unterbrochen wird – jetzt nämlich entsteht der Eindruck einer Drehung in die Gegenrichtung, mit möglicherweise fatalen Konsequenzen für die Steuerimpulse.[309] Aber die, wie es in der Literatur heißt, „seltsamsten und am wenigsten kontrollierbaren

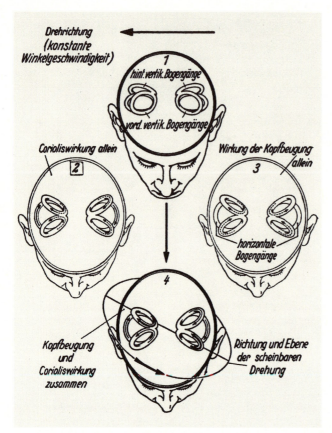

Darstellung der Corioliskräfte

Vestibulartäuschungen beim Fliegen" entstehen durch Coriolisbeschleunigungen.[310] Gemeint sind zusätzliche Beschleunigungen, die in einem sich drehenden System ausgelöst werden. Das geschieht beispielsweise, wenn der Körper die Drehbewegungen des Flugzeuges mitmacht und der Kopf in einer anderen Ebene bewegt wird. So treten Kräfte auf, die in den Bogengängen des Vestibularapparates Strömungen bewirken, welche ein Kippen des Flugzeuges suggerieren können.

Der Anteil, den die einzelnen Sinne an der Lage- und Bewegungsorientierung im Flugzeug haben, läßt sich nur schwer bemessen. Sagen läßt sich nur, daß die schwerkraftabhängigen und visuellen Faktoren dominant sind. Die Frage nach der möglichen Präponderanz eines dieser Sinne wurde im Lauf der Jahre verschieden beantwortet; das letzte Wort scheint zu sein, daß wohl „die Schwerkraft den konstanten und bedeutendsten Faktor bildet", daß es sich aber insgesamt „bei der Lage- und Bewegungsorientierung um eine komplexe Funktion handelt"[311], gekennzeichnet durch die Integration aller Sinne.

Die hier hauptsächlich herangezogene Literatur stammt aus den fünfziger Jahren; sie fußt im wesentlichen auf Forschungen, die um 1930 begonnen wurden. In diesem historischen Moment, als die Dynamik der Wahrnehmungs- und Reaktionsvorgänge beim Fliegen prinzipiell geklärt scheint, wird sowohl von psychologischer wie von medizinischer Seite die Frage nach der zukünftigen Relevanz dieser Vorgänge aufgeworfen.[312] Die Autoren sind sich einig, daß durch die technische Entwicklung die Bedeutung des Menschen im Flugzeug abnehmen wird. Seine Funktionen werden nurmehr als Teil eines großen Regelsystems begriffen. Automatisierte Landeverfahren und Kurssteuerungen, die Verwendung von Servomechanismen für die Steuerbewegungen, elektrische Bordgeräte, die die Beobachtung des Flugzustandes erleichtern, und auch die Einführung des Radars machen deutlich, daß der Zusammenhang des Fliegens mit einer extremen Exaltierung der Sinne sich langsam auflöst. Die Imponderabilien hochkomplexer organismischer Erfahrung werden technisch minimiert. Solange sich die Moderne aber durch die allfällige Auflösung statischer Verhältnisse definiert, behalten derartig avancierte Erfahrungen einen repräsentativen Charakter.

3. Das „fliegerische Gefühl" / Der Philobat

Der Wirkungsbereich dessen, was man als „fliegerisches Gefühl" bezeichnet[313], scheint auf den ersten Blick vergleichsweise klein. Eine Untersuchung von 1947 analysierte die verschiedenen Tätigkeiten, die ein Pilot in einer viermotorigen Maschine, einer DC-4, während eines Fluges ausführt. Es wurden sechzig verschiedene Verrichtungen unterschieden, die in drei Gruppen gegliedert werden können. Den weitaus größten Anteil stellen mit 80% die Reaktionen auf visuelle Wahrnehmungen wie der Instrumentenablesung. Es folgen mit 20% die Reaktionen auf akustische oder auditive Reize wie den Funkverkehr oder die Verständigung im Flugzeug selbst. Nur in 13% der Fälle verließ sich der Pilot auf kinästhetische, taktile oder haptische Reize, also auf den Bereich des fliegerischen Gefühls, für seine Lage- und Bewegungsorientierung. Daß die Summe größer ist als 100%, ergibt sich aus der Mischung der Reize bei einigen der Tätigkeiten.

Wesentlich präsenter, als es nach dieser Untersuchung erwartbar wäre, ist das fliegerische Gefühl in der Sprache der Piloten, besonders anschaulich etwa in dem englischen Ausdruck „flying with the pants". Auch die luftfahrtpsychologische Literatur der dreißiger und vierziger Jahre befaßt sich häufig mit diesem Phänomen. Hier allerdings tritt eine eigenartige Diskrepanz auf zwischen der durchgängigen Feststellung der eminenten Bedeutung des fliegerischen Gefühls für ein sicheres Fliegen und der Vagheit seiner Definition. Steuerbewegungen zum Beispiel sind eine komplexe sensomotorische Integrationsleistung, bei der auch das fliegerische Gefühl eine Rolle spielt; „dabei wird das Flugzeug wie jede andere

Prothese in den taktilen Sinnesapparat derart eingegliedert, daß alle taktilsensorischen Wahrnehmungen aus den körperlichen Empfindungsstellen in die entstprechenden Teile des Flugzeuges verlegt und die Steuervorgänge des Flugzeuges völlig in den taktil-motorischen Bewegungsapparat eingegliedert werden."[314] Feststellbar ist immerhin, daß sich bei diesem Vorgang Veranlagung und Erlerntes durchdringen.

Deutlich schwieriger wird, über eine spezifische Veranlagung hinaus, die Bestimmung eines allgemeinen emotionalen Faktors. Das Einfühlungsvermögen, das sich bei den erlernten Steuerbewegungen erweist, vermag, so Gerathewohl, „empfänglichen Naturen jene eigenartigen und außerordentlichen vitalen und ästhetischen Erlebnisreize zu vermitteln, die das Fliegen zu einer emotionalen Angelegenheit und zur Passion werden lassen kann."[315] Das fliegerische Gefühl besteht demnach aus zwei Komponenten, dem kinästhetischen Funktionskomplex und emotionalen Faktoren. Die Trennung ist nicht eindeutig, da schon für die Koordinationsleistungen psychophysische Voraussetzungen gegeben sein müssen. Darüberhinaus aber besteht hier noch ein Überschuß, der überhaupt die Abtrennung eines emotionalen Faktors sinnvoll macht. Nach den Andeutungen und Spekulationen in der Literatur hat man sich diesen als die Fähigkeit des Erfassens raumzeitlicher Gestalten vorzustellen, als besondere Sensibilität für Harmonie und den Rhythmus von Bewegungen. Doch zur Klärung der Beziehungen zwischen den Koordinationsleistungen und der emotionalen Ausstattung des Individuums kommt es hier nicht.

Sehr hilfreich für die weitere Untersuchung dieser Frage ist der „Beitrag zur psychologischen Typenlehre", den Michael Balint 1959 – nach Vorarbeiten seit den dreißiger Jahren – unter dem Titel „Thrills and Regressions" veröffentlichte. Sein Thema sind die inneren Dispositionen, die den Objektbeziehungen zugrunde liegen. Grundsätzlich unterscheidet er zwei Typen[316], nämlich den Philobaten und den Oknophilen. Das Wort „Philobat" ist gebildet nach dem Vorbild des „Akrobaten"; es bezeichnet das Verhalten eines Menschen, der Abstand von den Objekten sucht, dafür Fähigkeiten ausbildet, Wagnisse eingeht und sie genießt. Das Wort „oknophil" hingegen, hergeleitet vom griechischen Wort für „sich anklammern", bezeichnet das Verhalten jemandes, der um so engeren Kontakt mit den Objekten sucht, je mehr er seine Sicherheit in Gefahr sieht. Den „thrill", der beide Verhaltensweisen auslöst, veranschaulicht Balint zunächst am Beispiel des Jahrmarktes und insbesondere an einer Gruppe von Vergnügungen, die im Zusammenhang mit Schwindelerfahrungen und Gleichgewichtsstörungen stehen, wie Schaukeln, Karussell oder Achterbahnen. Als weitere Auslöser nennt er große Geschwindigkeiten, wie sie beim Skilaufen oder beim Motorsport erlebt werden. Für die philobatische, also lustbetonte Reaktion auf derartige Erfahrungen steht als eines der zentralen Beispiele der Pilot.

Das „fliegerische Gefühl" / Der Philobat 169

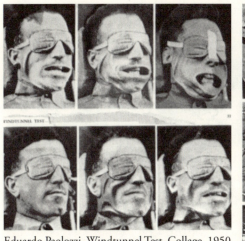

Eduardo Paolozzi, Windtunnel Test, Collage, 1950

Eduardo Paolozzi, Yours Till the Boys Come Home, Collage, 1951

Die Szene ist bei Oknophilie und Philibatismus insofern dieselbe, als in beiden Fällen der „Nervenkitzel das Aufgeben und Wiedererlangen der Sicherheit zum Thema" hat.[317] Nur das in den jeweiligen Phasen empfundene Vergnügen ist unterschiedlich. Während sich aber der Oknophile dem Thrill eher gar nicht erst aussetzen wird, das Bewahren der Sicherheit insofern eine einfache Reaktion darstellt, bilden die philobatischen Thrills „die Urszene in symbolischer Form" nach. Ein Akrobat etwa enthebt sich der Sicherheitssphäre – eine Tat, die Balint als psychoanalytischer Professional natürlich mit der Erektion in Verbindung bringt – und kehrt anschließend wieder „zur Mutter Erde" zurück. Im Gegensatz zum Oknophilen, dessen Welt aus Objekten besteht, die durch furchterregende Leerräume getrennt sind, fühlt sich ein Philobat in „freundlichen Weiten" sicher, erlebt die Welt nicht aus physischer Nähe und Berührung, sondern aus Distanz und Fernsicht, ganz im Vertrauen auf seine Ausrüstung und Fähigkeiten.

Balint sucht die Ursache für diese hochdifferenten Reaktionen in der Regression auf einen Zustand ursprünglicher Harmonie.[318] Soweit es sich nicht um pathologische Übersteigerungen handelt, ist das eine Phantasievorstellung, die wir alle in uns tragen. Von der Psychoanalyse wurden drei Theorien entwickelt, um sie zu erklären, nämlich erstens die Lehre vom primären Narzißmus, nach der alle Gefühlsinteressen zunächst auf das Individuum selbst gerichtet waren und erst später auf die Umgebung übertragen wurden. Zweitens die Theorie der absoluten Allmacht, nach der das Kind glaubt, jedes Bedürfnis würde befriedigt werden, und drittens die Theorie der primären Objektbeziehung, nach der Kind und Mutter weitgehend einander angeglichen sind. Dieses Streben nach Harmonie zwischen Subjekt und Umwelt wird im Erwachsenenleben vor allem in zwei Bereichen manifest: in der Liebe allgemein und sexuell im Orgasmus oder in der Mystik als Ekstase. Hier beendet die Rückkehr in die Normalität diesen Zustand, in der menschlichen Entwicklungsgeschichte aber, wie sie die Psychoanalyse beschreibt, ist die Entdeckung, daß es feste und unabhängige Objekte gibt, das Ende des ursprünglichen harmonischen Zustandes. Und die zwei Hauptweisen, auf diese Entdeckung zu reagieren, sind die Herausbildung entweder einer oknophilen Welt verläßlicher und wohlwollender Objekte oder eben der Philobatismus: Objekte, die auftauchen und die „Harmonie der grenzenlosen, konturlosen Weiten" zu zerstören drohen, werden tendenziell als feindselig eingestuft; die Nähe zu ihnen ist zu vermeiden oder zu überwinden.

Von der „Harmonie der grenzenlosen, konturlosen Weiten" ergeben sich Beziehungen zum sogenannten „ozeanischen Gefühl", das Romain Rolland Freud gegenüber als Quelle aller Religiosität behauptet hatte. Freud aber stellt im „Unbehagen in der Kultur" fest[319], daß er etwas derartiges zumindest in sich nicht entdecken könne. So bleibt auch seine Analyse der Flugträume ohne einen Hinweis auf diesen Aspekt. Für Balint wäre „Schwebeträume" die bessere Bezeichnung für das, was Freud als Flugträume klassifizierte[320], denn das Geschehen vollzieht sich ohne das Gefühl einer Anstrengung; die Empfindung eines Gewichtes, das getragen oder bewegt wird, fehlt völlig. Anders als Freud diskutiert Balint den Gedanken, diese Träume nicht auf Bewegungsspiele zurückzuführen, sondern auf den primitiv-harmonischen Zustand der intrauterinen Existenz. In der Realität würde das bedeuten, daß auch in den freundlichen Weiten philobatischer Lust bei Akrobaten oder Piloten eine Reminiszenz an diesen Zustand der Ungeschiedenheit mitspielt.

Der Philobat hat das Vorhandensein getrennter Objekte angenommen, aber er distanziert sich davon. Mittel der Distanzierung ist – neben der Ausrüstung – das Vertrauen auf seine persönliche Geschicklichkeit. In ihm sieht Balint die Quintessenz des Philobatismus.[321] Zur Demonstration dieses Selbstvertrauens zieht er eine Stelle aus dem vierten Band von Thomans Manns Roman „Joseph und seine Brüder" heran. Nach der Einsicht von Joseph waren sein Ich und die Welt, trotz widriger Umstände, „aufeinander zugeordnet und in gewissem Sinne Eines, also daß jene nicht einfach die Welt war, ganz für sich, sondern eben seine Welt und dadurch einer Modelung zum Guten und Freundlichen unterlag." Ohne Zweifel ist diese Stelle prägnant, wie Balint meint. Zu bedenken ist aber immerhin, daß Thomas Mann sehr genau mit der psychoanalytischen Literatur vertraut war, seine Worte also nicht unbedingt als Bestätigung von Seiten eines neutralen Künstler-Zeugen gelesen werden sollten, sondern eher als Ausdruck paralleler Erkenntnisinteressen, wechselseitiger Inspiration.

Katapultanlage der Firma Heinkel für Versuche
bei der Entwicklung von Schleudersitzen,
dreißiger Jahre

Balint beschreibt das erste Körperkönnen, den aufrechten Gang, als das Vorbild aller späteren philobatischen Thrills.[322] Wenn man aus seinen Bemerkungen über diesen Lernprozeß die auf die kindliche Erfahrung bezogenen Elemente fortläßt, dann bleibt folgendes Schema übrig: „Fahrenlassen des Objekts, Eindringen in die leeren Räume zwischen den Objekten, Sich-Wegheben ...von der sicheren Erde, ...und zu allem die Entwicklung eines feinen Koordinationsspieles zur Erhaltung des Gleichgewichts." Balint beschränkt sich im Hinblick auf den Philobaten wesentlich auf die Feststellung einer „Progression um der Regression willen", mit dem Ziel der „freundlichen Weiten".

Sein Schema aber, ohnehin übertragbar auf die Beschreibung auch des fliegerischen Gefühls, ist weitflächig anwendbar. Es ist ja nicht nur die Präponderanz der Fernsinne[323], was den Philobaten, weit eher als den Oknophilen, zum Zeitgenossen macht. Diese Interpretationsmöglichkeit streift Balint jedoch nur an wenigen Stellen, nämlich in der Wahl seiner Beispiele. Der Jahrmarkt (als Experimentierfeld neuartiger zivilisatorischer Reize) und der Alpinismus fallen im weitesten Sinn unter die beiläufig erwähnte Nietzscheanische Devise „gefährlich leben". Physikalische Konzepte, die das Atom nicht als Objekt begreifen, sondern von Elementarteilchen nur in Unbestimmtheitsrelationen sprechen, gelten ihm ebenfalls als philobatisch. Besonders deutlich wird das Aufgeben von Eindeutigkeit und Stabilität in der modernen Kunst; mit der Auflösung fester Objekte unterhöhlt sie beruhigende Erfahrungen, was im Gegensatz zum Oknophilen den Philobaten stimuliert.[324]

Balint aber interessieren nicht die Kunst oder die physikalischen Modelle selbst, und damit auch nicht ihre Voraussetzungen, sondern lediglich die Reaktionen auf sie oder die Antriebe zu ihnen – er ist an einer psychoanalytischen Einordnung dieser Phänomene interessiert. Mit nur wenigen Extrapolationen aber läge hier der Ansatz einer Kulturpsychologie der Moderne vor. Eine Zivilisation, in der Dinge und Menschen unablässig zirkulieren, erlaubt oft keine festen Beziehungen zu statischen Objekten, die Wahrnehmung ist auf einen Thrill reduziert, einen „swing"[325], ein Hin- und Herschwingen ohne Ruhepunkt. Der Thrill steht für den Verlust des Gleichgewichtes, die – positiv oder negativ bewertete – allgemeine Destabilisierung von Objektbeziehungen.

4. Zur Affinität von Problemen der Ästhetik und Aviatik

1. Eine Beziehung zwischen der Destabilisierung von Objektbeziehungen durch die Luftfahrt und der Generierung neuartiger künstlerischer Konzepte wurde schon früh hergestellt: „Ich kann nicht genug betonen, wie sehr ich dieses unschuldige Ungeheuer (sc. ein Flugzeug der Brüder Wright) hasse, das im Begriff ist, die Welt, die ich liebe, zu zerstören. Es wird die von mir geliebte Welt vernichten, die Welt, die auf eine Betrachtungsweise auf gleicher Ebene oder des Aufblickens gegründet ist, mit anderen Worten, die gesamte Art des Betrachtens, die der Künstler gelernt hat, die Gesetze der Perspektive, die Art, die Dinge von einem fixierten Punkt auf der Erde anzusehen."[326] Der Kunsthistoriker Bernard Berenson schrieb diese Worte aus der Perspektive seiner Lebensarbeit, die ja insbesondere der Malerei der Renaissance galt und damit dem Problem des Tiefenraumes – er erwartet mit der Luftfahrt eine Kunst, die dieses Raumbild auflöst. Auf paradoxe Weise bestätigt Gertrude Stein seine Erwartung: „Als ich zum ersten Mal in Amerika war, reiste ich sehr oft im Flugzeug und als ich zur Erde hinunterblickte, sah ich all die kubistischen Linien, die zu einer Zeit entstanden waren, als kein einziger Maler jeweils in einem Flugzeug geflogen war. Ich sah auf der Erde das Sich-Vermischen der Linien Picassos, ihr Kommen und Gehen, wie sie sich entwickeln und selbst wieder zerstören."[327]

Diese Äußerungen, für sich genommmem eher anekdotischer Natur, führen beide auf das Problem der Auflösung fester Bezugssyteme. Berenson spricht zwar von einer Kunst, die im Zeitalter der Luftfahrt erst entstehen werde, und Gertrude Stein vermeidet jeden Eindruck einer kausalen Beziehung – eine Korrelation aber zwischen der neuen Raumerfahrung durch das Flugzeug und der Aufgabe eines festgelegten Standpunktes in der Kunst wird von beiden gesehen. Die Kubisten, um bei Gertrude Steins Beispiel zu bleiben, verwandeln das nature-objet in ein peinture-objet; die Plastizität der Körper in eindeutig fixierter Raumlage verschwindet und ebenso der Grund, auf dem eine Figur erscheint: jeder der einzelnen Bestandteile einer Bildfläche steht mit anderen in Wechselwirkung.

Wo die Künstler nach der Aufgabe des fragmentarischen Ansichtsbildes einen autonomen Bildraum vielfältig und simultan sich durchdringender Beziehungen kreieren, da muß der Pilot in einem realen Raum ohne festes Bezugsytem agieren, d. h. er muß Fähigkeiten entwickeln, die sich in allen drei Dimensionen schnell wandelnden Bezüge so zu synthetisieren, daß er ständig die Orientierung behält. In beiden Fällen ist es notwendig, die Voraussetzungen der jeweiligen Operationen zu klären. Die Frage ist daher: Gibt es ein tertium comparationis über die Zeitgenossenschaft hinaus, die allen gemeinsame Erfahrung gesteigerter zivilisatorischer Beweglichkeit? Ein Blick in die Geschichte der Luftfahrtpsychologie und des Kubismus zeigt, daß sich beide derselben Quellen bedienen, nämlich der Forschungen des späten 19. Jahrhunderts über die psychologische und physiologische Organisation der Raumwahrnehmung.

2. Ein Einfluß der Wahrnehmungspsychologie und Sinnesphysiologie auf die Bildgestaltung wird mit Cézanne greifbar. Schon seit den späten sechziger Jahren hatte er über seine Kontakte mit Naturwissenschaftlern Gelegenheit, Schriften von Helmholtz kennenzulernen. Ein Freund publizierte in derselben Zeitschrift, in der 1869 eine popularisierte Zusammenfassung von dessen „Physiologischer Optik" erschienen war. Im dritten Teil führt Helmholtz den Faktor der Bewegung als grundlegend für die Wahrnehmung ein: „Der Begriff eines Gegenstandes schließt alle möglichen Empfindungsaggregate ein, die dieser Gegenstand hervorruft, wenn wir ihn von verschiedenen Seiten betrachten, berühren oder sonst untersuchen."[328] Im Atelier Cézannes stand eine große Leiter[329], die es ihm erlaubte, gleichsam wie einem auf- oder absteigenden Piloten, die Arrangements etwa von Stilleben aus verschiedenen Höhen zu betrachten. Bilder aus den achtziger Jahren nehmen die Polyperspektivik des Kubismus vorweg. Das „Stilleben mit der Kommode" von 1885 ist nicht von einem Standpunkt aus gesehen, sondern von mehreren. Diese verschiedenen Blickwinkel erscheinen simultan im Bild, die eine Raum-Zeit-Situation ist also überführt in die Darstellung verschiedener Ansichten eines Raumes zur gleichen Zeit. Besonders deutlich ist diese Wahrnehmungsweise am Tisch ablesbar, der in verschiedenen Neigungswinkeln präsentiert wird.

Beim späten Cézanne und den frühen Kubisten ist jede Art von Fixierung und Eindeutigkeit aufgegeben, und zugleich, nach der Rezeption aktueller Forschungen, der Einfluß der Bewegung auf die Wahrnehmung einbezogen. Die diesbezüglichen Arbeiten von Helmholtz oder Mach sind auch in der luftfahrtpsychologischen Literatur präsent, und zwar bis heute hin.[330] So untersuchte

Helmholtz in der „Physiologischen Optik", was mit den Gegenständen geschieht, die wir gehend passieren, während der Blick in die Ferne gerichtet ist – „sie gleiten in unserem Gesichtsfelde scheinbar an uns vorbei, und zwar in entgegengesetzter Richtung, als wir fortschreiten. Entferntere Gegenstände tun dasselbe, aber langsamer, während sehr entfernte Gegenstände, wie die Sterne, ruhig ihren Platz im Gesichtsfelde behaupten ...Es ist leicht ersichtlich, daß die scheinbare Geschwindigkeit der Winkelverschiebungen der Gegenstände im Gesichtsfelde hierbei ihrer wahren Entfernung umgekehrt proportional sein muß, so daß aus der Geschwindigkeit der scheinbaren Bewegung sichere Schlüsse auf die wahre Entfernung gemacht werden können."

James Jerome Gibson, ein Psychologe, der im zweiten Weltkrieg mit der Untersuchung von Bewegungsperspektiven bei Piloten beauftragt war, zitiert diese Stelle als Einleitung seiner Überlegungen zur Erlernbarkeit bestimmter Formen der Raumwahrnehmung.[331] Von hoher dynamischer Komplexität ist beispielsweise die Situation vor der Landung auf einem Flugplatz und ganz besonders auf einem Flugzeugträger. Die Umweltszene dehnt sich aus, wenn wir uns in sie hineinbewegen. Gibsons graphische Darstellung des Wahrnehmungsfeldes eines Piloten beim Landeanflug zeigt Verformungsgradienten, die vom Punkt der vermuteten Bodenberührung ausgehen. Von dort aus steigt strahlenförmig nach allen Seiten die Geschwindigkeit des Bodenflusses an, um gegen den Horizont wieder auf Null zu sinken. Das bietet das Bild einer Explosion. Der Fluganfänger wird denselben Netzhauteindruck haben wie der erfahrene Pilot. Letzteren aber unterscheidet die Fähigkeit, die Reize anders lesen zu können; er hat gelernt, auch gegenüber einem scheinbar explodierenden Wahrnehmungsfeld die Orientierung zu bewahren. Die Analyse der Verformungsgradienten erleichtert also das spezifische Training von Piloten.

3. Die Entwicklung einer Sensibilität für die potentielle Vertauschbarkeit von Figur und Grund ist ein durchgängiges Merkmal der Kunst seit der klassischen Moderne. Diese Sensibilität steht in einem allgemeinen Zusammenhang mit der zivilisatorischen Erfahrung gesteigerter Beweglichkeit – die Eindeutigkeit räumlicher Wahrnehmung löst sich auf und mit ihr die künstlerischer Formorganisation. An die Stelle von Fixierungen tritt die Simultaneität verschiedener Ansichten und Sehweisen. Die Einrichtung der Figur-Grund-Ambivalenzen ist eine der Reaktionsformen auf das Verschwinden eindeutiger Zuordnungen: ein visueller Umschaltmechanismus als Ausdruck des Bewußtseins für die Möglichkeit des Umschlages einer Sicht in eine andere.

Dieser gestalterische Modus zieht sich quer durch die heterogenen künstlerischen Disziplinen. Uneindeutige Figur-Grund-Beziehungen sind eines der Mittel, mit denen die Kubisten die Statik des Bildraumes destruieren. Für sie erwies sich ein Experiment von Mach als folgenreich: Eine Visitenkarte, so gefaltet, daß die

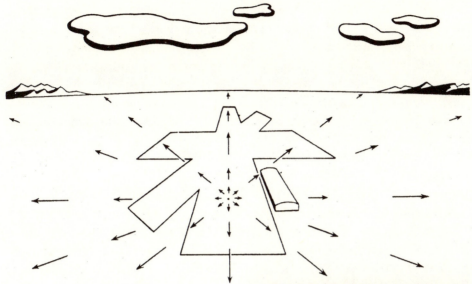

Verformungsgradienten, die während eines Landegleitfluges auftreten

Beispiel für Formen, die sich umkehren, wenn man das Bild auf den Kopf stellt: Die Nissenhütten schlagen in Türme um. Beide Abb. aus: J. J. Gibson, The Perception of the Visual World, 1950

Hälften einen rechten Winkel bilden, wird, auf einen Tisch gestellt und mit einem Auge betrachtet, einmal mit der Kante nach vorn, ein anderes Mal mit den Hälften nach vorn und hinten stehender Kante erscheinen. Dieses Inversionsexperiment führte Gertrude Stein Picasso vor, mit dem Erfolg, daß der Effekt zum Beispiel auf seinem Bild „Landschaft, La Rue-des-Bois" von 1908 in der optisch doppeldeutigen Gartenmauer erscheint.

Musil konstatiert 1927 etwas ähnliches in der poetischen Strategie Rilkes: „Bei ihm sind die Dinge wie in einem Teppich verwoben; wenn man *sie* betrachtet, sind sie getrennt, aber wenn man auf den Untergrund achtet, sind sie durch ihn verbunden." In der Musik des späten Anton von Weberns, besonders in den 1936 entstandenen „Variationen" op. 27 für Klavier, finden sich sehr vereinfachte Tongebilde, die aber auf mehrfache Art wahrnehmbar sind; generell schreibt Stuckenschmidt über diese Werkphase: „Der Klang ist oft reduziert auf Einzelton und Intervall; Pausen spielen vielfach eine konstruktive Rolle." Schon der Jugendstil kennt formale Operationen, nach denen die Unterscheidung von Figur und Grund, von Positiv- und Negativform unmöglich ist. Bei einem ornamentalen Vorsatzpapier von Emil Rudolf Weiss aus dem Jahre 1899 kann der Betrachter die hellen oder dunklen Flächen jeweils aktivieren, er wird jedoch immer auf ihr komplementäres Verhältnis verwiesen, das eine definitive Entscheidung über ihren Status nicht zuläßt.[332]

Ganz deutlich wird diese Struktur und ihre Verankerung in der modernen Wirklichkeit bei August Endell. Sein Text „Die Schönheit der großen Stadt" erschien 1908. Das nächtliche Licht der Straßenlaternen schafft eine eigene Welt, die sich grundlegend von der des Tages unterscheidet: „Wenn wir in diese Lichtgewölbe eintreten, dann sind wir rings von Licht umspült, wir sind wie in einem Raum, den eine durchsichtige, aber doch deutlich empfundene Wand abschließt." Dieser Raum ist nicht selbst gebaut, sondern er ist das Produkt der um ihn herumstehenden Bauten. Endell zieht die Konsequenz, entwickelt ein Konzept, das Figur und Grund, Körper und Leere nicht jeweils für sich betrachtet, sondern sie in Wechselwirkung sieht: „Wer an Architektur denkt, versteht darunter zunächst immer die Bauglieder, die Fassaden, die Säulen, die Ornamente, und doch kommt das alles nur in zweiter Linie. Das Wirksamste ist nicht die Form, sondern ihre Umkehrung, der Raum, das Leere, das sich rhythmisch zwischen den Mauern ausbreitet, von ihnen begrenzt wird, aber dessen Lebendigkeit wichtiger ist als die Mauern."[333] Allgemein gesprochen, wird hier die Eindeutigkeit der Beziehung auf Objekte hinfällig, die immer ihre Separation voraussetzt. Es entstehen Formmodelle höherer Dichte, inhärenter Doppeldeutigkeit. Wahrnehmung wird als Prozeß verstanden, als Nacheinander und Miteinander relativer Zuordnungen.

Im Flugzeug gibt es eine Reihe von analogen Problemen.[334] Ein Beispiel ist die gegensinnige Anzeige des Kurskreisels: wenn der Pilot aus genauem Nordkurs eine Linkskurve dreht, so wandert die Nordmarke von der Mitte der Skala nach links aus. Das Flugzeug dreht sich um den Kompaß, der seine Richtung natürlich beibehält. Psychologisch ist das eine gegensinnige Vorstellung, denn die Annahme besteht, daß der magnetische Nordpol der feste Bezugspunkt ist. Eine andere Erscheinung tritt in extremen Höhen auf. Hier und außerhalb der Atmosphäre beim Raumflug geschieht eine Umkehrung der Lichtverhältnisse: der Himmel wird dunkel, die Erde dagegen hell. Gerathewohl spricht anläßlich der

Zur Affinität von Problemen der Ästhetik und Aviatik 177

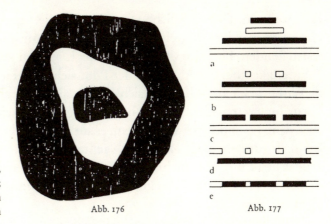

Links: Hans Arp, Holzschnitt, aus „Elf Konfigurationen"; rechts: Schema der möglichen Lesarten von Rudolf Arnheim

Abb. 176   Abb. 177

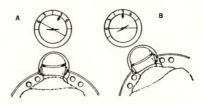

Die potentielle Zweideutigkeit der Anzeige eines künstlichen Horizontes

Abb. 12. Die Schwierigkeit bei der Beobachtung des künstlichen Horizontes
Beispiel A ist die schematische Wiedergabe des Anzeigegerätes in einer bestimmten Fluglage. Beispiel B zeigt, wie das Gerät vom Flieger vorstellungsmäßig gedreht werden muß, um ein Bild der wahren Lage der Maschine relativ zum Horizont zu erhalten
(Nach BUMed News Letter, Aviation Supplement)

Scheinbewegungen direkt von einer zu entwickelnden „Objektivierungs- oder Umstimmfähigkeit".

So inkommensurable Dinge wie ein Holzschnitt von Arp und die Art der Anzeige, die ein künstlicher Horizont im Flugzeug gibt, zeigen gleichermaßen die Auflösung der Eindeutigkeit der Beziehung von Figur und Grund. Arp hat in seinem gegenstandslosen Holzschnitt aus den „Elf Konfigurationen" die Elemente systematisch uneindeutig eingesetzt. Rudolf Arnheim, von der Gestaltpsychologie beeinflußt, unterzog ihn in seinem Werk „Kunst und Sehen" einer eingehenden Analyse.[335] Dargestellt sind eine unregelmäßig gerundete schwarze Form, umgeben von einer weißen, die wiederum von einer schwarzen umgeben ist. Das Ganze steht auf weißem Grund. Arnheim entdeckt fünf verschiedene Lesarten: eine Anordnung der Einzelformen in vier Ebenen übereinander oder ein weißer Ring auf schwarzer Fläche über weißem Grund, also drei Ebenen – bis hinunter zu der Lösung, bei der alle Flächen in einer Ebene liegen. Arp spielt virtuos mit mehreren Raumauffassungen, die gleichermaßen möglich sind.

Diese Möglichkeiten hat ebenso der Pilot vor der Anzeige des künstlichen Horizontes. Wenn er aber die falsche Entscheidung trifft, wird er im schlimmsten

Fall abstürzen. Der künstliche Horizont gibt die Lage des Flugzeuges über dem Grund so wieder, daß eine künstliche Horizontlinie sich gegenüber einer feststehenden Flugzeugsilhouette bewegt. Genau darin besteht jedoch die Schwierigkeit bei der Ablesung: der Pilot sieht den Horizont sich bewegen, wo in Wirklichkeit das Flugzeug sich bewegt. Er muß also die Anzeige in seiner Vorstellung vertauschen, um ein Bild der Lage der Maschine zu erhalten. Das wird eben dann besonders schwierig, wenn er auf den künstlichen Horizont angewiesen ist, d. h. dessen Bild, etwa bei Nacht, nicht mit der realen Horizontlinie vergleichen kann. In luftfahrtpsychologischen Studien wird von Fällen berichtet, in denen Piloten die Bewegung der Horizontlinie mit der des Flugzeuges identifizierten.

Die Erklärung liegt in dem bei der üblichen Anzeige veränderten Figur-Grund-Verhältnis. „Normalerweise wird der Horizont vom Flieger als eine feste Bezugslinie angenommen und damit als Hintergrund, vor dem sich das Flugzeug bewegt. Wenn – wie beim Blindflug – der wahre Horizont verschwindet, so sieht der Flieger sein eigenes Flugzeug als Bezugssystem an, dem gegenüber alle Zeiger, einschließlich dem Bewegungsanzeiger seines künstlichen Horizonts, zu ‚Figuren' werden."[336] Das Bezugssystem Flugzeug wird bei einem Kurvenflug, wenn die Richtung aller Beschleunigungen senkrecht auf der Maschine steht, eine falsche Lageorientierung liefern, nämlich eine solche wie beim Geradeausflug; der Pilot muß gegen die Sinneswahrnehmung sein Bezugssystem wechseln, sich der Anzeige des künstlichen Horizonts anvertrauen und diese in einem zweiten Schritt auch noch richtig interpretieren. Das Problem der Relativität von Zuordnungen beschäftigt also gleichermaßen den Künstler Arp wie jeden Piloten. Wo aber das artistische Kalkül Uneindeutigkeit intendiert, muß der Pilot umgekehrt verfahren, trotz widersprüchlicher Informationen zu einer Koordination seiner Handlungen gelangen.

VI. DAS FLUGZEUG UND KÜNSTLICHE UMWELTEN

1. Die Druckkabine im Kontext

Bei Flughöhen von über 4.000 m treten deutliche Leistungsabnahmen bei Reflexen, Gedächtnis und Aufmerksamkeit ein; für die Sauerstoffversorgung und, in noch größeren Höhen, für die Aufrechterhaltung des Druckes muß unabhängig von der Umgebung die Kontrolle bestimmter physiologischer Grundvoraussetzungen gewährleistet werden. Der Verlust natürlicher Umweltbedingungen führt also zur Notwendigkeit von deren Simulation. Über die Luftfahrt hinaus tritt hier ein allgemeines zivilisatorisches Phänomen in den Blick, nämlich das Erzeugen eigener, autonomer Umwelten. Sie werden in dem Moment notwendig, wo eine dem Menschen zuträgliche Umgebung nicht mehr gegeben ist, und das ist gleichermaßen im höheren Luftraum der Fall wie bei Gebäuden in einer lauten oder schmutzigen Umgebung: sie müssen abgeschirmt und unabhängig versorgt werden. Die aus der Erfahrung des Piloten kommende Bemerkung Saint-Exupérys „Zehntausend Meter – das ist keine Welt, in der sich wohnen läßt"[337] gilt ebenso für eine wachsende Anzahl von Orten auf der Erde. Die Architektur steht in dieser Hinsicht vor dem gleichen Problem wie die Luftfahrttechnik, und in frappierender Synchronizität werden zwischen 1900 und 1940 in beiden Bereichen die Basistechniken für von der Umgebung mehr oder weniger abgeschlossene, künstliche Umwelten entwickelt.

Mit dem Schema der fünf „physiologischen Barrieren"[338] hat die Luftfahrtmedizin die grundsätzlichen Widerstände benannt, auf die der Mensch im Flugzeug stößt. Sie sind zum großen Teil durch technische Hilfen zu überwinden. Am bekanntesten ist die „Höhenbarriere", an die, mit der Folge eines Sauerstoffmangels, der Organismus in Höhen von über 4.000 m gerät. Die Reaktionsschwelle des Körpers liegt bei ca. 2.000 m; wenn bei Überschreiten der Störungsschwelle in 4.000 m Sauerstoff zugeführt wird, sind Höhen bis 12.000 m erreichbar. Ohne Sauerstoffzufuhr aber drohen oberhalb der 4.000 m nicht nur Leistungsabnahmen; als Folge des Sauerstoffmangels in den Organen können auch Änderungen der Stimmungslage eintreten, Depressionen oder Euphorien bis hin zum Höhenrausch.

Nach der „Höhen-" wird dann in ca. 12.000 m die „Druckbarriere" erreicht. Schon etwas unterhalb dieser Schwelle wird der immer geringer werdende Gesamtdruck störend bemerkbar; an der Druckbarriere tritt eine Veränderung im roten Blutfarbstoff ein, Magen und Darm dehnen sich aus und es droht die Gefahr multipler Gasembolien. Hier muß also der Höhenschutz umfassender

Auguste Piccard (links) vor seiner druckfesten Kabine, 1931

werden, neben dem Sauerstoffzusatz muß auch der Gesamtluftdruck erhöht werden. Die drei anderen Barrieren, die „Beschleunigungsbarriere", die „optische Barriere" und die „Strahlungsbarriere", sollen in unserem Zusammenhang nicht weiter interessieren, berühren sie doch nicht den Normalfall des Fliegens, sondern extreme Flugzustände, Überschallgeschwindigkeiten und Flüge außerhalb der Erdatmosphäre. Die Höhen- und die Druckbarriere aber sind von unmittelbarer Bedeutung, definieren sie doch die physiologischen Rahmenbedingungen und damit den Grad des prothetischen Aufwandes, der bei der Entwicklung hin zu größeren Flughöhen getrieben werden muß.

Schon im späteren 19. Jahrhundert gab es Aufstiege mit Gasballonen bis in Höhen von über 8.000 m. Die Erforschung der physiologischen Auswirkungen hatte ebenfalls begonnen[339]; man verwendete Unterdruck-Doppelkammern, um die Sauerstoff-Entwicklung mit verschiedenen Sauerstoff-Stickstoff-Gemischen zu untersuchen und meinte für große Höhen gerüstet zu sein. Bei den Höhenaufstiegen kam es jedoch schon jenseits der 7.000 m zu tiefen Ohnmachten und 1875 sogar zu zwei Todesfällen. Ursache war Sauerstoffmangel, obwohl die Ballonfahrer zeitweilig aus Beuteln Atemgemische mit erhöhtem Sauerstoffanteil zu sich genommen hatten. Aber das geschah nicht kontinuierlich; auch war die Sauerstoffmenge zu gering und durch Nebenluft noch einmal herabgesetzt.

Reguläre Höhenatemgeräte also mußten noch entwickelt werden, was erst nach der Jahrhundertwende gelang. Man komprimierte den Sauerstoff in Druckgasflaschen; aufgenommen werden konnte er durch Atemmasken, die Mund und Nase bedeckten. Viele dieser Geräte wurden für Ballonfahrten konstruiert und kamen später in den erst langsam größere Höhen erreichenden Flugzeugen zum Einsatz, wie beim Höhenweltrekord von Linnekogel im Dezember 1913 mit 6.120 m: er benutzte ein sogenanntes dauerabströmendes

Gerät, bei dem in der Ausatemphase der weiter strömende Sauerstoff gespeichert und dann zusammen mit dem neu zufließenden eingeatmet wurde. Der Höhengewinn durch die Versorgung mit Sauerstoff beträgt etwa 8.000 m; als 1929 der Weltrekord für Flugzeuge auf 12.739 m gestiegen war, lag das schon in der Nähe der Höhe, die mit Atemgeräten allein nicht zu überschreiten ist. Sauerstoff aus Überdruckgeräten verschiebt diese Grenze noch ein wenig, löst aber nicht das grundsätzliche Problem.

Die Forschungen im Bereich des Höhenfluges (und auch bei der Entwicklung des Schleudersitzes) zielten auf das Erkunden der Grenzen der menschlichen Belastbarkeit. Das Risiko mancher Experimente wurde mit der Erhöhung der Flugsicherheit gerechtfertigt. Während des zweiten Weltkrieges kamen in Deutschland aber nicht nur freiwillige Versuchspersonen zum Einsatz. Bei Unterdruckversuchen wurden 90 Häftlinge aus dem KZ Dachau ermordet. Verantwortlich dafür ist Siegfried Ruff[340], der später in Nürnberg angeklagt war, aber mangels Beweisen freigesprochen wurde. Zusammen mit Hubertus Strughold hat er während der NS-Zeit ein Standardwerk der Luftfahrtmedizin verfaßt, das auch nach dem Krieg in modifizierter Form wieder erschien. Darüberhinaus wurden in den USA 1950 und noch einmal 1970 alle nur greifbaren Erkenntnisse der deutschen Luftfahrtmedizin aus den Jahren 1939–1945 in einem umfassenden Werk dokumentiert. Während Hubertus Strughold einer der führenden amerikanischen Raumfahrtmediziner wurde, setzte Siegfried Ruff nach einer Pause ab 1952 in Deutschland seine Karriere fort. Er ist der Verfasser noch der aktuellen Darstellung der Geschichte des Höhenfluges, aus der auch hier zitiert wird. Sein Text erschien 1989 in einer Reihe, die in Zusammenarbeit mit dem Deutschen Museum herausgegeben wird, und ohne jeden Hinweis auf den Umstand, daß manche seiner frühen Forschungsergebnisse sich Experimenten verdanken, deren Bestandteil der Tod von Versuchspersonen war.

Die Piloten des zweiten Weltkrieges brachte die in der Regel verfügbare Technik immer wieder in die Nähe der „physiologischen Barrieren". Das fliegerische Operieren im Grenzbereich mit Höhenatemgerät, aber ohne Druckkabine veranschaulicht dichter als alle medizinischen oder technischen Beschreibungen ein literarischer Text. Es handelt sich um Saint-Exupérys Buch „Pilote de guerre" von 1942, das in Deutschland unter dem verharmlosenden Titel „Flug nach Arras" erschien. Der Flug, den er beschreibt, ist eine Aufgabe im „Kampf zwischen dem Westen und dem Nazitum"[341], nicht einfach ein Nacht- oder Kurierflug wie in seinen früheren Büchern. „Pilote de guerre" ist im Frühsommer 1940 angesiedelt, während der letzten Phase des militärischen Widerstandes gegen die deutsche Invasion. Das Buch handelt von der Selbstbehauptung angesichts des Verlustes sicherer Lebenssphären, der letzte Teil ist beherrscht von der Frage, wie mit der Niederlage umzugehen ist, der erste schildert die Situation des Ausgesetztseins im Flugzeug.

Dieser erste Teil, der uns hier eigentlich interessieren soll, geht direkt über von der Beschreibung der Ausrüstungsgegenstände im Flugzeug zu der der Interaktion, ja fast der Symbiose von Mensch und Maschine. Die Maschine wird gleichsam an das menschliche Funktionssystem angeschlossen. Drei Schichten von Kleidung liegen übereinander, und diese Armatur wird durch Zusatzgeräte ergänzt, mit einem Heizkreislauf, mit Anschlüssen für Telephonverbindungen, um bei dem herrschenden Lärm die Kommunikation unter den Besatzungsmitgliedern sicherzustellen, und mit Sauerstoffröhren für die Atemmaske. „Ein Kautschukschlauch verbindet mich mit dem Flugzeug, er ist genauso wichtig wie die Nabelschnur. Das Flugzeug schaltet sich in meine Bluttemperatur ein. Das Flugzeug schaltet sich in meine menschlichen Verbindungen ein. Ich habe Organe hinzubekommen, die sich gewissermaßen zwischen mich und mein Herz einschalten. Von Minute zu Minute werde ich schwerer, überladener, schwerfälliger."[342] Eine solche Behinderung aber ist die Voraussetzung für den Flug in große Höhen.

Das ist so unheimlich wie befriedigend – Prothesen, die als Teil des Körpers wahrgenommen werden: „Dieses ganze Gewirr von Röhren und Kabeln ist zu einem Kreislaufsystem geworden. Ich bin ein Organismus, der sich zu einem Flugzeug ausgeweitet hat. Das Flugzeug schafft mir mein Wohlbefinden, wenn ich einen bestimmten Knopf drehe, der nach und nach meine Kleidung und meinen Sauerstoff aufwärmt. Der Sauerstoff ist übrigens überhitzt worden und verbrennt mir die Nase. Dieser Sauerstoff wird je nach der Höhe durch ein kompliziertes Instrument dosiert. Das Flugzeug nährt mich also. Es schien mir unmenschlich vor dem Flug, und jetzt, da ich an seiner Brust liege, empfinde ich für das Flugzeug eine Art kindlicher Zärtlichkeit."[343] Ständig aber ist eine Kontrolle erforderlich, werden die Flugdaten überprüft: Geschwindigkeit – 530 km/h, Flughöhe – um 10.000 m, Temperatur – minus 50 Grad. Die Flughöhe in Kombination mit den tiefen Temperaturen droht das labile Funktionsgleichgewicht immer wieder aufzuheben. Denn wenn die Steuer- oder Gashebel einfrieren, sind Bewegungsanstrengungen erforderlich, die mit der genau bemessenen Menge an Sauerstoff nur sehr schwer zu bewältigen sind. Dem Piloten ist bewußt, daß ihm bei Undichtigkeiten oder Vereisungen der Sauerstoffarmatur nur eine sehr geringe Zeitreserve zur Verfügung steht. Der Luftdruck, der nur noch ein Drittel des normalen beträgt, führt zudem bei der Besatzung schon nach geringer Flugzeit zu einem Gefühl des Mürbeseins.

Diese Flughöhe geht ohnehin einher mit einem Entrückungszustand. Ohne jedes nahe Bezugsystem scheint alles unbeweglich in der Weite des Raumes stillzustehen. Die Menschen unten erscheinen wie „Infusorien auf einem

Druckanzug des Wetterfliegers Klanke, 1934

Objektträger". Von letaler Konsequenz aber kann sein, daß hier, an der Grenze zwischen Troposphäre und Stratosphäre, ein Aussetzen des Sauerstoffs nicht spürbar ist. Als Saint-Exupéry dieses Phänomen beschreibt, weist er auf die gefährlich widersprüchliche Empfindung eines Wohlbehagens hin, das dann eine sinnvolle Reaktion fraglich macht – „Ich quetsche also ruckweise die Zuleitung meiner Maske etwas, um auf meiner Nase die warmen, lebensspendenden Gasstöße zu spüren."[344] Weiter zwingt die labile Überlebenstechnologie die Besatzung dazu, durch ständige gegenseitige Ansprache die Kontrolle aufrecht zu erhalten und auch so das Abgleiten in Träumereien zu verhindern. Unter den gegebenen Umständen ist Fliegen in 10.000 m Höhe ein ständiges Changieren zwischen drohender physischer Ohnmacht, kurzzeitigen Rauschzuständen und angespanntester Geistesgegenwart.

Ein Weg, dieses Bedingungsgeflecht aufzulösen, war die Entwicklung des Druckanzuges.[345] In der Mitte der dreißiger Jahre waren die ersten Modelle in Deutschland, England und den USA praxistauglich. In Deutschland hatte der Wetterflieger Klanke 1934 einen Druckanzug konstruiert, mit dem er über 300 Aufstiege bis auf 6.000 m Höhe durchführte. Die Atemluftversorgung erfolgte durch eine Sauerstoffmaske. Ein solcher Anzug, gegenüber der Außenatmosphäre mit einem Überdruck aufgepumpt, hat einen Innendruck von 0,08 bar; so aber können Arme und Beine nicht mehr bewegt werden. Klankes erster Anzug hatte keine Gelenke; die Photos zeigen ihn so starr wie eine Figurine aus Schlemmers Triadischem Ballett. Gelenke aber, die Schulter, Ellenbogen und Hüfte einen kleinen Bewegungsspielraum verschafften, bedeuteten in diesem doch sehr wichtigen Punkt auch nur eine relative Verbesserung. Der Vorteil, in größere

Höhen vordringen zu können, wurde beim Druckanzug durch die dabei entstehenden Behinderungen fast wieder zunichte gemacht.

So stellt erst die Druckkabine eine grundsätzliche Lösung des Problems dar; sie ist nicht mehr eine Überdruckhaut, sondern ein Überdruckraum. Nach Ballonaufstiegen bis in Höhen über 10.000 m wurde schon um 1910 ein hermetisch geschlossener Korb mit erhöhter Sauerstoffspannung vorgeschlagen.[346] Verwirklicht wurde diese Anregung, eine Druckkabine zu bauen, erst mit dem Freiballon Piccards, mit dem er 1931 auf über 15.000 m aufstieg. Wie sein Ballon haben Flugzeuge mit Druckkabine einen luftdicht abgeschlossenen Raum für Besatzung und Fluggäste, in dem ein höherer Luftdruck als in der umgebenden Atmosphäre aufrecht erhalten und damit in großen Höhen ohne Atemgerät geflogen werden kann.

Nach dem ersten Weltkrieg ist das primäre technische Ziel im Flugzeugbau zunächst die Erhöhung der Geschwindigkeit gewesen; erst danach ging es um das Erreichen großer Höhen mit ihrer weitaus höheren Wirtschaftlichkeit. Als die Junkerswerke 1929 den Auftrag zum Bau des Höhenflugzeuges Ju 49 erhielten, umfaßte dieser erstmalig im Flugzeugbau überhaupt eine „Höhenkammer".[347] Diese Kammer war aus dem Rumpf herausnehmbar, also vom Rahmen unabhängig, um die Kräfte und Spannungen zu neutralisieren. Das Gewicht einer Druckkabine in Leichtbauweise konnte erst mit neu entwickelten, stärkeren Motoren getragen werden. Man wählte, und das gilt bis heute, einen Kompromiß zur Minimierung des Aufwandes: bis zur Gipfelhöhe wurde ein Druck erzeugt und aufrecht erhalten, der dem in 2–3.000 m Höhe entspricht. Für den Fall eines Drucksturzes standen Sauerstoffmasken bereit. Schon damals wurde eine Durchsatzlüftung verwendet, bei der Frischluft eingeblasen und verbrauchte abgeführt wird. Die Druckluft wird zumeist durch Anzapfung der Motorlader gewonnen. Druckkabinen müssen angesichts der in Höhen von über 11.000 m in etwa konstanten Temperatur von –56,5 Grad nicht nur mit Wärme versorgt werden, sondern auch wärmeisoliert sein. Für die Wärmezufuhr wurde die Auspuffwärme der Motoren genutzt oder es kamen spezielle Geräte zum Einsatz. Die Ju 49 erreichte Ende 1935 mit 4 t Fluggewicht eine Höhe von 12.500 m; diese Maschine war, neben der etwas späteren Henschel Hs 128, ein wichtiger Versuchsträger für die weiteren Entwicklungen im Höhenflug. Das erste Verkehrsflugzeug mit Druckkabine entstand 1938 mit der Boeing 307 „Stratoliner".

Mit der Druckkabine ist ein entscheidender Schritt vollzogen, die Barriere zur Stratosphäre und damit auch die vor dem ökonomischen und komfortablen Langstreckenflug durchbrochen. Ein wichtiger Vorteil war der Fortfall des Atemgerätes, das nicht nur physiologisch, sondern auch psychologisch behindernd ist. In einer Druckkabine bemerkt der Passagier das Überschreiten der

Die Druckkabine im Kontext 185

Ju 49 mit Höhenkammer, frühe
dreißiger Jahre

diversen physiologischen Barrieren nicht mehr.³⁴⁸ Druckkabinen bezeichnen den Punkt der Entwicklung, an dem die Flugzeuginsassen von der Außenluft völlig unabhängig werden. Die physiologischen Atembedingungen auf der Erde werden in der Stratosphäre wieder hergestellt. Der Passagier, hermetisch abgeschlossen, aber mit völliger Bewegungsfreiheit, lebt in einer eigenen, künstlichen Atmosphäre.

Als schon im 19. Jahrhundert die Lebensbedingungen in den Städten sich zusehends verschlechterten, wurde auch hier eine Kontrolle der Umweltbedingungen notwendig. Ursächlich waren zwei Dinge, zum einen natürlich die Rauch- und Rußproduktion durch Fabriken und Eisenbahnen, zum anderen aber auch die schiere Größe der Produktionshallen und anderer Gebäude, die durch das einfache Öffnen von Fenstern, auch bei optimalen äußeren Verhältnissen, nicht mehr zu belüften waren. Die Geschichte der Haustechnik spielt in den gebräuchlichen Architekturgeschichten so gut wie gar keine Rolle; als Reyner Banham sie in seinem Werk „The Architecture of the Well-tempered Environment" zu schreiben unternahm, kam ein Entwicklungsgang heraus, der sich nicht unerheblich von dem Bild unterscheidet, das Giedion, Pevsner oder Benevolo entworfen hatten. Banham hat bei Pevsner promoviert; die Pioniere der Architekturgeschichte der Moderne hatten sich wesentlich auf ästhetische, soziale und rein bautechnische Innovationen beschränkt. Banham entdeckt nicht nur eine Reihe von Gebäuden, die unter haustechnischem Gesichtspunkt weitaus fortgeschrittener waren als die klassischen Bauten der Moderne, sondern differenziert auch diese selbst nach dem Grad haustechnischer Innovation.

Auffälligerweise kamen eine ganze Reihe diesbezüglicher Vorschläge gar nicht von den Architekten selbst, sondern von Medizinern. Um 1860, als die Luftführung in den meisten Gebäuden ein reines Zufallsprodukt war, zogen sie aus ihrer Kenntnis der Umweltdesaster in den Fabriken den Schluß, daß die Fragen von Lüftung und Heizung neu zu regeln seien. Die Ärzte Drysdale und Hayward bauten in Liverpool Häuser[349], bei denen Grundriß, Querschnitt und die gesamte Anlage mit Blick auf die Lüftung geplant war. Die Führung der frischen und der verbrauchten Luft wurde konsequent getrennt; die Ströme durch die Hitze des Küchenfeuers gesteuert. Das war eine bekannte, wenn auch selten konsequent eingesetzte Technik; eine grundsätzliche Verbesserung wurde erst möglich, als in den 1880er Jahren, nach der Einführung der Elektrizität, auch leistungsfähige Ventilatoren zur Verfügung standen.

Kurz nach der Jahrhundertwende entstanden dann zwei Gebäude, bei denen in großem Maßstab eine Kontrolle der atmosphärischen Bedingungen verwirklicht wurde. Das erste ist 1903 das Royal Victoria Hospital in Belfast[350], das, so Banham, „vom Formalen abgesehen, in jeder Hinsicht weitaus moderner und bahnbrechender ist als alles, was von Walter Gropius vor 1914 entworfen wurde." Das Neue im Inneren ist unter einem historistischen Gewand verborgen. Die Luft trat über ein Maschinenhaus in das Gebäude ein – hier wurde sie durch Vorhänge aus Kokosnußfasergeweben angesaugt, welche Sprinkler befeuchteten. Nachdem so Schmutz und Ruß beseitigt waren, durchströmte die Luft Heizspiralen, bevor sie von Ventilatoren in die Luftkanäle eingeblasen wurde. Mit diesem System war es möglich, und das macht das eigentlich Revolutionäre aus, nicht nur zu heizen und zu lüften, sondern auch die Luftfeuchtigkeit zu steuern. Über ein System von Verteilerkanälen herangeführt, stieg die Luft in die Wände zwischen den

Royal Victoria Hospital, Belfast, 1903.
Lüftungssystem

Schnitt durch das gesamte Lüftungssystem:
1. Maschinenhaus, 2. Hauptkanal,
3. Verteilerkanäle, 4. Rohrleitung, 5. Zuluftauslässe,
6. Abluftöffnung, 7. Abluftkanal, 8. Abluftauslaß,
9. Dach über Operationssälen, 10. Dach über
Bettentrakten

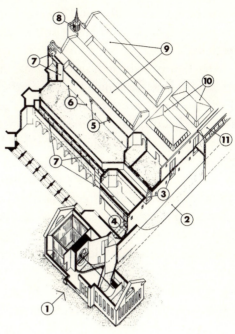

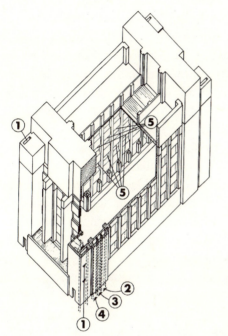

Frank Lloyd Wright, Larkin Building,
Buffalo/NY, 1903. Lüftungssystem

Larkin-Gebäude: Schema der Luftkanäle
1. Zuluft, 2. Schacht für unterschiedliche
Leitungen, 3. Abluft, 4. Abwässer,
5. Luftauslässe unter Brüstungen und Deckenbalken

Krankenzimmern auf. Aus Öffnungen über den Betten der Patienten strömte sie dann in die Räume ein. Verbrauchte Luft wurde durch Öffnungen in Fußbodennähe abgeführt.

Das erste große Gebäude aber, das avancierte Haustechnik mit der Formensprache der modernen Architektur vereinigt, ist der Verwaltungsbau der Larkin Company in Buffalo/New York von Frank Lloyd Wright[351]. Er wurde 1904 errichtet und 1950 abgerissen. Die Komplexität der Haustechnik übersteigt entsprechende Ansätze bei Mackintoshs School of Art in Glasgow oder Otto Wagners Wiener Postsparkasse, die immerhin eine sehr zukunftszugewandte Seite des Jugendstils zeigen, und dies eher als viele Bauten der zwanziger Jahre. Mit dem Larkin-Gebäude, so Banham, „schlägt Wright ...eine Brücke zwischen der Geschichte der modernen Architektur, wie sie üblicherweise geschrieben wird, als

Fortschritt von Struktur und äußerer Form, und einer Geschichte der modernen Architektur, die sich als Fortschritt in der Gestaltung der menschlichen Umwelt begreift."

Der Bau ist stilistisch in einem nackten, puristischen Klassizismus gehalten, wie ihn zu jener Zeit auch Perret oder Behrens praktizierten. Wright verwirklicht hier jedoch eine konsequente strukturelle Trennung: die Arbeitsbereiche werden von vier Ecktürmen her erschlossen, welche Treppenhäuser und die Leitungssysteme der Luftversorgung enthalten. Die Service-Elemente werden also nach außen gelegt, sie sind unabhängig vom zentralen Block. Die Luft wurde über Wandschächte in einen Maschinenraum im Keller jedes der vier Erschließungstürme gesogen und dort gereinigt und erwärmt bzw. gekühlt. Dann wurde sie über Steigleitungen auf die Geschoßebenen geführt, wo sie durch separate Öffnungen oder durch hohle Brüstungen eintrat. Verbrauchte Luft ging über getrennte Leitungen den umgekehrten Weg, bis Ventilatoren sie wieder ausbliesen. Die vier Maschinenräume konnten je nach Bedarf unabhängig voneinander betrieben werden. Wenn auch die Fama geht, daß die Larkin Company nur wegen der Dokumenten- und Maschinenverschmutzung diese aufwendigen Installationen in Auftrag gab, so kommt der Effekt doch ebenso der Produktivität der dort arbeitenden Menschen zugute. Das Gebäude besaß zwar, anders als das Royal Victoria Hospital, keine Möglichkeit zur Steuerung auch der Luftfeuchtigkeit, ist also rein technisch gesehen nicht ganz so hoch entwickelt, zeigt dafür aber an einem anderen Punkt ungewohnte Radikalität. Um die „Innenräume von den giftigen Gasen im Qualm der New Yorker Züge ...freizuhalten", war es, schreibt Frank Lloyd Wright, „ein hermetisch abgeschlossener Klotz."

Die beiden angesprochenen Gebäude sind Vorläufer. Um 1930 kam der Begriff „Air-Conditioning" in den allgemeinen Sprachgebrauch, zuerst in den USA. Die Technik der Umweltkontrolle war inzwischen ausgereift.[352] Die generelle Entwicklung ging hin zur Reduzierung des maschinellen Aufwandes und zu differenzierterer Anwendung. Während in der Elektrotechnik Edison gleichzeitig Geräte erfand, sie produzierte und auch die Stromversorgung organisierte, ist Air-Conditioning keine System-Innovation. Verschiedene Verfahren wurden parallel erprobt. Den Standard für vollklimatisierte Bürogebäude setzten 1928 und 1932 das Milam-Building in San Antonio und der Bau der Philadelphia Saving's Fund Society. Besonders im zweiten Beispiel wird die Differenzierung der Anwendung deutlich: die Anlage, aus ökonomischen Gründen in der Mitte des Gebäudes installiert, erlaubte eine separate Steuerung des Klimas in den öffentlichen Räumen und den einzelnen Büros. Der letzte Entwicklungsschritt, Geräte, die so handlich waren, daß sie auch in Privathäusern eingesetzt werden konnten, wurde, verzögert durch Wirtschaftskrise und zweiten Weltkrieg, erst in den späten

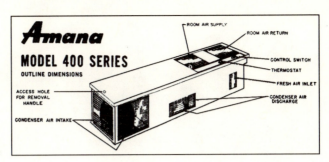

Air Conditioning-Paket,
vierziger Jahre

vierziger Jahren wirklich vollzogen: Air-Conditioning aus einem Paket, einer Kiste, die nur noch an die Steckdose angeschlossen werden mußte.

Die Entwicklung künstlicher Umwelten in Richtung auf einen Ersatz der physiologischen Atembedingungen verläuft also in Flugzeugbau und Architektur parallel: den ersten Höhenatemgeräten um die Jahrhundertwende entsprechen die ersten großen Anlagen der Klimakontrolle; die Druckkabine erscheint im gleichen Zeitraum wie das ausgebildete System des Air-Conditioning mit der Feinsteuerung aller atmosphärischen Faktoren. Zwei Bauten aus den dreißiger Jahren verdeutlichen, auf verschiedenen Ebenen, die Motive dieser Parallelaktion. Im Falle Le Corbusiers gibt es eine ganze Reihe von programmatischen Bezügen zum Flugzeugbau; in puncto Klimatechnik treten sie aber eher implizit zutage. Sein Konzept des Hauses als Wohnmaschine schloß den Gedanken technischer Ventilation natürlich mit ein. Tatsächlich ging er aber erst beim Gebäude des Centrosojus in Moskau (1928–35) daran, eine komplexere Form der Umweltkontrolle zu realisieren.[353] Die Schlagworte heißen „mur neutralisant", „respiration exacte" und „aeration ponctuelle". Wie die Flugzeugbauer berechnet er den Luftdurchsatz pro Minute und Person. Sein entscheidender Gesichtspunkt ist, daß die Systeme hermetisch abgeschlossen sind und sommers wie winters und überall auf der Welt eine Durchschnittstemperatur von 18 Grad eingehalten werden kann. Er denkt somit an von der Umgebung völlig unabhängige Räume, ob Gebäude oder Ozeandampfer. In diese Typologie gehört auch das Flugzeug, das er hier nicht erwähnt. Als man ihm aber in Moskau seitens der American Blower Corporation vorrechnete, daß sein für das Centrosojus vorgeschlagene System ein mehrfaches an Energie gegenüber den gebräuchlichen Techniken verbrauchen würde, mußte er das hermetische Klima-Konzept fallenlassen. Die Diskrepanz zwischen einem hochtechnologischen Anspruch und den Möglichkeiten seiner Realisierung konnte nicht überwunden werden.

Anders als Le Corbusiers Centrosojus gehört Frank Lloyd Wrights Verwaltungsgebäude für die Johnson Wax Company in Racine/Wisconsin von 1937–39 in den Kontext der Streamline-Architektur. Fließende Linien prägen seine Gestalt; der Bau ist von einer Klimaanlage versorgt und im Unterschied zu

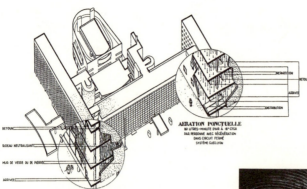

Le Corbusier, Centrosojus, Moskau, 1929ff. Schematische Darstellung der geplanten klimatechnischen Installationen

Frank Lloyd Wright, Johnson's Wax Administration Building, Racine/WI, 1937–39

Interieur, Johnson's Wax Administration Building

Interieur, Johnson's Wax Administration Building

Philip Nowland/Dick Caulkins, Raumschiffe aus dem Comic Strip „Buck Rogers", dreißiger Jahre

Centrosojus fensterlos. Diffuses Tageslicht gelangt über schmale Bänder gläserner Röhren aus Pyrex herein, die oberhalb der Augenhöhe in die Außenwände eingelassen sind. Das Dach der großen Halle wird von runden Scheiben gebildet, die aus schlanken Säulen herauswachsen. Zwischen den Scheiben sind als Lichteinlaß wiederum Pyrex-Röhren verlegt. „Wir schauen ins Licht, wie Fische vom Grund eines Teiches"[354] – so beschrieb Sigfried Giedion seinen Eindruck. Während Wright für den Larkin-Bau noch auf die schmutzige Umgebung als Grund der hermetischen Abgeschlossenheit verwies, so findet sich rund um das Gebäude für Johnson Wax nichts dergleichen: der Bau liegt, zumindest war es so in seiner Entstehungszeit, inmitten eher kleinstädtischer Wohnbebauung. Es muß also etwas anderes sein, was seine Ausbildung als isolierte Einheit veranlaßte, seinen submarinen Charakter oder auch den einer Raumstation wie in zeitgenössischen Science-Fiction-Comics.[355] Vielleicht ist ja ein solches „artificial environment" der geheime Fluchtpunkt der „Streamlined Decade", Ergebnis einer Technik, die zuerst alles bewegungsfähig und schließlich von jedem Ort unabhängig macht. Dann wäre das Flugzeug mit Druckkabine der fortgeschrittenste Ausdruck der Epoche und der Bau für Johnson Wax eine architektonische Rückübertragung dieser Eigenschaften auf die Erde.

2. Blindflug

Die Geschichte der Luftfahrt ist auch zu beschreiben als die Zunahme der Fähigkeit, den Sichtkontakt zur Erde vollständig durch den Blick auf Instrumente zu ersetzen. Instrumente aber, die einen solchen Blindflug ermöglichen, mußten erst entwickelt werden. Bei dem Flug über den Ärmelkanal war 1909 Blériots Maschine mit keinerlei Navigationshilfe ausgerüstet; ihm und den Piloten seiner Zeit reichten der Sichtkontakt zur Erde, eine Landkarte und eine Armbanduhr. Die Steuerung des Flugzeuges regulierte nichts anderes als das fliegerische Gefühl. Auf der Skizze, die Blériot nach seinem legendären Flug anfertigte, markierte er einen Abschnitt von 10 Minuten, während derer er keine Sicht hatte; nur seine Flugerfahrung und Glück konnten ihm darüber hinweghelfen.

Die ersten mechanischen Instrumente wurden um 1910 eingeführt. Diese Fahrtmesser und Magnetkompasse lieferten aber nur ungenaue Anzeigen. Bei Nacht blieb die Navigation weitgehend dem Zufall überlassen, bis 1919 ein Fliegersextant erfunden wurde. Statt der Erde wird der Himmel zum Anhalt der Orientierung. Aber auch die Himmelsnavigation ist an Sicht gebunden und nimmt zudem soviel Aufmerksamkeit in Anspruch, daß ein Pilot allein sie nur schwer leisten kann. Fast unwahrscheinlich ist der Erfolg von Lindberghs Flug 1927 von New York nach Paris: zwar besaß seine „Spirit of St. Louis" ein hochmodernes Instrumentenbrett, das mit Höhenmesser, Wendezeiger und

Horizontallibelle etc. Informationen über die Fluglage selbst vermittelte. Die geographische Position aber mußte anders ermittelt werden. Er hatte einen Fahrtmesser und einen Kompaß an Bord, aber weder einen Sextanten noch ein Sprechfunkgerät, das andere Piloten schon benutzten, dessen Funktionsfähigkeit er aber mißtraute und das auch zu schwer gewesen wäre. Während des Fluges verstrichen über dem Atlantik viele Stunden ohne Sichtkontrolle; seine Berechnungen stimmten aber und er lag nach 16 Stunden Seenavigation bei Erreichen der irischen Küste fast genau auf seinem Kurs – ein Triumph der Navigation mit sehr rudimentärer Ausrüstung.[356]

Nachtflüge finden naturgemäß weitgehend unter Blindflugbedingungen statt. Als man in der Mitte der zwanziger Jahre begann, nach der Experimentalphase der Postflüge auch regelmäßige nächtliche Passagierdienste einzurichten, tat man es aber, ohne daß schon eine ausgereifte Instrumentenflugtechnik zur Verfügung gestanden hätte. Da also die prinzipielle Notwendigkeit weiter bestand, nach Sicht zu fliegen, mußte nach deren Ausfall ein Substitut geschaffen werden. Ort dieser Substitution natürlicher Sichtbedingungen war nicht das Flugzeug selbst, sondern die Erde, ihr Mittel kein neues Instrument, sondern die künstliche Beleuchtung der Flugrouten. Die Orientierung an irdischen Lichtpunkten ist gleichsam ein Derivat der Himmelsnavigation. Die Lichterketten sind eine künstliche Umwelt nicht innerhalb, sondern außerhalb des Flugzeuges; Signatur einer Übergangszeit, in der es keine andere Möglichkeit sicheren Nachtfluges gab.

Sehr schnell bildeten sich brauchbare Techniken der Flugroutenbeleuchtung heraus.[357] Nur kurz dauerte die Phase, in der man zur Orientierung Feuer an vereinbarten Punkten entzündete und an den Flugplätzen vorbeifahrende Autos anhielt, die mit eingeschalteten Scheinwerfern die Landebahn markierten. Die Regel wurden elektrische Beleuchtungen. Als die Luft Hansa 1926 ihre erste Nachtflugstrecke von Berlin nach Königsberg einrichtete, ohne Funknavigation, ohne zuverlässige Blindfluginstrumente, wurden über die gesamten 648 km im Abstand von 30 km starke Drehlichtscheinwerfer aufgestellt, der Küstenbefeuerung für Schiffe ähnlich. Bei guter Sicht konnte der Pilot sie schon aus doppelter Entfernung wahrnehmen. Zwischen diesen Scheinwerfern befanden sich in jeweils 5 km Abstand orangefarbene Neonröhren. Zusätzlich wurden Notlandeplätze mit eigener primitiver Beleuchtung eingerichtet.

Von der Streckenbefeuerung sind die Flugplatzkennungsfeuer zu unterscheiden; das Rollfeld und seine Grenzen müssen im Nachtflugbetrieb deutlich hervortreten. Hier kamen, neben den Markierungslichtern, schon schattenlose Rollfeldbeleuchtungen zum Einsatz. Der Organisationsgrad des Nachtflugverkehrs war von Anfang an sehr hoch. In den USA riefen die Piloten jede Drehlichtstation mit einer Sirene an; von unten wurde – doppelte Kontrolle – per Lichtsignal geantwortet und das Passieren über Fernschreiber weitergegeben.

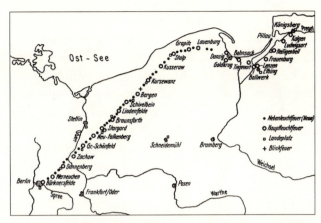

Befeuerung der Nachtflugstrecke Berlin-Königsberg, späte zwanziger Jahre

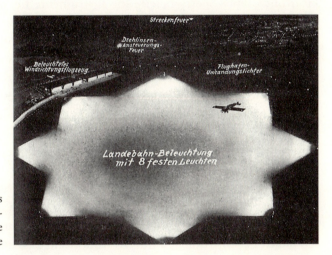

Schattenlose Beleuchtung des Rollfeldes von Berlin-Tempelhof, mittlere zwanziger Jahre

Die Luft Hansa erreichte schon in den ersten beiden Jahren, ohne tödlichen Unfall, eine Regelmäßigkeit von nahezu 100 Prozent. Während aber in der Architekturdiskussion der späten zwanziger Jahre die Beleuchtung der Flughäfen schon als Beispiel der zukünftigen Verwendung von Licht als Bausubstanz herangezogen wurde[358], war die Streckenbeleuchtung für die Luftfahrt selbst nur ein extrem aufwendiges und ausgedehntes Instrument, bzw. der Ersatz für noch nicht vorhandene Cockpitinstrumente.

Die Lage änderte sich, als man 1927 begann, Funknavigationssysteme einzurichten.[359] Sender schickten in vier Richtungen Signalfolgen aus; der Pilot stellte seinen Empfänger auf die Station ein, die laut Karte in seiner Nähe war. Ein ständiges Summen in seinen Kopfhörern zeigte an, daß er auf dem Leitstrahl war, d. h. genau in einer der vier Richtungen flog. Wurde das Summen lauter, flog er auf die Station zu und umgekehrt. Wenn das Summen aber in die Morsezeichen

„A" oder „N" überging, war er vom Peilstrahl abgekommen. Am genauesten war die Position direkt über dem Sender zu bestimmen – Funkstille bewies dem Piloten, daß er am Kontrollpunkt war. Die Tauglichkeit dieses Systems aber wurde dadurch eingeschränkt, daß es empfindlich gegenüber atmosphärischen Störungen war; dennoch war es in Kombination mit den ungefähren Berechnungen zu der Zeit die beste greifbare Navigationshilfe für das Fliegen über den Wolken.

Ein wirklich präzise gesteuerter Blindflug erforderte weiteren Aufwand. Zunächst mußten diejenigen Cockpitinstrumente verbessert werden, die Informationen über Richtung, Höhe und Lage des Flugzeuges gaben. Der geforderten Exaktheit waren insbesondere Kreiselinstrumente gewachsen: der Kreiselkompaß, der den irritablen Magnetkompaß ablöste, und ein künstlicher Horizont. Elmer Sperry lieferte die Instrumente für James Doolittle, der zum Pionier des Blindflugs werden sollte. Aus dem Fond von Daniel Guggenheim war 1928 bei Mitchel Field auf Long Island ein Laboratorium für die Entwicklung des Blindfluges eingerichtet und Doolittle zum Leiter des Projektes berufen worden. Neben den verbesserten Instrumenten, vor allem eben den Kreiselinstrumenten, stand ihm ein System von zwei Funkfeuern zur Verfügung, eines davon für die Richtungsführung auf die Landebahn. Am 24. September 1929, als dichter Nebel das Flugfeld einhüllte, bedeckte Doolittle sein Cockpit mit einer Haube, die jegliche Sicht nach draußen verhinderte. Mit dem Funkfeuer richtete er sich auf der Startbahn aus und flog einige Kilometer unter Zuhilfenahme des Gleitstrahles und des Kreiselkompasses. Als er Mitchel Field wieder erreicht hatte, war ein epochaler Schritt in der Geschichte des Flugwesens getan: der erste Blindflug nur mit Hilfe von Instrumenten. Zehn Jahre später schon galt der Instrumentenflug als Routineangelegenheit.

Der Blindflug nur mit Instrumentenhilfe erzwang auch eine ergonomische Optimierung der Cockpit-Anzeigen; sie mußten jetzt in besonderem Maße schnell und eindeutig erfaßbar sein. So experimentierte man mit verschiedenen Skalierungen, Beleuchtungen und analogen oder digitalen Anzeigen. Auch brachte man den Wendezeiger, der die Drehung des Flugzeuges um die Hochachse

Die Haube, mit der Doolittle sein Cockpit bedeckte, 24. Sept. 1929

anzeigt, unmittelbar unter dem Kompaß an, um beide Instrumente gleichzeitig erfassen und ablesen zu können.[360] Die wichtigsten Fluginstrumente wurden schließlich in einer T-förmigen Grundanordnung zusammengefaßt – die Notwendigkeiten des Blindfluges waren ein wichtiger Anstoß zur Standardisierung der Cockpit-Konfiguration.

Das entscheidende Problem beim Blind- bzw. Instrumentenflug aber war psychologischer Natur. Völlig neue Koordinationsbezüge mußten erlernt werden. Gegen die Ansicht erfahrener Piloten war eben unter den neuen Bedingungen das fliegerische Gefühl nicht mehr die ultima ratio bei der Lenkung der Maschine. Ganz im Gegenteil: die Sinnesdaten, und ganz besonders die des Vestibularorgans, waren unter Blindflugverhältnissen, d. h. hier ohne das Korrektiv der visuellen Wahrnehmung, außerordentlich trügerisch und damit gefährlich. Nun tauchte aber das Problem auf, daß selbst trainierte Piloten beim Blindflug nicht immer kontrollierte Reaktionen zeigten. Es mußten also Testverfahren entwickelt werden, deren Ziel es war, „mental readiness for action"[361] zu erweisen.

Eines der zu diesem Zweck konstruierten Geräte war der Fliegerdrehstuhl. Drehungen eines Menschen um die vertikale oder horizontale Achse erzeugen Empfindungen und Gefühle, die denen beim Blindflug ähnlich sind. Schon Mach hatte 1875 herausgefunden, daß gleichförmige Drehungen nicht wahrgenommen werden können, sondern nur Drehbeschleunigungen. Die Reizschwelle bei Drehempfindungen wurde 1908 untersucht. Drehnachempfindungen waren 1906 Gegenstand einer Arbeit von Barany (bei dem übrigens Kokoschka wegen seiner Gleichgewichtsstörungen in Behandlung war). Die Probleme waren den Experimentatoren also schon lange bekannt.

Was auf dem Fliegerdrehstuhl festzustellen war, betraf aber nicht diese Irritationen selbst, sondern die Fähigkeit der Probanden, ihren Täuschungscharakter zu erkennen und sich den Instrumenten anzuvertrauen. Anders gesagt, es sollte nicht ermittelt werden, ob jemand imstande ist, komplexe Flugbewegungen zu erspüren und auf sie zu reagieren, sondern ob er bereit ist, sich gegen die Sinneswahrnehmung auf objektive Anzeigen einzustellen – die „Versuche am Drehstuhl dienen also dem Zweck, die Umstimm- oder Objektivierungsfähigkeit des Menschen als eine für den Blindflug notwendige Voraussetzung zu untersuchen."[362] Erst nach diesen Tests wurde die Ausbildung weitergeführt, und zwar auf eigens eingerichteten Blindflugschulen zunächst theoretisch und dann in der Luft. Das schwer zu erreichende Ziel war und ist, sämtliche Sinnesdata bis auf die visuellen beim Ablesen der Instrumente zu unterdrücken. Das Flugzeug ist so anfangs der dreißiger Jahre zu einer künstlichen Umwelt geworden. Die Druckkabine ermöglicht Distanzierung, indem sie in großen Höhen das gewohnte Lebensumfeld restauriert. Die

Voraussetzungen des Blindfluges dagegen sind Entsinnlichung und Objektivierung – der Umweltbezug ist indirekt, die Lage im Raum rein instrumentell definiert.

3. Die ersten Flugsimulatoren

Eine Legende über die Entstehung des Flugsimulators besagt, daß er eigentlich gar nicht planmäßig entwickelt wurde, sondern nur das Derivat einer Erfindung aus dem Schaustellergewerbe ist: als nämlich der österreichische Orgelbauer Edwin Link 1934 für eine Zirkusschau einen Apparat gebaut hatte, der einer Flugzeugattrappe ähnelte, habe man entdeckt, daß ein solches Gerät auch zu Übungszwecken für Piloten geeignet sein könne.[363] Daran stimmt wenig; schon seit dem ersten Weltkrieg arbeitete man gezielt an einfachen Flugsimulatoren und Link meldete schon 1930 sein erstes diesbezügliches Patent an. Dennoch berührt die Legende indirekt einen wesentlichen Punkt, den Zusammenhang mit den darstellenden Künsten und Inszenierungsweisen überhaupt. „Raumtheater" oder „Raumfilm" waren Schlagworte der Zeit; der Zuschauer sollte nicht distanziert der Guckkastenbühne oder Leinwand gegenüberstehen, sondern mitten in das Geschehen hineingezogen werden. Ein Flugsimulator mußte, sollte er seine Aufgabe erfüllen können, über ähnliche Eigenschaften verfügen.

In seiner heutigen Form mit computergenerierten visuellen Szenerien und komplexem Bewegungsvermögen ist der Flugsimulator ein Produkt der Weltraumprogramme in den sechziger Jahren. Der erste routinemäßige Einsatz jedoch und viele der technischen Grundlagen datieren in die dreißiger Jahre; diese frühen Entwicklungsschritte sind hier das Thema. Der Flugsimulator ist etwa gleichzeitig mit der Druckkabine und der Technik des Blindfluges entstanden; mit ihnen zählt er zu den unterstützenden Systemen, die das moderne Flugwesen erst möglich gemacht haben.

Flugkurs per Radio, aus: Popular Aviation, März 1928

Zunächst war die Frage zu klären, was eigentlich simuliert werden sollte: die rein körperlichen Bewegungen beim Fliegen, die Handhabung der Bedienelemente, insbesondere der Blindfluginstrumente – oder die visuelle Umgebung, in der sich der Pilot bewegt. Von den eigentlichen Flugsimulatoren sind die medizinischen Geräte zu unterscheiden, die wohl die physischen Bedingungen in bestimmten Bewegungszuständen, nicht aber den Flugvorgang selbst reproduzieren können. Hierher zählen der Fliegerdrehstuhl und die Zentrifuge.[364] Die Zentrifuge ist ursprünglich ein Gerät aus der Psychiatrie. Aus dem Jahr 1794 stammt die Beschreibung eines Apparates, bei dem der Patient mit dem Kopf nach außen auf ein horizontal rotierendes Rad gefesselt werden sollte, um so Schlaflosigkeit zu bekämpfen. Während hier nicht klar ist, ob ein solcher Einsatz jemals stattfand, war zu Beginn des 19. Jahrhunderts in der Berliner Charité eine Zentrifuge in Gebrauch, mit der Geisteskrankheiten bekämpft werden sollten: ein Gerät von 4 m Durchmesser, das mit 40–50 Umdrehungen pro Minute rotierte und so eine Kraft von 5 g produzierte, also des fünffachen Eigengewichtes des Patienten. Wenn auch die therapeutischen Annahmen konfus waren, so gelang es doch, die Auswirkung zentrifugaler Kräfte auf Kreislauf und Atmung aufzuzeichnen. Erst ab 1918 benutzten Luftfahrtmediziner Zentrifugen, seitdem man nämlich die Bedeutung der Fliehkräfte für die Erhaltung des klaren Bewußtseins der Piloten näher erforschen wollte.

Mit dem Rotationsprinzip konnten wohl die Wirkungen bestimmter Kräfte simuliert werden und so Erkenntnisse etwa über die richtige Sitzposition gewonnen werden; zur Simulation des Verhaltens eines Flugzeuges war es nicht geeignet. Infolgedessen gab es auf dem Weg zum Flugsimulator auch nur einen kurzen Zwischenschritt in diese Richtung, nämlich die sogenannten Rundlaufgeräte der Jahre um 1910. In der Art eines Kettenkarussells wurden Flugzeuge

Zentrifuge in der Berliner Charité, 1818

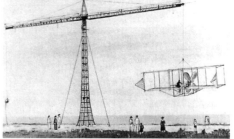

Rundlaufgerät, um 1910

aufgehängt und zum Kreisen gebracht. Schnell stellte sich heraus, daß bei stationärer Aufstellung mit geringerem Aufwand reichere Bewegungsabläufe erzielt werden konnten.[365] Verschiedene Gelenke und Hydrauliken ermöglichten, das ganze Flugzeug und die verschiedenen Leitwerke in jede gewünschte Position zu versetzen. So ist der „Sanders Teacher" von 1910 über ein Universalgelenk mit dem Boden verbunden. Der Schüler konnte die Kontrolle der Bewegungen erlernen, die zum Erhalt des Gleichgewichts nötig sind. Bevor die Bewegungen des Flugzeugmodells elektrisch ausgelöst wurden, waren dazu Instrukteure nötig. Diese Simulatoren waren noch sehr primitiv; erst die enormen Unfallraten im ersten Weltkrieg erzwangen die Weiterentwicklung der Trainingsgeräte unter Einschluß auch von Psychologen. Um 1915 bereits wurden die ersten Apparate eingeführt, mit denen die Reaktionen der Probanden elektrisch aufgezeichnet werden konnten. Eine Repräsentation des visuellen Umfeldes aber kam zu dieser Zeit über das Planungsstadium nicht hinaus.

Der Beginn eines systematischen Vorgehens bei der Entwicklung von Flugsimulatoren fällt erst in die späten zwanziger Jahre.[366] Dabei waren drei Voraussetzungen zu erfüllen. Zunächst ein am besten mathematisch formuliertes Modell der Reaktionen eines Flugzeuges auf alle Impulse seitens des Piloten oder äußerer Gegebenheiten. Dann ein Gerät, das diese Vorgaben in Realzeit auszuführen und sie weiter auf mechanische, akustische und visuelle Weise wiederzugeben vermag. Nicht alle diese Forderungen konnten gleichzeitig verwirklicht werden. Die erste vollständige, allerdings theoretische Beschreibung eines solchen Simulators stammt 1929 von Roeder. In seiner Patentschrift hat er die komplizierte Interaktion der Kräfte im Flugzeug nach einem input/output-Schema visualisiert und dabei auch schon solche Komplikationen wie Instrumentenfehler mit einbezogen. Seine Einsicht in die vielfältigen Wirkungsfaktoren überzeugte ihn schließlich, daß zu einer Flugsimulation Bewegung nicht unbedingt gehören müsse, da sie nur schwer realistisch wiederzugeben ist.

Die entscheidenden Schritte hin zu der ersten in der Praxis sinnvoll nutzbaren Simulatoren-Generation vollzog Edwin Link.[367] Sein Vater betrieb die „Link Piano and Organ Company" in Binghamton/New York; ein frühes Patent des Sohnes betraf die Verbesserung von Klaviermechaniken. Seit 1927 arbeitete er an Flugsimulatoren, wobei er unter anderem pneumatische Mechanismen aus dem Orgelbau verwendete. Das erste Patent erging 1930; in der Werbung beschrieb er zwei Verwendungsmöglichkeiten: „an efficient aeronautical training aid – a novel profitable amusement device". Der Hauptzweck aber war, Flugschülern durch die Bewegungen des Simulators das Erlernen koordinierter Reaktionen zu ermöglichen. Links Apparate leisteten in dieser Hinsicht wohl mehr als die seiner Vorgänger, das Grundproblem aber blieb, daß nämlich der Simulator die Bewegungsfolgen nicht so wie im Flugzeug wiedergeben konnte. So stand auch

Die ersten Flugsimulatoren

Simulator einer „Comet IV" inkl. eines komplexen Bewegungsmechanismus

Link-Trainer. Auf dem Tisch des Instruktors doppelte Instrumente und ein Schreibgerät, das den Kurs des „Piloten" verfolgt

Link zunächst noch vor dem Problem, seinen Kunden einen tatsächlichen Nutzen begreiflich machen zu müssen.

Dieses Problem löste sich, als Blindflüge möglich wurden. Die schwierige Interaktion mit den Instrumenten schuf erst einen Trainingsbedarf, für den die existierenden Flugsimulatoren wirklich geeignet waren. Ihre Durchsetzung ist also eine direkte Folge der Instrumentenflugtechnik. Link hatte in seinem ersten Patent keinerlei Bezug auf Instrumente genommen; das sollte sich schnell ändern. Bestanden die bisherigen Simulatoren im wesentlichen aus einem beweglichen Cockpit und den diversen manuell zu bedienenden Steuergeräten, so wurden jetzt Instrumente nicht nur eingebaut, sondern auch direkt mit dem Kontrollpult des Instruktors verbunden. In den frühen dreißiger Jahren nahmen die Links in ihrer Flugschule das Blindflugtraining auf, der Erfolg wuchs und ab 1937 wurden die ersten Trainer auch an Fluggesellschaften geliefert.

Der Link-Trainer wurde fast zum Synonym für Blindflugtraining.[368] Die Entwicklung ging dahin, nicht nur die Instrumentenanordnung bestimmter Flugzeuge nachzubauen, sondern auch Geräuschkulissen zu simulieren. Auf die Möglichkeit der Sicht nach außen wurde dabei zumeist verzichtet und seit den fünfziger Jahren zuweilen auch auf die unrealistische und damit potentiell irreleitende Bewegung. Da die Flugmanöver elektrisch registriert und anschließend ausgewertet wurden, war auf die Dauer bei ständig wachsenden Ansprüchen an die Differenzierung eine rechnerische Flugdarstellung, die ständige Integration aller Faktoren, ohne Analogcomputer nicht mehr möglich.[369] Erste diesbezügliche Überlegungen wurden 1936 am M.I.T. angestellt und in den

"Celestial Navigation Trainer", 1941

vierziger Jahren umgesetzt. Die Simulatoren nahmen immer mehr den Charakter großer Rechenmaschinen mit eingebautem Cockpit an, aber so wurde es möglich, ganze Flüge durchzuspielen.

Gegen die Erwartung spielen visuelle Systeme in der Geschichte des Flugsimulators eine eher untergeordnete Rolle, zumindest bis in die fünfziger und sechziger Jahre, als man mit closed circuit TV-Systemen und schließlich computergenerierten Bildern zu arbeiten begann. Das lag nicht etwa an einem fehlenden Bedarf, sondern ganz einfach daran, daß Bildtechniken, die den Flugsimulator ja erst vervollständigen, in der Regel nicht realistisch und flexibel genug waren. Dennoch hat man natürlich von Anfang an mit visuellen Szenerien experimentiert und einige Ansätze waren auch relativ erfolgreich. Dabei kamen sehr verschiedene Verfahren zum Einsatz. Als die britische Regierung 1939 Link bat, einen Trainer für die Himmelsnavigation zu bauen[370], kam eine Maschinerie heraus, die mit einem Flugzeugmodell wenig gemein hatte. Der „Celestial Navigation Trainer", 1941 vollendet, war in einem Silo-ähnlichen Gebäude von etwa 15 m Höhe untergebracht. Ein Flugzeugrumpf mit einer typischen Link-

Ausstattung befand sich in halber Höhe; dazu kamen die speziellen Einbauten. So wurde von unten her ein Bild der überflogenen Landschaft projiziert, um die Handhabung des Bombenzielgerätes zu üben. Der Hauptpunkt aber war die aufwendige Simulation der Himmelsnavigation. Eine Kuppel mit ortsfesten Sternen bot ein selbst sphärisches Abbild des Himmelsgewölbes; durch die Bewegung dieser Kuppel konnten die Veränderungen am Sternenhimmel in Relation zur Ortsveränderung des Flugzeuges sichtbar gemacht werden. Es handelt sich hier um eine eigentümliche Kreuzung von Flugsimulator und Planetarium.

Abgesehen von derartigen Simulatoren für spezielle Zwecke weisen die filmischen Verfahren den Weg in die Zukunft. Im Hintergrund steht dabei oft die alte Technik des Panoramas – wie dort, so geht es auch beim Flugsimulator darum, den Benutzer so mit einer Szenerie zu konfrontieren, daß er sich als Teil von ihr fühlt. Zum Teil kamen einfach Filmstreifen zum Einsatz, die verschiedene Flugzustände zeigten. Wesentlich elaborierter war das Verfahren, das der Photofachmann Fred Waller 1938 vorstellte.[371] Er arbeitete mit fünf Kameras und fünf Projektoren. Sein „Vitarama" war ein Trainingsgerät für Jagdflieger; es basiert auf dem Gedanken der Horizontalprojektion, d. h. einer Projektion, die das Sichtfeld über die üblichen Leinwandgrenzen hinaus erweitert. Der Zweck war hier die virtuelle Rekonstruktion des allseitig entgrenzten Luftraumes, um Zieldarstellungsübungen durchzuführen.

Waller hat seine Technik zur Anwendung in Kinos weiterentwickelt; sein sogenanntes „Cinerama" konnte 1949 kurzzeitig Aufmerksamkeit erregen. Das führt auf eine Verbindungslinie zwischen der Filmgeschichte und der des Flugsimulators. Die Technik der Mehrfachprojektion, die Waller 1938 und 1949 zur Simulation umfassender Raumwahrnehmung anwendete, hatte bereits auf der Weltausstellung 1900 einen Vorläufer. Dem Ingenieur Grimoin-Sanson ging es mit seinem „Cinéorama" um eine Synthese aus Panorama und Kinematographie; der Effekt allerdings kommt dem eines Flugsimulators nahe. Mit zehn kreisförmig angeordneten Kameras nahm er zunächst Panoramen zu ebener Erde auf. Anschließend wurde die Kamerakombination in der Gondel eines Freiballons installiert und bis in eine Höhe von 500 m wurden kontinuierlich weitere Filmaufnahmen gemacht. Infolgedessen sahen die Zuschauer, der Illusion halber in einem Modell des Ballons inmitten kreisförmig angeordneter Leinwände untergebracht, beim synchronisierten Abspielen der Filme die Erde unter sich versinken – oder umgekehrt, sie hatten den Eindruck, selber aufzusteigen.

Dieses kinematographische Panorama ist ein Muster des Raumfilms, einer Gattung, die Abel Gance 1927 auf einen künstlerischen Höhepunkt führte. Sein Opus „Napoleon" zeigte er auf mehreren zu einem Rundhorizont angeordneten Leinwänden. Hier mischten sich in den visuellen Effekt auch kompositorische

Das „Cinéorama" von Grimoin-Sanson, 1900

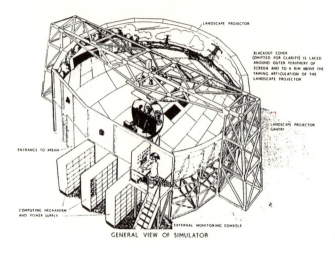

Helikopter-Simulator mit Landschaftsprojektion

Absichten, da er nicht nur durchgängige Panoramen, sondern gelegentlich auch kontrastierende Szenen zeigte. Schon Eisenstein arbeitete aber dann, anders als Abel Gance, nurmehr mittels der Kameraführung an einer Befreiung vom festgelegten Blickwinkel: in dem Projekt gebliebenen Film „Das Glashaus" wollte er 1930 einen „schwebenden Raum" verwirklichen, die Personen „aus jedem Winkel" zeigen, „von oben, von unten, seitlich, geneigt, in jeder Richtung".[372] Durch raffinierte Bewegungseinrichtungen mobilisierte Kameras wurden bald zum technischen Standard. In der Filmgeschichte spielt der Raumfilm mit seiner aufwendigen Projektionstechnik fortan, außer als optisches Spektakel, keine wesentliche Rolle mehr; für die visuellen Systeme der Flugsimulatoren ist die Zentrierung des Benutzers jedoch auch weiterhin sinnvoll.

Frederick Kiesler, Railway-Theater, 1924

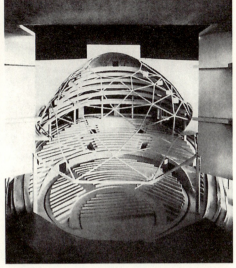
Walter Gropius, Totaltheater, 1927

Henry Dreyfuss, Präsentation in der „Perisphere",
Weltausstellung New York 1939–40

Norman Bel Geddes, „Futurama" mit „moving
chair-train", Weltausstellung New York 1939–40

Von seiner Problemstellung her ist ein Flugsimulator mit einem Hauptanliegen der zeitgenössischen Kultur verbunden. „heutige raumerlebnisse beruhen auf dem ein- und ausströmen räumlicher beziehungen in gleichzeitiger durchdringung von innen und außen"[373] – dieser Satz aus Moholy-Nagys Bauhausbuch „von material zu architektur" bringt eine allgemeine Einstellung zum Ausdruck, deren Folgen sich auch an seinem „Licht-Raum-Modulator" belegen lassen: nämlich das Erzeugen von Umgebungen, die der Variabilität und Dynamik des modernen Raumerlebnisses adäquat sind.

Le Corbusier, Pavillon Bat'a,
Entwurf für die Weltausstellung
Paris 1937

Dazu müssen nicht in jedem Fall hochtechnische Mittel eingesetzt werden. Als Mies van der Rohe 1927 von den deutschen Spiegelglasfabriken den Auftrag erhielt, für die Stuttgarter Werkbundausstellung einen Demonstrationsraum zu schaffen, wählte er eine so puristische wie irritierende Lösung. Um die raumgestalterischen Möglichkeiten von Glas zu zeigen, unterteilte er die einzelnen Raumzonen in dem offenen Grundriß ausschließlich mit von schlanken Metallrahmen eingefaßten Glaswänden. Der Filmtheoretiker Siegfried Kracauer konnte diesen Raum ganz unter dem Gesichtspunkt eines Lichtspiels wahrnehmen: „Ein Glaskasten, durchscheinend, die Nachbarräume dringen herein. Jedes Gerät und jede Bewegung in ihnen zaubert Schattenspiele auf die Wand, körperlose Silhouetten, die durch die Luft schweben und sich mit den Spiegelbildern aus dem Glasraum selber vermischen." Diese Architektur erschien ihm als „ungreifbarer gläserner Spuk, der sich kaleidoskopartig wandelt."[374] Die kunstvolle Skelettierung, die Mies immer wieder als Haut-und-Knochen-System beschrieb, erweist sich hier als Voraussetzung für etwas anderes – die Erscheinung der Architektur als Lichtspiel. Der Besucher ist in einem Modulator; wo immer er steht, ist er von sich verändernden Bildern umgeben.

Insbesondere im Theaterbereich wurden aufwendige Apparaturen erdacht, um den Zuschauer zum unmittelbaren Bestandteil des Bühnengeschehens zu machen.[375] Friedrich Kiesler präsentierte 1924 auf einer Ausstellung für

Die ersten Flugsimulatoren 205

Norman Bel Geddes, „Futurama" mit „moving chair-train". Photo: Margaret Bourke-White

Theatertechnik seinen Vorschlag eines „Railway-Theaters", bei dem, so der Katalog, der Zuschauerraum „in schleifenden elektromotorischen Bewegungen um den sphärischen Bühnenkern" kreisen sollte. Gropius und Piscator verwandelten dann in ihrem „Totaltheater"-Projekt ein ganzes Gebäude in eine Bühnenmaschinerie: ein in hohem Maße wandelbarer Raum mit Projektionseinrichtungen für Licht und Filme.

Derartige Bestrebungen mündeten am Ende der dreißiger Jahre in die Inszenierungsstrategien der Weltausstellungen. Le Corbusiers Vorschlag für Paris 1937, Filme an die Decke eines Pavillons zu projizieren, blieb noch Projekt. Zwei Jahre später aber in New York entstanden Räume, die sämtliche vorhandenen Techniken virtuos mischten.[376] Mit Bauten, Projektionen und Licht- und Klangeffekten versetzt Raymond Loewy die Besucher auf einen Raketenbahnhof der Zukunft. Einen Schritt weiter gehen die Gestalter der „Perisphere". Hier rotieren die Besucher auf Galerien langsam über dem Modell einer futuristischen Stadt. Dimmeinrichtungen raffen einen Tag auf Vorführdauer zusammen; wenn sich in der verdunkelten Kuppel die Sterne zeigen, scheinen die Balkone fast im freien Raum zu schweben. Und schließlich das „Futurama" von Norman Bel Geddes – in ihrem „moving chair-train" sehen die Besucher wie aus einem Flugzeug eine ausgedehnte Modellandschaft unter sich vorbeiziehen: deutlicher noch als sonst wird hier die Affinität der Techniken in einem Flugsimulator zu denen avancierter Ausstellungsarchitektur. In beiden Fällen geht es um eine allseitige Aktivierung des Raumes als Mittel gesteigerter Partizipation.

DRITTER TEIL

VII. LUFTKRIEG UND RAUMREVOLUTION

1. Der Luftkrieg von 1939–1945

Der Luftkrieg ist einer der brachialsten Eingriffe, die jemals mit den Mitteln der Technik in das Gefüge der Zivilisation vorgenommem wurden. Die alten Begriffe von Raum, Territorium und Staat verlieren ihre Bedeutung.

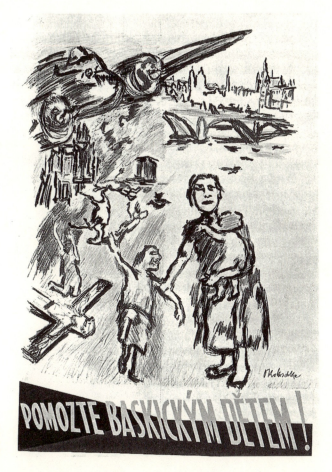

Oskar Kokoschka, „Helft den baskischen Kindern!", Lithographie, 1937

Ursprünglich geplant, um die extrem opferreichen Stellungskämpfe des ersten Weltkrieges zukünftig zu vermeiden, führte der Luftkrieg zwischen 1939 und 1945 zum Tod von Hunderttausenden von Menschen, nicht mehr Soldaten allerdings, sondern Zivilisten. Die theoretischen Grundlagen des strategischen Bombenkrieges wurden bereits 1921 formuliert. In diesem Jahr erschien, mit enormer Resonanz, das Buch „Il dominio dell'aria" des italienischen Fliegeroffiziers Giulio Douhet.[377] Er behauptete, daß Luftstreitkräfte der entscheidende Faktor in jedem neuen Krieg sein würden. Ohne statische Materialschlachten könne der Krieg mit neuartiger dreidimensionaler Dynamik direkt ins Hinterland des jeweiligen Gegners getragen werden, der keine Möglichkeit der Abwehr besäße. Der Angreifer kann seine Kräfte beliebig konzentrieren, der Verteidiger sie schwer überhaupt nur orten. Wenn durch Bomben die politischen und militärischen Kommandozentralen wie auch Verkehrswege und Rüstungszentren zerstört sind, entfallen die wesentlichen Voraussetzungen zum Widerstand. Zerstörungen von Ballungszentren, Angriffe also auf die Zivilbevölkerung,

Titelgeschichte von „Modern Wonder", März 1938: „Death-Dealing Cables for London's Defence"

würden solange fortgeführt, bis der Gegner demoralisiert und zur Annahme jedweder Friedensbedingungen bereit ist.

Die Diskussion über Douhet verlief kontrovers; der spätere Luftkrieg aber wird hier im Grundriß schon erkennbar. Obwohl die kriegsentscheidende Rolle der Luftwaffe allgemein anerkannt wurde, liefen die Planungen bei den späteren Kriegsgegnern in verschiedene Richtungen. Hier lassen sich zwei Tendenzen unterscheiden: eine radikale strategische, nach der Heer und Marine auf das Minimum beschränkt werden sollten, welches unbedingt notwendig ist, um die Grenzen des jeweiligen Landes zu schützen – und eine moderate, die der Luftwaffe wesentlich taktische, unterstützende Aufgaben zuwies. Führte auch die Praxis des zweiten Weltkrieges letztlich zu einer Synthese beider Vorstellungen, so lassen sich die Vorbereitungen in den verschiedenen Staaten doch nach dem Modell der beiden Tendenzen unterscheiden.

Die Kriegsvorbereitungen in Deutschland sind trotz des gigantischen Ausbaus der Luftfahrtindustrie nach 1933 durch eine Unterschätzung der strategischen Bedeutung der Luftkriegsführung gekennzeichnet. Nachdem der erste Generalstabschef der Luftwaffe, General Wever, im Jahr 1937 bei einem Flugzeugunfall zu Tode gekommen war, wurden die Beschaffungspläne für schwere Bomberverbände aufgegeben. Die taktische Zusammenarbeit der Luftwaffe mit dem Heer trat in den Vordergrund.[378] Als Spanien im Bürgerkrieg zum Übungsfeld der deutschen Luftwaffe wurde, mag der Bombenangriff auf Guernica mit zu der Überzeugung beigetragen haben, daß taktische Luftangriffe im Verbund mit Heeresoperationen die den größten militärischen Erfolg versprechende Form des Luftkrieges seien. Auf alle Fälle wurden noch im Jahr 1937, in dem Picasso sein großes Anklagebild in Paris ausstellte, die Prototypen der deutschen viermotorigen Langstreckenbomber verschrottet.

In England verlief die Entwicklung entgegengesetzt, hier wurde schon 1918 die Luftwaffe unter dem heutigen Namen Royal Air Force zu einem selbständigen Teil der Streitkräfte. Ihr erster Oberbefehlshaber, Sir Hugh Trenchard, war von vornherein von den strategischen Möglichkeiten des Luftkrieges fasziniert. Seit 1925 waren die Ziele festgelegt: strategische Bomberverbände für den Angriff, Jagdfliegerverbände für den Heimatschutz. Die Entwicklung viermotoriger Bomber wurde seit Mitte der dreißiger Jahre gefordert, aber bis Kriegsbeginn noch nicht umgesetzt. Die Tendenz aber war eindeutig und entsprach der in den USA, wo ein Prototyp der viermotorigen B-17, der „Flying Fortress", 1936 erstmalig flog. Seitens des „US Strategic Bombing Survey" wurden in der Nachkriegszeit die allgemeinen Überlegungen vor Kriegsbeginn so zusammengefaßt: „Niemand konnte genau wissen, welches die beste Art sei, dieses nahezu neue Kriegsmittel auszuwerten. (In den USA) gab es eine starke Strömung, die annahm, daß die entscheidende Rolle der Luftwaffe jedoch die sei, tief in Feindesland hineinzus-

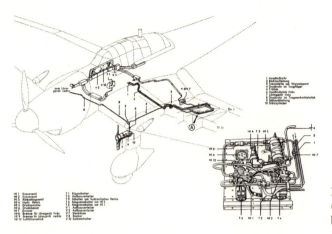

Lageplan der Lärmgeräte, Ju 87. („Zur Verstärkung des Heultons beim Sturzangriff")

toßen und dort die Quellen seiner militärischen Macht zu vernichten; ganz besonders glaubte man, daß dies durch präzise Bombenabwürfe am Tage erreicht werden könnte." Die „Flying Fortress" wird zu den bemerkenswertesten Entwicklungen der Zeit gezählt. Die deutsche Luftwaffe aber, so heißt es hier, „war ursprünglich aufgebaut worden, um Bodenoperationen unmittelbar zu unterstützen; das Fehlen an Bomber-Verbänden mit großer Reichweite stellte sich als schwerer strategischer Fehler heraus."[379]

Den Bombenkrieg begonnen haben aber, entgegen einer weitverbreiteten Auffassung, deutsche Militärs.[380] Auf Warschau wurden, wenn auch bei weitem nicht mit dem gleichen grauenvollen Ergebnis, etwa dreimal soviel Tonnen abgeworfen wie 1945 auf Dresden. Die Ziele waren hier noch primär militärischer Natur. Das änderte sich 1940 in Rotterdam mit dem Angriff auf eine Stadt, obwohl die Kapitulationsverhandlungen schon angelaufen waren. Zum Symbol deutschen Bombenterrors wurde Ende 1940 der Angriff auf Coventry mit Hunderten von Toten. Nicht die dort konzentrierte Flugzeugindustrie wurde getroffen; die Bomben verwandelten die Wohngebiete in ein Inferno. Hitler prägte im Gefühl dieses vermeintlichen Triumphes das Wort vom „Coventrieren", das die Auslöschung von Städten bezeichnen sollte.

Der Angriff auf Coventry, obwohl rein militärisch nicht sehr bedeutsam, ist dennoch in verschiedener Hinsicht für die Art der Kriegsführung beider Seiten aufschlußreich. Am Nachmittag vor dem nächtlichen Angriff entschlüsselten die Codebrecher von Bletchley Park einen Funkspruch, der es erlaubt hätte, die Bevölkerung zu warnen bzw. zu evakuieren. Das war nur möglich, weil England im Besitz des äußerst geheimen deutschen Verschlüsselungsgerätes Enigma war. Dieser Umstand sollte natürlich seinerseits so lange wie möglich geheim bleiben, was bedeutete, daß man so wenig wie möglich Gebrauch von den offenbaren deutschen Geheimnissen machen durfte. Im Falle Coventrys zog Churchill

Der Luftkrieg von 1939–1945

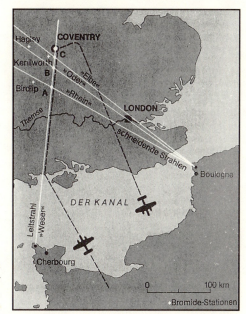

Zielfindung mit dem „X-Gerät", einem neuartigen Funkleitverfahren: Anordnung der Leitstrahlen beim Angriff auf Coventry, 13./14. Nov. 1940

U-Bahn-Station als Luftschutzraum, London 1941

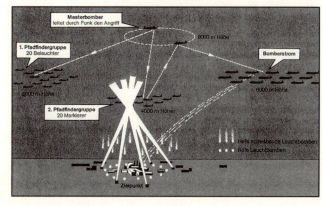

Angriffstaktik der Royal Air Force, 1942

deswegen die Konsequenz, die Bevölkerung nicht zu warnen. Noch auf einer anderen Ebene sollte dieser deutsche Angriff zu einem Teil der englischen Strategie werden. Das britische Bomberkommando studierte genau seinen Verlauf und man stellte fest, daß die größten Schäden im Stadtzentrum durch Flächenbrände und Feuerstürme verursacht wurden. Das hat die Planung der späteren Angriffe auf deutsche Großstädte entscheidend beeinflußt.[381]

Der Flächenangriff, das „area bombing", wurde zum wesentlichen Kennzeichen der englischen Luftkriegsführung. Die entscheidenden Weichen wurden 1942 gestellt. Am 22. Februar wird der Luftmarschall Sir Arthur Harris zum Oberkommandierenden des Bomberkommandos bestellt, ein Mann, „der eine extreme Theorie der Destruktivität ohne Wenn und Aber in die Wirklichkeit umsetzte."[382] Harris hatte in den dreißiger Jahren blutige Bombenangriffe gegen rebellische Stämme im Irak und an anderen Orten des Empire befohlen. In seiner neuen Funktion erweist er sich als entschiedener Vertreter der Lehre von Douhet: strategische Bomber, gegen Städte eingesetzt, garantieren den Kriegsgewinn. Zum Muster für das Kommende wird der britische Angriff auf Köln, der vom Londoner Luftfahrtministerium zurecht als der bis dahin größte in der Geschichte des Luftkrieges bezeichnet wurde. In der Nacht vom 30. auf den 31. Mai 1942 flogen über tausend Bomber auf die Stadt. Genau nach Plan erschien alle sechs Sekunden je ein Bomber über dem Ziel, und in jeder zweiten Sekunde explodierten Bomben mit einem Durchschnittsgewicht von einer Tonne, insgesamt während der 90 Minuten ca. 3.000 Tonnen Spreng- und Brandstoffe. „Von der 55. Minute des Angriffs an", so schrieben mitfliegende Kriegskorrespondenten, „hatten wir alle den Eindruck, als flögen wir über einem in Tätigkeit befindlichen Vulkan."[383] Daß das Ziel der Tod von Zivilisten war, zeigt der Umstand, daß die Kölner Industrie kaum betroffen war.

Die Aufstellung der RAF-Pfadfinderverbände führt dann im August 1942 zu einer deutlichen Steigerung der Angriffspräzision. Ausgewählte Piloten, Navigatoren und Bombenschützen fliegen den Bomberverbänden in sogenannten Pfadfinderflugzeugen voraus, suchen das Ziel und kennzeichnen es durch den Abwurf von Leuchtzeichen. Die Pfadfinder „sind in ‚Finder' und ‚Beleuchter' aufgeteilt. 15 Kilometer vor dem Ziel beginnt der ‚Finder' (‚Zeremonienmeister') auf der Einflugschneise der Bomber alle 30 Sekunden eine Leuchtbombe fallen zu lassen. Inzwischen kreisen die ‚Beleuchter' über dem Zielgebiet und werfen erst Leuchtbomben (‚Christbäume') und dann Brandbomben ab. Die ‚Finder' fliegen nun quer zur bereits markierten Linie und werfen weitere Leuchtbomben ab. Der Schnittpunkt der beiden erkennbaren Linien ist die Stelle, über der die anfliegenden Bomber ihre Last abwerfen sollen."[384]

Was hier 1942 begann, wurde vom folgenden Jahr an bis zum Ende des Krieges, von Hamburg im August 1943 bis zur Zerstörung Dresdens im Februar 1945, zu einem Dauerzustand: systematische Flächenangriffe gegen Städte mit unzähligen Opfern. Die Amerikaner bombardierten zunächst die Rüstungszentren, realisierten aber im Frühsommer 1944 nicht, wie nah sie einer ihrer strategischen Absichten, nämlich die Treibstoffversorgung zu unterbinden, durch beharrliche Angriffe auf Raffinerien und Hydrierwerke bereits gekommen waren – auch sie flogen nun, zumeist bei Tag, Angriffe gegen Städte, während Harris weiterhin auf den nächtlichen Terror setzte. Die Ziele, beide ableitbar aus Douhets Doktrin, wurden nicht erreicht: weder, zumindest bis Ende 1944, ein Sinken der deutschen Rüstungsproduktion, noch ein Aufstand in der hauptsächlich betroffenen Bevölkerung gegen das NS-Regime. Die britische Regierung wußte im Sommer 1944, daß die Städtebombardierung auch nach militärischen Kriterien ein Fehler war, aber die Kritik sowohl in der Öffentlichkeit wie sogar innerhalb der RAF führte zu keiner Änderung.[385] Das bis zum Kriegsende fortgeführte „area bombing" bestätigte Ernst Jüngers kaltblütige Feststellung von 1930, daß ein Luftangriff „den Unterschied zwischen Kämpfern und Nichtkämpfern" verwischt.[386] Für die betroffenen Länder fallen selbst die relativen Sicherheiten fort, die ein Landkrieg noch geboten hatte. Der strategische Bombenkrieg, ursprünglich gedacht als Mittel, den Gemetzeln des Stellungskrieges zu entgehen, führt in die vollständige Auflösung jeder Möglichkeit, die Auswirkungen des Krieges zu begrenzen und damit überhaupt zum Ende jedes hergebrachten Ordnungssystems.

2. Camouflage – Versuche, zu verschwinden

Jeder Ort wird zum potentiellen Bombenziel, sobald er von oben sichtbar ist. Um der Allgegenwart des Luftkrieges zu entgehen, kann man Objekte entweder direkt schützen, sie also armieren, oder aber sie unter die Erde verlegen – beides Methoden, die naturgemäß nur in beschränktem Umfang praktikabel sind. Im Gegensatz dazu sind die Techniken der Tarnung, mit denen Objekte nur für das Auge des Angreifers verschwinden, in der Regel billiger und leicht großflächig anzuwenden; erfolgreich sind sie allerdings nur unter bestimmten Bedingungen.

Vor und während des zweiten Weltkrieges wurden verschiedene Verfahren erprobt, die zum Teil auf früheren Erkenntnissen basierten. So hatten sich während des ersten Weltkrieges die leuchtenden Farben der Uniformen, die jahrhundertelang das Bild des Soldaten bestimmten, als überaus kontraproduktiv erwiesen. Mit der modernen Nachrichtentechnik wurde ihre kommunikative Funktion überflüssig, die in der optischen Unterscheidung von Freund und Feind gelegen hatte; nur für den Gegner, insbesondere, wenn er aus der Luft angriff, stellte die Farbe noch eine Unterstützung dar, die das Zielen wesentlich erleichterte. Es wurden also Röcke von neutraler Farbe eingeführt, um die

Sichtbarkeit der Truppen im Felde zu vermindern. Nun trat ein neues Problem auf, wie ein Artikel im Almanach Hachette von 1916 deutlich macht: „Die Schwierigkeit lag darin, eine unsichtbare Farbe zu finden, die sich genügend von der unserer Nachbarn unterschied, damit keine Verwechslung möglich war."387 Bevor im zweiten Weltkrieg der Tarnanzug eingeführt wurde, kamen hier bei den Kriegsgegnern leicht differente Khaki-, Grau- und Blautöne zum Einsatz. Bei der Tarnung von Objekten folgte man der gleichen Vorgabe, sie nämlich an die Umgebung anzupassen. Schon im ersten Weltkrieg ging man in einer Weise vor, die 1943 in der deutschen Zeitschrift „Signal" eine fast epigrammatische Formulierung gefunden hat: „Der Tarnungsarchitekt ist das Gegenteil des Propagandisten."388 Tarnung bringt in dem historischen Moment Menschen und Objekte zum Verschwinden, in dem der Kriegsschauplatz selbst uneindeutig wird – der moderne Krieg kennt kein fixiertes Schlachtfeld mehr, auch nicht unbedingt eine Frontlinie; mit schnellbeweglichen Panzern und vor allem den Flugzeugen ist er ubiquitär.

Tarnung ist ein Teil der Arbeit des Luftschutzes, der, organisiert wesentlich von zivilen Stellen, prinzipiell defensiver Natur ist. Hier gilt es allerdings zu differenzieren. Selbstverständlich ist, daß nach Ausbruch von Kriegshandlungen die Bevölkerung, ganz gleich auf welcher Seite, mit allen nur denkbaren Mitteln geschützt werden muß. Wenn aber, wie das zweifellos im NS-Staat der Fall war, die Organisation der Luftschutzmaßnahmen Bestandteil umfassender offensiver militärischer Planungen ist, dann verändert sich ihr Charakter – sie sind dann dem allgemeinen Ziel untergeordnet, den Krieg überall, auch an der sogenannten Heimatfront, mit möglichst geringem Risiko führen zu können.

Diese Qualität von Luftschutzplanungen wurde in Deutschland nach 1933 schnell deutlich: die Infrastruktur ziviler Verteidigung entstand parallel zu der immensen Aufrüstung. Der Beginn ernsthafter Luftschutzvorbereitungen fällt in das Jahr 1934. Großangelegte Versuche dienten etwa der konstruktiven Ausbildung von Bunkern. Im Jahr darauf wurde mit dem „Luftschutzgesetz" festgelegt, daß alle Deutschen einer Luftschutzpflicht unterlägen. Als durch Erlaß vom 26. Juni 1935 die „Reichsstelle für Raumordnung" gegründet wurde, war eine übergeordnete Behörde geschaffen, die sämtliche staatlichen Planungen koordinieren sollte. Ihre Aufgabe war, „darüber zu wachen, daß der deutsche Raum in einer den Notwendigkeiten an Volk und Staat entsprechenden Weise gestaltet wurde."389 Da die Luftschutz-Stellen hier integriert wurden, konnten die Arbeiten für die Reichs- und Landesplanung von vornherein auch unter diesem Gesichtspunkt angegangen werden. So sollten die bestehenden Ballungsräume nicht weiter verdichtet werden.

Auf dem eigentlichen Feld der Tarnung und Täuschung kamen nach ausgiebigen Experimenten im wesentlichen vier verschiedene Methoden zur

Anwendung. Das Reichsluftfahrtministerium ließ 1937 den Stettiner Hafen mit Chlorsulfonsäure künstlich vernebeln. Es gelang, dieses Gebiet der Sicht von oben zu entziehen; ungelöst aber blieb das taktische Problem des richtigen Zeitpunktes: sobald Störflugzeuge einen Angriff simulierten, der erst später stattfand, war es aufgrund der großen Menge an benötigtem Nebelstoff schwierig, die Konsistenz der Nebeldecke über den nun längeren Zeitraum aufrecht zu erhalten.[390] Auch wurden nicht nur die feindlichen Flieger, sondern ebenso die eigenen Flak-Soldaten an der Sicht gehindert. Zudem war der Nebeleinsatz von den örtlichen meteorologischen Verhältnissen abhängig, konnte etwa durch starken Wind oder mangelnde Luftfeuchtigkeit erschwert werden. Bei Kriegsende aber waren auf deutschem Gebiet immerhin 25.000 Nebelsoldaten im Einsatz.

Nachts hingegen brauchte man keinen Nebel, sondern konnte das gleiche Ziel durch Verdunklungsmaßnahmen erreichen. Gesetzliche Regelungen, intensive Propaganda und Übungen machten alle Zivilisten zu Verdunklungssoldaten. Die sozusagen künstliche Dunkelheit der nächtlichen Städte führte aber zu einer Vielzahl an Unfällen, bis man die Vorschriften über die totale Verdunklung lockerte bzw. sie durch ein verbessertes Vorwarnsystem auf kürzere Zeiten beschränkte.[391] Angesichts dieser Schwierigkeiten war die Komplementärfarben-Verdunklung von bemerkenswerter Eleganz. Ausgehend von der physikalischen Erkenntnis, daß Licht von einer bestimmten Farbe einen komplementärfarbenen Filter im Idealfall nicht durchdringt, verwendete man in Industriebetrieben farbige Lichtquellen und komplementärfarbene Glasdächer und Fensterflächen. Die physiologischen Auswirkungen allerdings waren für die unter diesen Bedingungen Arbeitenden außerordentlich ungünstig.

Die sogenannten Scheinanlagen stellen eine Alternative dar; die Täuschung erfolgt hier durch Verdopplung oder Vervielfachung der zu schützenden Objekte. Auf diesem Weg einer Dislozierung der Aufmerksamkeit wird nichts versteckt, sondern künstliche Bombenziele werden erst geschaffen. Zu unterscheiden sind Tages- und Nachtscheinanlagen. Während bei den letzteren Lichterscheinungen hervorgerufen werden, die zum Bombenabwurf reizen können, ist der Aufwand bei den Tagesanlagen bedeutend größer; hier können nicht einzelne Punkte ein großes Ganzes simulieren, sondern dieses muß flächendeckend simuliert werden. So hat man 1940/41 in Hamburg mit Holzgerüsten und Schilfrohrmatten die gesamte Wasserfläche der Binnenalster abgedeckt, „markierte auf ihr die angrenzenden Straßenzüge und errichtete im gleichen Abstand, in dem die Lombardsbrücke vom Jungfernstieg entfernt liegt, diese Brücke als Scheinanlage über die Außenalster, hier außerdem noch Bahnanlagen markierend. Dadurch wurde eine Lage des Hamburger Hauptbahnhofs und der Lombardsbrücke vorgetäuscht, die um die Länge der Binnenalster nach Norden verschoben war."[392] Man konnte so die alliierten Flieger desorientieren und sie zum

Bombenabwurf an falscher Stelle verleiten; der Nachteil aber war, daß die Scheinanlage wiederum bewohntem Gebiet benachbart lag, das dann seinerseits Bomben auf sich zog.

Auch eine andere Täuschungsmaßnahme, bei der gleichzeitig eine Tages- und eine Nachtscheinanlage zum Einsatz kamen, brachte kaum den erhofften Erfolg. 1941 hatte man den Essener Baldeney-See trockengelegt, den Grund in eine Wiesen- und Ackerfläche verwandelt (wieder um Piloten zu desorientieren), und zugleich auf der Höhe bei Velbert eine große Nachtscheinanlage errichtet, um die Essener Krupp-Werke vorzutäuschen. Diese Anlage hat nur wenig Bomben auf sich gezogen, während aber große wirtschaftliche Schäden entstanden, nachdem der Stau des Baldeney-Sees abgelassen war.

Die direkten Tarnungsmaßnahmen selbst schließlich simulieren nicht Ziele, sondern verändern nur ihr Aussehen. Grundsätzlich kommen folgende Techniken zur Anwendung: Färbungen, wie im Falle der weißen Betonbänder der Autobahnen, um sie unauffällig zu machen, oder Oberflächenbehandlungen, um Reflexionen zu vermeiden.393 Weiter Überspannungen mit Tarnnetzen sowie

Camouflage-Architektur: ein Dorf auf dem Dach der Douglas Aircraft Company, Santa Monica/CA, um 1943

Formveränderungen durch Um- und Aufbauten oder wiederum durch Farbe, wobei man die Eigenart eines Objekts so abwandelte, daß es, obwohl noch sichtbar, als ein anderes erschien. All diese verschiedenen Tarnungs- und Täuschungsmaßnahmen verloren jedoch weitgehend ihre Bedeutung, als 1942/43 Radargeräte eingeführt wurden, die so nicht mehr zu täuschen waren. Dennoch bleibt das Ingenium der Camoufleurs durchaus beeindruckend, und dies nicht zuletzt deswegen, weil den Techniken, wie in den folgenden Abschnitten zu zeigen sein wird, in vielen Fällen ein Transfer von in ganz anderen Kontexten entstandenen Verfahrensweisen der Kunst, Architektur und des modernen Städtebaus zugrundelag.

Formzerlegung

Georges Braque nahm die Urheberschaft militärischer Tarnanstriche genau so für sich in Anspruch wie Picasso, der, als er 1915 mit Camouflage-Bemalung versehene Kanonen durch Paris fahren sah, zu Gertrude Stein äußerte: „Das haben wir erfunden."[394] Damit ist ein Problem aufgeworfen, das zumindest bis in den zweiten Weltkrieg hinein besteht, nämlich die Überschneidung ästhetischer Strategien der Avantgarden mit der angewandten Kunst militärischer Tarnmalerei. Definiert sich diese durch „Gestaltung der Gestaltlosigkeit"[395], so wird auch in der künstlerischen Diskussion um die Darstellungsmöglichkeiten der Gegenstandswelt mit dem Kalkül entstaltender Lösungen operiert.

Der Kubismus zeigt ein Verschwinden eindeutiger Objektbeziehungen, löst Erscheinungsbilder in konstruktive Elemente auf, die den Gegenstand in schwer erfaßbarer Vieldeutigkeit präsentieren. Geschlossene Körper verwandeln sich in zersplitterte Einzelformen, die sich überlagern und mit dem Bildgrund durchdringen. Jeder Bestandteil eines Bildes steht mit anderen Elementen in ständiger Wechselwirkung. Stabile, räumlich-tektonische Strukturen sind durch diesen Prozeß in raum-zeitliche überführt. Unabhängig von allen philosophischen und wahrnehmungspsychologischen Implikationen berührt der Vorgang der kubistischen Verschmelzung von Gegenständen untereinander und mit der Bildfläche, das also, was Delaunay „rhythmische Beziehungen... zwischen gegenständlichen Elementen, z. B. von einer Landschaft, einer Frau und einem Turm" nennt, um die „Kontinuität"[396], sprich die Isolation des Einzelnen aufzuheben, exakt die Aufgabenstellung der Camouflage.

Das direkte Zusammentreffen von Kunst und Camouflage im Zeichen des Kubismus bzw. Kubo-Futurismus markiert der Auftrag an Edward Wadsworth und andere englische Künstler, gegen Ende des ersten Weltkrieges Schiffe mit Tarnanstrichen zu versehen. Diese Maler gehören zur Bewegung des Vortizismus, zu dessen Umfeld zeitweilig auch Ezra Pound, James Joyce und T. S. Eliot zählen.

Das „Vorticist-Manifesto" wurde 1914 veröffentlicht; die Bezeichnung stammt von Pound und sollte „die Vorstellung von Sog, Malstrom und Wirbel hervorrufen, einen Gemütszustand der Exaltation".[397] Die Künstler jedoch arbeiteten in einer etwas trockenen Manier geometrischer Abstraktion.

Der Entwicklungsstand, den die Arbeit von Wadsworth unmittelbar vor Übernahme der Camouflage-Aufträge erreicht hatte, läßt sich an dem Holzschnitt „Interior" von 1917 ablesen. Eine Anzahl kubischer Volumen taumelnd in einem Raum, der nicht genau definiert ist – die Gesetze der Schwerkraft scheinen aufgehoben und kein Objekt ist für sich abgeschlossen; mit einer vergleichsweise einfachen Methode erreicht Wadsworth eine ausgesprochen vieldeutige Bildwirkung. Bei seinen Tarnungsanstrichen, seiner Technik der „dazzle-camouflage", bedient er sich dann für die großen Flächen der Schiffskörper prinzipiell ähnlicher Mittel wie für das Raumbild seines „Interior", nämlich des Zerreißens eindeutiger Großformen in geometrische Fragmente.

Wadsworth und die anderen Vortizisten beaufsichtigten die Camouflage-Designs von über 2.000 Schiffen und darunter solchen von der Größe der „Aquitania" mit weit über 200 m Länge. Sein Kollege Etchells schrieb 1919: „The camouflaged ship was one of the bright spots of the war and it is not too much to say that it would propably never have developed as it did had it not been for the experiments in abstract design made by a few modern artists during the years immediately prior to 1914."[398] Auch wenn die „dazzle"-Technik von dem traditionellen Marine-Maler Norman Wilkinson aus dem Studium optischer Theorien heraus entwickelt wurde, so ist doch die Tatsache, daß die Vortizisten schließlich den Auftrag erhielten, folgerichtig aufgrund der ästhetischen Affinitäten zu ihrer Kunst. Diese Maler kamen so, auch wenn die deutschen U-Bootfahrer sich eher amüsierten, zu einer „gigantischen Freiluft-Ausstellung".[399] Mit seinem monumentalen Bild „Dazzle-Ships in Drydock at Liverpool", auf dem die fragmentierten Formen von Schiff und Dock ineinander überzugehen scheinen, bestätigte Wadsworth 1919 in einem Akt der Rückübertragung den engen Bezug der militärischen Auftragsarbeiten zu seiner eigenen Malerei.

Ein merkwürdiges Zwischenspiel in der Geschichte der Methoden der Formzerlegung stellen die farbigen Hausbemalungen des Expressionismus dar, um die in den frühen zwanziger Jahren eine rege Diskussion geführt wurde. Natürlich handelt es sich hier nicht um Tarnmalereien, aber die Überlegungen der beteiligten Künstler und Architekten führen gelegentlich zu Ergebnissen, die auch bei der Tarnung Verwendung finden könnten. Das Forum ist die Zeitschrift „Frühlicht", die 1920–1922 von Bruno Taut herausgegeben wurde[400], Demonstrationsbeispiele sind vorwiegend Arbeiten in Magdeburg, ebenfalls unter der Ägide Tauts, der dort von 1921–1924 Stadtbaurat war. Im „Frühlicht" erschien der „Aufruf zum farbigen Bauen", wurden die „Technik der Fassaden-

Edward Wadsworth, Dazzle-Ships in Drydock at Liverpool, 1919

malerei" ebenso erörtert wie die „Farbenkräfte", die „Farbenpflege" oder die „Wirkung der Farbe auf die Nerven" mit Hinweisen auf ein farbiges Entbindungsheim und ähnliche Innovationen.

Die Fassadenmalerei wird als Möglichkeit begriffen, der ästhetischen Armseligkeit der Städte in der Nachkriegszeit entgegenzuwirken, mit geringem Aufwand zur Farbenfreudigkeit des Mittelalters und späterer Epochen zurückzukehren. In seinem programmatischen Artikel über „Architekturmalereien"[401] beschreibt Taut zunächst die Innenraumgestaltung des Festsaals seines Ledigenheims in Berlin-Schöneberg, die, ausgeführt von drei Künstlern, auf den verbliebenen Abbildungen eher als ein delirierendes All-over schlingernder Farbfetzen erscheint, aber, so Taut, trotz einer anfänglichen und „nicht zu verwundernden Entfremdung" den Vergnügungen keinen Abbruch getan habe. Grundsätzliches sagt er dann in dem folgenden Abschnitt über die Aussenbemalungen in Magdeburg. Traditionell sei man mit Farbe nicht selbständig umgegangen, sondern der Architektur eines Gebäudes gefolgt, um sie so zu verdeutlichen. Angesichts „architektonischer Ermattung" aber ist das kein sinnvoller Weg mehr; in solchen Fällen „muß die Farbe anderen Gesetzen folgen als die Form und kann ein eigenes Thema anschlagen und verfolgen, ein Thema, das nicht unbedingt neben der Form parallel zu laufen braucht, sondern die Form durchkreuzen, sich von ihr trennen" kann. Beim Magdeburger „Haus Barasch", bemalt von Oskar Fischer, sei so der Fassade durch abstrakte Farbformen die Qualität des Lastenden genommen. Die mögliche Nähe derartiger Umgestaltungen zur Tarnmalerei wird an der Bemalung einer Magdeburger Normaluhr deutlich – die unschöne Form „dem Auge zu entziehen" beschreibt Taut als das Ziel der Bearbeitung, bei der die Farbe nur an den Kanten der gegebenen Form folgt: das Ergebnis, aus Geschmacksgründen, ist reine Camouflage.

Reguläre Tarnaufträge ergingen im zweiten Weltkrieg an einige ehemalige Bauhausmeister. Als der Bürgermeister von Chicago Ende 1941 ein Komitee begründete, das für diese Stadt die Möglichkeiten der Tarnung untersuchen sollte, wandte man sich an Moholy-Nagy. Der School of Design wurde das Recht eingeräumt, Kurse in Camouflage anzubieten. Moholy delegierte die Aufgabe an Kepes, der zur Vorbereitung einen Tarnkurs an der United States Army Corps of Engineers School in Fort Belvior, Virginia, besuchte.[402] Sein eigener Kurs lief im September 1942 für ein knappes halbes Jahr an und die Ergebnisse wurden in einer „War Art"-Ausstellung präsentiert. Hier aber ist aufgrund der Abläufe deutlich, daß es wesentlich um die Vermittlung bereits militärisch approbierter Verfahrensweisen ging.

Carl Krayl, Bemalung einer Normaluhr in Magdeburg, um 1920

Camouflage – Versuche, zu verschwinden

andrerseits Form auflösen, (Tarnung),

Objekt an Umgebung abgeben, so verwandeln,

daß es nicht als solches erkannt wird.

Ecken bilden, um ein Rechteck zu zerstören,

aus Rändern verschieden große Dreiecke machen,

aber

keine Farbe erreicht die Tiefe des Schattens.

Oskar Schlemmer, Skizzen zur Tarnmalerei. Aus einem Privatdruck von Heinz Rasch, Wuppertal

Oskar Schlemmer, Entwurf für den Tarnanstrich des Gasometers in Stuttgart-Geisberg, 1939

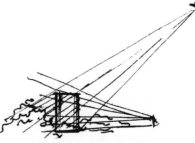

Oskar Schlemmer, Skizze der Pilotenperspektive, aus der der Tarnanstrich des Gasometers mit der Umgebung verschmolzen wäre. Aus einem Privatdruck von Heinz Rasch, Wuppertal

Oskar Schlemmer, Entwurf einer Tarnung für Wuppertal („Am Döppersberg – wie wäre das: die Tannen vom Blauen als Tarnung des Schwebebahngestelles? –"). Aus einem Privatdruck von Heinz Rasch, Wuppertal

Herbert Bayer, Umschlagentwurf für eine Zeitschrift, 1943

Anders liegt die Sache im Falle Oskar Schlemmers. Bei der Lektüre seiner ausführlicheren theoretischen Einlassungen wird deutlich, daß er weder auf die übliche Praxis näher eingeht, noch auf die Camouflage-Arbeiten anderer Künstler oder auf die Weisen der Tarnung bei Tieren, also auf das reiche Spektrum der Tarnfärbungen und Tarnformen. Als er die Tarnanstriche entwickelt, geht er auch nicht von Wandmalereien aus, einem zentralen Thema seines Werks, sondern von eigenen, dieser Aufgabe adäquaten Prinzipien, die seinen Vorstellungen von Fläche, Körper und Raum einen neuen Abschnitt hinzufügen.

Da es nicht möglich ist, eine Sache optisch zum Verschwinden zu bringen, laufe Tarnung[403] auf „Irritierung" hinaus: „Ein Objekt soll in seiner charakteristischen Form und Farbe so verwandelt werden, daß es nicht mehr als dieses Objekt erkannt wird." Da die Form möglichst unbestimmt sein muß, sollten bei geometrischen Körpern durch Farbauftrag die Ecken zerstört werden. Je nach Aufgabe kommen entweder lineare oder „irreguläre amorphe Formen" in Betracht. Darüberhinaus stellt er Überlegungen zur Tarnung ganzer Gebäudekomplexe an, zur Frage, mit welchen Mitteln das Luftbild eines Waldes simuliert werden könne etc.; nur der Schatten bleibt ein theoretisch unlösbares Problem, da keine Farbe seine Tiefe erreiche. Allgemein gilt, daß Tarnung selbst nicht uniform sein darf, sondern der jeweiligen Situation anzupassen ist – denn „der feindliche Flieger soll so viel als möglich irritiert und nicht informiert werden."

Schlemmer führte zwischen 1939 und 1941 im Auftrag der Stuttgarter Firma Kämmerer, an die ihn Willi Baumeister vermittelt hatte, eine Reihe von Tarnanstrichen aus. Als vermutlich erstes großes Projekt realisierte er 1939 die Bemalung des großen Gasometers in Stuttgart-Geisberg[404], den er den Formen der umliegenden Äcker anzupassen versuchte, indem er unregelmäßige, waagerecht und diagonal verlaufende Formen aufbrachte, die, entsprechend verzerrt, aus der Luft und aus einem bestimmten Sehwinkel wohl das Bild einer durchgehenden Ackerlandschaft hätten hervorrufen sollen. Über den Erfolg ist nichts überliefert; abgesehen aber von allen anderen Problemen wie Lichtwechsel und Schattenwurf hätte eine Sequenz von Luftaufnahmen aus jeweils leicht verschobener Position die Künstlichkeit dieses Ackerstückes vermutlich schnell offenbart.

Nun ist diese Arbeit dennoch nicht uninteressant. Der Vergleich einer von Schlemmers vorbereitenden Zeichnungen mit Magrittes Bild „Die Beschaffenheit des Menschen II" von 1935 führt auf eigenartige Korrespondenzen. Schlemmer versucht, den vorhandenen Gasometer zum Verschwinden zu bringen, Magritte umgekehrt läßt Verschwundenes als vorhanden erscheinen. Auf seinem Bild nämlich sehen wir eine Landschaft und das Bild einer Landschaft, die in einem

Camouflage – Versuche, zu verschwinden 223

René Magritte, Die Beschaffenheit des Menschen II, 1935

prekären Verhältnis zueinander stehen: der Rahmen des Bildes im Bild überschneidet den Fensterrahmen, der den Blick auf die äußere Landschaft freigibt, und zwar so, daß die Landschaft des Bildes im Bild die äußere Landschaft einerseits verdeckt, sie andererseits aber auch über die sie eigentlich verdeckende Wand hinaus fortsetzt. Trotz gänzlich unterschiedlicher Intention sind sowohl Schlemmers Entwurf wie Magrittes Bild Darstellungen des Verschwindenmachens von Differenzen.

Die Tarnanstriche, die Spiele mit Formzerlegungen, sind für die meisten Künstler nur Nebentätigkeiten, notwendig zum Broterwerb, oder, wie im Falle Schlemmers, der sie in einem „Zustand der Entselbstung" anfertigte, ihrerseits „Tarnung des Eigentlichen".[405] Dennoch werden sie für den großen Polemiker Hans Sedlmayr zum Vorwand einer Abrechnung mit der „absoluten" Kunst der Moderne. Braques Anspruch, Erfinder auch der Tarnanstriche zu sein, bildet die Rampe, von der aus er argumentiert. Nachfolger des Ornaments, das als Schmuckform eine „Rangordnung der Dinge" voraussetzt, wird in der Moderne das bedeutungslose Muster, und das „Paradebeispiel eines ‚abstrakten' Musters" ist für Sedlmayr der Tarnanstrich. Tarnmuster lösen geschlossene Formen „durch Zerlegung in unregelmäßige Elemente in ihre Umgebung auf", und darin, und in nichts anderem, liegt für ihn auch die Quintessenz der modernen Kunst. Indirekt zeige sich „die Musterförmigkeit der entschieden ‚absoluten' Malerei daran, daß sie sich sehr leicht auf ‚dekorative' Musterungen aller Art, besonders textile, übertragen läßt und dabei nicht selten ästhetisch gewinnt."[406]

Verschmelzung – Gimmie Shelter

Statt Großformen durch optische Zerlegung in kleinere Bestandteile der Sicht zu entziehen, kann man sie auch von vornherein in ihre Umgebung einpassen, sie gleichsam einschmelzen, so daß eine explizite Tarnung tendenziell überflüssig wird. Dies ist der Fall bei einigen der Bunkertypen des Atlantikwalls. Bunkerformen sind ja, anders als die eines Gasometers etwa, nicht vorgegeben. Auch bestand hier für die Plazierung ein gewisser Spielraum; sie konnte, im Rahmen der topographischen Gegebenheiten und der jeweiligen militärischen Aufgabe, relativ frei bestimmt werden. Die ersten Befestigungsanlagen am Ärmelkanal wurden schon 1940 errichtet; der Bau des eigentlichen Atlantikwalls, ausgeführt durch die Organisation Todt, die unter diesem Namen ab 1938 bereits für den Bau der Reichsautobahnen verantwortlich gewesen war, fällt in die Jahre 1942–1944. Der Atlantikwall erstreckte sich schließlich von Norwegen bis in die Biskaya mit einem Schwerpunkt gegenüber der englischen Küste; nach der Angabe Albert Speers wurden in den kaum zwei Jahren „übereilten Bauens" über 13 Millionen Kubikmeter Beton und 1,2 Millionen Tonnen Eisen verbraucht[407] – die Spuren sind ja noch heute, ob auf Sylt oder bei Lacanau Océan, unübersehbar.

Diese Anlagen wurden errichtet, um die befürchtete Invasion abzuwehren. Massiv ausgelegt und auch möglichst unauffällig waren sie wegen der vorangehenden Luftangriffe. Zwei verschiedene Bauweisen kamen zur Anwendung[408]: auf den Kanalinseln häufig Hochbauten mit rundem Grundriß, die gelegentlich in vorhandene Fortifikationen integriert wurden und auch deren grobes Mauerwerk als Anstrich auf dem Beton imitierten. Unter Camouflage-Aspekten interessanter sind die Bauten an der Festlandsküste. Bei überwiegend rechtwinkligen Grundrissen achtete man sehr darauf, sie mit der Landschaft zu verschmelzen, indem man sie in den Boden einsenkte, das Profil niedrig hielt und sie zu Teilen auch mit Erde bedeckte. Manche dieser Bauten waren so weit wie möglich von einer kubischen Großform entfernt; sie bieten sich dar als frei im Raum verteilte Schichtung betont horizontaler Einzelformen. Bei den Geschützöffnungen bediente man sich eines Zikkurat-Motivs, der sogenannten Todt-Front[409], einer rechtwinkligen Abstufung, um die Öffnung nicht wie einen Trichter wirken zu lassen, durch den Geschosse eindringen und die Anlage zerstören könnten; die Gesamtform aber, die Konturlinie dieser Bauten, ist durch sanfte Übergänge an Ecken und Kanten geprägt.

So erfüllt diese Bauweise zwei Aufgaben: „Im Gelände versenkt, mit seinen abgerundeten oder abgetragenen Winkeln über ein Minimum an Unebenheiten

Atlantikwall, Bunker bei Cherbourg

Atlantikwall, Bunker bei La Corbière, Jersey

verfügend, entzieht der Bunker sich gleichzeitig den Einschlägen der Projektile, die er umleitet oder entlang seiner Flanken abgleiten läßt, und er entzieht sich den Blicken, denn das Licht wirft keine Schatten mehr auf seine Umrisse. Mit dem Boden, mit dem ihn umgebenden Erdreich verbunden, hat der Bunker, um sich zu tarnen, zum Ziel, sich nicht mehr von den geologischen Formen zu unterscheiden... er rollt sich in das Kontinuum der Landschaft ein".[410]

In hohem Maße irritierend ist ein Faktor in der Anmutung dieser Bunker, den Hoffmann-Axthelm als das „manifest überschüssige Ästhetische"[411] charakterisierte. Sie zeigen gelegentlich ein formales Repertoire, das auf berühmte Werke der Moderne verweist. Der architekturhistorisch interessierte Blick erlebt eine Überblendung disparater Bilder, eine Verwirrung der Zeichen. Ihm überlagern sich die fließenden Formen der Betonbunker (die ja eine deutsche Spezialität waren, wohingegen die Engländer ihre Befestigungen durch einen „fancy dress" zu tarnen versuchten) mit der Erinnerung an ein Manifest expressionistischen Bauens,

Erich Mendelsohn, Entwurf für den Einsteinturm, um 1917

Britisches Camouflage-Design, 1940

Mendelsohns Potsdamer Einstein-Turm.[412] Dieser Bau ist zwar, ob aus Materialmangel oder aus Kostengründen, überwiegend gemauert, aber er erscheint als Apotheose der freien skulpturalen Möglichkeiten des Betonbaus. Mendelsohns Werk ist zur Hälfte, nämlich mit seinem Laboratoriumsbereich, unterirdisch angelegt, und auch hier spielt eine militärische Assoziation herein, das Bild eines getauchten U-Bootes, dessen Turm allein, analog der hoch aufragenden optischen Installation des Potsdamer Baus, bei Beobachtungsfahrten oberhalb der Wasserlinie sichtbar wird. Wie die Fließformen des Einstein-Turms in die Erde, so sind die des U-Bootes in ihr Element eingesenkt.

Direkter läßt sich Frank Lloyd Wrights New Yorker Guggenheim-Museum auf Formen der Kriegsarchitektur zurückbeziehen. Nicht nur scheinen in den Fensterbändern die Sehschlitze der hochgebauten Kanalinselbunker wiederzukehren – auch die spiralförmige Anlage der Rampen hat ein Vorbild im Bunkerbau, und zwar in dem 1938 entwickelten sogenannten Zombeckturm[413], der für den zivilen Luftschutz vorgesehen war: hier ist, nach dem Verzicht auf Treppen, im Innern eine Rampe spiralförmig hinaufgezogen, und, wie zu

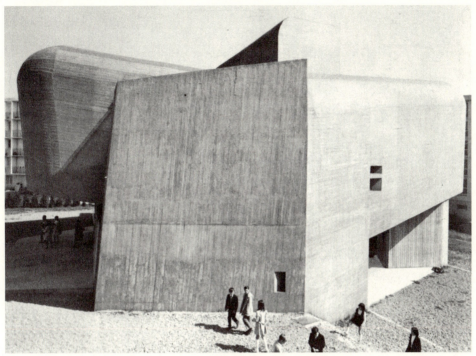
Paul Virilio, Architekt: Parish Centre of Sainte Bernadette, Nevers

Frank Lloyd Wright, Friedman House, Pleasantville/NY, 1949

vermuten steht, aus einem ähnlichen Grund wie von Frank Lloyd Wright, um nämlich eine flüssige, kontinuierliche Zirkulation, nicht der Kunstgenießenden allerdings, sondern der Schutzsuchenden, zu erleichtern.

Einen konkreten Bezug zur Bunkerarchitektur kann man bei der Entstehung des Brutalismus voraussetzen, ganz sicher im Falle Paul Virilios, der als Architekt in den sechziger Jahren seinen Sakralbau in Nevers ganz aus dem Geist der „Bunker-Archäologie" heraus konzipierte. Daß dieser Bau seinerzeit als „cosy late corbusian"[414] charakterisiert wurde, weist zurück auf den eigentlichen Begründer des Brutalismus, Le Corbusier, der nach dem zweiten Weltkrieg mit einem einschneidenden Wandel in seiner Art der Betonbehandlung überraschte. Sichtbeton, wie bei den Bunkern, wird zu einem Merkmal seiner Architektur, etwa bei dem Jugendhaus in Firminy oder auch in Ronchamp. Die Leichtigkeit seiner Bauten der zwanziger Jahre ist durch eine Qualität des Schweren und auch Abweisenden ersetzt.

Während dies alles formale und materialtechnische Entsprechungen sind, auffällig zwar, aber im Ganzen ohne zwingenden Zusammenhang, so gibt es tieferreichende strukturelle Bezüge der Fortifikationen zum Konzept der organischen Architektur. Als Urheber dieser signifikanten Unterströmung der Moderne gilt Frank Lloyd Wright; schon seine frühen „Prairie Houses" erstreckten sich frei auf der Erde, oft mit einem weit vorkragenden Schutzdach, dem „broad protecting roof shelter".[415] Die horizontalisierte Konfiguration der aufeinander bezogenen einzelnen Volumen ist, wo es irgend ging, sorgfältig in die Landschaft eingebettet. Fast obsessiv betonte Wright die Notwendigkeit der Beziehung auf die Umgebung, und manche dieser Häuser sind derart geschickt mit ihr verbunden, daß man schwer entscheiden kann, wo sie eigentlich beginnen – sie sind Teil des Kontinuums der Landschaft, in Erdfalten eingefügt oder so an Hügel gelehnt, daß sie nahezu verschwinden. Wer auf Taliesin West zufährt, wird den Bau erst im letzten Moment entdecken. „Niemals", sagte Wright 1939 zu Giedion, „baue ich Häuser auf der Kuppe des Hügels selbst. Ich baue sie um diese herum wie eine Augenbraue."

Damit formuliert er eine fundamentale Gegenposition zu jeder Art scharf umrissener geometrischer Architektur, die ihre klar kalkulierten Körper bewußt gegen die Naturformen setzt und so die Polarität Natur-Kultur zur Darstellung bringt. Es ist eine Gegenposition auch zur kühlen und fragilen Transparenz vieler Bauten der klassischen Moderne. Häuser, als organische Architekturen in bruchlose Übereinstimmung mit der Natur gebracht, erheben sich nicht über die Erde, sondern sind, genau wie Höhlen, ein Teil von ihr. Die Frage nach dem Motiv ist nicht ganz leicht zu beantworten – immerhin lassen die Bauten selbst und auch einige Aussagen Wrights darauf schließen, daß es sich hier, und so würde auch eine Verbindung zu den Bunkern wie zum Brutalismus hergestellt, um die Befriedigung eines elementaren Schutzbedürfnisses handelt.

Psychologisch mag das wirksam sein, ein Zufluchtsort, in den man sich ganz zurückziehen kann. Im Falle des Atlantikwalls aber zeigte sich die Nutzlosigkeit der verbunkerten Stellungen, mit denen insbesondere ein Anlaufen der Häfen verhindert werden sollte. „Durch eine einzige, geniale technische Idee", so Speer später, „wurde dieser Aufwand vierzehn Tage nach der ersten Landung vom Gegner unterlaufen. Denn die Invasionstruppen brachten bekanntlich ihren eigenen Hafen mit, bauten nach genauen Plänen bei Arromanches und Omaha an offener Küste Ausladerampen und andere Vorrichtungen, die es ihnen ermöglichten, ihren Nachschub... sowie die Ausladung der Verstärkungen sicherzustellen."[416] Angesichts der Mobilität moderner Kriegsführung erwies sich der Gedanke, in mit der Umgebung verschmolzenen Bunkern verharren zu können, unsichtbar und unangreifbar zu sein, als Chimäre.

Dezentralisierung

Dezentralisierung ist, unter Luftschutzgesichtspunkten gedacht, eine Strategie, durch Verdünnung zu verschwinden, durch die Auflösung von Konzentrationen. Die Luftschutzplaner der NS-Zeit waren darum bemüht, daß dies als allgemeine städtebauliche Leitlinie anerkannt würde. „Wie die luftsichere Stadt der Zukunft aussehen wird," schrieb ein Autor 1934, „wissen wir im einzelnen noch nicht; sicher wird sie aber eine Vereinigung von Stadt und Land sein, ein großes Dorf mit städtischer Kultur. Daß das Giftgas über die städtische Mietskaserne gesiegt hat, ist die wichtigste Folgerung, die aus der Luftgefahr für das Bauwesen zu ziehen ist."[417] Dieser Autor, der sich später, in den fünfziger Jahren, mit einer Publikation zum „bautechnischen Atomschutz" wieder zu Wort melden wird, irrt sich zwar in der Einschätzung des Giftgases, das im Luftkrieg keine Rolle spielen sollte und auch in den weiteren Überlegungen der Vorkriegszeit nur ein am Rande behandeltes Problem darstellt; symptomatisch aber ist der Ton, der hier angeschlagen wird, die Forderung, dem Luftschutz eine entscheidende Bedeutung für die Städteplanung zuzuschreiben mit dem Ziel, die Stadt in eine Ansammlung kleinerer Gemeinschaften aufzulösen.

In den folgenden Jahren wird diese grundsätzliche Annahme ausdifferenziert.[418] Die notwendige „Auflockerung", sprich Dezentralisierung der „Menschen- und Wirtschaftsballungen" ergibt sich aus der Tatsache, daß die Städte nicht mehr Angriffe aus der Ebene zu gewärtigen haben, gegen die sie eher zu schützen wären, sondern aus der Luft. Die neue Stadt aber ist nicht ein großes Dorf mit städtischer Kultur; die Planer gehen sehr viel differenzierter vor und fordern stattdessen „eine planvolle Verteilung und Trennung der Wohn-, Wirtschafts-, Verkehrs- und Industriegebiete, die durch zusammenhängende Grün- und Wasserflächen aufgeteilt und von breiten Straßen- und Verkehrsbändern durchzogen sein sollten." Diese Vorgaben beschreiben das Idealbild. Weniger fundamental eingreifend, aber demselben Gedanken verpflichtet sind die Vorschläge der Luftschützer für die Sanierung einzelner Stadtteile, eine Dezentralisierung gleichsam im Kleinen. Durch Auskernung und teilweisen Abriß sollte eine „wirksame Entvölkerung des Stadtinnern" erreicht werden, was praktisch hieß, die überbauten großen Wohnblocks erst von den Seiten- und Hinterflügeln zu befreien, weiter die Häuser zweier gegenüberliegender Seiten des allseitig umbauten Blocks niederzulegen, um schließlich statt des ursprünglich tiefgestaffelten Komplexes zwei einzelne Hauszeilen zu erhalten.

Nun sind diese Planungsvorstellungen ja sehr gut bekannt; es ist die Reformulierung des Neuen Bauens unter Luftschutzgesichtspunkten. Wie auch schon in der Bunkerarchitektur kehrt das, was in Deutschland als „kulturbolschewistisch" stigmatisiert wurde, nur wenige Jahre später unter veränderten Vorzeichen wieder. So wurde der Zeilen- oder Streifenbau schon in den zwanziger Jahren von vielen Architekten propagiert. In seiner populären Broschüre „Befreites Wohnen" legte Giedion 1929 die Gründe dar, die zu dieser Bauweise führten[419]: spätestens, seitdem Augustin Rey 1908 auf einem Tuberkulosekongreß darauf aufmerksam gemacht hatte, war unter Architekten, neben der Bedeutung der Luftzirkulation, auch die Orientierung auf die Sonne als grundlegend für den Städtebau anerkannt; die Streifenbebauung war das Mittel, sie zu verwirklichen. Protagonisten waren unter anderem Gropius und Franz Krause, der, später dem Wuppertaler Kreis um Schlemmer, Baumeister und Heinz Rasch zugehörig, 1929 bei dem Wettbewerb der Reichsforschungsanstalt in Berlin-Haselhorst für seine Wohnzeilen die Sonneneinstrahlung während eines ganzen Jahres mit Bezug auf die Anzahl der Geschosse ermittelte – Luft und Licht statt Luftschutz.

Die Dezentralisierung der Stadt hingegen durch Entmischung der Funktionen ist die direkte luftschutztechnische Wiederaufnahme einer wesentlichen Forderung der Charta von Athen, die vom CIAM 1933, unter besonderer Einflußnahme Le Corbusiers, verabschiedet wurde.[420] Diese Charta ist die deutlichste Zusammenfassung der städtebaulichen Grundsätze der Zeit. Gegen das Chaos der Stadt des 19. Jahrhunderts wird der Vorschlag einer Neuordnung gestellt. „Die Schlüssel zum Städtebau", heißt es im Lehrsatz Nr. 77, „liegen in folgenden vier Funktionen: wohnen, arbeiten, sich erholen..., sich bewegen"; diese bestimmten die Struktur der jeweiligen neuen Viertel. Wie schon Le Corbusiers Plan Voisin für Paris von 1925 setzt auch dieses Projekt der Entmischung implizit die Zerstörung der vorhandenen Stadt voraus – die Architekten, deren Vorstellungen die Luftschutzplaner folgten, benötigten also als geheime Bundesgenossen die Strategen des Luftkrieges.

Unter dieser Voraussetzung überrascht Scharouns außergewöhnlich abgebrühte Formulierung von 1946 nur noch wenig, daß nämlich die „mechanische Auflockerung" durch den Bombenkrieg endlich die Möglichkeit gebe, „eine Stadtlandschaft zu gestalten."[421] Dezentralisierung wird zur großen Leitidee der Nachkriegszeit; Scharoun geht mit seinem Strukturplan für den Raum Berlin so weit, die Stadt bis auf das alte Zentrum um die Museumsinsel abzuräumen und

Camouflage – Versuche, zu verschwinden

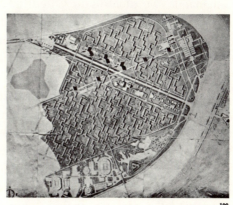

Doppelseite aus: Le Corbusier, Aircraft. („Whole quarters of (the cities) must be destroyed and new cities built.")

sie neu, und zwar in einem Rahmen, den das Urstromtal der Spree vorgibt, in Form dezentraler Zonen aufzubauen.

In den ersten Nachkriegsjahren wurde von den Fachzeitschriften auch über die Luftschutzgerechtigkeit dieser mit sozialen und hygienischen Argumenten begründeten neuen Stadträume diskutiert.[422] Immerhin waren in den Planungsstäben Mitglieder der technokratischen Elite des NS-Staates wieder vertreten, die ja eine bemerkenswerte Symbiose von Ideen des Neuen Bauens und der Notwendigkeiten des Luftschutzes hervorgebracht hatten. Aber irgendwann erschien es nicht mehr opportun, diesen Zusammenhang allzu deutlich herauszustellen. Rudolf Hillebrecht, der schon in Speers „Arbeitsstab für den

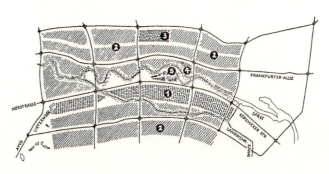

Hans Scharoun u. a., Strukturplan für den Raum Berlin, 1946. Nr. 1–4: die funktionalen Zonen, Nr. 5: die Museumsstadt

Wiederaufbau bombenzerstörter Städte" beratend tätig war und in der Nachkriegszeit für Hannover eine entmischte Stadtstruktur mit Funktions- und Verkehrstrennung durchsetzte, erinnert sich 1981 rückblickend: „Bei diesem Luftschutzmotiv aber muß ich bekennen, daß das unter ‚top secret' war... Nur vertraulich haben wir darüber gesprochen, denn wir haben uns gesagt, das ist ein Thema, das wir nicht in die Öffentlichkeit bringen und auch nicht im Rat sagen können. Aber für uns persönlich war dies ein höchst wichtiges Thema."[423] Die Luftkriegserfahrung gab der Charta von Athen ganz unverhoffte Aktualität; als man daranging, ihre Prinzipien zu realisieren, verschwand dieser Katalysator jedoch langsam wieder aus der Diskussion, erschien auch zunehmend irrelevant. Erst seit den späten sechziger Jahren jedoch versucht man, die das urbane Leben verödenden Konsequenzen dieses Planungsansatzes wieder zurückzunehmen – und zwar durch Verdichtung und Funktionsmischung.

Nur einer der bedeutenden Architekten sprach über die unmittelbare Nachkriegszeit hinaus weiterhin offen über den Zusammenhang von Dezentralisierung und Luftkrieg. Nur hier noch bleibt deutlich, wie tief die Erschütterung war, und daß der Impuls des Verschwindens, der Verflüchtigung weiterwirkte. Als

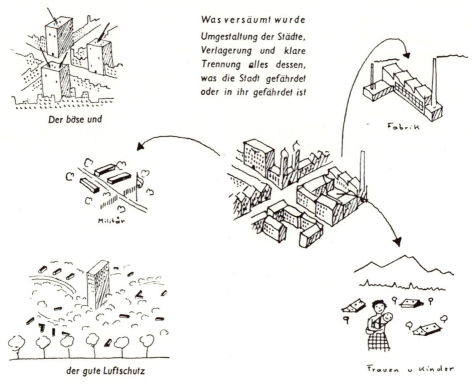

Der böse und der gute Luftschutz, aus: Bauwelt, 1950

Frank Lloyd Wright 1954 die wesentlichen Motive seines Denkens zusammenfaßte, kam er auf den Unterschied des Lebens in der Vergangenheit und in der Gegenwart. Früher hätte man aus Schutzgründen in Siedlungen leben müssen und sie auch befestigen können. Heute aber gebe es nicht einmal mehr einen Grund, überhaupt noch in Siedlungen zu wohnen: „Today the threat is from the sky in the form of an atom bomb..., and the more you are divided and scattered, the less temptation to the bomb – the less harm the bomb could do. The more you herd now the more damage to you, as conditions now are. Looking at it from any standpoint, decentralization is the order of this day. So go far from the city, much farther than you think you can afford. You will soon find you never can go quite far enough."[424]

3. Maginot vs. Kammhuber

Im zweiten Weltkrieg prallen zwei grundsätzlich verschiedene Raumabgrenzungssysteme aufeinander; hier wird eine historische Zäsur sichtbar, nach der eine Ordnung der Dinge eine andere abgelöst hat. Das alte System ist das der Fortifikationen, das neue die Abschirmung durch immaterielle Mittel – das eine setzt feste Grenzen, das andere definiert sie je nach Bedarf. Prototypisch prägt sich die Alternative in zwei Verteidigungslinien aus, die nach den Namen ihrer Protagonisten benannt sind: in der Maginot-Linie in Frankreich, jenem so komplexen wie obsoleten Netz von Fortifikationen, und der Kammhuber-Linie in Deutschland, die für einen neuen Begriff des Raumes steht, dessen Grenzen, ohne jedes materielle Substrat, durch Licht und Kommunikationstechnologie definiert sind.

Die Maginot-Linie ist ein Resultat von Erfahrungen des ersten Weltkrieges. Daß den deutschen Truppen bei Verdun kein Durchbruch gelungen war, galt immer noch als Beweis für die Möglichkeit der Verteidigung durch Fortifikationen. In dieser Einstellung drückt sich, trotz des selbst nach militärischen Kriterien sinnlosen Todes von Hunderttausenden bei Verdun, die Erwartung eines neuerlich eher statischen Stellungskrieges aus; ignoriert werden die neuen Maschinerien des Krieges, insbesondere Panzer und Flugzeuge mit ihren ganz andersartigen Einsatzmöglichkeiten. Maginot, 1929 zum Kriegsminister ernannt, setzte gegen starken politischen und militärstrategischen Widerstand den Bau der Anlagen durch, die sich bei Kriegsbeginn, mit zwei Schwerpunkten in der Région de la Sauter und der Région de Metz, entlang der gesamten Grenze nach Deutschland erstreckten.

Die Maginot-Linie bestand aus einer Vielzahl hintereinander gestaffelter Bauten und Hindernisse; ihren Erbauern erschien sie, so Alexander Kluge, als eine „perfekte Fabrikanlage, die Verteidigung herstellt."[425] Aus der Kette von

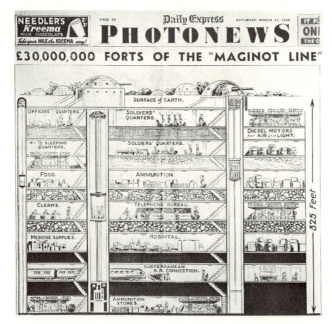

Schnitt durch ein Fort der Maginot-Linie. Idealisierende Darstellung aus dem Daily Express, März 1936

Vorposten und Bunkern mittlerer Bedeutung ragen die großen „ouvrages" als Zentren heraus[426]: weiträumig ausgebaute und fast vollständig unterirdische Festungen, die mit bis zu 1.200 Mann belegt waren. Sie sind die Nervenzentren der Maginot-Linie, hier liefen die Informationen zusammen und wurden Befehle ausgegeben. Diese Bauten waren von der Umwelt vollkommen unabhängig mit eigener Energieversorgung durch Diesel-Generatoren, mit Heiß- und Kaltwassersystemen, einer „Metro" für alle horizontalen Transporte und einer großen Anzahl von Fahrstühlen. Das aufwendige Klimasystem wurde, gegen die Gefahr von Gasangriffen, mit Überdruck und speziellen Luftfiltern betrieben; der von den Geschützen eindringende Rauch wurde abgesogen. Mit den großen Vorräten an Nahrung und Munition konnten diese Forts als von der Außenwelt abgekapselte, vollständig autonome Orte für beinahe unbegrenzte Zeit ihren Betrieb aufrecht erhalten.

Unter diesem Aspekt war das einzige größere Problem psychologischer Natur. Nach längerem Aufenthalt in den unterirdischen Raumstationen traten Fälle von „concretitis" auf – Depressionen, Ohrensausen und andere Zeichen von Streß, denen man durch die Restaurierung natürlicher oder zumindest gewohnter Umweltbedingungen zu begegnen versuchte. Nicht belegt sind Berichte, daß für die marokkanischen Truppen Cafés in Wüstenfarben gestrichen wurden; tatsächlich aber richtete man Kinos ein, dämmte das grelle Licht der Glühlampen systematisch ab und bestrahlte die Männer mit UV-Licht, um den Mangel an Sonnenlicht auszugleichen.

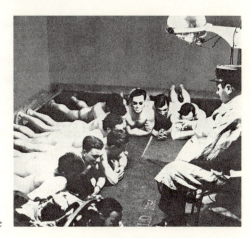
Künstliche Sonnen in der Maginot-Linie

Gegen direkte Angriffe aus der Ebene waren diese Anlagen weitgehend resistent und auch, das spielte bei ihrem Bau eine nicht unbedeutende Rolle, gegen Luftangriffe, vor denen sie allerdings nicht das hinter ihnen liegende Land, sondern nur sich selbst schützen konnten – sie waren also, für sich genommen, weitgehend unverletzlich, dem Geschehen auf der Erde entzogen. Tief eingegraben, scheinen sie die direkte Inversion der elevatorischen Überwindung des Fundaments zu sein, von der Lissitzky geträumt hatte. Und tatsächlich besteht hier eine enge Beziehung: gleichsam als das Negativ dieser Utopie ist auch die Maginot-Linie, genau wie die suprematistischen Satelliten und Planiten es sind, unabhängig von allen irdischen Gegebenheiten. Maginot selbst brachte diese Qualität zum Ausdruck, indem er von einer „unterirdischen Flotte" sprach. Er fixiert so die Bedeutung seiner Bauten als autarke Überlebensmaschinen, die nicht an die Erdoberfläche gebunden und insofern utopisch sind. In diesem Sinn werten sie auch die Historiker der Architektur des Krieges, Mallory und Ottar: „Had it been erected for any but this highly military purpose..., without doubt the Maginot-Line would have been acclaimed as the greatest subterranean architectural and environmental experiment... of our century."[427]

Die spezifische Ausprägung der Maginot-Linie ist kein isoliertes Phänomen. So war beispielsweise ein zentrales Bild der seinerzeit berühmten Zukunftsvisionen von H. G. Wells, die Stadt als „enclosed, artificial environment", die Vorlage für Alexander Kordas Film „Things to come" von 1936, bei dessen Ausstattung auch Laszlo Moholy-Nagy als Fachmann für Special Effects durch Licht-, Farb- und Raummodulationen mitarbeitete.[428] Korda kombinierte virtuos Photomontagen und Modelle mit Schauspielern; ein zeitgenössischer Kritiker beschrieb die hier erzeugte Vision so: „Deep in sunless caverns a new society, clad in garments containing complete radio telephone systems, inhabits windowless buildings... Communication seems to be largely by means of suspended railways, and elevators, mysteriously rising and descending in mammoth tubes of glass, give access to the different levels."[429]

Als „self-contained environment" steht die Maginot-Linie mitten im Kontext der dreißiger Jahre, im Kontext der Streamline-Flugzeuge mit Druckkabine, der Weltraum-Szenarios in den Comics, Frank Lloyd Wrights nach außen abgeschlossenem Bau für Johnson Wax oder eben Kordas Zukunftsbild. Überall finden sich elaborierte Techniken der Umweltkontrolle, künstliche Umgebungen, die ein Leben unabhängig von den Bedingungen der Außenwelt ermöglichen. Auf die latent bellizistische Dimension dieser Art von Räumen macht Lewis Mumford aufmerksam[430], der generell einen Zusammenhang von hochentwickelter Separationstechnologie und Kriegsvorbereitung konstatiert. So gesehen wären die Luftschutzkeller einerseits und die Klimaanlagen wie das permanent brennende Neonlicht in den Wolkenkratzern andererseits Ausdruck derselben Fehlentwicklung: gleichförmige, künstliche innere Umwelten als Refugien gegenüber einer fehlgeleiteten, zerstörerischen Zivilisation.

Auf dem Gebiet der „environmental control" ist die Maginot-Linie ein hochgradig avanciertes Objekt; militärisch hingegen erwies sie sich als

Set für „Things to Come",
Prod.: Alexander Korda, 1936

vollkommen nutzlos. So eine Anlage, so ein Schutzwall ist nur denkbar, wenn man, wie Pétain, die Möglichkeiten der Luftwaffen unterschätzt, mit denen der Krieg schnell ins Hinterland des jeweiligen Gegners getragen werden kann. Entscheidend aber bei dem deutschen Angriff 1940 war die Mobilität der Panzer, mit denen Guderian die Maginot-Linie einfach umging.[431] Die Statik der Fortifikationen erwies sich angesichts moderner Kriegsführung als inadäquates Mittel. General de Gaulle hatte dringend auf die ausschlaggebende Bedeutung der Mobilität hingewiesen, aber man hörte nicht auf ihn. So blieb die Maginot-Linie ein seltsamer Zwitter, eine hochmoderne Maschinerie nach einem obsoleten Konzept, einem traditionellen Begriff von Raum und Territorium verhaftet zu einer Zeit, als sich dieser auflöst.

Mit einer fundamental anderen Strategie reagierte der Oberst und spätere General Kammhuber auf das aktuelle Kriegsszenario. Er wurde im Juli 1940 von Göring beauftragt, ein Abwehrsystem gegen die nächtlichen Luftangriffe zu errichten. Die Kammhuber-Linie, die bis Mitte 1943 immer weiter ausgebaut wurde, ist der Versuch einer Antwort auf die Bedrohungen in einem dreidimensionalen Kriegsgeschehen. Da gegen Bombenabwürfe ein direkter flächendeckender Schutz kaum herstellbar ist, muß die Abwehr vorher erfolgen – nicht am Zielobjekt selbst, sondern im leeren Raum um ihn. Die Bekämpfung eines Angreifers im Luftraum aber setzt voraus, daß er zunächst überhaupt wahrnehmbar gemacht, sein Weg verfolgt und die Abwehr, sei es vom Boden oder aus der Luft, unter sich schnell ändernden Umständen koordiniert werden kann.

Kammhuber fand eine gut organisierte Flak mit wirkungsvollen Richtgeräten vor; allerdings gab es zunächst noch keine radargesteuerten Kommandogeräte. Man verwendete Scheinwerferbatterien, die große Flächen mit Licht überfluteten; einzelne Flugzeuge wurden in das gebündelte Licht mehrerer Scheinwerfer genommen. Horizontal gerichtete farbige Scheinwerfer dienten dazu, Kurs und Flughöhe in entferntere Zielgebiete zu signalisieren. Eine dringliche Aufgabe war, die Zusammenarbeit zwischen Nachtjägern und Scheinwerferbatterien so zu entwickeln, daß den Jägern die Position der Kampfflugzeuge angezeigt und es ihnen möglich wurde, auf Sicht anzugreifen.[432]

Die Kammhuber-Linie, die sich dann schnell aus dem Vorhandenen entwickelt, ist eine überaus interaktionsfähige Kombination aus Flugzeugen, Frühwarnsystemen, Flak, Scheinwerferbatterien und Bodenleitstellen; deckte sie ursprünglich nur schmale Küstenstreifen ab, so wird aus ihr schließlich eine teilweise weit über 100 km tiefe Luftverteidigungszone, die sich vom Skagerrak bis nach Nordfrankreich erstreckt.[433] Hauptsächliches organisatorisches Strukturmerkmal ist das sogenannte Schachtelsystem[434]: in jeweils einem Abfangraum, eben einer „Schachtel", deren Größe durch die Reichweite der

Ortungssysteme festgelegt war, patrouillierte ein durch Radar geleitetes Flugzeug, vom Boden aus an den Angreifer herangeführt. So konnten die anfliegenden Bomberverbände, die zerstreut und in einem Zeitraum von mehreren Stunden die Kammhuber-Linie überflogen, erfolgreich attackiert werden.

Neben dieser geführten, sogenannten „dunklen Nachtjagd" in der Kammhuber-Linie kamen bei der Luftverteidigung noch andere Techniken zur Anwendung wie die „helle Nachtjagd", bei der die Jäger mit Scheinwerfern und Funksprechgeräten geleitet wurden. Weiter gab es die Taktik der „wilden Sau", bei der, wenn die gegnerischen Kampfflugzeuge von dem weitreichenden Frühwarnsystem „Freya" erkannt worden waren, die Jagdflugzeuge unabhängig voneinander nach den Bombern suchten, im Gegensatz zur „zahmen Sau", bei der sie durch Leitstellen geführt wurden. Die Jäger erhielten 1943 ein neues Waffensystem mit dem sinnigen Namen „schräge Musik"; mit schräg nach oben gerichteten Bordkanonen war es möglich geworden, die Bomber von unten her anzugreifen, aus dem toten Winkel, wo sie ohne Abwehrmöglichkeit waren.[435]

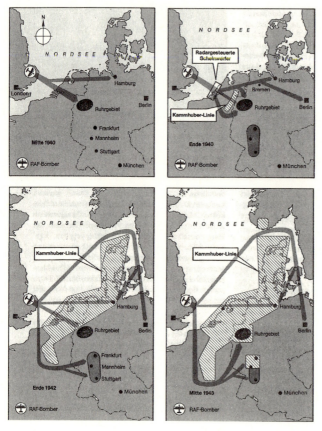

Ausbaustufen der Kammhuber-Linie 1940–43

Die Kammhuber-Linie selbst aber, dieses so mobile wie flexible Verteidigungssystem, war wesentlich auf die immateriellen Mittel neuester Licht- und Kommunikationstechnologie abgestellt. Eine erste Schwächung erfuhr sie, als auf Hitlers persönlichen Befehl im Mai 1942 viele der Scheinwerferbatterien abgezogen wurden.[436] So fehlte ein wichtiger Faktor, der nicht nur taktische, sondern auch große psychologische Bedeutung besaß. Die Begründung war, daß das Frühwarnsystem und andere radargesteuerte Hilfsgeräte allein in der Lage wären, die Aufgaben zu erfüllen. Als aber Hitler überhaupt den weiteren Ausbau der Kammhuber-Linie mit dem Verlangen behinderte, daß die deutschen Städte geschützt werden sollten, wurde wieder, wie schon beim Atlantikwall, die traditionell gedachte Bevorzugung des starken, befestigten Einzelobjektes sichtbar und ein Unverständnis gegenüber den Möglichkeiten weitflächiger Raumdeckung, der Abwehr in Bewegung.

Wirklich gefährdet jedoch wurde die Effektivität der Kammhuber-Linie nicht durch derartige Einreden, sondern durch eine Änderung der englischen Angriffstaktik. Die große Schwäche von Kammhubers System lag darin, daß innerhalb jeder „Schachtel" nur jeweils ein Kampfflugzeug sich angreifen ließ, so daß während des Gefechtes dieser Abschnitt ansonsten unbewacht blieb. Nachdem dieser Umstand erkannt worden war, lag der Gedanke nahe, mit konzentrierten Kräften an einer einzigen Stelle durchzubrechen. Wenn also ein angreifender Verband geschlossen die Linie überflog, so hatten nahezu alle Flugzeuge die Chance, durchzukommen. Voraussetzung dieser neuen Taktik war die Verbesserung der Navigationstechnik: während die englischen Besatzungen bisher geglaubt hatten, einzeln auf differierenden Routen am ehesten zum Ziel gelangen zu können, und es auch gar nicht möglich gewesen wäre, sie eng zu führen, konnten sie nach Einführung des sogenannten Gee-Geräts zu geschlossenen Verbänden zusammengefaßt werden. Bei dem 1.000-Bomber-Angriff auf Köln im Mai 1942 wurde dieses Verfahren erstmalig erprobt – die „Bomberkette", die geschlossen auf der gleichen Strecke fliegende Formation, verringerte die Möglichkeiten der Abwehr erheblich, auch wenn Kammhuber seine Linie sofort verbreiterte.[437] Fast vollständig ihren Wert verlor sie aber erst Ende 1943, als die deutschen Radargeräte durch das Mittel „Window" ihrer Wirkung beraubt werden konnten – den Abwurf von einfachen Stanniol-Störstreifen.

Technologische Entwicklungen, welche die moderne Zivilisation einschneidend verändern sollten, haben hier, im Luftkrieg, ihren Ursprung. Das gilt von der Kybernetik, deren Grundlagen Norbert Wiener bei der Arbeit an Flakfeuerleitgeräten klärte, bis hin zum weiten Spektrum der elektronischen Medien.[438] In dieses Umfeld gehört auch die Kammhuber-Linie. Ihr Mißerfolg setzt die bei ihrem Aufbau zum Tragen gekommene technische Logik nicht außer Kraft, sondern hätte nur seinerseits wieder elektronische Gegenmaßnahmen

Operationsraum des RAF-Jägerkommandos, um 1940

erfordert. Sie bleibt exemplarisch für eine Form der Kriegsführung, die als Reaktion auf die potentielle Ubiquität der Flugzeuge allein angemessen erscheint. Mit Licht und Radar wird jede natürliche Sichtbeschränkung aufgehoben, der technisch unterstützte Blick durchdringt den Raum zu jeder Zeit und über jede Distanz, der Informationsaustausch wird instantan. In den Radarstationen der britischen Home Chain „dialogisierten Besatzungen und Kriegshostessen durch den Äther, als säßen sie sich in einem Raum gegenüber", während gleichzeitig die Bevölkerung über Rundfunk gewarnt wird.[439] Der Luftkrieg findet, ohne daß er deswegen weniger Opfer fordert, in virtuellen Räumen statt, deren ephemere Grenzen allein vom Fluß der Energien geschaffen und wieder gelöscht werden. Die Kammhuber-Linie indiziert, genau wie die Home Chain, nicht nur eine Wandlung des Kriegsraumes, den Übergang von der Fortifikation zum immateriellen Schirm, sondern des Raumbegriffes überhaupt.

Exkurs: Licht-Raum-Modulationen

Der Luftkrieg ist auch ein Lichtkrieg. Bis 1943/44 kamen die Bomberflotten zumeist im Schutz der Dunkelheit. Die Städte ihrerseits wurden durch Verdunklung geschützt. Zur Zielmarkierung aber und genauso für die Abwehr brauchte man Licht. Flakscheinwerfer, Christbäume und die Bahnen der Leuchtspurmunition schufen im Moment des Angriffes in Sekundenschnelle

Lichträume von sinistrer Schönheit – virtuelle, sich schnell verändernde Räume in der Leere des nächtlichen Himmels. Eine eindrucksvolle Darstellung dieses plötzlichen Umschlages von Dunkelheit in grellste Beleuchtung stammt von Saint-Exupéry anläßlich seines Aufklärungsfluges von Orly nach Arras im Mai 1940. Der offizielle Dienstbericht des mitfliegenden Beobachters Dutertre hält den Auftrag und das Fluggeschehen nüchtern fest: „Aufklärung in mittlerer Höhe mit Unterstützung der Jäger, nach Möglichkeit Luftbilder... Von weitem Sicht auf das unter Artilleriebeschuß liegende Arras. Vor Arras in ein Gewitter geraten und den Jagdschutz verloren, bedingt durch das Gewitter auf 200 m Höhe heruntergegangen und in eine starke Luftabwehr der feindlichen Panzereinheiten 3 km südöstlich von Arras geraten... Die Maschine erhielt einen Treffer."[440]

Saint-Exupéry dagegen erscheint das gleiche Geschehen als so lebensbedrohliches wie spektakuläres Lichtspiel, das er mit seltsam schwankender Metaphorik zu beschreiben sucht. „Warum diese Lichterflut, die zu uns hochsteigt und sich mit einem Mal ringsum zeigt? Im ersten Gefühl... meine ich, ich hätte es an Vorsicht fehlen lassen... Jede Garbe der Maschinengewehre oder der leichten Flak speit zu Hunderten Granaten oder Leuchtkugeln aus, die wie die Kugeln eines Rosenkranzes aufeinanderfolgen... Nun sehe ich mich büschelweise von strohfarbenen Geschoßbahnen umringt. Nun stechen die Lanzen in dichten Gebinden nach mir. Nun bin ich umdroht von einer geheimnisvollen, schwindelerregenden Nadelarbeit. Die ganze Ebene hat sich mit mir verknüpft und webt um mich ein blitzendes Netz von Goldfäden... Die Waffen, die uns verfehlt haben, schießen sich ein. Die Explosionswand bildet sich neu in unserer Höhe. Jeder Feuerschlund baut in wenigen Sekunden seine Explosions-Pyramide auf, kaum zerknallt gibt er sie auf und baut sie woanders... Ich denke an den Bordschützen Gavoilles. Eines Nachts über dem Rhein haben achtzig Scheinwerfer Gavoille in ihre Bündel gefaßt. Sie bauen um ihn einen gigantischen Dom. Schon geht auch das Schießen los. Da hört Gavoille seinen Bordschützen leise Selbstgespräche führen. (Die Kehlkopf-Mikrophone sind so indiskret.)...: ‚Na mein Alter... Da kann einer lange laufen, wenn er in Zivil so was sehen will!'"[441]

Noch die Fülle der photographischen Dokumente dieser nächtlichen Kämpfe in der Luft gibt einen Eindruck von dem Geschehen, das von Saint-Exupéry in der extremen Spannung zwischen Todesnähe und Lebensbejahung erfahren wurde. Zwischen den bombenwerfenden Flugzeugen und dem Erdboden, auf dem Menschen getötet und Städte vernichtet werden, entsteht ein Raum aus Licht; durch Langzeitbelichtung und die doppelte Bewegung der Flugzeuge und Scheinwerfer zeichnen sich in die Photographien die Spuren eines freien räumlichen Bewegungsspiels ein, das von den Gesetzen der Schwerkraft unabhängig zu sein scheint. Wüßte man nicht, wie diese Bilder entstanden sind und was sie darstellen, so läge eine Assoziation mit den Licht- und Raumwirkungen

„Die neue Schrift der Großstadt", Abb. aus: Laszlo Moholy-Nagy, Von Material zu Architektur

Albert Speer, Lichtdom, NS-Parteitag Nürnberg 1936

so mancher Photogramme oder Großstadtphotographien der zwanziger Jahre nahe. Die Lichtspuren von Feuerwerken, wie sie Moholy-Nagy photographierte, und die Leuchtsätze der Christbäume während eines Luftangriffs sind als Bilder so wenig leicht zu unterscheiden wie das virtuelle Volumen eines beleuchteten und sich drehenden Karussells von den Lichtvorhängen, den „searchlight patterns" der Luftabwehr.[442] Auch die Lichtspuren der damals populären Langzeitaufnahmen nächtlichen Straßenverkehrs in den Städten scheinen in den Lichtspuren über den Städten wiederzukehren.

Die räumlichen Wirkungen künstlichen Lichtes sind gerade von Moholy-Nagy eindringlich studiert worden, ja sie bilden das eigentliche Zentrum seiner

Ästhetik. In seinem Bauhausbuch „von material zu architektur" wird das Licht als Mittel der Erzeugung virtueller Volumina untersucht.[443] Auf die besondere Bedeutung, die dieses Thema für ihn hatte, weist auch sein eigenes, fast gleichzeitig entstandenes plastisches Hauptwerk, der „Licht-Raum-Modulator" von 1929/30. Statt der „optischen Scheinräume"[444], die er in seinen Photogrammen erzeugt hatte, ging er bei der Konstruktion des Modulators daran, die Ausstrahlungen des Lichtes im wirklichen Raum zu untersuchen. Im wechselnden Rhythmus des Lichtes Dutzender Glühlampen werden perforierte Metallscheiben, Gläser, Spiegel etc. in Rotation versetzt. Die Lichtreflexe und Schatten, die so in den umgebenden Raum geworfen werden, lassen ihn in ständiger Bewegung erscheinen. Der Licht-Raum-Modulator ist, so könnte man sagen, eine Maschine, mit der Moholy die zivilisatorischen Reize ephemerer, virtueller Lichträume im Atelier künstlerisch umzusetzen versucht, sie nicht nur simuliert, sondern gestalterisch verdichtet.

Geht es hier um Überlagerung, Mischung, Durchdringung, um ein Fluktuieren des Raumes, so entwickelt sich zugleich eine ganz andersartige, sagittale Lichtkultur, nämlich mit dem gebündelten und gerichteten Licht starker Scheinwerfer. Für den Platz vor dem Brandenburger Tor schlug Naum Gabo 1928 eine Skulptur aus Lichtstrahlen vor. Durch deren Kreuzung wären im Himmel über Berlin die Kanten einer frei im Raum stehenden Fläche erschienen. Der Anwohner Max Liebermann kommentierte trocken: „Schneebrille werr'ck ma koofen" – Gabo aber hätte mit diesem nicht ausgeführten Projekt mit Licht einen immateriellen Raum geschaffen, wie er ihn durch Bewegung bereits mit dem in Vibration versetzten Metallstab bei der „Stehenden Welle" erzeugt hatte. Raumgreifende Scheinwerferfinger, systematisch schon im ersten Weltkrieg eingesetzt, gehörten bald zum Ritual der großen Ausstellungen, ob von einem Punkt am Boden ausgehend oder umgekehrt als Lichtkrone sich zeltähnlich im Raum treffender Strahlen. Auch Speers Nürnberger Lichtdom von 1936 gehört in den Kontext der Zeit; sein Nachruhm gründet sich weniger auf den Lichtraum der (Flak-)Scheinwerfer allein denn auf die Überwältigungsqualität als politische Inszenierung.[445]

Speer wie Moholy sollten auf grundverschiedene Weise im Krieg mit ihren Lichtarbeiten wieder konfrontiert werden. Speer, dem Organisator der deutschen Rüstungswirtschaft, blieb es vorbehalten, 1943 von einem Flakturm über dem brennenden Berlin die Illumination der Leuchtfallschirme, die Explosionsblitze und die Bewegungen der die Bombenflugzeuge suchenden Scheinwerfer als erschreckend faszinierendes Lichtbild der Destruktion zu erfahren.[446] Moholy hingegen erhielt zusammen mit Gyorgy Kepes in Chicago den Auftrag, eine Tarnung gegen Luftangriffe zu entwerfen. Als Mittel der Tarnung wählten sie Licht. Lichtmuster sollten da erzeugt werden, wo keine Stadt zu finden war.

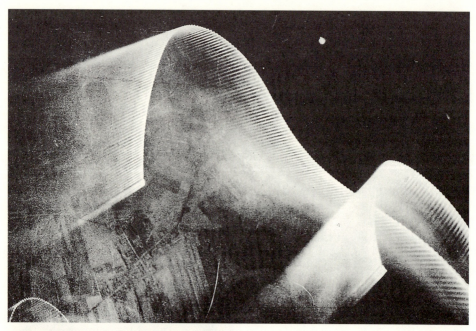

„Searchlight patterns". Bewegungen von Flakscheinwerfern, aufgenommen mit offenem Kameraverschluß aus einem Flugzeug der RAF über Berlin, um 1943

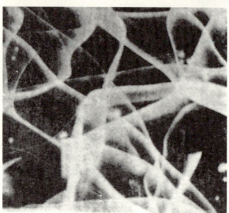

John H. Stickell, Action photo of a bomber in a searchlight hunt, 1942. Dieses Bild, aufgenommen über Deutschland, publizierte Laszlo Moholy-Nagy in seinem Buch „Vision in Motion"

Realisiert, wäre das eine der „Nachtscheinanlagen" geworden, wie sie auch in Deutschland entstanden. Hier wurden bei Hamm und Pausin zwei Prüffelder für Scheinanlagen eingerichtet und die Ergebnisse aus Fesselballons oder Flugzeugen begutachtet. Wegweisend wurde die Erkenntnis, daß durch Modulation von Lichtwirkungen bessere Ergebnisse als mit starren Einrichtungen erzielt werden konnten; Resultat war die „Einführung von Schaltsystemen mit Widerstandsschaltungen, die es ermöglichten, verschiedene Lichtwirkungen gleichzeitig oder nacheinander und in wechselnder Helligkeit darzustellen."447 In seinem Buch „vision in motion" von 1948 erwähnt Moholy den Chicagoer Auftrag nicht, bei dem die Technik der Licht-Raum-Modulation vielleicht ebenso als Mittel der Dislozierung eingesetzt worden wäre; unkommentiert aber reproduziert er ein Photo der Lichtspuren von Suchscheinwerfern[448], das aus einem Bomber über Deutschland aufgenommen wurde. Das Photo findet sich in dem Kapitel über „space-time problems". Es scheint hier, wie die Langzeitbelichtungen nächtlichen Großstadtverkehrs in „von material zu architektur", ein Beleg seiner Konzeption zu sein – der Lichtkrieg als großmaßstäbliche Veranschaulichung des in alle Richtungen fluktuierenden Raumes.

4. *Gravity's Rainbow*

1. Am 10. November 1944 berichtete die Agentur Associated Press über den Angriff deutscher V 2-Raketen auf London: „Ein Mann, der sich bei einer solchen Explosion weniger als 50 Meter entfernt befand, sagte: ‚Ich hörte keinerlei Geräusch vor der Explosion – dann dachte ich, es sei das Ende der Welt.' Viele Leute haben erzählt, sie hätten doppelte Explosionen gehört, eine mit dem Blitz am Himmel und eine zweite beim Einschlagen der Rakete. Während Zensurbestimmungen noch Veröffentlichungen über diese ‚Fliegenden Litfaßsäulen' verhinderten, ergab sich, daß viele nur mit knapper Not davongekommen sind, seit die geheime ‚Vergeltungswaffe' Nr. 2 vom Stapel gelassen wurde... Augenzeugen, die sie fallen gesehen haben, schätzen ihre Länge zwischen 10 und 16 Meter."[449]

An diesem Bericht fällt zunächst die relative Vagheit und Unsicherheit in der Beschreibung der Rakete und ihres Einschlagens auf. Das ist besonders dann merkwürdig, wenn man weiß, daß die ersten V 2 ja keineswegs Anfang November, sondern schon am 8. September 1944 von Holland aus auf London abgeschossen wurden. Es gab hier eine eigenartige Kooperation deutscher und britischer Stellen hinsichtlich der Geheimhaltung der ersten Raketenangriffe. Goebbels erklärte erst am 8. November vor der Presse, daß sie begonnen hätten; der Grund für die Informationsverzögerung um volle zwei Monate ist unklar. Die britische Regierung hingegen wollte so lange wie möglich das Entstehen von Panik angesichts des Einsatzes einer völlig neuen Waffe verhindern, vor der es keine Warnung gab, und so wurden Gerüchte nicht dementiert, die die ersten Explosionen auf defekte Gashauptleitungen zurückführten.[450] Außerdem hatte man gerade, nach dem Abflauen der V 1-Angriffe Anfang September, die Evakuierung der Londoner Bevölkerung unterbrochen. Acht Wochen lang also waren die V 2 offiziell nicht existent.

Am meisten unklar bleibt in dem AP-Bericht die Beobachtung des Mannes, der angab, vor der Explosion keinerlei Geräusch gehört zu haben – sein Gefühl dann aber, das Ende der Welt sei gekommen, scheint noch auf etwas anderes hinzudeuten als die Explosion selbst. Das Phänomen, um das es hier unausgesprochen geht, macht Thomas Pynchon zum Ausgangspunkt seines großen Romans „Gravity's Rainbow", der, 1973 erschienen und von der Kritik sofort mit der Bedeutung des „Ulysses" verglichen, die V 2 zu einem zentralen Thema hat. Wie minutiös Pynchons Recherchen waren, erweist sich schon in der ersten Szene, die im London der zweiten Dezemberhälfte 1944 spielt, zur Zeit der halbherzig weiter betriebenen Evakuierung und gut drei Monate nach den ersten Schüssen der V 2, von deren Eigenschaften zumindest die Militärs inzwischen ein etwas genaueres Bild hatten.

Einer dieser Militärs ist Captain Prentice, die erste der Figuren, die im Roman auftauchen und wieder verschwinden. In einer Manier, die das ganze Buch durchzieht, kontrastiert Pynchon die Rakete den Bananen, die Prentice in einem Treibhaus auf dem Dach seines Hauses züchtet. Während er die Früchte mit dem schutzgebenden Duft erntet, beobachtet er den Start einer V 2 und imaginiert ihren Flug. „Weit drüben, im Osten, unten am rosa Himmel, hat soeben irgend etwas leuchtend hell aufgeblitzt, ein neuer Stern, nicht weniger als das... Schon hat sich der strahlende Punkt zu einer kurzen vertikalen Linie ausgewachsen. Muß irgendwo da draußen über der Nordsee sein..." Er weiß um die Reichweite von ca. 300 km, sieht die weiße Linie des Kondensstreifens, die plötzlich abbricht. Nach dem Brennschluß fliegt die Rakete, „nun reine Ballistik", durch den höchsten Punkt ihrer parabolischen Flugbahn und beginnt, unsichtbar, zu fallen. „Er wird das Ding nicht hereinkommen hören. Es bewegt sich schneller als der Schall. Die erste Nachricht, die man erhält, ist die Explosion. Danach – wenn's einen dann noch gibt -, danach erst hört man das Geräusch ankommen."[451] Während man die V 1 hören und ihr vielleicht ausweichen kann, ist das bei der V 2 unmöglich. Die Reihenfolge der Ereignisse ist verkehrt, die Ordnung der Dinge in Frage gestellt.

2. Pynchon schrieb seinen Roman aus der Perspektive jemandes, der die Mondlandung miterlebt hat. Das Motto über dem ersten Teil stammt von Wernher von Braun, der sowohl an der Konstruktion der V 2 entscheidenden Anteil hatte, wie auch, nachdem die Peenemünder Wissenschaftler mit der „Operation Paperclip" in die USA geholt worden waren, an der Saturn V, der amerikanischen Mondrakete. Die V 2 erscheint als das Produkt einer technologischen und zivilisatorischen Entwicklung, die lange vor dem zweiten Weltkrieg begonnen hat und sich nach ihm fortsetzt. Der Roman hält sich, soweit er die reale Rakete berührt, eng an die historischen Tatsachen.

Als Keimzelle späterer Entwicklungen in Deutschland erwies sich der „Verein für Raumschiffahrt"[452], der 1927 in Breslau begründet wurde. Hermann Oberth, der 1923 und 1929 seine grundlegenden theoretischen Werke „Die Rakete zu den Planetenräumen" und „Wege zur Raumschiffahrt" veröffentlicht hatte, übernahm

Start einer V 2. White Sands Proving Ground, New Mexico, 1946

1929 den Vorsitz. Mit der Umsiedlung nach Berlin 1929/30 wurden die Raketenbastler als die „Narren von Tegel" allgemein bekannt. Dabei spielt Fritz Langs Film „Die Frau im Mond" eine bedeutsame Rolle als Katalysator. Lang hatte Oberth beauftragt, zur Premiere des Films im Oktober 1929 eine echte Flüssigkeitsrakete zu starten. Oberth scheiterte zwar an zu geringer Vorbereitungszeit, fortan aber waren die Raketen fest im öffentlichen Bewußtsein verankert. Aus dramaturgischen Gründen erfand Fritz Lang den Countdown, und so wie er hier mit der Umkehrung der Zählrichtung ein später tatsächlich angewendetes Verfahren vorwegnahm, so rückte die gesamte phantastische Technologie des Films wenig später „in den Bereich der Wahrscheinlichkeit"[453], mit der Konsequenz, daß, als 1932 die Düsenforschung zum militärischen Geheimnis erklärt wurde, man den Film beschlagnahmte.

Nachdem der Verein für Raumschiffahrt 1930 endgültig nach Berlin übergesiedelt war, wurde hier, im Bezirk Reinickendorf, auf einem alten Armeegelände, wo sich heute der Flughafen Tegel befindet, der „Raketenflugplatz

Berlin" eingerichtet.[454] Als Mitbegründer dieser „Raketenversuchsstelle" trat der damals siebzehnjärige Abiturient Wernher von Braun in Erscheinung. Das Ziel war, Flüssigkeitsraketen zu entwickeln und auf dem großen Gelände auch zu erproben. Der erste hier konstruierte Raketenmotor, das „Ei", war ein Benzin-Flüssigsauerstoff-Triebwerk, das, mit einer Kegeldüse, nach Konzepten Oberths gebaut wurde. Die Flugkörper erreichten knapp 1.000 m Höhe. Hier entstanden Raketenmotoren, die bei 1 kg Gewicht für kurze Zeit annähernd 100 PS erzeugten. Trotz vieler Unfälle und chaotischen Experimentierens erwies sich in Reinickendorf die Flüssigkeitsrakete mit Kerosin oder Alkohol als Brennstoff sowie flüssigem Sauerstoff als realisierbares Konzept.

Die Alternative wären Pulver- oder Feststoffraketen gewesen, welche allerdings als weniger leistungsfähig bekannt waren. Immerhin gab es anfangs der dreißiger Jahre an verschiedenen Orten erfolgreiche Experimente mit kleineren Geschossen dieser Bauart, die als Postraketen gedacht waren. Den Grundgedanken hatte bereits Heinrich von Kleist am 12. Oktober 1810 in den „Berliner Abendblättern" dargelegt. Er schlug, „zur Beschleunigung und Vervielfachung der Handels-Communikationen, wenigstens innerhalb der Gränzen der cultivirten Welt, eine Wurf- oder Bombenpost vor; ein Institut, das sich auf zweckmäßig, innerhalb des Raums einer Schußweite, angelegten Artillerie-Stationen, aus Morsern oder Haubitzen, hohle, statt des Pulvers, mit Briefen und Paketen angefüllte Kugeln, die man ohne alle Schwierigkeit, mit den Augen verfolgen, und wo sie hinfallen, falls es ein Morastgrund ist, wieder auffinden kann, zuwürfe".[455] Kleists Idee von 1810 blieb jedoch auch in der Realität von 1930 nur eine Episode.

Tatsächlich verlagerte sich das Geschehen sehr bald von Reinickendorf nach Kummersdorf, und hier wurden die Weichen für eine Entwicklung gestellt, die schließlich in Peenemünde kulminierte. Noch in Reinickendorf war gelegentlich der Artillerieoffizier Walter Dornberger aufgetaucht; er prüfte im Auftrag der Reichswehr, ob und wie sich Fernraketen bauen ließen. Dornberger sollte zum Organisator der deutschen Raketenentwicklung werden – und später zu einem Direktor der Bell Helicopter Corporation[456]; sein Erinnerungsbuch, „V 2 – Der Schuß ins Weltall", 1953 zuerst erschienen und schon 1955 ins Englische übersetzt, war eine zentrale Quelle Pynchons. Er stellte 1932 ein Team zusammen[457], dem auch von Braun angehörte und begann, unter der Ägide des Heereswaffenamtes, mit Raketentests auf dem Versuchsgelände der Reichswehr in Kummersdorf bei Berlin.

Die Darstellung dieser Episode in Dornbergers Erinnerungsbuch trägt die Überschrift „Raketen, Versailler Vertrag und Heereswaffenamt" und damit ist bereits ein Hinweis auf den Hintergrund der Arbeiten gegeben. Die Produktion von Waffen war in Deutschland durch den Versailler Vertrag stark eingeschränkt und das Heereswaffenamt suchte einen Ausweg in neuen und somit nicht limitierten Entwicklungen. In der Rakete, deren Bau Ende der zwanziger Jahre international diskutiert wurde, sah man eine der möglichen Alternativen. Da aber auch der Raketenflugplatz Berlin bis Mitte 1932 keine genauen Diagramme über Leistung und Verbrauch der Triebwerke liefern konnte, nahm das Militär die Sache schließlich selbst in die Hand.[458] Von nun an kamen die Erfinder, ob Scharlatane oder seriöse Ingenieure, zum Heereswaffenamt, das in Kummersdorf die Entwicklungen kanalisierte. So entstanden die „Aggregate 1–3", Vorläufer der V 2. Die Kapazität aber war beschränkt und vor allem das Gelände für Starts zu klein und so wurde von Braun beauftragt, ein für große Raketen geeignetes Gebiet zu suchen. Peenemünde auf der Insel Usedom empfahl sich nicht nur durch seine Abgelegenheit, sondern auch durch eine in die Ostsee entlang der pommerschen Küste bis zu 400 km weit reichende Schußbahn. Im April 1936 wird die Errichtung der Heeres-Versuchs-Anstalt Peenemünde beschlossen. Hier begannen die Arbeiten, die schließlich am 3. Oktober 1942 zum ersten erfolgreichen Abschuß eines A 4 führten, des Aggregats, das Goebbels in V 2 umbenannte.

Die technischen Probleme, die bis dahin zu lösen gewesen waren, lagen letztlich weniger bei den Triebwerken, sondern vor allem auf dem Gebiet der Steuerung.[459] Die Entwicklungsarbeiten verlagerten sich also langsam von der vergleichsweise einfachen Aufgabe, etwas in die Luft zu befördern, hin zu den komplexen Problemen der Stabilisierung und Zielgenauigkeit – man könnte auch sagen, vom Körper der Rakete auf ihr Hirn. Zunächst mußte man, da die Rakete in den luftleeren Raum vorstoßen konnte, einen Ersatz für die hergebrachten Ruder und Flossen finden. Eine Überlegung war, die Brennkammer selbst kardanisch aufzuhängen, so daß sie frei schwenkbar geworden wäre und die Richtung des Gasstrahls die Flugrichtung der Rakete bestimmt hätte. Um die mechanischen Schwierigkeiten zu vermindern, entschied man sich aber für die Anbringung von Rudern im Auspuffstrahl. Das Einstellen der Ruder nun hätte durch Radiosender und -empfänger erfolgen können – da derartige Signale aber störbar sind, wäre das Risiko zu groß gewesen: das Lenksystem der V 2 mußte unabhängig von allen äußeren Einflüssen funktionieren.

Zu diesem Zweck wurde, aus einzelnen Instrumenten und unter Zuhilfenahme elektronischer Rechner, das sogenannte „Trägheitslenksystem" entwickelt[460]; vor dem Abschuß eingestellt, war es dann gegen jede weitere Einwirkung immun. Das Prinzip dieses Systems kann man sich mit der Vorstellung einer Sanduhr veranschaulichen. Nach dem Start der Rakete triebe die Beschleunigung den Sand immer schneller durch das Glas und aus der Differenz zu einer normalen Uhr ließen sich Geschwindigkeit und Höhe der Rakete bestimmen. Die Trägheitsnavigation der V 2 wurde also durch ein System geleistet, „bei dem die Eigenortung der Rakete über Werte für Geschwindigkeit und zurückgelegte Wegstrecke geschieht, die aus der Wirkung von Trägheitskräften abgeleitet werden... Die in den drei senkrecht zueinander stehenden Meßrichtungen auftretenden Beschleunigungen ergeben durch einmalige Integration die Geschwindigkeit, deren nochmalige Integration ergibt die zurückgelegte Strecke." Das Bezugssystem der Meßgeräte wurde durch Kreisel gebildet.

Wenn die V 2 eine Geschwindigkeit erreicht hatte, die ausreichte, um sie ins Ziel zu befördern, wurde automatisch das Signal zur Unterbrechung der Treibstoffzufuhr gegeben. Die Brennzeit dauerte etwa eine Minute, der freie Flug nach Brennschluß etwa fünf Minuten. Die Aufgabe, die das Heereswaffenamt bereits 1937 an die Firma Siemens gestellt hatte[461], nämlich in der einen Minute sämtliche Steuervorgänge zu regeln, wurde in Peenemünde gelöst: nach vier Sekunden senkrechten Fluges begann die automatische Einsteuerung in den Umlenkbogen, bis in der 54. Sekunde bei 49 Grad zur Vertikalen der Endwinkel erreicht war. Nach dem Brennschluß in 22 km Höhe flog die Rakete, mit mehrfacher Schallgeschwindigkeit und ohne weitere Steuerung nun nicht mehr beeinflußbar, in einer ballistischen Kurve, deren Kulminationspunkt 80–90 km über der Erde lag, also im Weltraum, mit der einen Tonne Sprengstoff auf ihr bis zu 330 km entferntes Ziel.

3. All die Orte, Entwicklungsprobleme, teilweise auch die realen Namen erscheinen in Pynchons Roman – der Autor, der gleichermaßen Literatur und Physik studierte, kurzzeitig bei Boeing als Konstruktionsassistent arbeitete und in Fachzeitschriften über Lenkwaffen publizierte[462], kennt das Metier. So ist „Gravity's Rainbow" auch lesbar als eine exakt recherchierte Geschichte der V 2. Pynchon aber sprengt diesen Rahmen, indem er durch diese Geschichte die Fäden einer Fülle von Kontexten zieht, sie mit historischer Reflexion, literarischer Anspielung und auch mystischer Spekulation verbindet. Viele dieser Kontexte sind so aufeinander bezogen, daß sie sich ineinander spiegeln und wechselseitig erhellen. Ein Musterbeispiel dieses Verfahrens ist das elfte Kapitel des dritten Teils, das längste des Buches, zentriert auf kulturelle Dispositionen der späten Weimarer Republik, die Figur Franz Pökler, Raketenträume und deren Transformation.

Dieses Kapitel[463] hakt sich an dem Punkt in die reale Geschichte ein, als, um 1932, das Heereswaffenamt den Reinickendorfer Verein für Raumschiffahrt erst infiltrierte und schließlich die interessanten Mitarbeiter nach Kummersdorf abzog. Dornberger erscheint hier als Weißmann, „ein brandneuer Typ von Militär, halb Geschäftsmann und halb Wissenschaftler." Pynchons Figur Pökler ist Mitarbeiter des VfR, ein in der Wirtschaftskrise sonst von Arbeitslosigkeit bedrohter Naturwissenschaftler. Seinen Hintergrund umreißt Pynchon in einem früheren Kapitel des Romans, das um 1929/30 spielt. Fast zufällig stößt Pökler auf den Raketenflugplatz und wohnt einem Brennversuch bei. Seine Frau Leni pointiert den Charakter seiner Faszination – „Was für eine Wandervogel-Idiotie war das nun wieder, die ganze Nacht in einem Sumpf herumzustolpern und sich

‚Verein für Raumschiffahrt' zu nennen?"[464] Das ist das Bild, das Pynchon hier von Pökler entwirft, ein Typus, der (was ja genauso Robert Musil an Thomas Manns Hans Castorp kritisierte[465]) „auf Matten und Bergwiesen liegt, in den Himmel hineinstarrt, onaniert und sich sehnt." Schon in dieser frühen Szene wird die Gegenwelt beschworen, in deren Bannkreis Pökler dann in Kummersdorf und Peenemünde beinahe zwangsläufig gerät, und zwar in Form einer Séance, der Leni beiwohnt und bei der I.G. Farben-Direktoren und NSDAP-Mitglieder in einen Dialog mit Walther Rathenau eintreten, der ihnen seine Version des kartellisierten Staates, industrieller Macht und absoluter Kontrolle vorträgt.

Für Pökler ist die Rakete ein Mittel, die Erde zu „überschreiten"[466], Leni dagegen weist ihn auf den tatsächlichen Zweck hin, nämlich andere Menschen zu töten. Pökler hält an seiner Option fest, auch nachdem Weißmann ihn engagiert hat, fasziniert von der „korporativen Intelligenz" der Arbeitsteams. Er begreift nicht, als ihm sein Kollege und Studienfreund Mondaugen ein Modell des Zusammenhangs entwickelt, ihm aufzeigt, wie seine Traumenergien genutzt, ja sogar umstandslos handfesten militärischen Interessen dienstbar gemacht werden können. Mondaugen versteht die Zeichen zu lesen: „Einer jener deutschen Mystiker, die mit Hermann Hesse, Stefan George und Richard Wilhelm groß geworden waren, bereit, Hitler auf der Basis einer Demian-Metaphysik zu akzeptieren, schien er Brennstoff und Oxydator als komplementäres Paar zu begreifen, als männliches und weibliches Prinzip, die sich im mystischen Ei des Verbrennungsraums vereinten: Schöpfung und Zerstörung, Feuer und Wasser, chemisches Plus und chemisches Minus". Virtuos operiert Pynchon hier mit einem Grundmuster deutscher Ideologie, dem Kampf zwischen einer erst noch zu erzeugenden höheren Kultur und zu vernachlässigenden zivilisatorischen Grundwerten, der es eben auch möglich macht, um des einen Ziels wegen, hier der Schöpfung der Rakete als modernem Symbol der Transgression, den Preis sonstiger Zerstörung zu zahlen.

Gerade seines schrankenlosen Idealismus wegen ist Pökler geeignet, ein Objekt der Manipulation zu werden. Er, der an Lenis Macht über die Schwerkraft glaubte, ihre Flügel liebte, geht mit seinen Kollegen nach Peenemünde – jetzt gilt „ihr Angriff der Schwerkraft selbst, und sie mußten einen Brückenkopf errichten."[467] In Peenemünde spielt man ein grausames Spiel mit ihm, das ihm schließlich und zu spät doch eine Einsicht in die Determinanten seines Tuns öffnet. Ihm, der nicht die Einheit seines Bedürfnisses nach perfekter Funktion und seines Traums vom „vollkommenen Opfergang" erkennt, wird auf ausgesucht sadistische Weise der Zusammenhang wissenschaftlicher Manipulation mit der seines intimsten Lebens vorgeführt.[468] So wie seinen Kollegen die Einzelbilder der Filme von aus Flugzeugen abgeworfenen Raketenmodellen Bewegung suggerieren, so wird auch Pökler aus Einzelbildern ein Zusammenhang suggeriert, der aber hier in

Wirklichkeit nicht besteht. Nicht seine Tochter, wie er glaubt, ist es, die ihn besucht, sondern jedes Jahr ein anderes Mädchen, und zwar, wie er langsam entdeckt, aus dem Lager Dora, neben dem Mittelwerk in Nordhausen, wo die V 2 montiert werden. Erst hier sieht er, wie man seine Träume benutzt, und auch, daß seine Arbeit und die Konzentrationslager Teile eines Systems sind.

Pökler nun ist kein reiner Tor, sondern trägt in sich selbst eine Zweideutigkeit, einen Traum von Grenzenlosigkeit und Überschreitung, der in der Verwirklichung schnell totalitär wird. Pynchon verschaltet diesen Traum mit dem berühmten des Friedrich August Kekulé von Stradonitz, „der die Chemie revolutionierte und die I.G. Farben erst möglich machte." Kekulé träumte 1865 die Baupläne für neue Syntheseformen, sah die Welt als „zyklisch, in sich schwingend, ewig wiederkehrend"[469], und lieferte doch nur die Anleitung für die rücksichtslose Ausbeutung natürlicher Ressourcen. Pökler ist da näher an der Realität, sieht von vornherein nur in einem „korporativen Stadtstaat", zu dem ihm Fritz Langs „Metropolis"-Film die Anschauung liefert[470], die Form, seine Phantasien von Omnipotenz zu verwirklichen, und vergißt dabei, daß eine derartige Vision von Stärke und Zeitlosigkeit, die Vernichtung von Schwäche und Sterblichkeit, nur als Schritt ins Anorganische zu realisieren ist.

4. Als Walter Dornberger am Abend des 3. Oktober 1942, nach dem ersten erfolgreichen Probeschuß eines A 4, in Peenemünde eine Ansprache hält, gebrauchte er ein Bild, das in anderer und vieldeutiger Formulierung auch Pynchons Roman durchzieht – mit der bogenförmigen Bahn der Rakete nämlich sei der „Weltraum als Brücke zwischen zwei Punkten auf der Erde benützt"

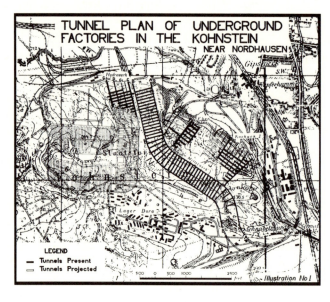

Plan der unterirdischen Produktionsstätten und des Lagers Dora bei Nordhausen

worden.[471] Hier wird beiläufig eine lange kulturhistorische Tradition aufgerufen, die der Brücken als integrierendem Element. Georg Simmel spricht von ihnen als Symbolen der „Ausdehnung unserer Willenssphäre über den Raum"[472] und Dornberger, die Funktion der Rakete als Waffe beiseiteschiebend, von der Flugbahn als Brücke, vom leeren Raum als „Schauplatz kommenden, kontinenteübergreifenden Verkehrs."

Pynchons Titel „Gravity's Rainbow" wie auch der im Einvernehmen mit ihm gewählte deutsche Titel „Die Enden der Parabel" zeigen von vornherein die Bedeutung dieses Motivs für den Roman. Doch schon in ihrer Differenz wird eine eigentümliche Mehrdeutigkeit sichtbar. Der Titel „Die Enden der Parabel" konzentriert sich auf die ortsfesten Punkte Abschuß und Ziel, „Gravity's Rainbow" auf das Dazwischen. Doch dieses Dazwischen wird widersprüchlich gefaßt. Die Schwerkraft als eine elementare Qualität aller irdischen Materie ist eine berechenbare Größe, die Rakete ein Geschoß, das zuerst die Schwerkraft überwindet und dann mit ihrer Hilfe das Ziel sucht. Der Regenbogen dagegen ist ein immaterielles Zeichen, das dieses Bezugssystem übersteigt: Zeichen des Bundes (1. Mose 9), der Verbindung, das Gott nach der Sintflut erscheinen ließ. Im Kontext der V 2 ist das eine befremdliche Assoziation, Pynchon jedoch entwickelt aus ihr einen utopischen Subtext, der sich ablöst von der realen Rakete und dem System, das sie hervorbrachte.

„Schlackenlos gereinigte Latenz am Himmel" – das ist die Parabel, die Flugbahn der Rakete, determiniert durch Bewegungsenergie und Schwerkraft, eine Form „ohne Überraschung, ohne zweite Chance, ohne Wiederkehr".[473] Die automatische Programmsteuerung vor dem Brennschluß und dann die Gesetze der Ballistik schleudern die Tonne Amatol in ihr Ziel. Diese Bahn ist so festgelegt wie in der Architektur die Form des Bogens, der als einziger den wirklichen Kräfteverlauf nachzeichnet – auch dies eine Parabel, die statische Idealform. Es dient also der Kohärenz, wenn Pynchon einen Nazi-Architekten fingiert, Etzel Ölsch, der in Nordhausen dem Tunnelportal vor den unterirdischen Produktionsstätten die Form einer Parabel gibt.

Nun sind allerdings Parabelformen architekturgeschichtlich keineswegs eine „Albert-Speer-Masche", wie Pynchon schreibt[474] – ganz im Gegenteil, die unsäglichen Entwürfe etwa für die Halle des Volkes oder den Triumphbogen auf der in Berlin geplanten Nord-Süd-Achse zeigen die überlieferten universalistischen Kugel- oder Kreisformen und keine dynamische Parabel. Nur die Architekten der Autobahnbrücken haben, besonders in den ersten Jahren, als der Drang zum Traditionalismus noch nicht so eindeutig wie später ausgeprägt war, gelegentlich die Parabel verwendet, wie auch Werner March, für den Besucher fast unsichtbar, im Querschnitt des Berliner Olympiastadions. Wenn also der fiktive Speer-Schüler Etzel Ölsch die Parabel als die „zeitgenössischste Form" bezeichnet, „die ihm je untergekommen sei", so implantiert Pynchon etwas in die Architektur der NS-Zeit, was in ihr fast nicht vorkommt.

Erhellend aber ist der Verweis auf Zeitgenossenschaft dennoch, wenn man sich an Parabelbauten im Kontext der klassischen Moderne erinnert, an Arbeiten der zwanziger und frühen dreißiger Jahre, wie an Behrens' Verwaltungsgebäude in Höchst oder Le Corbusiers nicht realisierte Parabel für den Sowjetpalast. Vielleicht ist es ja Behrens, den Pynchon meint, wenn er von jemandem spricht, der schon früher von der Parabel besessen gewesen sei, Behrens mit seinem Bau in Höchst für die spätere I.G. Farben, dem Glockenturm mit seinen parabolischen Öffnungen, aus denen Parsifal-Motive erklingen sollten. Ohne den utopischen Kontext als Zeichen des Wandels wäre der latente Zwangscharakter der parabolischen Kraftlinie sowohl in der ballistischen Kurve wie auch im Nordhäuser Portal von Etzel Ölsch, hinter dem KZ-Insassen unter unmenschlichen Bedingungen die V 2 montierten, gleichsam zu sich selbst gekommen.

Pynchon öffnet der Parabel dann aber einen anderen Interpretationshorizont. Merkwürdig schwebend bleibt, zwischen dem Komponisten Gustav und dem Dealer Säure, der drogenschwangere Dialog über Beethoven und Rossini[475], der schließlich auch auf die Parabel reflektiert. Gustav interpretiert Beethoven als „Repräsentanten der deutschen Dialektik", der für eine Entwicklung steht, die im 20. Jahrhundert in der „dodekaphonischen Demokratie kulminiert", in der „Einbeziehung von immer mehr Tönen in die Skala". Die konstruktive Organisation des musikalischen Materials gebiert die Egalität der Elemente. Für Gustav steht Anton Webern „am äußersten Ende der Entwicklung, die mit Bach begonnen hat, der Erweiterung des polymorph Perversen in der Musik, bis endlich alle Noten wahrhaft gleich waren." Pynchon hat das Konzept des polymorph Perversen der psychoanalytischen Kulturkritik Norman O. Browns entlehnt, der es seinerseits bei Freud aufnahm – es steht bei Brown wie bei Pynchon für den intendierten Verlust aller starren Festlegungen.[476]

Für Säure hingegen ist Beethoven durchaus kein Architekt musikalischer Freiheit, sondern nichts als ein Manipulator: „Alles, was man fühlt, wenn man einen Beethoven ins Ohr kriegt, ist losmarschieren und Polen erobern". Pynchon liefert hier die satirische Kurzfassung einer Debatte, die von Stendhal über Nietzsche bis hin zu Adorno immer wieder geführt wurde – entweder das Warme, Südliche, Organisch-Einfache à la Rossini gegenüber der Konstruktion, Kälte und Komplexität des Nordens, oder Affirmation versus Emanzipation. Für Gustav ist Rossini ein Greuel, die Wiederholung des Immergleichen – die Zuhörer „sitzen, sabbern und lauschen einem Potpurri aus kleinen Melodien, die man nach dem ersten Takt zu Ende pfeifen könnte." Als er aber von der „Parabel" spricht, dem „deutschen symphonischen Bogen, Tonika auf Dominante und wieder zurück zur Tonika", erntet er nur einen ungnädigen Verweis: „Teutonika?... Dominanz? Der

Krieg ist vorbei, Freundchen." Die Debatte bleibt unentschieden, in ihr aber spielt Pynchon mit einem Paradox – gerade die strenge Form, wie die Komposition mit zwölf Tönen, bietet die Möglichkeit, zur Entregelung vorgefundener Bezüge zu gelangen.

Während nun im Roman permanent Raketen in parabolischer Kurve durch den Raum stürzen, ihrer vorgezeichneten Bahn folgen und die Welt durch Zerstörung verändern, wobei man sie erst hinterher ankommen hört, fixiert Pynchon in ihrer Bahn einen Indifferenzpunkt. Die Spekulation über die Parabel als „Grenzfläche zwischen zwei verschiedenen Ordnungen der Dinge" erschließt sich von hier aus, von diesem Punkt her, ihrem Scheitelpunkt als einem Ort der äußersten Freiheit, wo die Rakete „keinem Aufstieg preisgegeben (ist) und keinem Sturz".[477] Das ist eine zweischneidige Referenz auf eine zentrale Utopie der Moderne, die der Schwerelosigkeit als radikaler Nicht-Determination. Vordergründig ist es die Waffe, die diese Utopie schließlich einlöst; dahinter scheint in der Technologie, ja noch in der totalitären Technokratie eine Latenz auf, ein Punkt, wo äußerste Kontrolle und Zurichtung in ein Spektrum ungeahnter Möglichkeiten umschlagen.

5. Das Motiv der Parabel und ihres Schwerpunktes wird im Roman durch Bilder ergänzt, die der Mathematik entstammen und die alle den Augenblick, den ausgezeichneten Punkt, einen Akt des Umschlagens umschreiben. Wenn am Anfang des Textes Captain Prentice sich vorstellt, daß die Rakete auf ihn zielt, und den Moment des Aufschlagens halluziniert – „für den Bruchteil einer Sekunde würde man spüren, wie die Spitze, über der die ganze, schreckliche Masse lastet, auf die Schädeldecke trifft" –, dann ist es genau diese Situation, dieser Sekundenbruchteil vor der Vernichtung, der in der Schlußszene des Romans wieder auftaucht, nicht mehr im London des zweiten Weltkrieges, sondern im Los Angeles der Gegenwart, daß nämlich die Rakete „ihren letzten, unmeßbaren Spalt über dem Dach" eines Kinos erreicht, „das letzte delta-t."[478]

Damit ist das erste der mathematischen Bilder benannt, die Pynchon verwendet, das delta-t, ein Begriff aus der Infinitesimalrechnung. Mathematisch ist das delta-t dadurch charakterisiert, daß es unendlich klein wird und den Grenzwert Null doch niemals erreicht.[479] Wie so vieles im Roman, ist auch dieses Bild multivalent. Das letzte delta-t vor dem Aufschlag der Rakete geht der Vernichtung von Leben und Zeit unmittelbar voraus, ist die Signatur des Wandels als Zerstörung, aber ganz am Schluß der Szene und des Buches folgt noch ein merkwürdiger barocker Hymnus auf die Erlösung. Pynchon bringt das Bild des delta-t in die Schwebe, betont, durchaus auch unabhängig von den Umständen, seine Eigenschaft als verdichteter Augenblick. Eine ganz losgelöste Sicht vertritt Leni Pökler, als sie das delta-t als „ewige Annäherung" zu beschreiben versucht, „bei der die Scheiben der Zeit immer dünner werden, ...während das reine Licht der Null immer näher kommt".[480] Sie imaginiert einen Augenblick völliger Selbstaufgabe, in dem Vergangenheit und mögliche Zukünfte bedeutungslos sind, einen Augenblick reiner Gegenwart und Hingabe, während Franz das delta-t als Konvention abtut, als Hilfsmittel, um eine Funktion bis zu ihrem Grenzwert aufzulösen.

Pynchon erörtert das Problem des ausgezeichneten Punktes auch mit einem Begriff aus der analytischen Geometrie, mit dem Konzept der sogenannten „Singularitäten", und dies am deutlichsten in einem längeren Abschnitt[481], wo aus einer Sado-Maso-Szene eine Serie von Vergleichen entspringt: „Alle Ketten und Fesseln an Margherita klirren, ihr schwarzer Rock ist hochgeschoben bis zur Taille, ihre Strümpfe spannen sich in klassischen Spitzbogen zu den Strapsen des schwarzen, fischbeinverstärkten Hüfthalters empor, den sie darunter trägt. Wie sind die Penisse der Männer des Westens, ein Jahrhundert lang, gesprungen beim Anblick dieses einzigartigen Punktes an der Spitze eines Damenstrumpfes, dieses Übergangs von Seide zu Straps und nackter Haut!" Dieser spezifische Übergang nun führt auf eine ganze „Kosmologie... von Knoten, Scheiteln, Selbstberührungspunkten, mathematischen Küssen... *Singularitäten!*" Erwähnt werden die Turmspitzen der Kathedralen, die Schneiden von Rasierklingen, die Dornen der Rosenstöcke etc., aber erst in der conclusio wird, analog zur mathematischen Bedeutung[482], nach der singuläre Punkte einer Funktion Eigenschaften besitzen, die sie von allen anderen Punkten unterscheiden, der metaphorische Sinn dieses Konzepts für den Roman wahrnehmbar: „In jedem dieser Fälle birgt der Wechsel von Punkt zu Nicht-Punkt eine Leuchtkraft in sich und ein Enigma, angesichts dessen etwas in uns aufspringen muß und singen, oder sich voller Angst verkriechen. Das A 4 zu betrachten, wie es in den Himmel ragt – im Augenblick, bevor der letzte Startkontakt geschlossen wird –, diesen singulären Punkt an der äußersten Spitze der Rakete zu betrachten, dort, wo der Zünder sitzt... Ob alle diese Punkte, so wie jener der Rakete, eine Vernichtung in sich schließen? Was ist es, das explodiert im Himmel über der Kathedrale? Unter der Schneide der Klinge, unter der Rose?"

Die Funktion der Spitze, wo Punkt und Nicht-Punkt sich berühren, wird vollends geklärt in dem Selbstversuch, den die Romanfigur Thanatz (wie später Timm Ulrichs) unternimmt: er will, mit einem Wehrmachtsstahlhelm und allerlei Antennen versehen, vom Blitz getroffen werden, einen singulären Punkt erleben, einen Kataklysmus, eine Diskontinuität der Lebenskurve, nach der sie anders verläuft als vorher.[483] In der gleichen sinistren Sphäre, in der Pynchon immer wieder die Vorstellung von Wandlung und Übergang ansiedelt, nämlich im Potential eines Geschosses oder reiner Energie, bewegt sich auch Musil in seiner Erzählung vom Fliegerpfeil. Sie geht, wie Tagebuchaufzeichnungen belegen, zurück auf ein Erlebnis im ersten Weltkrieg und fand Eingang in eine der späten

Erzählungen. Fliegerpfeile sind kleine Metallstäbe, die man aus Flugzeugen abwarf; wenn sie trafen, was höchst selten vorkam, durchschossen sie einen Menschen vom Kopf bis zu den Füßen. Musils Held erfährt die Annäherung eines solchen Pfeils durch ein „leises Klingen", das „perspektivisch größer" wurde: „Und in diesem Augenblick... stieg ihm etwas aus mir entgegen: ein Lebensstrahl; ebenso unendlich wie der von oben kommende des Todes."[484] Der Pfeil trifft knapp daneben; alles, was über seine Ankunft gesagt wird, ist: „Er, es war da." Der Betroffene weiß nicht, wie lange er „fort gewesen war", als die anderen beginnen, den Pfeil zu suchen. Mit diesem Text wird eine Traditionslinie sichtbar: kinetische und energetische Verdichtungen als Formen, in denen die Erfahrung der Epiphanie, des plözlichen Durchschlagens gewohnter Ordnungen, sich in der Moderne manifestiert.

Pynchons ganzer Roman ist aufgeteilt in zwei Welten. Die eine ist die der Kontinuität, Kausalität, Ordnung und Kontrolle. Sie wird verkörpert durch Naturwissenschaften, Technik oder staatliche Organisationen, die in der Handlung erscheinen als I.G. Farben, Heeresversuchsanstalten etc., aber prinzipiell unabhängig sind von politischen Systemen und auch Kriegen.[485] Die Gegenwelt der Diskontinuität, der Wandlung oder auch der Auflösung inkorporiert formal der Roman selbst, dessen letzter Teil in Fragmente zerfällt, und im Text eine Figur wie Tyrone Slothrop, der sich so lange gleichsam verdünnt, bis er aus der Handlung ganz verschwindet. Der Konflikt beider Welten ist Pynchons Thema; nicht schwer zu erraten, wo seine Sympathien liegen. Die Eigenschaft Slothrops, „sich zu verstreuen", wird mit dem delta-t des „Jetzt" erklärt, in dem jeder Bezug auf die lineare Zeit unmöglich wird.[486] Für ihn hält Pynchon einige Verse Rilkes bereit. Das letzte der „Sonette an Orpheus", in dem die Rede ist von Kreuzweg und Verwandlung, schließt mit den in „Gravity's Rainbow" zitierten Zeilen: „Und wenn dich das Irdische vergaß,/ zu der stillen Erde sag: Ich rinne./ Zu dem raschen Wasser sprich: Ich bin."[487] Slothrops Verschwinden, die endgültige Verwandlung dieses gewesenen Versuchsobjektes manipulationssüchtiger Pawlowianer, vollzieht sich im Anblick eines Regenbogens und ohne Kataklysmus – „er steht da und weint, nichts mehr in seinem Kopf, und fühlt sich einfach natürlich..."[488]

Die Rakete schließlich ist Teil beider Welten, Pynchon als Autor selbst einer der „Manichäer, die zwei Raketen sehen, eine gute und eine böse, von denen sie in der heiligen Idiolalie der Urzwillinge... miteinander sprechen: eine gute Rakete, um uns zu den Sternen zu tragen, eine böse für den Selbstmord der Welt, und beide liegen sie in ständigem Kampf".[489] Die „gute" Rakete enthält das „Max Webersche Charisma", eine Eigenmacht, eine Prophezeiung des Entkommens, die sich Staaten und Konstrukteure nicht untertänig machen können, ja sogar einen „Atem", ein Pneuma[490], was sie fast in die Nähe der Geistesvögel Brancusis rückt. Der Bildhauer löste zwischen 1923 und 1941 seine sublimen Vogelskulpturen aus jeder Schwerkraftfixierung und photographierte manches Einzelstück als „sich im Strahlenglanz erhebende Form."[491] Sein Atelier ist gleichsam der Ort einer Parallelentwicklung zum A 4. Doch die Lösung aus aller irdischen Gebundenheit, die Entregelung fesselnder Bezüge, der reine Flug bleiben Versprechen, eine Möglichkeit; in der historischen Realität, wie sie Pynchon schildert, sind die Rakete und ihr Sprengkopf eine Verdichtung aller Zerstörungspotentiale, die vielleicht komplexeste Maschinerie der technischen Welt, ausgeliefert an die Interessen von Mächten[492], die um ihrer selbst willen jede Ordnung der Dinge in Frage zu stellen bereit sind.

5. Absolute Entortung

In der Geschichte des Luftkrieges markiert das Jahr 1942 einen Wendepunkt. Mit dem 1.000-Bomber-Angriff auf Köln wird das „area-bombing" erstmalig mit aller Konsequenz praktiziert. Mit dem A 4 erscheint eine neue Waffe, ein Instrument, das, zunächst nur für Terrorangriffe genutzt, sein Potential erst in der Nachkriegszeit entfaltet: mit Raketen und nuklearen Sprengköpfen wird die Ubiquität der Bedrohung in einer bisher nicht denkbaren Weise zum Dauerzustand. Die grundsätzliche Veränderung aller räumlichen Ordnungen durch den Luftkrieg ist auch die Basis von Überlegungen, die in den Kriegsjahren bereits auf die erwartbare Zukunft zielen. Der Revers zur Vernichtung aller Sicherheit ist der Gedanke universeller Kooperation und Interaktion. Konzepte wie die von Herbert Bayer oder Buckminster Fuller beinhalten die mögliche Konversion militärischer Hochtechnologie und Infrastruktur. Während aber Bayer mit seiner Broschüre über die elektronische Zukunft, die er 1942 für General Electric gestaltet, und deutlicher noch mit der Ausstellung „Airways to Peace" von 1943 im Museum of Modern Art auf die umstandslose Überführung der Kriegstechnologie in friedliche und kommunikative Anwendung setzt, bleiben der Dymaxion Projection Buckminster Fullers die Bedingungen der Entstehungszeit eingeschrieben. Dieses neue Verfahren kartographischer Projektion, das, Copyright 1944, für das kommende Zeitalter interkontinentalen Luftverkehrs und ballistischer Flugbahnen die Verlagerung der Verkehrswege fort von den Meeren und hin auf die Pole thematisiert[493], ist ambig: zivile Interaktion und strategisches Kalkül sind in ihm ununterscheidbar.

Auf den ersten Blick merkwürdig zeitenthoben scheint der Titel des Buches „Land und Meer. Eine weltgeschichtliche Betrachtung", das Carl Schmitt im Wendejahr 1942 veröffentlichte. Dieses Buch aber enthält eine tiefgreifende Analyse der Veränderungen des Raumbegriffes, die mit dem Auftreten der Seemächte begannen und im Wirken der Luftwaffen kulminieren. Ausgangspunkt der Überlegungen ist der Gedanke, daß die Weltgeschichte als Kampf zwischen Land- und Seemächten zu lesen ist. In der neueren Geschichte sind die Seemächte die dynamischeren Kräfte. Diese Dynamik findet eine symbolische Repräsentation in den Darstellungen, die Melville und Michelet um die Mitte des 19. Jahrhunderts von der Bedeutung des Walfisches, des Leviathans, und der Jagd auf ihn gaben. Sowohl in „Moby Dick" wie auch in Michelets Buch über das Meer von 1861 ist es der Wal, der den Menschen aufs Meer zieht und den Jäger in eine maritime Existenz hineintreibt. Historisch wurde er so zum Veranlasser der Entdeckung des Erdballs.[494]

Doch ist das in Schmitts Darstellung nur ein Präludium. Der Staat, der den Aufbruch aufs Meer wagte, ist England, gestützt auf einen kämpferischen Calvinismus und den Glauben an die Prädestination. Englands Existenz ist maritim; hier und nicht in erdhafter, territorialer Bindung liegt die Voraussetzung einer schließlich über die ganze Erde reichenden Herrschaft. Boden oder Heimat haben keinen besonderen Status, sind Hinterland. Man agiert aus Stützpunkten und den jeweiligen Verkehrslinien heraus. Die Bewohner des europäischen Kontinents erscheinen aus dieser Perspektive als „backward people"; die britische Insel aber, „die Metropole eines solchen auf der rein maritimen Existenz errichteten Weltreiches wird dadurch entwurzelt und entlandet. Sie kann, wie ein Schiff oder wie ein Fisch, an einen anderen Teil der Erde schwimmen, denn sie ist ja nur noch der transportable Mittelpunkt eine über alle Kontinente zusammenhanglos verstreuten Weltreiches."[495]

Schmitt differenziert den Gegensatz von Land und Meer weiter aus zu dem von Geschlossenheit und Offenheit. Die polare Struktur der Raumordnungsbegriffe läßt sich an den verschiedenen Entwicklungen Frankreichs und Englands veranschaulichen. Der französische Begriff des souveränen Staates ist eine land- und erdgebundene Vorstellung. Gegen diese geschlossene und begrenzte Auffassung steht das von staatlicher Raumordnung freie, nicht von Grenzen durchzogene Meer als alternative Raumvorstellung der Weltpolitik und des Völkerrechts.[496] Besonders deutlich wird die Differenz von Land und Meer in der von Land- und Seekrieg. So, wie die maritime Existenz die Praxis des Welthandels als Freihandel initiiert, so schafft sie auch Freiheiten der Kriegsführung, die die relative Ordnung der Landkriege außer Kraft setzen. Schmitt definiert den Landkrieg als eine Beziehung von Staat zu Staat mit dem entscheidenden Merkmal, daß die Zivilbevölkerung außerhalb der Feindseligkeiten bleibt. Hier stehen sich, jedenfalls theoretisch, ausschließlich organisierte militärische Kräfte gegenüber, während im Seekrieg mit Beschießungen, Blockaden und dem Prisenrecht Handel und Wirtschaft des Gegners getroffen werden sollen, womit der Unterschied zwischen Kämpfenden und Nichtkämpfenden verschwindet.[497] Die Parallele zum Luftkrieg als einer räumlich entgrenzten Kriegsführung drängt sich auf, aber das ist eine Frage, die Schmitt hier nicht berührt. Immerhin offenbart die Art der Seekriegsführung eine latente Ambivalenz der offenen und expansiven Raumvorstellung.

Der zentrale Begriff, mit dem Schmitt hier operiert, ist der der „Raumrevolution". Unter diesen Begriff, den er ab 1940 verwendet[498], faßt er die Tatsache, daß der Mensch von dem ihn umgebenden Raum ein bestimmtes Bewußtsein hat, das im Lauf der Geschichte starken Wandlungen unterliegt. Nicht interessieren ihn dabei die Differenzierungen, die innerhalb jeder einzelnen Epoche je nach Lebensumfeld möglich sind oder die jeweils von den verschiedenen Wissenschaften ausgeprägt werden. Sein Ansatzpunkt sind die umfassend revolutionierenden Veränderungen: „Jedesmal wenn durch einen neuen Vorstoß geschichtliche Kräfte, durch eine Enfesselung neuer Energien, neue Länder und Meere in den Gesichtskreis des menschlichen Gesamtbewußtseins eintreten, ändern sich auch die Räume geschichtlicher Existenz."[499] Dann ändern sich nicht nur die Maße und Maßstäbe, sondern es wechselt die Struktur des Raumbegriffes selber.

Als die Epoche der einschneidensten Veränderung überhaupt begreift Schmitt das Zeitalter der Entdeckung Amerikas und der ersten Umsegelung der Erde – hier setzt er die „erste eigentliche Raumrevolution" an.[500] Diese Zeit, das 16. und 17. Jahrhundert, brachte auf allen Gebieten einen neuen Raumbegriff. Kepler berechnete die Bahnen der Planeten und Newton stellte das Gravitationsgesetz auf – der Kosmos war fortan ein Raum unendlicher Leere und zugleich geordneter Bewegung. Malerei und Architektur der Renaissance versetzen den Menschen in einen homogenen Raum und auch die Musik verläßt die alten Tonarten und organisiert den Hörraum des tonalen Systems. Die Kultur indiziert die Totalität der Raumrevolution; beiläufig formuliert Schmitt ein Programm kulturgeschichtlicher Forschung, wenn er schreibt: „Die Kunst ist ein geschichtlicher Grad des Raumbewußtseins."[501] Sein Hauptthema aber sind die globalen Veränderungen im Bereich der politischen Geschichte, und hier ist es England, das zum Träger der Raumrevolution wird, indem es eine vergleichsweise kleine Insel zum Mittelpunkt eines Weltreiches macht, sich vom festen Land abwendet und für die Herrschaft über die offenen Räume der See entscheidet.

Das ist die erste Raumrevolution; um das Jahr 1900 herum ereignet sich die zweite und noch nicht abgeschlossene.[502] Die industrielle Entwicklung mit ihren Techniken erweist sich als neue raumverändernde Macht, und Schmitt nennt hier die Elektrizität und das Flug- und Funkwesen. Insbesondere mit dem Flugzeug ist eine weitere, zu Land und Meer hinzutretende Dimension erobert, mit der sich nicht nur der Verkehrsraum erweitert, sondern auch der militärischer Aktion – begreiflich also, so Schmitt, „daß gerade die Luftwaffe als ‚Raumwaffe' bezeichnet wurde. Denn die raumrevolutionäre Wirkung, die von ihr ausgeht, ist besonders stark, unmittelbar und augenfällig." Doch dieser Gedanke der Raumrevolution durch Destruktionsmacht blitzt nur kurz auf. Mit Flugzeugen und erdumkreisenden Funkwellen ist, und das vor allem zählt, die Luft als ein weiterer Handlungsbereich erschlossen, der leere Raum zum „Kraftfeld menschlicher Energie, Aktivität und Leistung geworden." Mit der modernen Verkehrs- und Nachrichtentechnik wird der Raum zu einer homogenen Größe und damit, jenseits der Teilung von Land und Meer, entfallen auch seine hergebrachten Strukturen.

Die Konsequenzen dieses Sachverhalts hält Schmitt dann allerdings in eigenartiger Schwebe. Er zitiert Stimmen, ohne deren Namen zu nennen, die Unordnung, Zerstörung, das Ende gekommen sehen, und es scheint, als würde er damit auf Henry Adams anspielen, auf ein Werk, das ihm ja wohl bekannt ist und das auch für Thomas Pynchon eine entscheidende Anregung war. Adams sah in seiner 1907 vollendeten Autobiographie die Welt durch die entfesselten neuen Techniken, und besonders durch Dynamomaschinen, in einen Zustand fortschreitender Entropie versinken[503]. Schmitt dagegen formuliert, mitten im Krieg und äußerst distanziert, seine Annahme, daß in der zweiten Raumrevolution „ein neuer Sinn um seine Ordnung ringt." Doch worin er bestehen könnte, bleibt völlig offen.

Das ändert sich in einem weiteren Buch, „Der Nomos der Erde", das 1945 vollendet war, aber erst 1950 erschien. In dieser Fortschreibung des Themas von „Land und Meer" ist der Ton skeptischer, die negative Sicht nähergerückt. „Heute scheint es ...denkbar", heißt es in den „Einleitenden Corrolarien", daß „die Luft das Meer und vielleicht sogar auch noch die Erde frißt und daß die Menschen ihren Planeten in eine Kombination von Rohstofflager und Flugzeugträger verwandeln. Dann werden neue Freundschaftslinien gezogen, jenseits deren dann die Atom- und Wasserstoffbomben fallen."[504] Die Erfahrung des Luftkrieges wird erst hier, nach der Vernichtung des NS-Regimes, in dessen staatsrechtlichen Bau der Verfasser in den dreißiger Jahren tief verstrickt war, wirklich eingeholt, aber jetzt apokalyptisch abgebucht. Die Frage eines neuen Nomos wird unter dem Gesichtspunkt der Entortung gestellt. Während in „Land und Meer" nach der zweiten Raumrevolution eine zivilisatorisch verträgliche neue Raumordnung immerhin möglich schien, wird jetzt nur noch die Auflösung konkreter staatlicher Ordnungen in Großräume thematisiert[505], in diffuse Formationen mit nicht eindeutiger örtlicher Bindung, in die neue Ordnungen nur schwer zu implantieren sind.

„Großraum" ist von „Entortung" nicht zu trennen, und deren wirksamstes Werkzeug sind die Luftwaffen. Die Bedeutung des Luftkrieges liegt gerade in seiner vollkommenen Regellosigkeit, was vergeblich durch Analogien zum Seekrieg völkerrechtlich aufgefangen werden sollte. Der Luftkrieg zielt nicht auf

Okkupation wie der Landkrieg und auch nicht auf Blockade und Beutenahme wie der Seekrieg. Im Luftkrieg gibt es keinen Schauplatz des Krieges mehr, kein „theatrum" wie im Landkrieg. Er findet in einer eigenen Dimension statt, in vollständiger Beziehungslosigkeit der Kriegführenden gegenüber den Betroffenen und diese Tatsache, die Auflösung jeder raumhaften Verbindung, zeigt, so Schmitts Schlußfolgerung, „die absolute Entortung und damit den reinen Vernichtungscharakter des modernen Luftkrieges."506 In einer solchen Kulmination der Raumrevolution geht der alte Nomos der Erde unter; ein neuer zeigt sich nur in der Destruktion.

Diesen Analysen haftet etwas Schillerndes an. Einerseits ist mit dem Terminus „Raumrevolution" ein zentraler Faktor im Prozeß der Zivilisation stimmig benannt, andererseits aber verwundert das Schwanken der Konnotationen. Das wird schon deutlich an der Mehrdeutigkeit des Großraumbegriffes. Schmitt hat diesen Begriff maßgeblich geprägt, und zwar ursprünglich in einem Zusammenhang, wo er als Rechtfertigung nazistischer Expansionspolitik hat verstanden werden können und nicht als Ausdruck allgemeiner zivilisatorischer Entwicklungen nach der zweiten Raumrevolution.507 Diese Implikation des Schmittschen Begriffes spricht Heinrich Himmler deutlich aus, als er 1943 und sinnigerweise in Peenemünde nach den Kriegszielen befragt wird. Anwesend waren neben anderen von Braun und Walter Dornberger; letzterer notierte die Antwort. Himmler referiert Hitlers Überzeugung, „daß die modernen Errungenschaften der Technik, besonders die Verkehrsmittel, wie Eisenbahn, Kraftfahrzeuge und Flugzeuge die bisherige Wichtigkeit der nationalen Grenzen nicht mehr gerechtfertigt erscheinen lassen... In den heutigen Wirtschaftskämpfen kann sich nur noch der wirtschaftliche Großraum am Leben erhalten, der Großraum, der machtpolitisch und produktionsmäßig in sich selbst so stark ist, daß er seine Unabhängigkeit behaupten kann." Die anderen Staaten hätten sich „zu ihrem eigenen Vorteil willig der Führung dieses Mächtigsten unterzuordnen."508

So mußte der Großraumbegriff im damaligen Deutschland verstanden werden; diese Lesart verbirgt die andere, die der Begriff enthält und die ja auch in dieser Zeit schon geläufig war. Erinnert sei nur an das phantastische Projekt „Atlantropa", das von 1928 bis noch in die fünfziger Jahre hinein die Phantasie geopolitischer Visionäre fesselte.509 Der Initiator war Herman Sörgel, ein Architekt, dessen „Architekturästhetik" von 1918 sich dem Problem des architektonischen Raums zugewandt hatte und der nun seine Gedanken auf umfassende Raumordnung richtete. Ziel war die friedliche Zusammenarbeit europäischer Staaten um ein Mittelmeer herum, dessen Wasserspiegel zur Gewinnung erheblicher Flächen an Land abgesenkt werden sollte. Seitens der Architekten traten als Unterstützer beispielsweise Peter Behrens, Hans Poelzig,

Fritz Höger, Atlantropa-Zentrale, Entwurf, 1931

Erich Mendelsohn und auch Wilhelm Kreis auf. Von Fritz Höger stammen Entwürfe für einen zentralen Verwaltungsbau in der Schweiz. Noch ein solches Projekt zeigt die Bandbreite und ebenso die Virulenz und Bindungskraft des Großraumgedankens, der sich nach dem zweiten Weltkrieg vielfältig inkorporierte, nämlich in der EWG, EFTA etc.

Schmitts Großraumbegriff spricht eine wesentliche Entwicklung an, steht und fällt aber mit dem Gebrauch, den man von ihm macht. Ähnlich zwielichtig ist der Begriff „Entortung". Diese Wortwahl ist wohl nicht zufällig. Die Assoziation geht in Richtung Entwurzelung, Beraubung jeder Sicherheit. So gesehen, würde eine Szene das Phänomen der „Entortung" veranschaulichen können, wie sie Albert Speer in seinen Erinnerungen wiedergibt.[510] Gegen Ende des zweiten Weltkrieges ist selbst eine nächtliche Autobahnfahrt nur unter Benutzung einer Karte möglich, in die laufend die per Radio übertragenen Meldungen über angreifende Jagdflugzeuge eingetragen werden. Ist ein solcher Sektor erreicht, muß das Licht abgeblendet und langsam am Straßenrand gefahren werden. Erst nach der Entwarnung geht es mit hoher Geschwindigkeit weiter. Mobilität ist an ständige und lebensnotwendige Kontrolle durch Kommunikationsmittel gekoppelt – die perverse Gegenfigur zu Schmitts so ziviler Vorstellung des Raumes als eines Kraftfeldes menschlicher Energie, Aktivität und Leistung.

Das führt auf die fundamentale Zweideutigkeit der Theorie der Raumrevolution. Schmitt ist, und das ist das einzige, was seine abscheulichen Aufsätze zwischen 1933 und 1936 erklärlich macht, von Hause aus Etatist – ein Text wie „Der Führer schützt das Recht" von 1934 ist nur begreiflich als die Aussage jemandes, dem es unter allen Umständen um die Garantie von Ordnung geht.

Eine fast pathologische Angst vor Unordnung findet nur noch im Gedanken an Diktatur ihre Eindämmung.[511] Um so erstaunlicher müssen die Ausführungen in „Land und Meer" wirken, und sie sind ja auch, besonders von Nicolaus Sombart, als Ausdruck eines tiefen Einschnittes gelesen worden. „Land und Meer" trägt die Widmung „Meiner Tochter Anima erzählt" und es markiert für Sombart einen Wendepunkt in Schmitts Leben: „Er verläßt das feste Land und wagt sich hinaus aufs freie Meer. Er kündigt den Vätern den Gehorsam auf und bricht auf in das Reich der Mütter."[512] Unabhängig von diesem psychoanalytischen Fond scheint mir hier etwas eminent Wichtiges getroffen, mit dem Hinweis nämlich auf einen Konflikt, der aber letztlich nicht gelöst wurde und der so biographisch wie politisch ist. In ihm scheint die Erkenntnis der möglichen emanzipativen Macht der Entortung gegenüber der Verortung auf. Genau daraus erklärt sich auch die Janusgesichtigkeit der Theorie der Raumrevolution bei Carl Schmitt. Er entwickelt eine Theorie, die ein funktionsfähiges Instrument darstellt zur Analyse der raumöffnenden zivilisatorischen Veränderungen zuerst durch die See- und dann durch die Luftfahrt. Doch ist sie in der spezifischen Verbindung eines weltanschaulichen Konfliktes mit der Erfahrung des Luftkrieges apokalyptisch eingefärbt, eine Verabschiedung der Geschichte in der Preisgabe aller Ordnungsvorstellungen.

VIERTER TEIL

VIII. ONE WORLD, VISION IN MOTION, VERLUST DER MITTE

1. Als die Siegermacht mit dem weitaus größten militärischen, industriellen und wirtschaftlichen Potential waren die USA nach dem zweiten Weltkrieg der Staat, dem beinahe zwangsläufig die Aufgabe zufiel, eine neue Großraumordnung zu formulieren und auch durchzusetzen. Die prägnanteste Formel für die Ausrichtung der Nachkriegspolitik prägte Wendell Willkie mit dem Titel seines 1943 erschienenen Buches „One World".

Willkie war 1940 als Präsidentschaftskandidat der Republikanischen Partei Roosevelt unterlegen; er war der Kandidat der „business community"[513], die sich gegen dirigistische Momente der New Deal-Politik wandte. Doch der Gegensatz Unternehmer-Staat verschwand zwischen 1940 und 1943 im Zeichen der immensen Kriegskonjunktur und Willkies Buch bot eine konsensfähige

Joseph Binder, Plakat, 1941

Plattform für die anstehende grundsätzliche Neupositionierung der amerikanischen Politik.

„One World" erreichte bald eine Auflage von zwei Millionen. Willkie diskutiert die Alternativen der USA nach dem Krieg. Er verwirft die Möglichkeiten nationalistischer und imperialistischer Politik und beseitigt damit die Ambiguität, die den prinzipiell vergleichbaren Großraumvisionen Carl Schmitts innewohnte. Sein Programm für die USA ist simpel – „the creation of a world in which there shall be an equality of opportunity for every race and every nation"; politische und ökonomische Freiheit sollten universell verbindliche Standards werden. Wie Carl Schmitt betont Willkie die Bedeutung der Luftfahrt für die Unifikation der Erde, aber eher als Instrument der Supervision denn als eines realer Machtausübung. Die militärischen Strukturen bleiben außer Betracht: „When I say that peace must be planned on a world basis, I mean quite literally that it must embrace the earth. Continents and oceans are plainly only parts of the whole, seen... from the air. England and America are parts, Russia and China... And it is inescapable that there is no peace for any part of the world unless the foundations of peace are made secure throughout all parts of the world."[514]

In der während der Kriegsjahre geführten Debatte um Amerikas zukünftige Rolle wurde Willkies Titel schnell zum Schlagwort. Sein Buch reiht sich ein in eine Folge von Stellungnahmen[515], die schon früh eine klare Tendenz erkennen ließen. Im „Life Magazine" veröffentlichte Henry R. Luce einen programmatischen Artikel unter der Überschrift „The American Century", in dem er die USA zum Garanten der Weltzivilisation bestimmte. Ein offiziöses Papier von 1944 brachte den ökonomischen Stimulus auf den Punkt: „Aus dem Krieg mit enorm ausgeweiteten Produktionskapazitäten hervorgehend, werden die Vereinigten Staaten ein eindeutiges Interesse am freiestmöglichen Zugang zu ausländischen Märkten haben." Die Außenpolitik seit der Atlantik-Charta von 1941 verband die Forderung nach Wirtschaftsfreiheit mit dem Versprechen der Sicherung demokratischer Ordnung. Am Kriegsende hatten die USA den Übergang vom Isolationismus zum Globalismus vollzogen.

Dem politischen Programm „One World" entspricht der technologische Entwicklungsstand in den zentralen Bereichen der Kommunikations- und Verkehrstechnik. Als Walter Dorwin Teague 1946 in der zweiten Auflage seines 1940 zuerst erschienenen Buches „Design This Day" ein Programm für die Gestaltung der unmittelbaren Zukunft entwickelt, setzt er ganz auf die nicht zuletzt durch den Krieg entfaltete Technologie: „The motive force of modern civilization is mechanical power under precise control." Im Bereich „Electronics" vermutet er ein entwicklungsfähiges Potential. Er sieht eine globale „community of thought" heraufkommen, aber die Auswirkungen von Radar, Radio und Fernsehen seien im Einzelnen noch nicht abschätzbar. Deutlicher sind die vereinheitlichenden Perspektiven bei der Luftfahrt. Mit der erwartbaren Expansion der Fluggesellschaften träte etwas ein, was es vor dem Krieg nicht wirklich gab: „The network of their routes will cover the earth."[516] Teagues Programm beschreibt die zivilisatorischen Voraussetzungen der „One World"-Politik: Technologie als die Basis einer zusammenwachsenden Welt.

Die Luftfahrtindustrie der Vereinigten Staaten bot eine tragfähige Basis: während des Krieges war sie zur weltgrößten Industrie überhaupt geworden.[517]

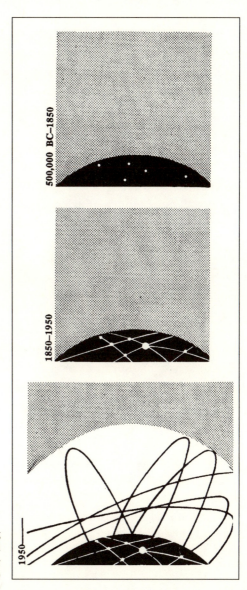

Buckminster Fuller, Schematische Darstellung der Dichte von Verkehrs- und Kommunikationsnetzen verschiedener Epochen, 1950

Dabei waren die Steigerungsraten enorm: gab es 1939 noch 64.000 Menschen, die hier tätig waren, so wurden 1943, auf dem Höhepunkt der Produktion, über zwei Millionen beschäftigt. Das bedeutet eine Erhöhung um das Dreißigfache. Noch andere Vergleiche machen die volkswirtschaftliche Dimension dieses Industriezweiges deutlich: 1943 hatte die Luftfahrtindustrie die fünffache Größe der Automobilindustrie von 1939 erreicht; betrug der Ausstoß 1937 insgesamt 3.100 zivile und militärische Flugzeuge, so wurden 1944 annähernd 9.000 Maschinen pro Monat hergestellt. Damit hatte die Flugzeugindustrie für einzelne Regionen wie Los Angeles und letztlich für das ganze Land strukturelle Bedeutung gewonnen.

Die Luftfahrtindustrie stellte eine Superstruktur dar, die, wollte man nicht das Risiko hoher Arbeitslosigkeit eingehen, in zivile Nutzung konvertiert werden mußte. Bei den vorhandenen Bomben- und vor allem Transportflugzeugen existierte eine Reihe von Mustern, die umgebaut und als Verkehrsflugzeuge eingesetzt werden konnten. Ein bekanntes Beispiel ist die Lockheed L.049, ein Transportflugzeug, das als „Constellation" und „Super Constellation" bis zum Ende der fünfziger Jahre eine Stütze des zivilen transatlantischen Passagierverkehrs war. Die elegante Maschine hat 1943 ihren Erstflug absolviert, und Howard Hughes, der die Fluggesellschaft TWA kontrollierte und die Entwicklung der „Constellation" angeregt hatte, bestellte 1945 nach dem Kriegseinsatz 36 Maschinen für seine Fluglinie. Auch im Falle der vierstrahligen Boeing 707, ab 1958 Nachfolgemuster der propellergetriebenen Maschinen wie der „Constellation", sind militärische und zivile Produktionsaufträge eng verzahnt: der Typ ist aus dem Bomber B-47 abgeleitet und wurde auch als Tankflugzeug gebaut.[518]

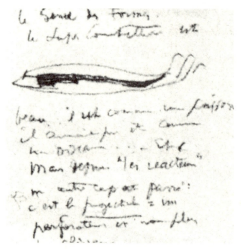

Lockheed C-69, Prototyp der „Constellation" und „Super Constellation", um 1944

Le Corbusier, Zeichnung aus den Carnets, Mai 1956. Der Text lautet: „Der Genius der Form, die Super Constellation: halb Fisch, halb Vogel: etc. Mit den ‚Turbinen' ist noch ein weiteres Ziel erreicht worden – es ist ein Projektil: eine Rakete und kein Gleiter mehr"

Nun gab es als Folge des Krieges nicht nur die hohen Produktionskapazitäten, sondern auch die Erfahrung interkontinentaler Verkehrsorganisation. Vor Ausbruch des zweiten Weltkrieges bestanden relativ dichte Flugstreckennetze nur innerhalb der einzelnen Erdteile; ein übergreifender Verkehr war erst rudimentär vorhanden. Militärische Erfordernisse forcierten den Bau von Langstreckenflugzeugen, die zum Teil schon mit Druckkabinen ausgestattet waren. Damit gelang es den Amerikanern, eine ständige Luftbrücke zu den Kriegsschauplätzen in Europa herzustellen. In diesen logistischen Erfahrungen liegt eine wesentliche Basis für den schnell voranschreitenden Aufbau eines zivilen interkontinentalen Luftverkehrs, zuerst auf der wichtigen Nordatlantikstrecke.[519] Die USA initiierten und dominierten 1944 die „International Conference on Civil Aviation", auch „Chicago Conference" genannt, auf der die näheren Modalitäten des erwartbaren Weltluftverkehrs festgelegt wurden.[520] Die hier beschlossenen sogenannten „Fünf Freiheiten" reichten vom Recht auf Überflug fremder Territorien bis hin zur Möglichkeit freien Warenaustausches. Damit waren nach den technischen auch die politisch-juristischen Voraussetzungen globalen Verkehrs gegeben.

2. Kennzeichen der Epoche, der Jahre zwischen 1945 und 1950, ist ihre „Airmindedness".[521] Das betrifft nicht nur den Luftverkehr als solchen, sondern darüberhinaus auch das gesellschaftliche Selbstverständnis der USA. Die Auswirkungen der Luftfahrt reichen in weite Gebiete des Lebens hinein. Buchtitel wie „Wings After War" oder „The Coming Air Age" zeigen das allgemeine Interesse an diesem Problemkreis. Eine systematische Analyse der schon sichtbaren wie der für später ableitbaren Konsequenzen legte der Soziologe William Fielding Ogburn 1946 mit seinem Titel „The Social Effects of Aviation" vor. Dabei geht er von der Hypothese aus[522], daß das Zeitalter der Luftfahrt, welches erst 1945 wirklich beginne, von ähnlich revolutionierender Bedeutung für die Veränderung der Strukturen von Staaten und die Formen des Zusammenlebens ist wie der Einschnitt, den das Automobil Jahrzehnte vorher mit sich gebracht habe.

Literarische Quellen aus den späten dreißiger Jahren zeigen die Luftfahrt noch als Reiseform der „happy few" oder als spektakuläres Abenteuer. Am Anfang von Scott Fitzgeralds Romanfragment „The Last Tycoon" sind es die Größen aus Hollywood, die sich des Linienflugzeuges wie selbstverständlich bedienen, in der Luft ihre Intrigen weiterspinnen und nach der Landung zu den Geschäften übergehen. Es ist das Verkehrsmittel einer kleinen Elite. Auf eine typische Veranstaltungsform der Zwischenkriegsjahre, das große Angebot an Luftakrobatik, „air races" und „stunt flying", deren Protagonisten oft beschäftigungslose Piloten waren, rekurriert William Faulkner mit seinem Roman „Pylon". Nicht die Luftfahrt, sondern das Leben einer Gruppe von Abenteurern ist das eigentliche Thema. Diese Bücher geben wohl Aufschluß über den nach wie vor

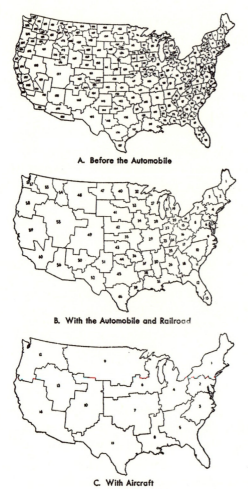

Vergrößerung der Handelszonen durch Auto, Eisenbahn und Flugzeug

außergewöhnlichen Status der Luftfahrt, lassen aber darüberhinaus einen weiterreichenden Einfluß nicht erkennen. Als Aussagen über aktuelle Phänomene alterten sie schnell.

Ogburn entwickelt aus der Daten- und Erfahrungsbasis, wie sie nach dem Krieg zur Verfügung stand, übergreifende Zusammenhänge. Eines seiner zentralen Themen ist der Einfluß der Luftfahrt auf die Entwicklung der Städte. Hier liegen ja seit Fritz Wicherts Überlegungen von 1909 über die fünf-ansichtige Gestalt der Häuser bis zu den großräumigen urbanistischen Konzepten Le Corbusiers, die nicht zuletzt durch den Blick von oben inspiriert waren, eine Fülle von Überlegungen vor. Der soziologische Blick Ogburns konzentriert sich auf andere Aspekte, namentlich auf die Korrelation, die zwischen städtischem Wachstum und den zur Verfügung stehenden Verkehrsmitteln besteht.[523]

Amerikanische Städte sind vielfach an Eisenbahnlinien und insbesondere deren Kreuzungen entstanden. Die größere Bewegungsfreiheit nach der Einführung des Automobils führte dann zu einer Dispersion der urbanen Gebilde. Das Flugzeug verstärkt diese Entwicklung.

Doch ist das nicht das einzige Feld, wo die „social effects of aviation" sichtbar werden. Ein ganzes Spektrum soziologischer Fragestellungen wird angesichts dieses neuen Phänomens aufgefächert. So fragt Ogburn nach den Auswirkungen auf die Volksgesundheit durch die mögliche Einfuhr unbekannter Krankheitserreger oder nach den spezifischen Formen von Kriminalität, die das Flugzeug, wie jedes neue Verkehrsmittel bisher, nach sich ziehen werde.[524] Deutliche Veränderungen erwartet er im Bereich der Produktkultur. Objekte, die durch die Luft transportiert werden, müssen möglichst leicht sein. Von hier aus ergeben sich Anregungen erst für andere Transportweisen und dann für die gesamte Produktkultur. Die materialtechnischen Voraussetzungen sind vorhanden. Folge des Krieges, vor allem im Flugzeugbau selbst, ist die Massenproduktion von Leichtmetallen wie Aluminium oder auch leichtgewichtiger Plastikmaterialien. So konnte schließlich die allgemeine Überzeugung wachsen, daß Funktionalität ebenso gut wie durch schwere durch leichte Materialien erreichbar ist. Die Notwendigkeiten bei Flugzeugbau wie Lufttransport standen am Anfang einer ganzen Kette von Weiterungen: „Such diffusion of an idea is observed in the instance of streamlining, which is of great efficiency in airplanes; somewhat less so in automobiles. Yet we have streamlined houses and streamlined furniture. A fad for light-weight objects could not be attributed solely to the development of aviation; the quality of light weight is also encouraged by railroads and automobiles. Yet the airplane is a significant factor in developing such a style."[525]

Ein aussagekräftiges Beispiel für die Überzeugungskraft der „idea of light weight" scheint mir das Werk von Charles Eames zu sein, dessen Fundament in den Kriegs- und Nachkriegsjahren gelegt wurde. Dieser Designer verwendet hauptsächlich drei Arten von Materialien und historisch zuerst plywood, also Sperrholz. Schon bei den Entwürfen von Eames und Eero Saarinen für die Austellung „Organic Design in Home Furnishings" 1940 im Museum of Modern Art kam verformtes Holz zur Anwendung; ab 1941 arbeiteten Charles und Ray Eames weiter an „Experimental Molded Plywood Chair Seats". Viele Designer hatten seit dem ersten Weltkrieg mit „plywood molding" experimentiert, aber die Methode, die Charles Eames schließlich entwickelte, war insofern neu[526], als jetzt in einem Arbeitsgang dreidimensionale Verformungen ebener Holzstücke möglich wurden.

Die Bedeutsamkeit dieser Technik wuchs beträchtlich durch die Metallrationierung während des Krieges. Plywood ist leicht und gut formbar und es bot sich als Ersatzstoff etwa im Flugzeugbau an. Howard Hughes entwickelte sogar

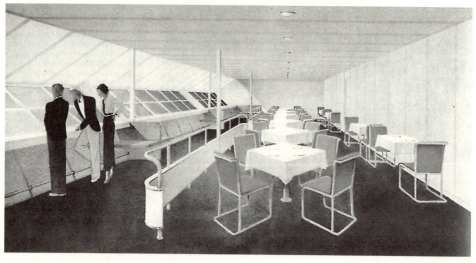

Fritz August Breuhaus, Design für den Speiseraum
im Luftschiff LZ 129 „Hindenburg", 1935

Militärischer Segler CG-16 im Schlepp, 1943.
Charles und Ray Eames waren an den Sperrholz-
Komponenten beteiligt

ein Großflugzeug ganz aus diesem Material, das aber nie in Dienst gestellt wurde.[527] Die Eameses arbeiteten ab 1941 zuerst an Tragbahren sowie Arm- und Beinschienen aus verformtem Sperrholz für das Militär. Doch zwei Jahre später wurde die Herstellung von Flugzeugkomponenten und auch kleinen Lastenseglern ihre Hauptaufgabe und die Erfahrungen, die sie hier machten, führten zu einer spürbaren Verfeinerung ihrer Holzbearbeitungstechniken.[528] Die berühmten „Plywood Chairs" von 1945/46 sind dann das Ergebnis insgesamt fünfjähriger Arbeit: Inkunabeln einer Gestaltauffassung, die sich sowohl vom geometrischen Rigorismus der Bauhausstühle distanziert wie von der schweren Plastizität der Möbel des Art Déco. Diese Stühle verbinden Körperlosigkeit, Flächigkeit und Leichtigkeit mit der skulpturalen Qualität organisch fließender Linien.

Die Benutzung von Materialien, die wegen ihrer Leichtigkeit und Stabilität auch im Flugzeugbau Verwendung finden, zieht sich wie ein roter Faden durch das Eames-Design. Plywood war im Flugzeugbau nur ein Ersatzstoff; wesentlich bedeutsamer sind Leichtmetalle und auch Kunststoffe. Als 1950 die Entwicklung des „Plastic Armchair" begann[529], kontaktierte Eames eine Firma, die Erfahrungen mit fiberglasverstärktem Plastik bei der Produktion von Radarkuppeln für Flugzeuge hatte. Sein Ziel war, wie nicht nur bei den Radarkuppeln, sondern bei modernen Flugzeugrümpfen überhaupt, eine leichte Schalenkonstruktion, deren Eigenschaften allein, ohne weitere Unterstützung, Stabilität garantieren. Vorangegangen waren Experimente mit Schalenkonstruktionen aus punktgeschweißtem Stahldraht, die später zum „Wire Chair" führten. Nach einigen Versuchen entschied er sich bei den „Plastic Armchairs" für Schalen aus wärmeverformtem Polyesterharz, das durch Glasfasern verstärkt wurde. Die Untergestelle waren zumeist aus Metall. Produziert von Herman Miller, erreichten diese Stühle sehr hohe Auflagen.

Wenn es ein Material gibt, das, von den Anfängen beim Luftschiffbau um 1900 an, eng mit der Geschichte des Flugzeugbaus verbunden ist, so ist es Aluminium, das zwar weniger elastisch ist als Stahl, aber genau so fest und nur ein Drittel so schwer. Im Stuhldesign hat dieses Material erst relativ spät eine Rolle gespielt, so 1935 bei Fritz August Breuhaus, der für das Luftschiff LZ 129 Aluminiumsessel entwickelte[530], die aber ästhetisch und konstruktiv konventionell blieben, oder

Charles und Ray Eames, Plastic Armchair, um 1950

Charles Eames, Stuhl der „Aluminium Group", Prototyp, um 1958

wenig später beim Landi-Stuhl. Eames präsentierte 1958 ein ganzes Ensemble von Sitzmöbeln, das auf diesem Material basierte: die „Aluminium Group". Die durchgehende Sitzfläche aus Plastik, Leder oder Stoff ist völlig unterstützungsfrei zwischen zwei schlanke seitliche Aluminiumträger gespannt. Diese Träger sind durch zwei Bügel verbunden, deren einer als Griff dienen kann, während unterhalb des anderen der Fuß ansetzt. In ihrer, bei hohem Sitzkomfort, gestrafft-reduzierten Anmutung verkörpert die „Aluminium Group" eine Quintessenz der Leichtbauweise, und ein Auftrag Eero Saarinens[531] führte sie in die Sphäre zurück, aus der sie von Material und Ökonomie her abgeleitet scheint: für die Wartezonen seines Washingtoner Dulles-Airports, dessen Flugdach zwischen Träger gespannt ist wie die Sitzfläche der Stühle, ließ er eine Variante anfertigen.

An diesen für das Design der vierziger und fünfziger Jahre charakteristischen Produkten erweist sich nicht nur die Wirksamkeit, sondern auch die Ausdifferenzierung von Ogburns „Principle of Weight". Aber als die vielleicht einschneidenste Folge der Luftfahrt begreift er die Veränderung des Raumbewußtseins. Wo Carl Schmitt von „Raumrevolution" und „Entortung" spricht, sieht Ogburn kurz darauf hauptsächlich ein Problem der Erziehung: „Aviation will alter man's ideas of geography."[532] Aufgabe des Unterrichtes sei es, mit den Projektionstechniken vertraut zu machen, die dem Zeitalter der Luftfahrt angemessen seien. So weist er auf die Umorientierung von Verkehrswegen hin, auf Großkreisrouten, die die kürzeste Verbindung zwischen zwei Punkten auf der Erdoberfläche darstellen, und auf Karten, bei denen jeder Punkt der Erde als Zentrum genommen werden kann – „The globe itself is really the only satisfactory map for the Air Age."

Auch hier spricht er ein Thema an, das in diesen Jahren auf breiter Front aktuell ist. Buckminster Fullers „Dymaxion Projection" bietet einen kartographisch praktikablen Lösungsvorschlag. Herbert Bayer benutzt diese Abbildungsweise in seinem „World Geo-Graphic Atlas" von 1953 und arbeitet im übrigen in Austellungsdisplays, Broschüren etc. an der Repräsentation einer Welt universeller Interaktion. Die Ausbildung neuer Relationen und Maßstäbe reicht bis zu elementaren Prinzipien. Le Corbusier vollendet 1948 seinen „Modulor" und in den Erläuterungen notiert er mit Blick auf die „moderne Flugtechnik" und die Tatsache, daß mit ihr alles „wechselseitig" werde: „Die Bedürfnisse verändern sich, sie erobern neue Räume. Die Mittel, sie zu befriedigen, vervielfältigen sich; die Erzeugnisse sprudeln hervor, wandern, reisen und überschwemmen die Welt. Es erhebt sich die Frage: können die Maße, welche die Gegenstände herzustellen helfen, örtlich verschieden bleiben?"[533]

Jenseits aller neuen Standards und integrativen zivilisatorischen Vorstellungen ergibt sich auch für Ogburn aus dem dichter werdenden Weltzusammenhang im Air Age die Möglichkeit einer Weltregierung. Vorsichtig schreibt er: „Perhaps, at some further time, the transportation and communi-

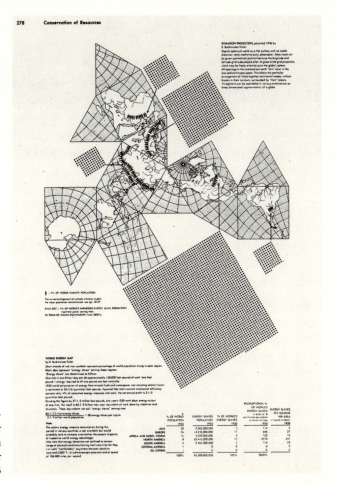

Herbert Bayer, World Geo-Graphic Atlas. Seite unter Benutzung der Dymaxion Projection von Buckminster Fuller, 1953

cation inventions may make ‚one world' possible".⁵³⁴ Jedoch bleibt für ihn die Ausgestaltung dieser Vereinheitlichung über das Gerüst der Vereinten Nationen hinaus unklar. Mit dem Beginn des Kalten Krieges entsteht ohnehin eine neue Lage. Die Konfrontation zweier Machtblöcke aber ist eine ebenso mögliche Form globaler Interaktion. Hier werden die Auswirkungen der „transport and communication inventions" wirksam: Flugzeuge und Raketen, die mit Atomwaffen bestückt sind, realisieren durch ihr Bedrohungspotential umstandslos die Einheit der Welt. Die USA und die UdSSR bilden übergreifende Strukturen in dem Moment aus, als mit den strategischen Luftflotten und interkontinentalen Raketen ein weltweites Beobachtungs-, Planungs- und Steuerungssystem notwendig wurde.

3. In den USA erschienen in den Jahren 1947 und 1948 drei Bücher, die den Einfluß der modernen Zivilisation auf die gestalterischen Aufgaben der Gegen-

wart reflektieren. Alle drei Bücher stammen von Autoren, deren Wirkungstätte in den zwanziger und bis zu den mittleren dreißiger Jahren Europa und insbesondere Deutschland gewesen war. Diese Autoren aber – Alexander Dorner, Laszlo Moholy-Nagy und Sigfried Giedion – schrieben in den USA nicht einfach das Programm der europäischen Avantgarde fort, an deren Formierung sie an prominenter Stelle beteiligt waren, sondern ließen sich ein auf die spezifischen Erfahrungen der amerikanischen Zivilisation. Ihre Bücher – „The Way Beyond Art" von Dorner, „Vision in Motion" von Moholy-Nagy und „Mechanization Takes Command" von Giedion – sind einerseits Synthesen der Konzepte der klassischen Moderne der Zwischenkriegszeit und andererseits Anverwandlungen an einen Typus von Weltzivilisation, wie ihn die USA nach dem zweiten Weltkrieg zu repräsentieren schienen.

Das Stichwort, unter das die Sicht auf die neuen Verhältnisse subsumierbar ist, lautet „sociobiological". Die Vorstellung einer Integration von Mensch, Natur, Industrie und Gesellschaft taucht rudimentär bei allen drei Autoren schon früher auf; in ihrer aktuellen Fassung aber leitet sie sich mehr oder weniger deutlich von der Anregung her, die von John Dewey und seinem Konzept des Pragmatismus ausging. Für gestalterische Arbeit ergibt sich von hier aus ein dynamischer Ansatz: Die „organische Entfaltung des Lebens und die harmonische Interaktion von Lebewesen und Umwelt sind, in solcher Optik, die raison d'être der Kunst (respektive der visuellen Kommunikation)."[535] Eine Welt als soziobiologisches Kontinuum kennt keine Statik mehr, keine Separation, sondern nur noch Prozesse und Transformationen. Giedion spricht in den Schlußbemerkungen von „Mechanization Takes Command" vom „dynamischen Gleichgewicht" und das Register von „Vision in Motion" belegt die Häufung der Termini „sociobiological" und „integration". Am deutlichsten ausgeprägt ist der Bezug auf Dewey bei Dorner, dessen Buch dem Philosophen nicht nur gewidmet ist, sondern auch eine Einleitung von seiner Hand enthält.

Der spätestens seit Giedions „Space, Time and Architecture" von 1941 verbreitete Bezug auf die neuen Raum-Zeit-Modelle der Physik wird jetzt, in den ersten Nachkriegsjahren, überformt von dem allgemeineren Interaktionsmodell des Pragmatismus Deweyscher Prägung. Beispielhaft dafür ist die Beschreibung, die Giedion selbst in „Mechanization Takes Command" von einigen Bildern Paul Klees gibt. In Analogie zu Gilbreth, der die wissenschaftliche Betriebsführung durch die Visualisierung von Bewegungsabläufen revolutionierte, wird Klee als Künstler gesehen, der seelische Bewegungen anschaulich mache. Sein Bild „Alterndes Ehepaar" von 1931 nutze Bewegungsformen als plastische Sprache. Die Kurvaturen sind offen und lassen die Gestalten ineinander übergehen. Für Giedion zielt Klees bildnerischer Wille auf „vielfältige, fließende und nicht statisch festgelegte Beziehungen."[536]

One World, Vision in Motion, Verlust der Mitte 277

Herbert Bayer, Umschlag für
J. L. Sert, Can Our Cities
Survive?, 1942

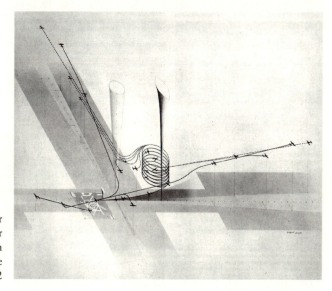

Herbert Bayer, Flughafen der
Zukunft. Darstellung der
radargesteuerten
Verkehrsabläufe
für „Fortune", 1942

Ähnlich, nur bezogen auf einen andern Gegenstand, ist die Argumentation von Laszlo Moholy-Nagy. „In our age of airplanes, architecture is viewed not only frontally and from the sides, but also from above – vision in motion... architecture is linked with movement." Bei Moholy sind es immer wieder technisch erzeugte Bewegungen wie die des Flugzeuges, die eine neue Wahrnehmungsweise nach sich ziehen – „The motor car driver or airplane pilot can bring distant and unrelated landmarks into spatial relationships".[537] Auch Dorner kommt an einer Stelle auf das Problem der raumverändernden Qualität der Bewegung zu sprechen[538], als er feststellt, daß eine Autobahn nicht mehr formal, also statisch und für sich beurteilt werden könne, sondern nur, wenn die aktiven Energien von Fahrer und Gefährt in ihre Erscheinung „integriert" werden.

Herbert Bayers Umschlag für J. L. Serts Buch „Can Our Cities Survive" von 1942 ist für Dorner dann ein nüchternes, aber wünschenswert prägnantes Beispiel für die Visualisierung einer Welt dynamischer Beziehungen. Bayer hat hier zwei Luftaufnahmen nebeneinander montiert, eine des nächtlichen Manhattan und ein Autobahnkreuz. Darüber schwebt eine Menschenmenge, die in eine Sardinendose zusammengepfercht ist. Durch die verschiedenen Aufnahmehöhen „ergibt sich auf dem Boden... eine vollständige Relativierung und eine Wechselwirkung zwischen definierten Räumen, die sich in unserem Geiste wechselseitig durchdringen." Die Menschenmenge in der Sardinendose steigert dieses Spiel ins Irreale, mit dem Ergebnis, daß, „wo immer wir uns hinwenden, es... keine statischen Verhältnisse mehr (gibt), keine Dinge, die in einer festgelegten Ferne und starren Beziehung zu uns stehen... Wir werden von einem Prozeß ständiger Veränderung überwältigt."[539] Bayers einfach strukturierte Arbeit belegt Dorners These von der „überräumlichen Wirklichkeit reiner Energien" und einer zukünftigen „Integration auf dynamischer Basis"[540]. Für ihn ist die Entwicklung der modernen Kultur ein einheitlicher Prozeß von den den statischen Bildraum öffnenden Werken Cézannes bis in die „überräumliche Selbstverständlichkeit"[541] der aktuellen „One World"-Politik.

4. Als 1948 Hans Sedlmayrs Buch „Verlust der Mitte" erschien, löste es einen Skandal aus, dessen Nachwirkungen noch heute spürbar sind.[542] Die bildende Kunst des 19. und 20. Jahrhunderts wurde als „Symptom und Symbol der Zeit" gelesen und ex cathedra stellte schon der Titel die Diagnose. Die gelegentlich schillernde Terminologie, beispielsweise bei dem Begriff der „Ausartung" mit seiner fatalen Assonanz an den der „Entartung", stempelte den Autor im besten Falle zum Reaktionär. Doch hätte weder diese Diskussion das Buch im Gespräch halten können noch Sedlmayrs Selbsteinschätzung als konservativer Katholik, wäre da nicht ein Moment, das bis heute irritiert: Auch dem, der die Schlußfolgerungen nicht teilt, vermag es als direktes und kenntnisreiches Negativ der sich als aufklärerisch und emanzipatorisch verstehenden Moderne Einsichten in deren Formationsprozeß zu vermitteln. Sedlmayr stellt direkt und indirekt apologetischen Texten, wie etwa den architektonischen Analysen und auch den allgemein kulturtheoretischen Partien in Giedions „Space, Time and Architecture", die gleichen Phänomene aus anderer Perspektive gegenüber. Ein derartiges Verfahren bezieht eine eigene Spannung aus dem Aufweis der möglichen Inversion aller Wertungen. Auch Sedlmayrs Fluchtpunkt ist die Gegenwart, die Analyse der Kultur im Zeitalter eines „technisch vereinheitlichten Planeten."[543]

Sedlmayr benutzt die Kunst als „Instrument einer Tiefendeutung von Epochen"[544] und er setzt an am Ende des 18. Jahrhunderts und den „neuen führenden Aufgaben", die er als sich schnell ablösende Symptome eines revolutionären Umbruchs begreift, der schließlich zum „Verlust der Mitte" führt. Landschaftsgärten, architektonische Denkmäler, Museen, Theater, Ausstellungen und schließlich der Fabrikbau lösen die bisher führenden Aufgaben – Kirchen und Paläste bzw. Schlösser – in sukzessiver Folge ab. Der Landschaftsgarten schließt Architektur und Skulptur ein und wird so zum „Übergesamtkunstwerk". Landschaft wird als Folge von Bildern inszeniert und das hat zur Voraussetzung, daß ein aktives Verhältnis zur Natur in ein passives umgeschlagen ist. „Man streicht herum, ohne zu fragen, wo man ausgegangen ist und wohin man kommt" – diese Äußerung Goethes ist für Sedlmayr ein Beleg für die Diffusion des Gefühls, der eine Diffusion der Form entspricht, die „dem architektonischen Geist so fremd und unheimlich" ist. Schon hier also beklagt er, der die Qualitäten dieser Gärten durchaus zu würdigen weiß, die Tendenz zur Auflösung fester Ordnungen.

Die Monumentalisierung, die in den Denkmalsentwürfen der Revolutionszeit zum Ausdruck kommt, ist ein weiteres Indiz für den Verlust fester Maßstäbe. Monumentalität in Kombination mit Elementarformen wie Kubus oder Kugel, wie sie in den Entwürfen von Boullée und Ledoux erscheinen, ist für Sedlmayr ein Zeichen „eisiger Abstraktheit", verselbständigter Vernunft. Die Museen indizieren eine Mumifizierung der Kultur, die Theater ihre Theatralisierung und die Ausstellungsbauten zeigen, daß der Ingenieur zum Rivalen des Architekten geworden ist. Als den Bau, der wesentliche Vorstellungen der modernen Bewegung präfiguriert, sieht Sedlmayr die Maschinenhalle von Cottancin und Dutert auf der Pariser Weltausstellung von 1889. Dieser von Dreigelenkbindern frei überspannte Glas-Eisen-Bau, der nurmehr auf beweglichen Walzen aufruht, wirkt leicht, schwebend und lichtdurchflutet. Das Entscheidende ist jedoch etwas anderes: „Zum ersten Mal ist hier ein Einheitsraum von überwältigenden, beinahe kosmischen Maßen da".[545] Dieser Satz deckt sich cum grano salis mit der Sicht Giedions in „Bauen in Frankreich" und später in „Space, Time and Architecture", Büchern, die Sedlmayr gelegentlich heranzieht. Er aber, und das markiert schneidend die Differenz, setzt die Würdigung der Maschinenhalle fort mit dem Hinweis, daß dieser Bau „den Menschen winzig macht." Wo Giedion die Elastizität der Dreigelenkbinder mit der Bewegungsfreiheit der Tänzerinnen von Degas überblendet[546], konstatiert Sedlmayr einen Verlust an Beziehung.

Das „Haus der Maschine" ist die letzte der neuen führenden Aufgaben und Sedlmayr nennt als repräsentative Beispiele Fabriken wie die AEG-Bauten von Peter Behrens, Bahnhöfe und auch Flugzeughallen wie die von Freyssinet in Orly.[547] Der nur nachträglich unterteilte Einheitsraum erscheint ihm als derart prägestarkes architektonisches Muster, daß er auch die prototypisch modernen Wohnhäuser Le Corbusiers aus der Übertragung solcher, aus dem technischen

Bau stammenden Prinzipien ableitet. Nun spielt der Einheitsraum sicher eine entscheidende Rolle bei Bauten wie Le Corbusiers Villa Savoye oder Mies van der Rohes Barcelona Pavillon, aber es handelt sich hier weniger um eine Übertragung aus dem Industriebau denn um ein ästhetisches Konzept, um die Idee des freien Grundrisses und der Durchdringung von Innen und Außen. Für Sedlmayr aber beweist diese vage Analogie den „Totalitarismus des ‚neuen Bauens'", die „Diktatur *einer* Sphäre"[548] der der Fabrik, welcher der „ganze" Mensch unterworfen werde.

Für ihn wird damit ein Segment der Gesellschaft verabsolutiert, und wie hier die Konnotation „Gleichmacherei" ist, so lautet sie bei einem zentralen Motiv der modernen Architektur seit der Französischen Revolution „Entwurzelung". Dabei handelt es sich um das Motiv der Lösung vom Erdboden, das mit größter Radikalität zuerst in Ledouxs Entwurf für ein „Haus der Flurwächter" auftaucht. Ledoux wollte den Bau als Vollkugel ausbilden, was bedeutet, daß er theoretisch in nur einem Punkt auf der Erde aufruht. Sedlmayr erscheint diese Architektur als „bodenlos": *„Tektonisch ist, was die Erde als Basis anerkennt.* Auch Architekturen, die zu schweben scheinen, wie manche gotische oder barocke, erkennen die Erdbasis als ihre mögliche Standfläche an, zu der sie herabschweben oder auf die sie schwebend bezogen sind. Die Kugel leugnet sie." Ein derartiger Angriff

Hugh Ferris, Highways of the Future, 1943

auf das Tektonische impliziert weiter die Möglichkeit, „unten und oben zu vertauschen"[549], und damit geraten für Sedlmayr fundamentale Gewißheiten ins Wanken, die Grundlagen jeder Ordnung, ob sie sich nun in Bezug auf die Schwerkraft oder als Hierarchie des Himmlischen und Irdischen bestimmt.

Die Leugnung der Erdbasis als Motiv der französischen Revolutionsarchitektur kehrt wieder in den Architekturutopien der russischen Revolutionszeit, so bei Lissitzkys Wolkenbügel. Aber auch ein realisierter und hochbourgeoiser Bau wie Corbusiers Villa Savoye wirkt auf seinen Pilotis von der Erde gelöst. Es ist also durchaus folgerichtig, wenn Sedlmayr für Ledoux Kugelhaus wie diese Villa die gleiche Metapher verwendet: Ledoux Kugel erscheint ihm „wie ein gelandetes Raumschiff mit ausgelegten Brücken auf der Erdfläche liegend", und Corbusiers Bau „liegt auf der Parkwiese wie ein gelandetes Raumschiff auf Stützen."[550] Daß es 1948, als Sedlmayrs Buch erschien, keine Raumschiffe gab, tut dem Sinn dieses Vergleiches kaum Abbruch – die Vorstellung war ja da. Wesentlicher ist, daß er einen solchen Bezug überhaupt herstellt und im Kontext weiter ausführt, als er nämlich Ledoux mit den Montgolfieren und die Architektur der zwanziger Jahre mit dem Flugzeug korreliert.[551] Der „Verlust der Mitte", die Außerkraftsetzung aller stabilen Koordinaten der Weltordnung, resultiert also nicht zuletzt auch aus der Möglichkeit des Fluges. Der Gegenentwurf jedoch bleibt blaß: das *„Behaupten der menschlichen Mitte in der neuen und gefährlichen Weite ist das eigentliche Maß."*[552]

Damit war das Terrain abgesteckt und das Forum, auf dem in Deutschland die Auseinandersetzung ausgetragen wurde, waren anfangs der fünfziger Jahre die „Darmstädter Gespräche". Hier fand Sedlmayrs These, daß mit der Relativierung von oben und unten in der Kunst der Moderne auch die „Symbole geistiger Beziehungen" preisgegeben seien, den entschiedenen Widerspruch des jungen Mitscherlich, der dagegen die Behauptung eines „sphärischen Weltbildes... wechselseitiger Bezogenheiten" setzte.[553] Das führt auf die grundsätzlichen Positionen. Wo den Konzepten Dorners, Moholys und Giedions die Philosophie John Deweys direkt zuzuordnen ist, so ließe sich im Falle Sedlmayrs ein Bezug zur Philosophie Martin Heideggers herstellen. Heidegger hielt 1951 in Darmstadt seinen Vortrag „Bauen Wohnen Denken", in dem er, wie auch in anderen Texten jener Jahre, die „Einfalt des Gevierts" beschwor, das Hegen und Pflegen der Erde in der Ordnung des Seins. Die Realität der Gegenwart jedoch, die der „Flugmaschinen" und des Rundfunks, sei anders bestimmt: „Alles wird in das gleichförmig Abstandslose zusammengeschwemmt."[554] Nicht in der Wertung, wohl aber in der Analyse stimmt diese Sicht mit der „One World"-Philosophie John Deweys überein. Während der eine Möglichkeiten übergreifender Interaktion sieht, beschreibt der andere denselben Vorgang als planetarische Entgliederung.

IX. SCHWINGUNGEN UND GITTER – RAUMBILDER DER NACHKRIEGSJAHRZEHNTE

1. All-over: Organisation ausgreifender Bewegungen

Die dominierende Richtung der Malerei der Nachkriegszeit, der Abstrakte Expressionismus, wurde von den Zeitgenossen als universell gültiger Code verstanden. Ganz deutlich ist dieser Gedanke etwa in Werner Haftmanns noch aus der aktuellen Erfahrung heraus geschriebenen und seit 1954 immer wieder aufgelegten „Entwicklungsgeschichte" der Malerei im 20. Jahrhundert formuliert. Lakonisch stellt er fest, daß nach dem zweiten Weltkrieg der abendländische Realismus fast verschwunden und der Triumph der abstrakten Malerei allgemein geworden sei. In ihr sieht Haftmann das adäquate „Aneignungs- und Bewältigungsverfahren der Welt" in einer Zeit, in der das Denken in „unanschauliche Bezirke" geraten sei.555 Mit dem Siegeszug der wissenschaftlich-technischen Rationalität sind isolierte einzelne Kulturen hinfällig; an ihre Stelle tritt eine einzige Weltkultur. In ihr überlebt auch der in Europa und Amerika vergangene künstlerische Grundentwurf: das „Große Reale" wird den „urtümlichen Völkern" zugewiesen, während das „Große Abstrakte" zum zentralen Kennzeichen der westlichen Kultur avanciert, sich „Abstraktion als Weltsprache" generiert.

Diese historische Generallinie muß im Falle des Abstrakten Expressionismus differenziert werden. Hier handelt es sich um eine Kunst spezifisch amerikanischen Ursprungs, genauer: der Nachkriegs-USA und ihres globalen zivilisatorischen Anspruchs. Schon ein oberflächlicher Vergleich der kurrenten künstlerischen und politischen Terminologien führt auf bemerkenswerte Übereinstimmungen. So veranstaltete das Museum of Modern Art 1947 eine Ausstellung unter dem Titel „Large Scale Modern Paintings", während die Militärstrategen über einen „large scale nuclear war" diskutierten. Auch die malerische Technik des „All-over" hat ihr sprachliches Pendant in der militärischen „over-all strategy".556 Für die Rezeption des Abstrakten Expressionismus gilt eine Parallele zur amerikanischen „One World"-Politik – ein Angebot dominierte in der ersten Nachkriegszeit weltweit das Geschehen.

Ein Blick auf die Selbsteinschätzung und das Vorgehen der Maler läßt solche Bezüge allerdings wieder in den Hintergrund treten. So nahm Jackson Pollock für seine Kunst lediglich Aktualität in Anspruch – „expression of contemporary aims of the age that we're living in".557 Seine bildnerische Strategie sollte zum Inbegriff des Abstrakten Expressionismus werden und drei Merkmale sind es, die sie charakterisieren: big canvas, all-over, action painting. Eine Photographie, die

Jackson Pollock bei der Arbeit an „Number 32", 1950

Pollock 1950 bei der Arbeit an „Number 32" zeigt, läßt das Zusammenspiel dieser Merkmale erkennen. Die große Leinwand liegt auf ebener Erde. Die Haltung des Malers ist die eines Sämanns, seine Perspektive die eines Piloten – er arbeitet über dem Bild. Die Farbe wird von oben gleichsam abgeworfen. Ohne daß der Künstler den Malgrund berührt, verbleiben seine Bewegungen als Spuren im Bild. „Working in the air, (creating) aerial form(s) which then landed" – so beschrieb Lee Krasner[558] sein Vorgehen und benannte zugleich eine Voraussetzung der suggestiven Wirkung, die von „Number 32" und verwandten Werken ausgeht: an die Wand und damit in das übliche Schwerkraftgefüge gehängt, erscheinen diese Bilder antigrav, dezentriert; die Vorstellung von oben und unten läßt sich kaum auf sie übertragen.

Der Betrachter steht vor dem endlosen Impulsstrom alles überstreichender Farbbahnen, die einer eigenen Logik zu folgen scheinen. Gesteuert wird dieser Strom nicht durch die regelmäßigen Körperschwingungen, von denen Max Ernst bei der Erfindung der drip-Technik ausgegangen war. Max Ernst nahm die Aufzeichnung der nach dem Eingangsimpuls den Gesetzen der Physik folgenden Bewegungen zum Ausgangspunkt weiterer bildnerischer Bearbeitung. Pollock zieht beide Zeitebenen zusammen: In den Schwingungsvorgang selbst, und fast simultan, greifen psychische Impulse ein, die die Verläufe in unvorhersehbarer Weise verändern. Der Künstler macht sich einerseits durchlässig für spontane Änderungen der Impulsstärke und -verläufe und ist andererseits der Supervisor dieser Operationen, der über Anfang, Ende und Dichte entscheidet.

Eine eigentümliche Koinzidenz liegt in der Tatsache, daß die Verfahrensweise Pollocks und die Grundlagen der Kybernetik fast gleichzeitig entwickelt wurden. In beiden Fällen geht es um ein Verhältnis von Zufall und Berechnung, von Chaos und Kontrolle, von Steuerung und Nicht-Steuerung. Als Norbert Wiener die anscheinend chaotischen Vorgänge in einem pulsiernden Herzen verstehen wollte, untersuchte er mit dem Physiologen Rosenblueth die Leitungseigenschaften zufälliger Fasernetze. Schließlich gelang ihnen eine mathematische Formulierung des Problems der Impulsübertragung. Und wie dem Rhythmus des Herzens Ordnungsmuster abgelesen werden können, so tauchen „die drip paintings... aus dem (von der Kritik zum Leidwesen ihres Schöpfers behaupteten) Chaos auf als wunderbar geordnete Resultate homöostatischer Prozesse."[559] Bleibt man in diesem Vorstellungskreis, so agiert der Künstler als Steuermann – das All-over der Pollockschen Bilder zwischen 1947 und 1950 ist die Aufzeichnung zuckenden Navigierens im entgrenzten Raum.

Den Gegenpol zur ausgreifenden Geste Pollocks bildet das Werk Mark Tobeys: mit kalligraphischen Mitteln und in zumeist kleinem Format entstehen Bilder energetisch durchwirkter gegenstandsloser Welten. Tobey generiert einen Modus des All-over, der fluktuierende räumliche Beziehungen zur Erscheinung bringt. In einem langen Prozeß, der um die Mitte der dreißiger Jahre einsetzt, löst er reale Objekte in immer kleinteiligere Lineaturen auf, die schließlich die Grenze zwischen Körper und Leere verschwimmen lassen. Ein Blatt von 1950 markiert den Übergang von der Darstellung einer aufgelösten Objektwelt in freie Lineatur. Der Titel „Aerial City" legt es nahe, die Arbeit plansichtig zu lesen, wie eine Luftaufnahme. Aus dem zunächst unübersichtlichen Liniengewirr auf neutralem Grund lassen sich zwei Schichten herauslösen: eine untere mit Andeutungen von Straßenzügen und Plätzen, schräg von oben gesehen, und darüber, unschärfer, ein Gewebe gezackter Linien. Da beide Schichten einen ähnlichen Duktus und Dichtegrad aufweisen, lassen sie sich jedoch kaum nach dem Muster der Vorstellung von Figur und Grund lesen; der Betrachter kann sie trennen, wird sie aber, durch das Bild wandernd, sich immer wieder überlagern und durchdringen sehen. Sie fixieren nicht Raumebenen, sondern eröffnen ein variables Beziehungsspiel.

Vor vielen von Tobeys Bildern unentscheidbar ist die Frage der Größenordnung – ein Gemälde wie „Oncoming White", von dem er gesagt haben soll, es stelle Amerika dar wie aus dem Flugzeug gesehen[560], ist, für sich genommen, unter

All-over: Organisation ausgreifender Bewegungen 285

Mark Tobey, Aerial City, 1950

Präsentation von Arbeiten Ernst Wilhelm Nays auf der documenta III, 1964

diesem Gesichtspunkt genauso uneindeutig wie die kleine, vielleicht mikroskopische Szene von „The Old Pont". Solche Selbstaussagen oder assoziativen Titel umspielen die Arbeiten nur, ohne sie festzulegen. Makro- und Mikrokosmos, innerer und äußerer Raum werden von Tobey als aufeinander verweisende Sphären dargestellt – nur verschieden skalierte Verdichtungen in einem als Kontinuum begriffenen Raum. Diese übergreifende Vorstellung veranschaulicht prägnant das Blatt „Electric Dimensions" von 1960. In einem Gespräch mit William C. Seitz sagte Tobey, „daß es so etwas wie leeren Raum nicht gibt. Raum ist immer mit Leben geladen... mit elektrischer Energie, Wellen, Strahlen, Sporen, Samen, mit möglichen Seufzern, möglichen Lauten... und Gott weiß, mit was allem noch."[561]

Mit seinem „white writing", den auf mehreren Ebenen angelegten, interagierenden Liniengeweben, erzeugt Tobey den Eindruck einer gleichsam schwingenden Räumlichkeit: aus der „living line" entwickelt sich der „moving focus" und das Ergebnis ist eine Vervielfachung des Raumes, der „multiple space".[562] Wo Pollock durch sein Arbeiten über den am Boden ausgelegten Leinwänden eine psychophysische Dynamik entfesselt, riesige Formate im direkten Zugriff meistert, da überlagert Tobey in seinen meist intimen Werken, mit kleinen Pinseln und in meditativer Versenkung aus dem Handgelenk heraus ausgeführt, in einer so zarten wie präzisen Schrift Linienzug um Linienzug, um seine Vision eines pulsierenden Raumes zu verwirklichen. Was beide verbindet, ist der Verzicht auf Einzelformen und die Aktivierung der gesamten Bildfläche.

Die kulturellen Implikationen solcher Malweisen werden besonders deutlich am Beispiel des Werkes von Ernst Wilhelm Nay. In den späten vierziger und fünfziger Jahren präsentiert er in einer Folge von Reden seine Vorstellung des Raumbildes der Gegenwart. Eine faßbare Wirklichkeit sei verlorengegangen, jede Art eindeutiger Perspektivik unmöglich geworden. Nay spricht vom unbestimmt Gestaltlosen und bezieht sich auf das Zeugnis der modernen Naturwissenschaften.[563] Für die Malerei bedeute das den Verzicht auf Gegenständlichkeit und die Konzentration auf Fläche und Farbe. Die „Scheibenbilder" der mittleren fünfziger Jahre sind der Versuch einer bildnerischen Reaktion auf diese Lage. Das große Scheibenbild für das Chemische Institut der Universität Freiburg von 1956, eine dynamische Komposition mit zahllosen Mittelpunkten, galt Nay selbst als malerische Formulierung kosmischer Transformationsprozesse.[564] Acht Jahre später, auf der documenta III, gab er auch in der Anbringung dreier Werke jeden Bezug auf Statik und Schwerkraft auf, als er sie, gleichsam in Umkehrung des Pollockschen Verfahrens, unter die Decke hängte, sie schräg von oben auf die Betrachter wirken ließ.

Der Aufbruch aber zu derartigen Konzeptionen läßt sich in die frühen vierziger Jahre datieren, als Nay Soldat im besetzten Frankreich war. Von Ernst

Jünger stammt die Aufzeichnung einer Begegnung: „In Le Mans holte uns Nay vom Zuge ab und brachte uns ins Hotel. Da er hier als Gefreiter Dienst tut, trafen wir uns nach dem Essen in seinem Atelier, das ihm ein Herr de Térouanne, der Bildhauerei als Liebhaberei betreibt, zur Verfügung hält. Ich hatte vor den Bildern einen starken Eindruck von Laboratoriumsarbeit, von prometheischem Schaffen, das zu neuen Formen gerinnt. Doch kam ich nicht zum Urteil, da es sich um Dinge handelt, die man oft und lange betrachten muß. Gespräch über die Theorie, über die Nay wie die meisten guten Maler etwas zu sagen weiß; auch hat Carl Schmitt ihn durch seine Raumgedanken angeregt."[565] Das ist ein Hinweis auf eine erstaunliche Konstellation – einer der Gründungsväter des Abstrakten Expressionismus im Kontakt mit dem Verfasser von „Land und Meer" und Schöpfer des Begriffes der „Raumrevolution". Schmitt besaß Bilder Nays und beide standen im Briefwechsel.[566] Der Raum als Kraftfeld von Energien, wie ihn Schmitt im Zeitalter der zweiten Raumrevolution beschrieb, dem der Luftwaffen und Radiowellen, ist als kulturhistorische Leitvorstellung Anstoß der Nayschen Entwicklung, die ihn schließlich zu seinen gewichtslos schwebenden Bildfiguren führt. Direkter als bei Pollock oder Tobey sind hier naturwissenschaftlich-technische Zeitphänomene in die Genese eines Modus des All-over verwoben.

2. Parabeln, doppelt gekrümmte Flächen, hyperbolische Paraboloide

Als Eero Saarinen 1948 den Wettbewerb für das „Jefferson National Expansion Memorial" gewann, setzte er mit seinem „Gateway Arch" ein Zeichen, das einerseits über Liberas für die E'42 in Rom geplanten halbkreisförmigen Bogen zurückverweist auf Le Corbusiers Parabel für den Sowjetpalast und das andererseits wegweisend werden sollte für die Vielzahl gekurvter und parabolischer Formen in der Architektur der fünfziger Jahre. Seine Aufgabe war es, die Form für ein Denkmal zu finden, das die Ausdehnung der Vereinigten Staaten nach Westen symbolisieren könnte. Der dafür vorgesehene Ort war die River Front von St. Louis, das alte Hafenviertel am Mississippi. Ganz im Sinne Georg Simmels, der Brücken als Symbole für die „Ausdehnung unserer Willenssphäre über den Raum"[567] gesehen hatte, wählt Saarinen am Ufer des großen Flusses einen Bogen als Form für sein Monument, einen Bogen, der längs zum Fluß steht und damit sowohl das Bild einer Brücke wie das eines Tores evoziert.

Schließlich entscheidet er sich für einen Bogen, der ungefähr einer Parabel gleicht, genauer der Kurve, die eine hängende Kette beschreibt, das heißt also für ein Gebilde, das das Resultat der in ihm wirkenden Kräfte ist. Die mathematische Präzision der Form schien ihm Zeitlosigkeit zu garantieren, ihre Dynamik sie mit der Gegenwart zu verbinden. Wichtiger als die Höhe von annähernd 200 m

Eero Saarinen, Jefferson National Expansion Memorial – Gateway Arch, St. Louis/MO, 1959–64

Eero Saarinen, TWA-Terminal, John F. Kennedy-Airport, New York/NY, 1956–62

Eero Saarinen, Dulles-Airport, Washington/DC, 1958–62

(630 ft), die das erst zwischen 1959 und 1964 aus Stahl und Beton errichtete Monument noch heute zum höchsten der Vereinigten Staaten macht, war Saarinen der Ausdruck: eine Form, deren besondere Qualität es ist, nicht als erdgebunden, sondern als aufwärtsstrebend zu erscheinen.[568] Die dynamisch auf- und zurückschwingende Kurve wurde in dem guten Jahrzehnt, das zwischen Wettbewerb und Beginn der Ausführung verstrich, häufig modifiziert – in der einen Absicht, die Energie, die die gekurvte Linie im Raum entwickelte, noch zu steigern.

Zu Repräsentanten der Architektur des Jahrzehnts sollten dann die beiden Flughäfen Saarinens werden. Die Gestaltung verweist auf die technische Aufgabe dieser Bauten und überhöht sie zugleich – eine Architektur der Schwünge, intendierter Leichtigkeit, zum Ausgleich gebrachter dynamischer Spannungen. Sein Grundgedanke[569] für den TWA-Terminal auf dem John F. Kennedy-Airport in New York war es, einen Ort für Bewegung und Übergang zu schaffen. Vier doppelt gekrümmte Schalen sollten („We wanted an uplift") einen Eindruck von Aufwärtsrichtung erzeugen, sollten wirken gegen das Gefühl von Schwere und Erdgebundenheit. Mit den sogenannten „skylights", Glasbändern, die die vier Schalen voneinander trennen, wird der Eindruck von Schwebemächtigkeit noch verstärkt. Die naheliegende Assoziation an die ausgebreiteten Schwingen eines Vogels war von Saarinen nicht beabsichtigt; er stellt seine Raumlösung aber in einen Bezug zu barocker Architektur, der es ebenso um die Kreation dynamischer Räume von nicht-statischer Qualität gegangen sei.

Derartige Anspielungen sind mit dem Washingtoner Dulles-Airport verschwunden. Mit diesem Flughafen für des heraufziehende Jet-Age tritt der Wunsch nach Expression hinter Fragen der Organisation von Verkehrsabläufen zurück. Der Bau ist keine Plastik mehr, skulptural frei ausgeformt, sondern ein potentiell zu vervielfältigendes Einzelelement, das das statische Kräftespiel sichtbar macht. Das Dach der Halle hängt an auswärts geneigten Stützen und wird von Hängebrückenkabeln getragen. Die durchhängende oder, bei anderer Betrachtung, von der Mitte her aufsteigende Kurve des Daches, die an die Unterseite einer Flugzeugtragfläche erinnert, ergibt sich aus dem Kräfteverlauf selbst, ist also eine materialreduzierende statische Idealform. Dieses hängende Dach ist gleichsam die Umkehrung des „Gateway Arch", dessen Gestalt ja auch die Hängelinie einer Kette zugrunde gelegen hatte. Saarinens Formen sind übergreifend und kennen keine Unterbrechung – ein Design kontinuierlich und ungehindert ausschwingender Bewegung als Chiffre von Modernität. Seinen Flughäfen und dem Bogen liegt entweder direkt die Abbildung eines Kräfteflusses zugrunde oder aber die Absicht seines Ausdrucks.

Beide Ebenen differenzieren sich im Verlauf der fünfziger Jahre aus. Es entstehen Bauwerke, die auf souveräne Weise die Möglichkeiten parabolischer Konstruktionen nutzen. Eine völlig neuartige Form findet Nowicki mit der 1953

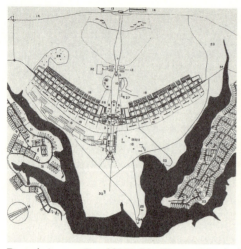 

Doppelseite aus: Oswald Matthias Ungers, Morphologie – City Metaphors. Thema: Stretching/ Ausbreitung

Martin Nowicki, Arena, Raleigh/NC, 1950–53

Richard Neutra, Stadtarchiv (Hall of Records), Los Angeles/CA, 1961–65. Elektronisch gesteuerte Sonnenblenden, Höhe 42 m, mit dem Querschnitt einer Flugzeugtragfläche

fertiggestellten Arena in Raleigh (North Carolina). Zwei schräg in den Raum gelegte und sich kreuzende parabolische Druckbögen spannen ein doppelt gekrümmtes Seilnetz, welches das extrem leichte Dach trägt. Das Spiel der Kräfte ist klar ablesbar, die Gestaltung ebenso ausdrucksstark wie statisch sinnvoll. Zugleich entsteht die Frage nach der „hierarchy of the dynamic curves"[570], verbreitet sich die Konvention, Schalen und Bögen als symbolische Formen zu lesen, und insbesondere als Verweis auf die Sphäre der Luft- und Raumfahrt. Während Banham in den schwebenden Schalen des TWA-Terminals „the Romance of Air Travel"[571] verkörpert sieht, wächst dem Bogen von St. Louis in der Zeit zwischen Wettbewerb und Realisierung eine neue Zeichenqualität zu. Bevor der erste ballistische Raumflug der USA gestartet wurde, flogen Transportflugzeuge Parabelbögen, an deren Scheitelpunkt die Astronauten für einige Sekunden in den Zustand der Schwerelosigkeit versetzt wurden – der Gateway Arch wird wahrnehmbar als Denkmal der Frühgeschichte der bemannten Raumfahrt und ist auch so ein „National Expansion Memorial".

Die eleganten Strahlflugzeuge mit ihren fließenden Formen, seit 1952 im zivilen Einsatz, seit dem ersten Linienflug einer „Comet", werden in den Lehrbüchern von Architekten und Architekturhistorikern auch direkt zu Referenzobjekten.[572] Jürgen Joedicke veranschaulicht die gestalterischen Möglichkeiten der Schalenbauweise auch mit einer „Boeing 707", während Pier Luigi Nervi Flugzeuge als Inbegriff funktional bedingter und damit schöner moderner Formen heranzieht. Oswald Mathias Ungers kontrastiert in seinem Buch „Morphologie" den Stadtplan von Brasilia, dem die Konfiguration von Rumpf und Tragfläche eines Flugzeuges zugrunde zu liegen scheint, mit dem Photo einer „Caravelle". Sein Gesichtspunkt ist der des „stretching", der freien Ausbreitung im Raum. Verwandte Vorstellungsbilder von Effizienz im kontinuierlichen Kräfte- und Bewegungsfluß ragen bis in die Corporate Identity-Strategien großer Konzerne. Hier entsteht ein ganzes Spektrum parabolischer Kurven als Siegel unternehmerischer wie technischer Dynamik. Thyssen und McDonald's verwenden Parabeln in ihren Firmenzeichen, McDonald's überhöhte bis in die sechziger Jahre hinein auch Verkaufspavillons mit parabolischen Bögen. Im Falle der Lufthansa ist die Gestaltqualität dieser Kurve wieder auf die Sphäre des Fliegens zurückbezogen: zwischen 1955 und 1967, als die gelbe Sonnenscheibe eingeführt wurde, erschien an den Seitenleitwerken der Kranich auf einer liegenden Parabel – wie eine Strömungslinie umgibt sie das Signet.

In der Architektur der Zeit kulminiert der Gestaltungswille schließlich in der komplexen Konstruktionsform des hyperbolischen Paraboloids, die bis dahin fast nur im Ingenieursbau Verwendung gefunden hatte.[573] Sie ist ein Mittel, orthogonale Raumformen durch allseitig gekrümmte Flächen zu ersetzen. Die Tatsache, daß die Sattelfläche eines hyperbolischen Paraboloids zwei Scharen gerader Linien enthält, macht variantenreiche Konstruktionen relativ einfach. Hyperbolische Paraboloide traten um 1950 zunächst in der Form stirnseitig parabolisch begrenzter Sättel auf. Dafür gibt es zwei repräsentative Beispiele[574], die ganz direkt, aber in einer ausgesprochen widersprüchlichen Weise, diese Bauform auf die Möglichkeiten moderner Technologie beziehen. Kenzo Tange

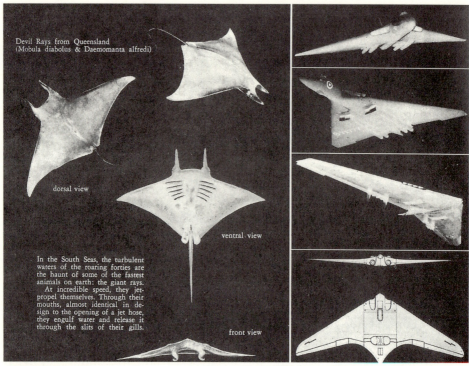

„Design for Speed", aus: Paul Jacques Grillo, What is Design?, 1960

McDonald's-Pavillon, fünfziger Jahre

Automobilwerbung, 1961

Parabeln, doppelt gekrümmte Flächen, hyperbolische Paraboloide 293

Kenzo Tange, Friedenszentrum mit Mahnmal, Hiroshima, 1950–56

Félix Candela (Ing.), Strahlenpavillon der Universität Mexico City, 1951

„Theme Building", Los Angeles International Airport, 1957–62. Unter den Parabelbögen befinden sich Restaurant und Aussichtsterrasse

beginnt 1950 den Bau des Friedenszentrums in Hiroshima mit dem Mahnmal für die Opfer des Atombombenabwurfes in Form eines sattelförmigen Bogens. Félix Candela verwendet 1951 das gleiche Konstruktionsprinzip für einen Pavillon, der nicht Strahlenopfern, sondern der Erforschung kosmischer Strahlung gewidmet ist. Während Tange mit dem parabolisch begrenzten Sattel ein Gewölbe formt, das durch seine doppelte Krümmung die Zustände von Geschützt- und Ausgeliefertsein in einer sonderbaren Schwebe hält, reizt Candela die konstruktiven Möglichkeiten aus, formt eine Membran aus Stahlbeton von nur 1,5 cm Stärke, die der Forderung entgegenkommt, Strahlungen leicht hindurchzulassen.

Zu einem Höhepunkt der Architektur hyperbolischer Paraboloide sollte der Philips-Pavillon Le Corbusiers auf der Brüsseler Weltausstellung von 1958 werden.[575] Louis Christiaan Kalff, der General Art Director von Philips, hatte bereits 1956 das allgemeine Programm für den Pavillon formuliert, nämlich eine Synthese aus Licht und Ton in einer vollständig neuen und modernen Form. Daß er sich schließlich an Le Corbusier wandte, wurde durch einen aktuellen Bau angeregt, die Kapelle von Ronchamp, und weniger wohl durch ihr frei skulpturiertes Äußeres als durch ein Element der Lichtsteuerung, die indirekte Tageslichtzufuhr in der roten Seitenkapelle. Auch der Philips-Pavillon sollte im Innern eine Rauminszenierung mit wesentlich nichtmateriellen Mitteln bieten – eine Aufgabe, die Le Corbusier für sich umformulierte: „Ich werde keinen Philips-Pavillon bauen, sondern ein elektronisches Gedicht."

Er entwarf ein Szenario, das die Geschichte der Menschheit in sieben Sequenzen erzählte. Die Realisation bestand aus projizierten Bildern, Farbprojektionen und der größtenteils elektronischen Musik Edgar Varèses. Die Klänge wanderten über sogenannte „routes du son" durch den Raum, hunderte von an

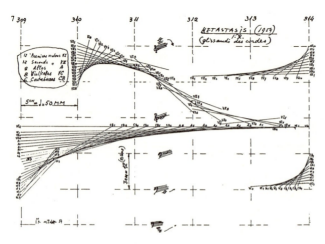

Jannis Xenakis, graphische Notation von „Metastaseis", 1954

Parabeln, doppelt gekrümmte Flächen, hyperbolische Paraboloide 295

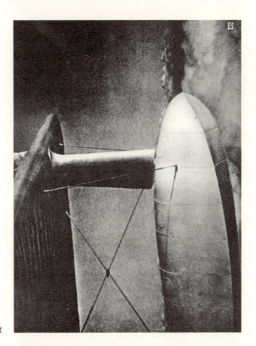

Flugzeugdetail, aus: Le Corbusier, Aircraft

Le Corbusier, Philips-Pavillon, Brüssel, 1958

den Seiten angebrachten Lautsprechern. Trotz der enormen Probleme, die die Synchronisation von Bildern, Farben und Klängen aufwarf, wurde es auf diese Weise möglich, einen Innenraum mit sich ständig ändernden Eigenschaften zu erzeugen – er wird nur durch Energie zur Erscheinung gebracht.

Wenn es von hier aus überhaupt überhaupt eine Verbindung zur äußeren Form des Pavillons gibt, so liegt sie in der mit gänzlich verschiedenen Mitteln realisierten

Darstellung von Variabilität und Wandlungsfähigkeit. Dieses Außen wirkt frei in alle Richtungen ausgreifend, ist jedoch das Ergebnis langer Experimente und Berechnungen. Le Corbusier war an seiner Gestalt vergleichsweise desinteressiert; Skizzen zeigen beinahe amorphe organische Formen. Daß der Pavillon dann nach den Regeln der Geometrie hyperbolischer Paraboloide entstand, ist das Verdienst seines Mitarbeiters, des Komponisten und Ingenieurs Jannis Xenakis, der auch in seinen Kompositionen, so in „Metastaseis" von 1954, mit Klangstrukturen gearbeitet hat, die auf dem Papier schematisierte Regelflächen ergeben. Bei dem Ausführungsentwurf des Philips-Pavillons weisen die Spitzen in verschiedene Richtungen des Raumes, sein Außen ist von konsequenter Asymmetrie, aber dennoch in jeder der doppelt gekrümmten Flächen eindeutig strukturiert: es handelt sich um Kombinationen von meist geradlinig beschnittenen Ausschnitten hyperbolischer Paraboloide. Der bei der Komplexität der Form überraschende Eindruck struktiver Klarheit der Einzelflächen wird durch die Konstruktionsweise verstärkt, die vorgespannten Stahlkabel, in die Betonplatten eingehängt wurden.

Das All-over des Philips-Pavillons, die fließende Abfolge der gekrümmten Oberflächen und die Verwischung der Unterscheidung von Wand und Decke, evoziert einen Gesamteindruck von Bezugslosigkeit. Mit Ausnahme des Eingangs verweist kein Detail auf gewohnte Zusammenhänge. Eine derartig maßstablose Plastizität läßt sich bei Le Corbusier, was immer auch sein Anteil in Brüssel gewesen sein mag, über Ronchamp bis hin zu den Abbildungen in seinem Buch „Aircraft" zurückverfolgen. Das vierte Kapitel steht unter den Leitvorstellungen „A new state of modern conscience. A new plastic vision. A new aesthetic." Stromlinienförmige Flugzeuge werden in eng begrenzten Ausschnitten wiedergegeben. Le Corbusier verfremdet einige Aufnahmen zusätzlich, indem er sie dreht – sein virtuoses Layout päsentiert dann fast abstrakte, vielfach gekrümmte Oberflächen, die keinem Ganzen mehr zugehören, sondern in rätselhafter Dimensionierung ortlos erscheinen. Und das ist ein Effekt, der sich in denjenigen Aufnahmen des Pavillons wiederholt, die keine Besucher und kein maßstabgebend-verortendes Umfeld zeigen. Dieser Bau, aus hyperbolischen Paraboloiden erzeugt und mit einem „Poème electronique" bespielt, ist als Philips-Pavillon ein markantes Zeichen moderner Technologie. In seiner Gestaltqualität repräsentiert er, ein Jahr nach dem Start des Sputniks, ein Raumbild ohne ein die Orientierung sicherndes Koordinatensystem.

3. Neutraler Rahmen – universaler Raum

Die Jahre um 1960 markieren eine Epochenschwelle in der zivilen Luftfahrt: strahlgetriebene Jets beginnen die Propellerflugzeuge abzulösen. Für die Wahrnehmung der Passagiere bringt weniger die höhere Geschwindigkeit, als vielmehr die Steigerung der Flughöhen auf durchschnittlich 10.000 m eine neue Erfahrung mit sich. In ihr kulminiert eine Entwicklung, die schon mit den transkontinentalen Flügen nach dem zweiten Weltkrieg begonnen hatte. „Man reist nicht mehr, man wird... durch die Luft katapultiert"[576] – so beschrieb Jean Rudolf von Salis die Auflösung der relativen Nahsichten, wie sie im Vorkriegsluftverkehr noch die Regel waren. Größere Flughöhen und stundenlange Flüge über „monotone Wasserwüsten" lenken die Aufmerksamkeit auf das Moment der Distanzierung, die Reizarmut dieser Reiseform, der man später durch Musik- und Filmdarbietungen zu begegnen suchte. Die Monotonie des Blicks von oben wird besonders dem auffallen, der dieses Bild mit seinen Eindrücken auf der Erde vergleicht, also seine Entfernung aus der Welt der Nahsichten ständig spürt. Aber auch eine umgekehrte Reaktion ist denkbar, die sich gerade aus dieser Voraussetzung speist. Max Frischs „Homo faber", der luftreisende Ingenieur, dessen professionelle Gewöhnung immer wieder vom Reiz des Fliegens durchschlagen wird, entdeckt trotz des Wunsches, „die Erde zu greifen"[577], aus seiner viermotorigen Super Constellation eine neue Realität: eine Welt, die zu einzelnen

Gyorgy Kepes, Ausschnitt aus der Lichtwand für KLM, New York, 1959

Farbeindrücken zerstäubt. Der Aufenthalt in der objektlosen Weite des Luftraumes verwandelt alles auf Erden Erreichbare in ein Spiel des Lichtes. Genau bei dieser Erfahrung setzt Gyorgy Kepes an: in seinem Fall wird das Bild der nächtlichen Stadt, wie es aus der Luft erscheint, zum Modell zeitgenössischer Raumwahrnehmung.

Seit Erscheinen seines Buches „The Language of Vision" im Jahr 1944 verfolgte er das Ziel, eine „dynamische Ikonographie" für die Gegenwart zu entwickeln.[578] Kepes lehrte nach seiner langjährigen Zusammenarbeit mit Moholy-Nagy ab 1946 am MIT, und mit der Unterstützung dieses Instituts begründete er 1967 auch das „Center for Advanced Visual Studies", das danach von Otto Piene übernommen wurde. Von Anfang an, seit der Mitte der vierziger Jahre, organisierte er die Zusammenarbeit von Künstlern und Wissenschaftlern, die schon das Bauhaus geplant, aber nicht wirklich betrieben hatte. Ergebnisse dieser Zusammenarbeit, vor allem mit Gestalt- und Wahrnehmungspsychologen, sind in den sechs Bänden der Reihe „Vision and Value" dokumentiert, und in einem dieser Bände beschreibt der Herausgeber Kepes ein eigenes Projekt, einen Auftrag der Fluggesellschaft KLM für ihr New Yorker Büro. Aus der Aufgabe, das Nachtbild einer Stadt aus der Luft darzustellen, resultierte 1959 die „Mobile Lichtwand".

Mit der Zielvorstellung, einen allgemeingültigen „Ausdruck der heutigen Erfahrungen" zu formulieren, zerlegt er das Bild, das die Vogelperspektive bietet, zunächst in seine Bestandteile: „Punkte, Linien, flächige Figuren, Lichträume, starr und flimmernd, bewegt und still, weiß und farbig, Scheinwerfer, Leuchtzeichen, Verkehrszeichen, Straßenlaternen – sie alle formen ein fließendes, glänzendes Wunder, eines der großen Schauspiele unseres Zeitalters. Obwohl sich dieses eindrucksvolle Bild im Grunde durch Zufall entfaltet, als Nebenprodukt eines Zweckes, erinnert es uns an die großen bunten Fenster der Kathedralen des dreizehnten Jahrhunderts. Und diese zufällige Pracht könnte auf eine neue Kunst in der Orchestrierung von Licht hoffen lassen".[579] Das Zusammenwirken der elaborierten Techniken von Luftfahrt und Beleuchtung schafft Raumbilder, die wie keine zweiten prädisponiert sind, eine dynamische Ikonographie zu exemplifizieren.

Für die KLM transponiert Kepes diese Erfahrung des Raumes aus der Distanz heraus in eine leuchtende Wandfläche. Er versieht einen 15 m langen und 5 m hohen Aluminiumschirm mit etwa 60.000 kleineren Durchbohrungen und größeren Ausschnitten, die von der Rückseite her aus einzelnen Birnen und Röhren Licht empfangen. Auf dem Schirm entstehen durch den Wechsel der Stromimpulse fließende Lichtmuster; die feststehenden Durchbohrungen und Ausschnitte treten in Wechselwirkung mit dem veränderlichen Aufscheinen der Beleuchtungskörper. Die kleinen Bohrungen lassen deutlich das rechtwinklige

Raster der Straßen amerikanischer Städte erkennen. Daß Kepes dabei mit an die Plansichten Mondrians oder Ansichten der Rasterfassaden New Yorker Hochhäuser gedacht hat, lassen zwei Abbildungen vermuten, die er seinem Text über die Lichtwand unmittelbar voranstellt. Auch könnte man die Muster von Flughafenbefeuerungen assoziieren. Auf der Lichtwand werden insgesamt drei Schichten sichtbar – in der Mitte das feine orthogonale Raster der Stadt als eine dünne Schicht auf bodenlosem schwarzen Grund, über der größere Farbflächen zu schweben scheinen. Kepes' „Light Mural", angeregt durch einen Blick aus dem Flugzeug auf die nächtliche Stadt, bringt einen virtuellen Raum zur Erscheinung: das Bild der Welt ist in ein vibrierendes Lichtmuster verwandelt, in ein körperloses Lichtspiel auf einem Bildschirm. Das Raster als Chiffre zivilisatorischer Ordnung tritt in Interaktion mit infiniten Weiten.

Verglichen mit einem zentralen Konzept der klassischen Moderne gerät hier etwas Neues in den Blick. Während Mondrian horizontale und vertikale Linien mit den internen Farbflächen sorgfältig ausponderiert und damit das Raster als Medium der Organisation von Gleichgewichtsbeziehungen verabsolutiert, um Abbilder idealer Ordnungen zu schaffen, die, der Schwerkraft enthoben,

Walter de Maria, Lightning Field, bei Quemado/NM, 1977. (Stahlstäbe)

gleichermaßen als Ansicht oder Plansicht gelesen werden können, ist das Raster später ein gleichgültiges, neutrales Gitter: als statische Struktur lediglich ein Rahmen, der durch Energien belebt, überspielt und fast zum Verschwinden gebracht werden kann. Schon bei Kepes' „Mobiler Lichtwand" ist die orthogonale Struktur eine veränderliche Schicht aus Lichtpunkten als instabilen Koordinaten im leeren nächtlichen Raum.

In der Post-Mondrian-Generation wird die Funktion der Gitter zweifelhaft – sie organisieren nicht mehr, sondern sind nur noch Anhaltspunkte im Irgendwo. Die Raumbilder, um die es jetzt geht, sind nicht mehr überschaubar, erfaßbar, kontrollierbar. Ein extremes Beispiel der Transformation von Ordnungsmustern in ihr Gegenteil bietet das „Lightning Field" von Walter de Maria. Diese Arbeit ist einfach zu beschreiben, aber damit nicht zu erfassen.[580] Vordergründig handelt es sich um 400 Stäbe aus Edelstahl, die in einem Geviert von ca. einer Meile mal einem Kilometer aufgestellt sind. Der Ort ist eine Hochebene im Westen New Mexicos, die Aufstellung erfolgte 1977. Die regelmäßigen Abstände der Stäbe von ca. 67 m ergeben ein Raster mit 16 Achsen in der einen und 25 in der anderen Richtung, wobei die erste Achsengruppe eine Meile in Ost-West-, die zweite einen Kilometer in Nord-Süd-Richtung verläuft. Um die Bodenunebenheiten

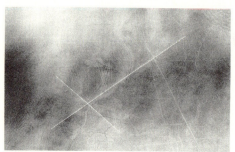

Walter de Maria, Desert Cross, Nevada, 1969
(Kalklinien)

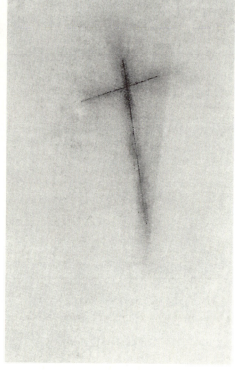

Kasimir Malewitsch, Suprematistische
Komposition, 1917

auszugleichen und die Spitzen der Stäbe in eine annähernd horizontale Ebene zu bringen, sind die einzelnen Stäbe (wie die Straßenlaternen Speers in der Berliner Ost-West-Achse) verschieden hoch, im Durchschnitt 6,27m. Erst so ist die Homogenität des Rasterfeldes gesichert.

Das ist ein rigides Ordnungsgitter inmitten der Einöde, eine „höchst eindeutige, kalkulierte Struktur... Es zeigt sich aber, daß der Kalkül der Anordnung, gerade wenn er die Grenze der Überschaubarkeit überschreitet, umschlägt in die Erfahrung des Nichtberechenbaren, des schieren Quantums, der Unabsehbarkeit."[581] Zu erfassen wäre das Lightning Field nur aus der Luft. Mit solcher Nichterfaßbarkeit spielte de Maria Jahre zuvor in einigen Projekten: Kalklinien auf oder Furchen in der Erde von einer Länge bis zu einer Meile waren tatsächlich nur aus dem Flugzeug in ihrer gesamten Ausdehnung wahrzunehmen.[582] Der Modus der Besuche aber, den de Maria in der Wüste New Mexicos wie für einen heiligen Bezirk festlegte, schließt diesen Blickwinkel aus. Mit dem eigenen Wagen kann man nach schriftlicher Voranmeldung nur zum „Basislager" vorstoßen. Ein Wagen der Dia Art Foundation bringt dann eine Gruppe von höchstens fünf Besuchern zum eine halbe Autostunde entfernten Lightning Field, wo sie für zwanzig Stunden abgesetzt werden, in einem Blockhaus, das Quartier bietet. Die kleine Gruppe wird sich selbst überlassen, muß das Feld eigenständig erkunden. Die Besucher sind isoliert und auf die Nahsicht der Fußgängerperspektive verwiesen.

Das Lightning Field ist ein virtuelles Raumgefüge, bei dem nur das Dach fehlt. Die Stäbe sind gleichsam Stützen der Leere über ihnen. Sie „markieren die Begrenzungsflächen von imaginären Kuben und Quadern. Nach dem Durchschreiten des Felds kann sich der unwillkürliche Eindruck einstellen, ‚ins Freie' zu gelangen."[583] Der freie Naturraum wird als strukturierter erfahrbar, aber diese Struktur ist leer. Es ist ein künstlicher Raum, der die Natur nicht ausgrenzt, sondern in sie hineingestellt ist, ausgesetzt allen Veränderungen von Temperatur, Licht oder Feuchtigkeit. Die Stäbe spiegeln den Wandel des Tageslichtes, leuchten in der Sonne oder werden, ohne Reflexionen, fast unsichtbar. Bezogen auf die Grundfläche, ist ihr Volumen extrem gering. Als räumliche Struktur ist das Lightning Field gerade so deutlich ausgeprägt, daß es überhaupt präsent ist.

Dieses Feld hat meditative Qualitäten, die sich bei der langsamen und langandauernden Begehung erschließen. Daneben aber gibt es eine ganz andere Seite, die die subtil ausgewogene Indifferenz von Natur und Kultur mit einem Schlag zum Verschwinden bringt, bzw. sie auf einer neuen Ebene auskristallisiert. De Maria errichtete das Lightning Field in einer Gegend mit hohem Gewitteraufkommen, und die Stäbe werden dann, worauf ja der Name schon hinweist, zu Blitzableitern, die gewaltige elektrische Energien auf sich ziehen und so eine normalerweise verborgene Kraft der Skulptur zur Erscheinung bringen.

Die Vorstellung des Stabes als Batterie, als Element, das Energien speichert, anzieht oder ausstrahlt, beschäftigte den Künstler bereits ein Jahrzehnt zuvor.[584] Seit 1966 stellt er in nicht limitierter Auflage die „High Energy Bars" her. Diese Stäbe aus poliertem Edelstahl von 14 Zoll Länge machen ihre Besitzer zu Mitgliedern eines „Netzes von Hochenergie-Agenten". De Maria aktiviert die Stäbe mit einem Echtheitszertifikat, so daß der Sammler über den Kauf als Initiationsakt Teil der Energie-Gemeinschaft wird. Im Kasseler „Vertikalen Erdkilometer" nimmt ein verlängerter Energiestab Kontakt auf mit tellurischen Kräften. Immer sind es genau festgelegte Maßeinheiten, die die Länge der einzelnen Stäbe bestimmen oder ihre Ausdehnung als Gitter wie in New Mexico. Als raumgliedernde und energieleitende Objekte im Regelfall Rudimente zivilisatorischer Organisation, ziehen die Stäbe des Lightning Field jedoch, werden sie aktiviert, eine Form von Kräften auf sich, deren Wirken jede Ordnung überschreitet.

Für Walter de Marias Rasterfeld kann die Kategorie des Erhabenen ins Spiel gebracht werden[585], für das Werk Barnett Newmans ist sie essentiell. Auch er geht aus von elementaren geometrischen Formen als Rahmen für Erfahrungen, die alles Gewohnte und Erwartbare hinter sich lassen. Am Anfang steht 1948 eine energische theoretische Auseinandersetzung mit Mondrian. Für Newman ist er Vertreter nicht einer neuen, sondern der traditionellen Malerei. Der Versuch, die Natur zu verneinen, ihre Darstellung zu überwinden, sei auf halbem Weg steckengeblieben. Denn geometrische Formen allein, vor allem der rechte Winkel als Kreuzungspunkt von Linien, bleiben seiner Ansicht nach ein Realismus in geometrischer Verkleidung, insofern sie ein „bekanntes natürliches Anschauungs-

Barnett Newman, Vir heroicus sublimis, 1950–51

schema reproduzieren".[586] Sie verlieren nicht die Eigenschaft „ihrer unmittelbaren Erkennbarkeit", sind nichts anderes als ein „diagrammartiges Äquivalent" zu natürlichen Formen. Das orthogonale Grundschema Mondrians entspreche den „senkrechten Bäumen und dem Horizont" in der Natur.

Newman selbst hingegen geht es um „neue, ungeahnte Bilder", um die Repräsentation einer völlig andersartigen Wirklichkeit. Er löst Mondrians ausgewogenes Schema auf, indem er sich auf eine Richtung, meist die Vertikale, beschränkt.[587] Das bedeutet den Verzicht auf Schnittpunkte als verortende und ruhegebende Faktoren. Der Gegensatz des Horizontalen und Vertikalen wird nicht ausgeglichen, sondern negiert. Der Betrachter bleibt ohne Möglichkeit des Halts, ohne Erinnerung an gewohnte Anschauungsschemata. Schon Newmans frühes Hauptwerk „Vir heroicus sublimis" von 1950/51 zeigt die irritierenden Konsequenzen dieser Darstellungsstrategie. Den Bildgrund bildet ein über die Fläche von 2,42 m mal 5,41 m aufgetragenes Rot; Mittel der Binnengliederung sind allein andersfarbige, schmale vertikale Streifen. Gegenüber der Unendlichkeit des Bildgrundes sind sie, die sogenannten „zips", die einzigen Anhaltspunkte, gleichsam Stabilisatoren, die aber selbst nach oben und unten unbegrenzt durchs Bild laufen.

Die Funktion der Streifen in diesem Bild ist durchaus vieldeutig; entweder wird, so faßt Max Imdahl in seiner bedeutenden kleinen Newman-Studie die Diskussion zusammen, ihre Funktion als „zips" hervorgehoben, nämlich „als solche Werte, die das beherrschende Rot optisch in Schwingung und Vibation versetzen, oder es wird hervorgehoben die Funktion der Streifen als Sperren, die den Zeitverlauf der notwendig sukzessiven Anschauung verzögern, aufwärts und abwärts führen oder innehalten. Oder die Streifen ‚durchschneiden' (‚cut') das Rot, als bestünde dieses a priori, das heißt ohne Form (und ohne Bild). Endlich sind die Streifen... schwächste Widerstände oder Barrieren gegen das Rot, an denen erst dieses als Übermacht wirksam wird."[588] Auch wird die Frage erörtert, und das führt aus dem Bild heraus, ob diese Streifen nicht „innerbildliche Äquivalente" des unbestimmten Ortes sind, an welchem sich der Betrachter befindet – das würde im Extremfall[589] in eine anthropomophe Deutung führen. Eine solche aber liefe den Intentionen Newmans zuwider.

Sowohl bei „Vir heroicus sublimis" wie auch bei der späten Gruppe der „Who's afraid of red, yellow and blue"-Bilder steht der Betrachter dominanten, homogenen Farbfeldern gegenüber, die durch Streifen geteilt sind. Die zips teilen, mit welcher Auswirkung auch immer, das Kontinuum einer durchlaufenden Farbfläche oder begrenzen sie an den Rändern oder trennen auch verschiedene Farbfelder voneinander. Trotz ihrer Ordnung aber geht schon von den Großformaten allein eine Wirkung aus, die das Rezeptionsvermögen strapaziert. Newman suchte diese Qualität noch dadurch zu steigern, daß er Nahsicht vorschrieb – der Betrachter sollte durch Barrieren gezwungen werden, sich den überwältigenden Formaten unmittelbar zu konfrontieren. Hinter dieser kaum je praktizierten inszenatorischen Strategie steckt eine Wirkungsabsicht, die er von Beginn an mit dem Begriff des Erhabenen erläuterte. In einem seiner grundlegenden Texte, in „The Sublime is Now" von 1948[590], diskutiert er in Anlehnung vor allem an Edmund Burke die Differenz des Schönen und des Erhabenen. Die Erzeugung von Schönheit ist die Erzeugung von etwas schon Bekanntem, die Aufgabe der Kunst aber ist die Evokation einer neuen, alles Gewohnte übersteigernden Erfahrung, eben des Sublimen bzw. Erhabenen.

Aus dieser Intention erklärt sich das Arbeiten mit dem Mittel der „Wahrnehmungsüberforderung"; Newmans Malerei „zielt darauf, den Betrachter am Erfassen des Ganzen scheitern zu lassen. Die Totalität, die er bildlich erfährt, läßt sich anschauend nicht vereinnahmen, sie sprengt die Perzeption und macht dabei Übergröße als Charakteristikum und Erscheinungsqualität des Erhabenen deutlich."[591] Der Betrachter vor einem Bild wie „Who's afraid of red, yellow and blue III" sieht sich einem breiten Rotkontinuum gegenüber, das nur an den äußersten seitlichen Rändern von je einem blauen und gelben Streifen flankiert wird. Je näher er tritt, desto unüberschaubarer wird das Bild. Der Bildaufbau ist von einfachster Geometrie, die Bildwirkung aber läßt diesen formalen Rahmen verschwinden. Schon Burke hatte die Wirkung großer einheitlicher Objekte so beschrieben, daß sie eine ruhige, das Ganze umfassende Wahrnehmung ausschließen[592] und Newman radikalisiert diese Wirkung noch, indem er statt eines Objektes ein homogenes Farbkontinuum vor den Betrachter stellt, angesichts dessen ihm jede Möglichkeit der Orientierung genommen ist. Damit wird er selbst entortet, aus allen Bindungen herausgerissen.

Newmans Bilder provozieren einen Eindruck radikaler räumlicher Entgrenzung oder anders: sie öffnen sich zum Infiniten hin. Der Gedanke an kosmische Räume liegt nahe, auch der an irdische Weiten, wie sie Caspar David Friedrich im „Mönch am Meer" darstellte[593], einem Bild, dessen die Zeitgenossen erschreckende Qualität Kleist in seiner berühmten Formulierung von den „weggeschnittenen Augenlidern" festgehalten hat. Newmans Essener Bild „Prometheus Bound" von 1952 nimmt das Friedrichsche Schema fast direkt auf, und zwar als schmales schwarzes Hochformat mit einem kleinen weißen Streifen unten. Es ist lesbar wie ein vergrößerter Ausschnitt aus dem Bilde Friedrichs, mit dem Unterschied nur, daß der Betrachter vor dem Bild an die Stelle des Mönches im Bild getreten ist.

Aber wie schon „Vir heroicus sublimis" sind auch die beiden letzten Versionen von „Who's afraid of red, yellow and blue", Nr. III und IV, breit hingestreckte Querformate. Prinzipiell ist die Frage der Richtung der Formate bei Newman nicht von grundsätzlicher Bedeutung, das Breitwandformat jedoch bietet

Barnett Newman, Who's Afraid of Red, Yellow and Blue IV, 1969–70

besondere Möglichkeiten entgrenzender Wirkung. Claude Monet ist vielleicht der erste Maler, der sie konsequent entfaltet hat, am deutlichsten wohl bei den Nymphéas in der Pariser Orangerie. Diese Bilder, Wasseroberflächen, in denen sich der Himmel spiegelt, wirken bodenlos vor allem durch die Bäume, deren Stämme allein durchs Bild laufen, ohne Anfang und Ende. In der modernen Architektur gibt es einen ähnlichen Effekt, der durch den von ihr bevorzugten Einsatz von langgestreckten Fensterbändern hervorgerufen wird. Dieser Ersatz für das Hochfenster „hatte Folgen für die Raumwahrnehmung. Wie eine Kritikerin Le Corbusiers in den 20er Jahren bemerkte, war die Aussicht im Hochfenster von größerer räumlicher Tiefe, ‚weil man dank dieser Form auch die vorderste Bildebene, den buntesten, lebendigsten Teil der Aussicht wahrnimmt'. Das Langfenster schnitt eben diesen Vordergrund ab und verflachte die Gesamtansicht entsprechend."594 So aber scheint der Innenraum über dem entwirklichten Außen zu schweben – die Dinge setzten sich ins Unsichtbare fort wie die Bäume Monets und die vertikalen Streifen bei Newman.

Doch sind das formale Überlegungen, die nur die Mittel Newmans betreffen, nicht seine Absichten. Über diese ließ er nicht den geringsten Zweifel: ihm ging es nicht um Repräsentation, sondern um direkte Präsenzerfahrung. „Das Bild, welches wir erschaffen", hieß es schon 1948, „ist eine ganz und gar aus sich selbst evidente Offenbarung", und das ist ein Gedanke, den Lyotard so übersetzte: „Ein Bild Newmans ist ein Engel. Er verkündet nichts, er ist selbst die Verkündigung."595 Wer nah vor „Who's afraid of red, yellow and blue IV" steht, so nah, wie es nach dem Attentat noch erlaubt ist, das vielleicht auch durch die desorientierende Wirkung dieses Bildes ausgelöst wurde, der erlebt zunächst starke visuelle Irritationen. Je länger er eines der großen quadratischen Farbfelder betrachtet, desto größer scheint es zu werden, bis es beinahe das gesamte Sehfeld überschwemmt. Wechselt er den Standpunkt und stellt sich vor den breiten zentralen blauen Streifen, so kann dieser sich kaum gegen die andrängenden Farbfelder behaupten. Aber darum geht es nicht. Für Newman ist die Wirkung der Farben in dem strengen Rahmen der übergroßen Bilder ein Instrument zur Hervorbringung von etwas, das nicht selbst erscheinen, sondern nur auf diese gleichsam negative Weise[596] angedeutet werden kann.

In der Architektur zählen orthogonale Formationen zum Grundrepertoire der klassischen Moderne. In den Jahren nach dem zweiten Weltkrieg aber ist eine charakteristische Entdifferenzierung zu beobachten, die zu einheitlichen Großformen führt. Das Musterbeispiel dieser Entwicklung ist das Werk Mies van der Rohes. Zwei kleinere Werke zeigen die Tendenz – bot der Barcelona-Pavillon von 1929 durch die freie Aufstellung der nichttragenden Wände ein ausgesprochen vielschichtiges Raumbild, so zeigt 1950 das nicht weniger delikate Farnsworth-House einen Einheitsraum, der frei um die Installationsinsel in der Mitte herumfließt. Das offene Gefüge des Barcelona-Pavillons ist durch einen tendenziell homogenen, isotropen Raum ersetzt.

Oben: Albert Kahn, Montagehalle der Martin Bomber Plant (der viermotorige russische Clipper zeigt die Dimension), Baltimore/MD, 1937; unten: Mies van der Rohe, Projekt einer Konzerthalle, 1942

Als Katalysator dieser Entwicklung diente eine Photographie der weitgestreckten Montagehalle einer Flugzeugfabrik. Albert Kahn hatte für die Martin Bomber Plant einen von allen innen liegenden Stützen freien Raum gebaut, die Halle mit einer Reihe von Trägern überspannt. Mies benutzte 1942 dieses Photo als Basis für eine Collage, fügte unter das stählerne Deckengerüst eine Decke ein, gliederte den Raum durch einige Wandelemente und wies das Ergebnis als „Projekt einer Konzerthalle" aus. Die Möglichkeit der Anpassung an verschiedenartige industrielle Produktionsabläufe, die Kahns Halle garantiert, wird damit zum allgemeinen architektonischen Prinzip erhoben. Die Subtilitäten des Barcelona-Pavillons sind geblieben, differenzierte Materialien und freie Verteilung der Wände, der Gedanke aber der variablen Grundrißgestaltung ist bis zum äußersten an Nichtdetermination gesteigert. Alle konstruktiven Bestandteile sind aus dem Innenraum entfernt, nach oben und seitlich ausgelagert. Mies verwirklichte dieses Konzept in großem Maßstab 1950–56 mit der Crown Hall auf dem Gelände des IIT in Chicago. Wände und Einbauten reichen nicht einmal bis zur halben Höhe, so daß das räumliche Kontinuum gewahrt bleibt. Eine Binderkonstruktion auf Außenstützen mit untergehängtem Dach und gläserner Haut – das ist der universale Raum, jeder Nutzung offen.

Indeterminismus bedeutet für ein Gebäude zunächst die Möglichkeit multifunktionaler Nutzung. Mies' Äußerung aber von 1958 – „Ich trachte meine Bauten zu neutralen Rahmen zu machen"[597] – entfaltet ihre Wirkung nach zwei Seiten. Die innere Raumunterteilung ist variabel. Die äußere Raumgrenze als Glasvorhang auszubilden heißt jedoch, auch sie so wenig wie möglich zu determinieren. Dieses Offenhalten, die Negation starrer Abgrenzungen im Innern wie nach außen, erzeugt die Vision eines ungeteilten Gesamtraumes; Gebäude und Nicht-Gebäude, also Außenraum, werden tendenziell ununterscheidbar.

In gegenüber der Crown Hall erweiterten Dimensionen projektierte Mies in der ersten Hälfte der fünfziger Jahre zwei Gebäude für größere Öffentlichkeiten. Für das Mannheimer National-Theater sah er eine zwischen sieben Gitterträgerbindern hängende Dachplatte von 160 m Länge vor, die die gesamte Breite des Baus von 80 m frei überspannt. Ein Curtainwall umhüllt die große Halle. In der 1953 für Chicago entworfenen Convention Hall dient ein gigantisches räumliches Fachwerk dazu, einen Innenraum für 50.000 Personen stützenfrei zu überdachen. Das quadratische Dach hat eine Seitenlänge von über 200 m. Die Konstruktion blieb sichtbar, wie auch bei den anderen großen Hallen, und nicht als Teil des Gebäudes, sondern als dieses selbst.[598]

In Chicago tritt jedoch ein merkwürdiger Umschlag in der Wahrnehmung ein, eine Irritation durch die Größe und Ausprägung des tragenden Raumgitters, die Überlagerung der verschiedenen Raster. Franz Schulze rühmt das Projekt Convention Hall als „monumental exercise in structural virtuosity", aber er fährt

 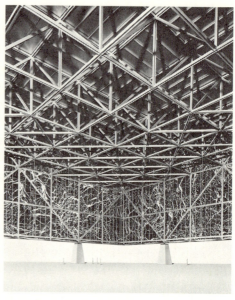

Mies van der Rohe, Convention Hall, Chicago, 1953–54, Projekt

Mies van der Rohe, Convention Hall, Chicago, 1953–54, Projekt

fort: „Had it been built, it would likely have been functionally perverse, a vast unitary space breathtaking to behold but ill-suited to the variety of events it was presumably meant to accomodate. The Convention Hall was a stupendous display of rationality in constructive means so magnified in scale yet so reductively simplified in form as to create an irrationality of effect."[599] Nicht in architektonischer, aber in konstruktiver Hinsicht erinnert dieses Projekt an die endlosen Tragwerke von Wachsmanns Flugzeughangars für die US-Air Force[600]; ein weiteres Blow-up würde in Größenordnungen führen wie bei der rational kalkulierten, urbanistisch aber gespenstischen Kuppel über Manhattan von Buckminster Fuller.

Mies verfolgte diese seinen Entwürfen durchaus inhärente Richtung nicht weiter; der Schwerpunkt seiner Arbeit lag bei der weiteren Ausformulierung seiner isotropen Räume. Eine wichtige Rolle spielt die Beleuchtung. Die Crown Hall ist von Lichtbändern unter der Decke beleuchtet, die, als Streifen sichtbar, noch kein Leuchtkontinuum ergeben. Erst im Seagram-Building wird das Licht zum

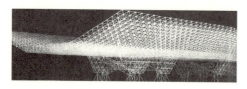

Konrad Wachsmann, Hangar für die US-Air Force, 1951, Projekt

integralen Architekturbestandteil. Leuchtdecken erlauben, die Integrität der Fläche zu bewahren. Im Seagram-Building wird darüberhinaus auch, und das ist neu, die Wirkung nach außen berücksichtigt. Während tagsüber durch die Verglasung die Struktur des Baus sichtbar wird, erscheint er nachts als Lichtskulptur. Die Leuchtdecken entmaterialisieren die einzelnen Raumebenen zu übereinander schwebenden Schichten aus Licht.

In der großen Halle der Neuen Nationalgalerie in Berlin ist der Effekt ein anderer – hier gibt es nur eine Ebene. In die Deckenrasterflächen sind Reflektorleuchten mit schwarzem Abschirmkonus eingebaut.[601] Das Glühlampenlicht ist auf den Granit des Hallenbodens gerichtet und reflektiert von dort so, daß die schwarze Decke aufgehellt wird. Bei horizontaler Blickrichtung dringt das Bild der nächtlichen Stadt herein und mischt sich mit den Reflexionen auf den Innenseiten der umlaufenden Glaswände. Von außen erscheint der Bau zwischen Boden und Decke als eigenartig unkörperlicher Lichtraum. Das Feld des Granitbodens ist beleuchtet, die punktförmigen Lichtquellen aber in der quadratischen Deckenkonstruktion sind weitgehend verborgen. Die Decke selbst erscheint nur als schwacher Schemen, die Glaswände werden unsichtbar. Dieser ungreifbare Charakter ändert sich erst, wenn die Vorhänge zugezogen werden, jene mobilen Wände, die nach außen durchscheinen und von innen her den Raum abschließen.

Mit der Neuen Nationalgalerie ist das Konzept des großen, ungeteilten Raumes auf orthogonaler Basis vollendet. Mies gelangte von den offenen Formen der zwanziger Jahre zum leeren Raum. Das Farnsworth-House ist ein Markstein in jenem Prozeß, der schließlich nach Berlin führt. Hier scheint die schwere schwarze Decke entrückt auf den Glaswänden zu ruhen. Die große Halle stellt primär ihre eigene Leere aus. Um diesen Eindruck zu bewahren, sind Eingangstüren, Garderobe und die Treppen ins Untergeschoß so weit wie möglich marginalisiert. Die Leere weist Qualitäten des Erhabenen auf – klare Raster bei gleichzeitiger Deregulierung der Wahrnehmung. Daß hier Newmans „Who's afraid of red,

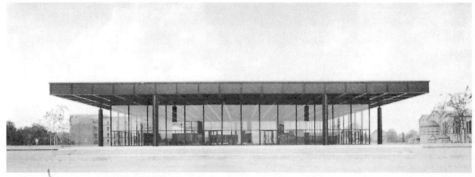

Mies van der Rohe, Neue Nationalgalerie, Berlin, 1962–68

yellow and blue IV" ausgestellt ist, ist natürlich ein Zufall. Das Bild aber, von struktiver Klarheit wie der Bau von Mies, korrespondiert in seiner Wirkung mit der Architektur: trotz seiner Ordnung überfordert der Raum, erzeugt im Besucher ein Gefühl der Ortlosigkeit.

Was diese Werke von Kepes, de Maria, Newman und Mies verbindet, sind nicht die orthogonalen Rahmen allein, sondern es sind die Raumbezüge, die sie organisieren. Die Neutralität der Strukturen erlaubt es, anders als bei komplexeren Kurvenformen, sie beliebig im Maßstab zu verändern, sie zu kombinieren, zu reduzieren oder zu erweitern. Ihre Größe bzw. suggestive Weiträumigkeit ist ein Phänomen der Jahrzehnte nach dem zweiten Weltkrieg, der Epoche der One-World-Politik, euphorisch begrüßter Großtechnik und nicht zuletzt der sich entwickelnden Luft- und Raumfahrt. Ein vollständig isotroper Raum ist nicht nur in allen Richtungen gleich, sondern auch ins Infinite fortsetzbar. Dabei aber werden zwei grundsätzlich verschiedene Auffassungen sichtbar. Einerseits beginnen in den sechziger Jahren Gruppen wie „Superstudio" und „Archizoom", „diesen Raumtyp wegen seiner Gleichheit als ‚demokratisch' zu preisen."[602] Noch das Centre Pompidou zeugt von dieser Utopie. Newman, de Maria und mit Einschränkungen auch Mies zeigen eine andere Seite: einheitliche Organisation und absolute Kontrolle führen in Entdifferenzierung, einen Nullzustand, der in der Ordnung auch ihr Gegenteil enthält. Die orthogonalen Rahmen, Inbegriffe von Rationalität, werden gerade in ihrer Disponibilität zu Trägern potentiell jeden Maßstabes enthobener Raumbilder.

X. FLUG INS ALL

1. Die ersten Aufnahmen der Erde aus dem nahen Weltraum stammen aus dem Jahr 1946. Die amerikanische Armee schoß in White Sands/New Mexico eine V 2-Rakete aus dem Kontingent der bei Kriegsende erbeuteten V-Waffen in den Himmel, welche statt der Tonne Amatol eine Instrumentenkapsel enthielt. Eine 35 mm-Filmkamera hielt den gesamten Aufstieg durch die Erdatmosphäre bis in eine Höhe von 65 Meilen fest. Die Box mit der Kamera wurde während des Abstiegs in 25.000 Fuß Höhe abgeworfen und inklusive des intakten Films geborgen.[603] Damit hatte eine neue Ära der Photographie begonnen. Knappe neunzig Jahre, nachdem Nadar aus einem Ballon über Paris die ersten Luftaufnahmen überhaupt gemacht hatte, war es gelungen, eine automatische Kamera in eine Höhe zu bringen, aus der die Erde nicht mehr als Fläche, sondern als sphärischer Körper erschien. Auch wenn diese Höhe bei weitem nicht ausreiche, um die Erde als Vollkugel abzubilden, so wurde doch durch die großflächigen Sektoren unter dem gekrümmten Horizont der Planet

Erste Aufnahme der Erde aus dem Weltraum, 1946

in seinen kosmischen Bezügen photographisch sichtbar. Rakete und Kamera veränderten den Referenzrahmen der Weltbetrachtung.

Doch blieben diese Bilder relativ unbekannt; man hatte auch keine Verwendung für sie. Verglichen mit späteren Möglichkeiten war die Höhe gering, das Beobachtungsfeld klein und es gab nur einen Blickpunkt, nämlich den direkt über dem Startplatz bzw. aus dem Scheitel der ballistischen Bahn. Wetterbeobachtung wie Spionage wurden erst aus den wesentlich größeren Höhen der Erdumlaufbahnen sinnvoll. Der Sputnik hatte noch keine Kameraausrüstung, aber schon 1959 lieferte der amerikanische Satellit Explorer VI Fernsehaufnahmen aus 19.500 Meilen Höhe. Erst jetzt begann tatsächlich das Weltraumzeitalter.

Nur in der Kunst, so scheint es, haben bereits die Schüsse von White Sands ein deutliches Echo ausgelöst. Zu den Reaktionen auf die Weltraumphotos zählt der Hinweis von Johannes Itten im Darmstädter Gespräch 1950: diese Aufnahmen seien ein Indiz dafür, daß aus der Wechselbeziehung von Kunst, Wissenschaft und Technik neue Inhalte hervorgehen würden.[604] Dann aber veranschaulicht er das neue Raumbild an dem „Tanz" von Matisse aus dem Jahr 1910. Hier sei eine Bildform gefunden, die durch den Verzicht auf Festigkeit schaffende Horizontalen und Vertikalen „schwereloses Kreisen" zum Ausduck bringe. Tatsächlich bewegen sich alle in der tänzerischen Bewegung verbundenen Figuren am Rand der Bodenfläche und ragen ins infinite Blau hinein – schwingende Körper, deren Arme sich zu einem im freien Raum schwebenden Ring schließen. Dieses Bild aber in seiner berückenden rhythmischen Schönheit gehört in die Formationsjahre der klassischen Moderne.

Ungleich direkter auf die künstlerische Gegenwart bezogen äußerte sich Lucio Fontana im ersten Manifest des „Spazialismo" von 1948. Die Feststellung: „Wir haben uns von oben betrachtet und die Erde von fliegenden Raketen aus photographiert"[605] wird als Herausforderung begriffen. Die lange Tradition kosmischer Imaginationen hatte mit diesen Bildern aus dem Weltraum ein Gegengewicht in der Realität bekommen und im Manifest wird sofort die Perspektive entwickelt, die Mittel der modernen Technik für die Kunstproduktion zu nutzen. Aber die scheinbar konkreten Ankündigungen, künstliche Formen und Leuchtschriften am Himmel erscheinen zu lassen oder auch durch Funk und Fernsehen „künstlerische Ausdrucksformen von ganz neuer Art" auszustrahlen, lassen die Weise möglicher Realisierung nicht erkennen. Deutlich wird nur das allgemeine Programm einer „raumbezogenen Kunst", die „physische Grenzen" sprengt.

Für Fontana, der überzeugt ist von der Notwendigkeit einer Zusammenarbeit von Künstlern und Architekten, ist das Flugzeug die „erste Architektur des Raumzeitalters", während „die Architektur der Zukunft die Rakete sein (wird)." Flugzeug und Rakete sind als Gehäuse Architekturen und zugleich ganz auf ihren

Bewegungsraum bezogene Geräte. Sie beschäftigen Fontanas künstlerische Phantasie als Referenzobjekte, weil sie einen Weg zeigen, jegliche Statik zu überwinden. Im „Technischen Manifest" zieht er eine Linie vom Barock über den Impressionismus bis zum Futurismus – die Entwicklung, sich von der Fläche zu lösen und in den Raum auszugreifen, kulminiere aber erst im Spazialismo. Erst hier entsteht „eine neue Ästhetik..., leuchtende Formen, die sich durch den Raum bewegen."[606]

Seine Werke vor diesem programmatischen Hintergrund zu betrachten, bedeutet von ihnen enttäuscht zu werden. Zwar können 1951 die vor einer dunklen Wand frei ausschwingenden Neonröhren für die Mailänder Triennale den Eindruck unbegrenzt kreisender Bewegung erwecken, aber ihr Status bleibt der einer Applikation zu bestehender Architektur. Es sind eher einzelne technische Kunstgriffe, die tatsächlich einen neuen Umgang mit räumlicher Dynamik anzeigen. So arbeitet er am Ende der vierziger Jahre mit Lochstrukturen, Perforierungen, Öffnungen mit ausgefransten Rändern, die wie Spuren einer Geschoßbahn den flachen Bildgrund durchschlagen. Diese Technik transponiert er später auch in die Skulptur, als er Bronzekugeln formt mit zerschmolzenen Öffnungen, die vom explosiven Durchgang anderer Körper gerissen scheinen. Erst mit dem Konzept des „Concetto spaziale"[607] findet er am Ende der fünfziger

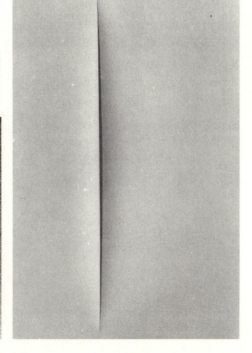

Lucio Fontana, Concetto spaziale

Lucio Fontana, 59/60 N 29, Natura

Jahre eine Form, die derartig illustrative Momente hinter sich läßt: linear geführte Schnitte durch sich nach vorn oder hinten aufwölbende Leinwände, die die Bildfläche zur Tiefe hin öffnen und so seine Idee des Raumkontinuums vergegenwärtigen.

Während Fontana bei der theoretischen Begründung des Spazialismo explizit die Photos aus der V 2 als Inspiration anführt, ist der Bezug auf die Weltraumfahrt bei Yves Klein wesentlich indirekter ausgeprägt. Gegen das Selbstverständnis der Wissenschaftler suchte er zu beweisen, daß „weder Geschosse, Raketen noch Sputniks... aus den Menschen Eroberer des Weltraums machen": entscheidend sei die Rolle der Imagination.[608] So wollte er 1958 den Obelisken auf dem Pariser Place de la Concorde gleichsam als spirituelle Rakete inszenieren – auf seiner dunklen Basis in blaues Licht gehüllt würde der Obelisk, so sein Gedanke, „unbeweglich und statisch in einer monumentalen Bewegung der Phantasie und des Gemüts im Raum schweben."[609] Auf solche Materialisationen eines kosmischen Raumgefühls zielte seine ganze Arbeit, die blauen Monochromien, die Luftarchitekturen und auch die Selbstexperimente. Als er sich aber in der Tradition des Joseph von Copertino als Geistflugkörper präsentierte, von einer Mauer sprang und dabei verletzte, war in den Augen mancher Kritiker eine feine Grenze überschritten: „Er hätte ohne Blessuren bleiben sollen. Der Judomeister (der er wirklich war) hätte die ganze Operation irgendwie mit makelloser Eleganz ausführen müssen."[610]

Als Integrator der spatial-kosmologischen Konzeptionen in der Kunst der fünfziger Jahre sollte sich die Gruppe ZERO erweisen, gegründet von Otto Piene und Heinz Mack im Jahr des Sputnik-Starts. Im Zeichen des Nullpunktes kooperierten die Düsseldorfer in Ausstellungen und der Zeitschrift ZERO mit

Yves Klein/Werner Ruhnau, Klimatisierte Zone unter einem Luftdach, 1958–60, Projekt

ZERO-Rakete

Fontana und Klein sowie anderen Künstlern und Wissenschaftlern: am Ausgangspunkt ins Unendliche also wie am Endpunkt eines Countdowns, in jedem Fall aber an der Schwelle neuer Möglichkeiten. „ZERO ist die unmessbare Zone", schreibt Piene 1964 in Vorwegnahme der Idee des singulären Punktes, den Thomas Pynchon später in der Flugbahn der V 2 auffinden sollte, „in der ein alter Zustand in einen unbekannten neuen übergeht."[611] Daß in der letzten Nummer ihrer Zeitschrift gerade die letzte Sequenz einen Countdown aus mit einzelnen Ziffern bedruckten Seiten und dann den Abschuß der ZERO-Rakete zeigt, schlägt am Ende noch eine ironische Volte um das ganze Projekt.

ZERO wendete neue Technologien an, um das Verhältnis von Mensch und Raum auszuloten, Mack arbeitete mit spiegelnden Metallflächen, Piene mit Licht, das er in alle Raumebenen projizierte, und Uecker mit programmierten Lichtenvironments. Der eigentliche Fluchtpunkt ist der kosmische Raum selber, dessen Eroberung Piene als „Weg zum Paradies" apostrophiert. „Meine Utopien", so schreibt er, „haben eine solide Grundlage: Licht und Rauch und 12 Scheinwerfer!... Mein höherer Traum betrifft die Projektion des Lichts in den großen Nachthimmel, das Ertasten des Universums, so wie es sich dem Licht bietet, unberührt, ohne Hindernisse – der Luftraum ist der einzige, der dem

Menschen fast unbegrenzte Freiheit bietet (warum machen wir keine Kunst für den Luftraum, keine Ausstellungen im Himmel? Sind manche Piloten vielleicht Künstler, die mit Jets vollkommene Figuren machen?...). Wir haben es bisher dem Krieg überlassen, ein naives Lichtballett für den Nachthimmel zu ersinnen, wie wir es ihm überlassen haben, den Himmel mit farbigen Zeichen und künstlichen und provozierten Feuersbrünsten zu illuminieren. ...Wann ist unsere Freiheit so stark, daß wir den Himmel zwecklos erobern, durch das All gleiten, das große Spiel in Licht und Raum leben, ohne getrieben zu sein von Furcht und Mißtrauen?"[612] Aus diesen Ideen sollte später die Sky Art hervorgehen. Wie aber hier, so gilt für alle wesentlichen Konzepte von Fontana, Klein und ZERO, daß sie bis 1961 fertig entwickelt waren, dem Jahr von Gagarins erstem Flug – es scheint also, als habe die Realisierung der bemannten Weltraumfahrt die künstlerische Imagination, die ihr voranging, nicht weiter berührt.

2. Die primäre Erfahrung in der bemannten Raumfahrt ist die Schwerelosigkeit. Mit Gagarins beiden Erdumkreisungen wurde rein technisch verwirklicht, was bisher nur in der Levitation erreichbar schien. Die Integration beider Möglichkeiten, auf die Malewitsch gesetzt hatte, war Utopie geblieben: Schwerelosigkeit als zugleich technisches wie spirituelles Ziel. Daß aber letztere Dimension den Kosmo- und Astronauten nicht ganz verloren ging, bezeugen die Tonbänder, „auf denen der Sprechverkehr mit den Bodenstationen festgehalten wurde. Trotz aller technischen Routine scheinen auch die hartgesottensten Weltraum-Cracks in jenem Moment, wenn die letzte Raketenstufe ausgebrannt ist und das Raumschiff im freien Fall auf der Umlaufbahn schwebt, von Gefühlen völlig überwältigt zu werden. Die Protokolle solcher Tonbänder verzeichnen an dieser Stelle immer lang anhaltendes Schweigen (,trotz wiederholtem Ansprechen durch die Bodenkontrolle keine Antwort')."[613]

Dem war ein hartes Training vorangegangen. Niemand wußte, welche Auswirkungen die Schwerelosigkeit auf den Menschen haben würde, vor allem, wenn er längere Zeit im All blieb. Aber es war klar, daß dem Erreichen dieses Zustandes, und zwar zwischen Start und Eintritt in die Umlaufbahn, enorme Beschleunigungswirkungen vorausgehen würden. Vor den ersten Flügen konzentrierten sich also die Raumflugmediziner, neben den Auswirkungen der Strahlungen, auf diese beiden Hauptfragen: wie würde die Beschleunigungswirkung und wie würde die Schwerelosigkeit ertragen werden können.[614] Um beide Effekte zu erforschen und ihre Auswirkungen zu trainieren, mußten sie simuliert werden. Im Falle der Beschleunigungen gab es ein probates Mittel, mit dem sie in beliebiger Stärke erzeugt und über längere Zeit aufrecht erhalten werden konnten: die sogenannte Menschenzentrifuge. In dieser Rotations- oder besser Schleudermaschine wurde nach entsprechendem vorbereitendem Training die Umdrehungszahl so gesteigert, daß die Versuchsperson das zwölf- bis

Flug ins All 317

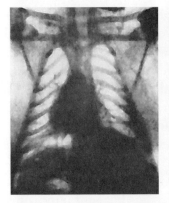

Röntgenaufnahmen von Lunge und Herz unter normalen Verhältnissen und bei einer Beschleunigung auf 4,3 g

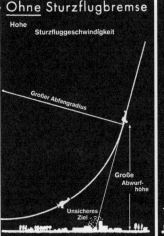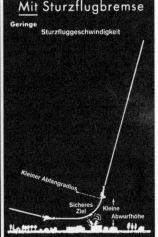

Darstellung der Wirkung einer automatisierten Sturzflugbremse, 1941

fünfzehnfache ihres Körpergewichtes zu ertragen hatte. Erst diese Werte entsprachen denen bei der Beschleunigung auf solche Geschwindigkeiten, wie man sie braucht, um die Erde in Richtung Weltraum zu verlassen.

Auch hier konnte man auf Forschungen zurückgreifen, die im zweiten Weltkrieg betrieben wurden, um die Grenzen der Belastbarkeit bei Beschleunigungen im Flugzeug festzustellen.[615] Man hatte also schon ein recht genaues Bild der einzelnen Stadien. Das allgemeine Druckgefühl steigert sich bei 2–4 g so, daß nur noch mit größter Mühe Körper und Kopf aufrecht und gerade gehalten werden können. Bei mehr als 5 g Fliehkrafteinwirkung entsteht ein Leeregefühl in Kopf und Gesicht, die Atmung wird erheblich erschwert und Sehstörungen treten auf. Von 6 g an wird auch das Sensorium gestört. Für luftfahrtmedizinische Untersuchungen dieser Phänomene wurde ein Sturzkampfflugzeug vom Typ Ju-87 verwendet (der Typ, in dem auch Joseph Beuys flog), ausgerüstet mit einer Röntgenapparatur für Aufnahmen der inneren Organe während des Fluges und vor allem in der Abfangphase nach dem Sturzflug, wo unter bestimmten Umständen Fliehkräfte bis zu 9 g auftraten. In diesen Maschinen benutzte man beim Abfangen automatische Sturzflugbremsen, um kurze Ohnmachten folgenlos zu machen.[616] Und Automatisierung war auch in der Weltraumfahrt der Weg, extreme Belastungen zu überspielen; dazu kamen eine liegende Körperlage und auch sogenannte „Anti-G-Anzüge"[617], die durch Druckluftschläuche beispielsweise das Zwerchfell gegen die Beschleunigung nach aufwärts drängen.

Die Schwerelosigkeit ließ sich nicht so vergleichsweise problemlos simulieren. Das Training im Wassertank bot nur eine ungefähre Annäherung. Mit ballistischen Flügen aber konnte für kurze Zeit Schwerelosigkeit wie im Weltraum erzeugt werden. Wernher von Braun beschreibt das Verfahren: „Ein schnelles Düsenflugzeug wird mit größtmöglicher Geschwindigkeit in einen Steigwinkel von 45 Grad hochgerissen. Dann wird das Strahltriebwerk so weit heruntergedrosselt, daß sein Schub genau den Luftwiderstand kompensiert. Mit dem Höhenruder wird die Auf- und Abfahrtslage so gesteuert, daß der von den Tragflächen erzeugte Auftrieb stets genau 0 bleibt. Das Flugzeug fliegt unter diesen Flugbedingungen (die durch sog. Beschleunigungsmesser mit größter Akkuratesse angesteuert werden können) nach genau den gleichen pysikalischen Gesetzen, wie ein Artilleriegeschoß im widerstandslosen, luftleeren Raum. Da sowohl das Flugzeug wie alle seine Insassen die gleiche ballistische Wurfparabel durchfliegen, können keine Differenzkräfte zwischen Flugzeug und Insassen entstehen"[618] – und das heißt, daß für immerhin 30 bis 60 Sekunden der Zustand völliger Schwerelosigkeit erreicht ist.

Kritisch ist der Moment, und das gilt für Parabelflüge wie die Weltraumfahrt, an dem der Zustand extremer Beschleunigung in den der Schwerelosigkeit übergeht. Erst nach einer Folge von Regulationen wird wieder ein physiologischer Normalzustand erreicht. Die psychischen Reaktionen auf diese Veränderung verlaufen außerordentlich heterogen, wie schon Experimente mit Raketenflugzeugen in ballistischen Bahnen zeigten. Sie ergaben, „daß etwa ein Drittel der Versuchspersonen auf die Gewichtslosigkeit genauso reagiert, wie auf den freien Fall, also mit Angstgeschrei, Atemnot und mit dem automatischen Greifen nach einem sicheren Halt. Ein weiteres Drittel der Versuchspersonen zeigte zu Beginn der Schwerelosigkeit gleiche Reaktionen, vermochte sich jedoch dann dem Zustand der Gewichtslosigkeit einigermaßen anzupassen. Das restliche Drittel empfand die Gewichtslosigkeit offenbar als angenehm".[619] So gewann man Kriterien für die Auswahl von Astronauten, die sich an den Zustand auch länger andauernder Schwerelosigkeit in der Regel, wie sich zeigte, leicht gewöhnten. Schon in den sechziger Jahren wurde die Dauer der Raumflüge auf Wochen

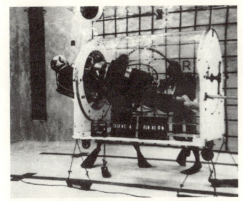

Schwerkraft-Null-Simulation der NASA:
Astronauten in Druckanzügen unter Wasser

NASA-Menschenzentrifuge

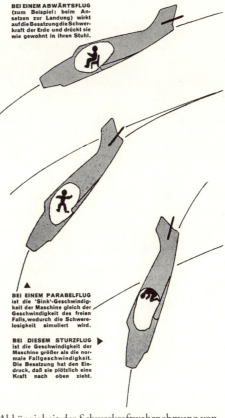

Abhängigkeit der Schwerkraftwahrnehmung von der Flugbewegung

ausgedehnt, Schwerelosigkeit für die Weltraumfahrer zu einem vertrauten Phänomen. Die Aufhebung der Oben-Unten-Orientierung, die große Vision Malewitschs, wandelte sich zur täglichen Praxis trainierter Spezialisten.

3. Die Weltraumfahrt ist ein technologisches Großprojekt wie vielleicht vorher nur der Bau der Atombombe. Nicht die gut 200 Menschen, Männer und Frauen, die bis 1990 tatsächlich im All waren, machen ihre eigentliche Bedeutung aus, sondern diese liegt wesentlich in der Infrastruktur, die zu diesem Zweck etabliert wurde. Die Raumfahrt wäre sogar unmöglich gewesen, schrieb Lewis Mumford, „ohne die totale Mobilisierung der Megamaschine"[620], d.h. ohne die Inanspruchnahme sämtlicher administrativer, ökonomischer und technologischer Ressourcen eines Staates. Damit aber wird sie selbst zu einer Megamaschine, und das heißt auch, daß sie ihrerseits Bilder von Vergesellschaftung generiert. Zu einer allgemeinen Leitvorstellung avanciert die technologische Beherrschung beliebig plazierter Räume über beliebig große

Distanzen. Die Frage ist allerdings, wie diese Räume strukturiert sind. Mit den bisherigen Lebensräumen müssen sie nicht mehr identisch sein. Die Beherrschung der Bedingungen im Weltraum gelingt nur um den Preis der Homogenisierung vitaler Bedürfnisse. Gerade darin jedoch liegt offenbar in den sechziger Jahren ein Modell von großer Faszination: Die Rückkopplung der Weltraumtechnologien auf irdische Verhältnisse geschieht in der Vorstellung der Kontrolle und Regulation homogener Großstrukturen.

Einen Vorgeschmack auf die kommenden Vorstellungswelten boten bereits um 1960 die Metabolisten. Diese jüngeren japanischen Architekten, von denen einige aus dem Büro Kenzo Tanges kamen, hatten ihre Gruppe mit dem medizinisch-biologischen Terminus für „Stoffwechsel" bezeichnet; den Metabolismus der modernen Zivilisation dachten sie in Form von „megastructures" zu organisieren.[621] Japanische Industrieunternehmen subventionierten ihr Unterfangen. Im kleinen Maßstab bot bereits das „Sky House" von Kikutake ein Bild ihrer Konzeption: ein quadratischer Raum, von vier Pylonen in der Luft gehalten, wird von „movenettes" versorgt, haustechnischen Aggregaten, die leicht zu entfernen und zu modernisieren sind. Mit Kikutakes Projekt „City auf dem Meer" von 1960 ist der Maßstab ins Urbane vergrößert – Hochhauszylinder auf künstlichen Inseln, an die je nach Bedarf Wohneinheiten wie Maiskörner angesteckt werden sollten.

Verglichen jedoch mit dem Gigantismus von Tanges Tokaido-Megalopolis-Projekt, seinem Plan für Tokio von 1960, bleibt alles andere auf der Ebene von Etüden. Hier geht es nicht mehr um eine Stadt, sondern um eine ganze Region unter Einschluß der großen Wasserflächen in der Bucht von Tokio. Planungsgrundlage war die Absicht, einen Lebensrahmen für 10 Millionen Menschen zu schaffen. Straßen gliedern nicht mehr Stadträume im traditionellen Sinn, sondern sind Fließbänder für beschleunigte Zirkulation zwischen den Großeinheiten. Tange überspannt die gesamte Tokio-Bucht mit einem Gitterrahmen als Bewegungsstruktur, an die die einzelnen Wohn-, Produktions- und Administrationskomplexe angeschlossen sind. Zur Begründung spricht er vom „Zeitalter der Organisation", davon, daß die Städte Verbindungen eines neuen Typs zwischen Verkehrs- und Informationssystemen ausbilden müssen.

Der Fluchtpunkt solcher Überlegungen ist nicht mehr ein bestimmter Raum, sondern potentiell jeder Ort, der erreichbar ist: „Die Menschheit, die etliche Jahrtausende damit zugebracht hat, sich die Erdoberfläche zu erschliessen, versucht nun, sich von den Fesseln der Erde zu befreien und in den Weltraum vorzustossen, gleichsam als ob die Explosion der Bevölkerung und der Energien auf der Erde ihre Bewohner in die weiteren Bereiche des Universums triebe."[622] Und so ist Tanges Megastructure in ihrer technizistischen Künstlichkeit von utopischen Projekten ausgedehnter Weltraumkolonien nur schwer zu unterscheiden. Die vom konkreten Ort losgelöste Qualität veranlaßte Sigfried Giedion,

Flug ins All 321

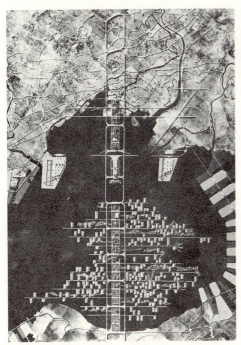

Kenzo Tange, Projekt für die Überbauung der Bucht von Tokio, 1960

Isamu Noguchi, Sculpture to Be Seen from Mars, 1947

„Time"-Titel „R. Buckminster Fuller", Januar 1964

Konstantin Roshdestwenski, Sowjetischer Pavillon, Expo 1970, Osaka

noch in der letzten Auflage von „Raum, Zeit, Architektur" die Megastructures in die Nähe der „Architektona" des Kosmos-Utopikers Malewitsch zu rücken.[623]

Megastructures anderer Art sind die geodätischen Kuppeln Buckminster Fullers, Kuppeln von einer Konstruktion, die nach der Intention ihres Erfinders das harmonische Zueinander von Kräften abbilden sollte. Die Entwicklung dieser Kuppeln läßt sich bis in die vierziger Jahre zurückverfolgen[624], bis auf Studien der Energiemuster in Mikro- und Makrokosmos. Als druck- und zugbeanspruchte Tragwerke sind sie durch die ökonomische Form des Kräfteausgleichs Modelle universell gültiger synergetischer Prinzipien. Zu weltweitem Ruhm verhalf Fuller die geodätische Kuppel des Expo-Pavillons der USA in Montreal 1967: hier sah sich die Großmacht in ihrem globalen Wirkungsanspruch durch diesen gleichsam planetarischen Dom angemessen repräsentiert. Doch Fuller zielte in seinem Spätwerk auf größere Dimensionen. Schwebende geodätische Kuppeln sollten als „künstliche Erdtrabanten innerhalb der Atmosphäre neue Siedlungsräume schaffen".[625] Das „Raumschiff Erde" mutierte so zum Mutterschiff, von kleinen kugelförmigen bewohnten Satelliten umkreist.

Als Höhepunkt der technologischen Phantasien der Raumfahrtdekade sollte sich die Expo 70 in Osaka erweisen. Kikutakes „Landmark Tower" wirkte wie ein Gerüst, an dem die Wohnkapseln auf und ab gefahren werden können. Kurokawa baute ein Raumgitter mit überdeutlich artikulierten Anschlußstücken, um die beliebige Erweiterungsmöglichkeit der Struktur zu demonstrieren. Und wo Karlheinz Stockhausen unter einer leichten Kuppel elektronische Musik zelebrierte, da zeigte die Sowjetunion, geschlagen im Rennen um den Mond, jüngst aus dem All zurückgekehrte Sojus-Kapseln und erinnerte in ihrem Pavillon noch einmal an Malewitsch: Roshdestwenski, der frühere Mitarbeiter des Malewitsch-Schülers Sujetin, verwendete suprematistische Motive als dekorativen Hintergrund für Leninbilder und Sputniks. Das alles dominierende Bauwerk jedoch war Tanges Themenpavillon: ein Raumtragwerk von 108 mal 292 Metern, das am Boden montiert und dann in 30 m Höhe gehoben wurde – letztlich nur ein begehbares Dach über einer riesigen Freifläche, das nach oben hin durch transparente Luftkissen abgeschlossen wurde. Gedacht war es als kleinster Teil einer metabolistischen Superstruktur, die gegebenenfalls (ein Vorläufer von Fosters erstem Berliner Reichstagsentwurf) auch über bestehende Städte hätte hinweg gezogen werden können.[626] In Osaka aber schützte das Raumtragwerk nur einen Festplatz und diverse Ausstellungsräume zu Themen der Menschheitsgeschichte oder des Milchstraßensystems. Gestalterisch vollendet wurde es durch den seitlich plazierten Springbrunnen Noguchis – auf schlanken Säulen stehende große Kuben, die das Prinzip des Springbrunnens umkehrten, in dem sie per Rückstoß auf nach unten gerichteten Wasserstrahlen die Erde zu verlassen schienen.

Springbrunnen von Isamu Noguchi neben dem Themenpavillon von Kenzo Tange, Expo 1970, Osaka

Paul Andreu und Partner, Aéroport Charles de Gaulle, Roissy bei Paris, 1973 (CDG 1)

Paul Andreu und Partner, Aéroport Charles de Gaulle, Roissy bei Paris, 1973 (CDG 1)

Osaka war vorläufig die letzte der klassischen Weltausstellungen – ephemere Bauten in zirzensischer Inszenierung als ein Loblied auf die Hochtechnologie. Es gibt vielleicht nur ein Bauwerk, das die kosmischen Visionen der Zeit tatsächlich in Form faßt, und das ist ein Flughafen. Die erste Ausbaustufe des neuen Aéroport Charles de Gaulle in Roissy bei Paris, von Andreu und Partnern in den sechziger Jahren begonnen und 1973 vollendet, zeigt einen zentralen Zylinder, um den sich die Satelliten der Flugsteige gruppieren. Die Großform erinnert zunächst an die nackten elementaren Formen der französischen Revolutionsarchitektur, die Zylinder und Kugeln Ledouxs etwa, aber auch an den universalistischen Anspruch des Pariser Weltausstellungsovals von 1867 und nicht zuletzt an den Sputnik, der ja auch ein Designobjekt war, wie sein Konstrukteur Koroljow einbekannte: er mußte nämlich „eine einfache und ausdrucksvolle Form haben, die der Form natürlicher Himmelskörper nahekommt".[627] Der runde Zentralbau in Roissy ist ein Hohlzylinder, nach außen fensterlos und mit Licht versorgt durch einen großen Schacht in der Mitte, durch den sich das futuristische Gewirr der glasumhüllten und in die verschiedenen Ebenen führenden Laufbänder zieht. Dieses Innere, ohne Verbindung zur Realität, ist eine große Maschine wie entlehnt von den Raumstationen der Science-Fiction-Filme – das Zentrum eines künstlichen Planetensystems. Andreu aber begründete[628] seine auf absoluten Formen basierende Konfiguration, seinen „cristal définitif", mit der Optimierung von Verkehrsabläufen.

4. Mit all den Konzepten und Realisationen, die auf sie bezogen oder auf sie beziehbar sind, hatte die Wirklichkeit der Weltraumfahrt in der heroischen Dekade der 1960er Jahre wenig zu tun. Mehr noch, die Wirklichkeit der Weltraumfahrt war selbst aus zweiter Hand. Nach dem bösen Wort von Tom Wolfe liegt ihre eigentliche Qualität darin, die „Ära der vorgefertigten Empfindungen"[629] eingeleitet zu haben. Ursache dafür sind die hochelaborierten Simulationstechniken, mit denen die Astronauten auf den realen Flug vorbereitet wurden; die Folge war die Verwischung, ja sogar Auslöschung der Differenz, wie es Wolfe am Beispiel des ersten Mercury-Fluges von Alan Shepard beschreibt: „Sein Start war ein völlig neuartiges Ereignis der amerikanischen Geschichte, und dennoch konnte er nichts Neuartiges daran empfinden. Er konnte nicht die ‚furchteinflößende Kraft' der Rakete unter sich spüren, von der die Radiokommentatoren dauernd sprachen. Er konnte nur Vergleiche zu den Hunderten von simulierten Flügen in der Zentrifuge von Johnsville ziehen. Die Erinnerung an all diese Male war in sein Nervensystem eingebettet. ...Die Wirklichkeit kam nicht dagegen an. Sie wirkte *nicht realistisch*."[630]

Die Weltraumfahrt brachte dem Simulatorenbau einen enormen Schub. Flugsimulatoren waren bis nach dem zweiten Weltkrieg im wesentlichen für das Training des Instrumentenfluges ausgelegt, arbeiteten also nur mit Anzeigegeräten. Bildgebende Verfahren, Kuppelprojektionen oder der Einsatz von TV-Monitoren waren noch rudimentär entwickelt und vor allem boten sie nicht die für das Weltraumtraining notwendige Flexibilität, nämlich die plastische Repräsentation dreidimensionaler Bewegung. Chefkonstrukteur für die Entwicklung der Simulatoren für das Mercury-, Gemini- und Apollo-Programm war Joseph LaRussa – sein Auftrag war nichts geringeres, als die vollständige visuelle Erfahrung den tatsächlichen Raumflügen vorwegzunehmen. Damit verwirklichte, so weit wie es eben möglich war, die NASA ein Projekt, das von der Renaissance bis an die Schwelle der Moderne Künstler umgetrieben hatte: „The simulator has achieved the image maker's long, long dream of creating a three-dimensional window into space, a window through which the illusion approximates reality."[631] Neben dieser Leistung verblaßten die physiologischen Simulatoren, die kardanisch aufgehängten Bewegungstrainer, die Schüttelapparate, Zentrifugen und Wassertanks, in denen die Astronauten, eingezwängt in Druckanzüge, die Effekte der Schwerelosigkeit erahnen konnten.

Die wohl komplexesten Simulatoren wurden für die Mondlandefähre gebaut. Das war deswegen notwendig, weil der Landeplatz, im Gegensatz zu vielen anderen Flugmanövern, hauptsächlich manuell angesteuert werden sollte, um auf unvorhersehbare Umstände reagieren zu können. Bei diesen Simulatoren kam ein TV-System mit drei Kameras zum Einsatz. Zunächst wurden die virtuellen Bewegungen der Landefähre von Computern erfaßt. Robert Kress, der das „virtual image simulation system" entwickelte, beschreibt die weiteren Abläufe: „The motions of the spacecraft are sent to an image-generation system. This image-generation system consists of a set of lunar relief maps, which are three-dimensional, and these maps are scanned by a massive camera transport system. The radar pedestal and the extension boom serve to place this scanning optical head in the right position over the lunar map. Now the scanning optical head

Mondsimulator der NASA; der Blick des Astronauten

Mondsimulator der NASA; Mondoberflächen, die von Kameras abgetastet werden

simulates the rotational motions of the spacecraft over whatever point it is above the terrain. This image is then sent over to a television monitor which is located in close proximity to the front of the cockpit."[632] Die Astronauten wußten also genau, was sie erwartete. Und noch als während des Fluges von Apollo 13 die Explosion die erstrebte Identität von Simulation und Wirklichkeit auflöste, also ein Ausnahmezustand eintrat, retteten Simulatoren die Situation: jedes weitere Manöver der Astronauten wurde am Boden erprobt und dann im All ausgeführt.

Der Bau von Simulatoren wie der von Raumschiffen setzt eine genaue Kenntnis der im Weltraum zu erwartenden Bedingungen voraus. Firmen wie Lockheed oder die Garrett Corporation, die von der NASA mit der Gestaltung von Raumkapseln bzw. mit der Erforschung der lebenswichtigen Grundbedürfnisse auf dem Mond beauftragt waren, unterhielten eigene wahrnehmungspsychologische Labors. Der Weltraum stellt Wahrnehmungsprobleme, die von breiterem Interesse sind – was zum Beispiel geschieht in einem visuellen Feld ohne Objekte? Als nun am Ende der sechziger Jahre seitens des Los Angeles County Museum of Art für das „Art and Technology"-Programm Hochtechnologiefirmen gesucht wurden, erklärte sich Garrett zur Kooperation bereit. Hier arbeitete der Psychologe Edwin Wortz an „simulated extraterrestrial conditions"; zu ihm stießen die Künstler Robert Irwin und James Turrell.[633]

Turrell hatte ein Studium der Wahrnehmungspsychologie hinter sich, und ihn, Irwin und Wortz interessierten prinzipiell die gleichen Fragen – die der oben/unten-Orientierung unter den Bedingungen der Schwerelosigkeit, die nach der Rolle der akustischen Stimulation und danach, wie sich die visuelle Wahrnehmung während des Raumfluges, also in der Leere des Alls verändert. Dahinter steht die Frage nach der Organisation der Raumwahrnehmung überhaupt. Als sie beschlossen, mit den Techniken sensorischer Deprivation zu arbeiten und homogene visuelle Felder mit schalltoten Räumen zu kombinieren[634], befanden sie sich einerseits auf dem Boden klassischer wahrnehmungspsychologischer Versuchsanordnungen. In der Terminologie der Kunst würde man aber sagen, daß sie mit dem Phänomen der Gegenstandslosigkeit selbst zu experimentieren begannen, mit dem, was passierte, wenn nicht nur auf den Leinwänden, sondern in der tatsächlichen sensuellen Umgebung kein Objekt mehr vorhanden wäre, kein einzelner Reiz, den man isolieren kann.

Der Beschluß, ein homogenes visuelles Feld zu benutzen, geht zurück auf gestaltpsychologische Experimente; die Kombination mit einem schalltoten Raum, also mit einem homogenen akustischen Feld, hat dabei eher die Qualität einer Ergänzung. Wolfgang Metzger hatte schon in den dreißiger Jahren[635] Versuchspersonen vor einfarbig gestrichene Wände gesetzt. Bei heller Beleuchtung sahen sie nichts als diese Wände selbst, und das war natürlich nicht weiter interessant. Der Eindruck änderte sich aber bei reduzierter Beleuchtung – die

Flug ins All 327

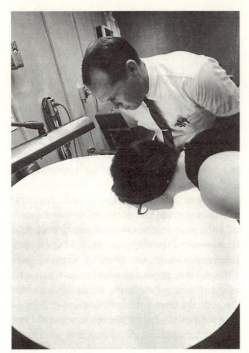
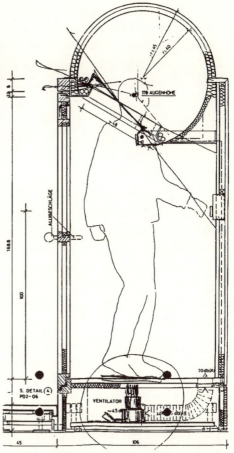

Edward Wortz über einer Ganzfeld-Sphäre,
Garrett Aerospace Corporation, Los Angeles,
1968

James Turrell, Telephonebooth – Change of State,
Technischer Entwurf, 1991

Oberflächenstruktur wurde unsichtbar und die Wand war nur noch eine Lichterscheinung ohne greifbare Materialität. Die entscheidende Voraussetzung für diesen Effekt ist, daß das Sehfeld homogen ist, daß also keine anderen Objekte in den Blick geraten können. Die Psychologen sprechen dann von einem „Ganzfeld".

Metzgers ursprüngliche Experimente mit derartigen Feldern lösten eine grundsätzliche Diskussion über die Bedingungen der Raumwahrnehmung aus. Er selbst schloß aus ihnen, daß sich die dreidimensionale Welt nicht nur über die Wahrnehmung von Oberflächen erschließt, sondern daß es auch einen direkten Zugang zum Raum gibt. „We see space filled with neutral color stretching into a more or less indeterminate distance"[636] – so schrieb auch Kurt Koffka über Ganzfelder. Für Metzger und Koffka ist die homogene Dreidimensionaltät der nebelhaften Lichterscheinung eines Ganzfeldes, bei Ausschluß aller sonstigen visuellen Stimulation, die gegenstandslose Elementarform der Raumwahrnehmung. Diese Einschätzung wurde später von Gibson modifiziert, der das Ganzfeld einfach als „empty *medium*" ansah. Für Turrell haben Ganzfelder, gefüllt nur mit Licht, von Anfang an zentrale Bedeutung, und zwar besonders deswegen, weil die Lichtstärke bis auf einen Punkt reduziert werden kann, an dem die Differenz zwischen „actual light" und „idioretinal light" verschwindet[637], was heißt, daß der Betrachter vom Sehen zurück auf seine eigenen Sinnesorgane verwiesen wird.

Im Zusammenhang des „Art and Technology"-Programms kam die Kooperation von Wortz, Irwin und Turrell über Experimente nicht hinaus; erst 1992 realisierte Turrell mit den „Perceptual Cells" eine Werkgruppe in der Form, wie sie 1968/69 erprobt wurde: Ganzfeld-Sphären in der Form beleuchteter Kuppeln, die das Sehfeld der Besucher vollständig ausfüllen und von diesen hinsichtlich der Lichtstärke manipuliert werden können. In der Realität werden Ganzfelder gelegentlich als „white-outs" in der Arktis erfahren und auch von Piloten, die durch Nebelbänke fliegen.[638] In Turrells Boxen, groß wie eine Telephonzelle, lassen sich analoge Erfahrungen unbestimmter Räumlichkeit machen – die Eindrücke sind gleichzeitig flach und sphärisch, idioretinal oder von der Weite Boulleéscher Kuppeln bzw. des Himmelsraumes selbst.

Diese Zellen, praktisch begonnen bei der Garrett Aerospace Corporation unter dem Gesichtspunkt der Erforschung extraterrestrischer Wahrnehmungsbedingungen, sind also Simulatoren eigener Art: sie erzeugen eine Umwelt aus Licht in einem ansonsten leeren Perzeptionsraum. Was aber für Turrell und seine beiden Kollegen als Reflexion der Bedingungen im Weltraum begann, stellte sich schon bald als ein umfassenderes Problem heraus. „We three", so Turrell 1969, „are becoming intranauts exploring inner space instead of outer space."[639] Ein solcher Intranautismus, wie ihn die Ganzfeld-Sphären ermöglichen, entspräche psychoanalytisch, im Sinne der Philobatismus-Theorie Michael Balints, einer Simulation der objektlosen „freundlichen Weiten" bei geschlossenen Augen oder auf dem „dream screen"[640] – Erinnerung an die schwerelose intrauterine Existenz.

Mit den Mitteln des Films gelang Stanley Kubrick 1968, zur gleichen Zeit also, in die auch der Beginn der Experimente von Turrell, Irwin und Wortz fällt, eine bis dahin ungeahnte visuelle Simulation der Zustände im Weltraum. Sein Werk „2001 – A Space Odyssey" präsentiert eine Fülle spektakulärer special effects. Dabei kamen Techniken zum Einsatz, die zum Teil direkt denen in den Simulatoren der NASA entsprechen: mit in die Fenster der Mondlandefähre projizierten Filmen, die den realen Astronauten die Annäherung an den Trabanten vergegenwärtigen sollten, verfährt auch Kubrick bei der Wiedergabe einer Mondlandung.[641] Technisch aufwendiger sind diejenigen Einstellungen, welche die Schwerelosigkeit der Astronauten zeigen. Hier gab es ein Vorbild in Stanley Donens Film „Royal Wedding" mit Fred Astaire, der sich in einem Raum

Flug ins All 329

Fred Astaire in „Royal Wedding", 1951

Standvergrößerung aus Stanley Kubrick, „2001: A Space Odyssey", 1968

tänzerisch auf Boden, Wand und Decke gleichermaßen bewegt. Das wurde möglich durch eine Trommel, in die der Raum und seine Einrichtungsgegenstände fest eingebaut waren. Während sich Astaire die Wände hoch zu bewegen schien, bewegte sich in Wahrheit die Trommel und mit ihr die Kamera[642], ähnlich wie später in „2001".

Die vielleicht beeindruckendste Sequenz dieses Films ist der Flug oder Sturz durch den Lichtschacht. Hier ändert sich die Perspektive: der Zuschauer beobachtet nicht Astronauten, sondern er wird selbst in ihr Erleben hineingezogen. Während George Lucas in „Star Wars" die Dramatik des Stürzens durch den Transfer von Sturzkampfflugzeug-Aufnahmen aus NS-Wochenschauen abzubilden versuchte[643], erfindet Kubrick einen eigenen visuellen Code. In Arthur C. Clarkes Vorlage ist die Situation wie folgt beschrieben: „Er hatte zwar nicht das Gefühl, das er sich bewegte, doch trotzdem fiel er unablässig... Aber wohin?

Soweit er überhaupt seinen Wahrnehmungen trauen konnte, war er im Begriff, einen langen rechteckigen Schacht senkrecht hinunterzustürzen. Doch der Grund dieses Schachts – obwohl erkennbar – veränderte trotz beschleunigter Fallgeschwindigkeit seine Größe nicht".644

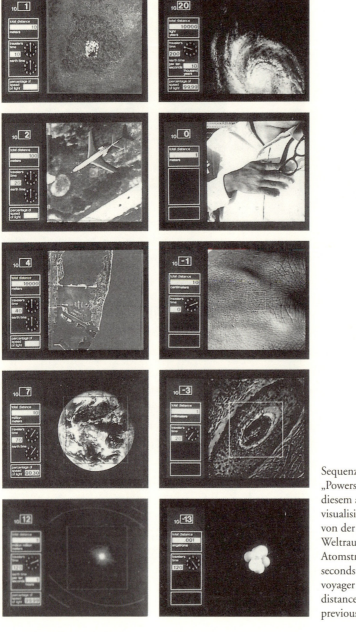

Sequenz aus Charles Eames, „Powers of Ten", 1968. Mit diesem achtminütigen Film visualisierte Eames eine Reise von der Erdoberfläche in den Weltraum und zurück bis in Atomstrukturen – „in each 10 seconds of travel the imaginary voyager covered ten times the distance he had traveled in the previous 10 seconds"

Das ist sehr widersprüchlich ausgedrückt, akzelerierendes Sturztempo und zugleich ein Gefühl der Nicht-Fortbewegung, eines Stillstandes, einer anstrengungslosen Dauer wie beim Schweben. Kubrick gelingt es, beide Momente aufzunehmen. Sein Schacht besteht aus Lichtbahnen, die dem Zuschauer entgegenkommen und ihn so, umgekehrt, durch einen Tausch des Bezugssystems, in die Tiefe des Raums hineinreissen, ihn scheinbar tatsächlich in endlose Bewegung versetzen. Der Regisseur arbeitet mit Mitteln, und in diesem Punkt berührt sich „2001" mit Turrells „Perceptual Cells", die das Sensorium der Zuschauer direkt attackieren, ohne den Umweg über ein Bild im Sinne von Realitätsabbild. Der Lichtschacht, wesentlich aus den vorbeigleitenden abstrakten Farbstrukturen aufgebaut, enthält zusätzlich verfremdete Landschaftsaufnahmen, aber „auch diese Einstellungen verwandeln konkretes fotografisches Ausgangsmaterial in Farbe, Struktur und Form und suchen damit wie die eindeutig gegenstandslosen Bilder die Anforderungen eines absoluten Kunstwerkes zu erfüllen."[645] Und wie schon bei Malewitsch und auch bei Turrell wird gerade so, mit der Gegenstandslosigkeit des zu Sehenden, der Blick auf die eigene Wahrnehmung, das eigene Bewußtsein gelenkt. Daß Kubricks abstrahierende Inszenierung dennoch eine suggestive Simulation der Erfahrung tatsächlicher Raumfahrt darstellt, bestätigte der sowjetische Kosmonaut Leonow, als er nach Besuch des Films sagte: „Ich fühle mich, als sei ich ein zweites Mal im Weltraum gewesen."[646] Anders herum gelesen zeigt diese Äußerung aber auch, daß der Flug ins All nicht unbedingt im Weltraum stattfinden muß.

5. Im Bewußtsein der großen Öffentlichkeit und als Systemkonkurrenz USA-UdSSR endete die bemannte Raumfahrt im Grunde am Tag der ersten Mondlandung. Was als Beginn des Aufbruchs des Menschen in planetarische Räume gedacht war, realisierte sich ohne ihn in Form von Tausenden von Satelliten, von denen die meisten in der Erdumlaufbahn verbleiben, um Informationen von der Erde auf die Erde zu übertragen. Damit ist der Weltraum kein Raum der Exploration mehr, sondern er ist mutiert zu einer Art Reflektor. Nichts zeigt das deutlicher als der Aufbau ferngesteuerter und automatisierter Beobachtungsstationen wie des „Global Positioning Systems"[647]: eine Superstruktur von im Idealfall 24 geostationären Satelliten, die, beispielsweise aus einem Flugzeug angepeilt, schon in naher Zukunft dessen präzise Blindlandung an jedem Ort der Erde ermöglichen werden. Die Geschichte der Weltraumfahrt läßt sich beschreiben als eine Entwicklung von der simulierten Bewegung der Astronauten hin zu deren realer Bewegung und schließlich zur Bewegung der Bilder bzw. Informationen allein.

XI. POLYTOPE

1. Der Gesamt-Meta-Hubschrauber

Der systematische Einsatz von Hubschraubern war eine der kriegsgeschichtlichen Innovationen im Vietnamkrieg. Michael Herr beschreibt in seinem Buch „Dispatches", wie das Fliegen zum Normalzustand wird, der Hubschrauber zum Lebensraum, gleichermaßen Unterstand, Waffendepot und Vehikel: „In den Monaten nach meiner Rückkehr begannen die Hunderte von Helikoptern, in denen ich geflogen war, sich zusammenzuziehen, bis sie einen Gesamt-Meta-Hubschrauber bildeten, und für mich gab's nichts Erotischeres: Bewahrer-Zerstörer, Beschaffungs-Verschwender, rechte Hand-linke Hand, ...Kassetten-Rock'n'Roll im einen Ohr und das Lukenschutzfeuer im andern..."[648] Hier wird das einzelne Fluggerät zum Bestandteil einer großen und ständig tätigen Mobilitätsmaschine; für den Soldaten ist jeder statische Raum verschwunden, er wird zum „Als-bewegliche-Zielscheibe-überleben-Fan". Die Bewegung von einem Ort zum anderen hat sich zur Bewegung in Permanenz verwandelt.

Herrs Text gehört in einen größeren Zusammenhang. Die Jahre um 1970 markieren eine Epochenschwelle in der Geschichte der Raumerfahrung; in relativ geringem zeitlichen Abstand erscheinen neue paradigmatische Modi des Umgangs mit dem Raum, die nicht nur schon früher vorhandene Ansätze bündeln, sondern sich in der Folgezeit auch vielfach überlagern und durchdringen. Die Mondlandung, die technische Pioniertat als Medienereignis, liefert einen zweiten Beleg. Als der Pilot nach der Landung auf dem Mond von „Nullhöhe" spricht, ist die Erde als einziges Bezugssystem außer Kraft gesetzt. Verlieren auch die Menschen, die der Live-Übertragung beiwohnen, damit gleichsam den sicheren Boden unter ihren Füßen, so liegt doch die eigentliche Bedeutung woanders: „Das Ereignis bestand weniger in der Übertragung der Fernsehbilder aus mehr als 300.000 Kilometer Entfernung von der Erde als vielmehr *im gleichzeitigen Sehen eines Mondes auf dem Fernsehbildschirm und durch das Fenster hindurch.*"[649] Das Verhältnis von Realität und Repräsentation ist nicht mehr eindeutig, wenn, wie hier, die Sphären sich mischen, die „Axis Mundi" ihren Absolutheitswert verliert, die tatsächliche Bewegung der Astronauten auf dem Mond und der Blick auf ihn von der Erde aus koinzidieren.

In verschiedenen Räumen zu sein, ohne sich zu bewegen, gelingt schließlich Howard Hughes. Der Film- und Flugzeugproduzent sowie Rekordflieger, dessen Firma Hughes Aircraft 1964 den ersten geostationären Satelliten im All plazierte, suggerierte seiner Umwelt zunächst, viele Orte gleichzeitig zu bewohnen. Überall unterhielt er Wohnungen, in denen täglich Mahlzeiten vorbereitet wurden, als könnte er jederzeit eintreffen.[650] Die ganze Erde war sein Zuhause; er näherte sich dem Ideal der Polypräsenz durch beständige und entortende Mobilität. In den Jahren vor seinem Tod im Jahr 1976 aber lebte er im obersten Stock des Hotels „Desert Inn" in Las Vegas in einem Bett, das er kaum mehr verließ. In einer Raumrevolution eigener Art erreichte er Polypräsenz nun durch die Mittel der Kommunikationstechnologie allein: freiwillig hospitalisiert, empfing er die Bilder und Daten der Welt und lenkte seinen Konzern aus der Matratzengruft. Ein realer Bewegungsraum war ihm überflüssig geworden. Wenn nun, wie in diesen drei Fällen und in der Gegenwart überhaupt, die physische Bewegung mit leistungsfähigen Transportmitteln oder die Bewegung der Bilder allein den jederzeitigen Zugriff auf jeden Ort ermöglicht, dann stellt sich die Frage, welche Rückwirkungen das auf die Gestalt der menschlichen Umgebungen hat, auf die Häuser oder Städte, ob und wie sie nämlich selbst beweglich werden, oder andere Orte in sich aufnehmen und dabei an Komplexität und Mehrdeutigkeit gewinnen.

2. Archigram

„Arm an Theorie, aber reich an Zeichenkunst" zu sein, wie Reyner Banham der Architektengruppe Archigram attestierte, ist nicht unbedingt ein Nachteil. Er selbst gab sich 1972 im Rückblick auf die sechziger Jahre überzeugt, daß Archigram „einige der treffsichersten Bilder unserer Zeit" hervorgebracht habe.[651] Zu ihrer repräsentativen Rolle verhalfen der Gruppe weniger die vorgeschlagenen Architekturen allein, als vielmehr deren Durchdringung mit der aktuellen Objekt-

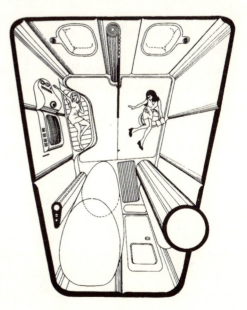

Archigram (Warren Chalk), Blick in eine Wohnkapsel, um 1964

und Erfahrungswelt. Die Rakete, der Radarschirm, der Vergnügungspark und die Einweg-Packung waren genauso ein Gegenstand des Nachdenkens wie Fragen der Statik oder Klimatisierung. Erst heute sind viele der Konzepte technisch realisierbar, aber schon hinter der Popfassade Archigrams zeigen sich die Grundrisse einer Kultur multipler Räume, deren Zustand nicht festgelegt ist, sondern sich je nach Bedarf ändert.

Unter den „Dingformen, die zu unserem Jahrzehnt gehören", nehmen für Archigram die aus dem Bereich der Weltraumfahrt einen besonderen Rang ein. Das wird schon deutlich bei dem Projekt „Walking City" von Ron Herron aus dem Jahr 1964. Die alte Stadt ist ersetzt durch mehrere Großbehältnisse, die, auf Teleskopbeinen stehend, sich von Ort zu Ort fortbewegen können. Wo Le Corbusier in „Vers une architecture" Schiffe, Autos und Flugzeuge als Vorbilder zweckgerechter gestalterischer Logik angepriesen hatte, im übrigen aber Häuser entwarf, die er nur als Wohnmaschinen bezeichnete, projektiert Archigram in konsequenter Weiterverfolgung dieser Ideen Maschinen als Häuser. Der Kritiker Peter Blake entdeckte ihr Vorbild in Konstruktionen ganz neuer Art: in den Transportmaschinen auf Cape Kennedy, die Raketen von der Größe eines Hochhauses in einer Weise durch die Landschaft transportieren, die er nur als „heiter und gelassen" beschreiben konnte.[652]

Über ein anderes Projekt, die Wohnkapsel, schreiben die Archigram-Mitglieder selbst: „Von welcher Seite immer man es betrachtet: die Raumkapsel war unsere Inspiration."[653] Hier handelt es sich um im Volumen minimierte, dabei perfekt ausgestattete Zellen – die Wohnung für das Existenzminimum im Weltraumzeitalter. Jedes Einrichtungsdetail wäre maßgeschneidert und bei Bedarf oder technischer Innovation sofort zu ersetzen. Die einzelnen Wohneinheiten sollten in große Tragwerke eingesteckt, zu „Plug-in Cities" organisiert werden. Nicht ohne Ironie das Resümee: „Die ‚Kapsel' öffnet einen ganz neuen Weg, um das Thema ‚Wohnen' zu verstehen. Sie besteht aus lauter übertechnisierten und gestalterisch ausgeklügelten Elementen, die ihrerseits überperfektioniert sind." Der Raum wird bewußt eingeschränkt, seine Leistungsfähigkeit aber verdichtet.

Die nächste Stufe der Verkleinerung macht die einzelnen Wohneinheiten mobil. Das Entwicklungsziel für das sogenannte „Cushicle" war, daß man eine komplette Wohnzelle auf dem Rücken mit sich herumtragen und bei Bedarf aufbauen konnte.[654] Das fertige Gerät geriet zur eigentümlichen Mischung aus Wanderzelt, Weltraumanzug und der komplexen Technik eines Zahnarztstuhles. Wichtiger aber vielleicht als solche Projekte wie Walking City, Plug-in City, Kapsel oder Cushicle ist die übergreifende Vorstellung – daß nämlich das unbewegliche Haus im zweiten Maschinenzeitalter obsolet geworden ist. Archigram formulierte „mit tiefer Entschuldigung" gegenüber Le Corbusier: „Das Haus ist ein Gerät, das man mit sich rumträgt; die Stadt ist eine Maschine, um sich einzustöpseln."[655]

Archigram (Ron Herron),
Walking City, 1964

Archigram (Peter Cook),
Luftschiff der Instant City,
1970

Wollte man die weitere Entwicklung der Gruppe zusammenfassen, so könnte man sie als den langsamen Übergang von Problemen der Mobilität zu denen der Medialität beschreiben. So zielt das Projekt „Instant City"[656] wesentlich auf die Implantation einer komplexen Medienmaschinerie in bestehende Städte – ein Mittel der Verbreitung urbaner Dynamik nach dem Muster „Control and Choice ...Sie drehen nur noch am Schalter und ihre Umgebung verwandelt sich."[657] Audiovisuelle Ausstellungssysteme, Scheinwerferbatterien und Fernsehprojektionsgeräte, alles am besten angeliefert durch ein Transportluftschiff und natürlich elektrisch betrieben, verwandeln, so der Wunsch, noch entlegenste Provinzstädte in Orte von hoher kommunikativer Dichte. Die künstliche Umwelt erscheint hier nicht als Ersatz, sondern als Ergänzung, als Anreicherung der Realität.

Das Luftschiff selbst wird in einer zweiten und attraktiveren Version als „himmlische Megastruktur"[658] geplant; wenn es sich entfaltet, „bringen seine audiovisuellen Vorstellungen Teile des Himmels zum Klingen und Leuchten." Diese Erscheinung ist so immateriell wie vergänglich – „wir konnten uns der wundervollen Vorstellung einfach nicht erwehren, daß Instant City aus dem nirgendwo hereinschwebt, sich niederläßt und, am Ende der Ereignisse, ihre Röcke rafft und entschwindet." Instant City bringt Archigrams Idee der Ablösung von einem festen Standort so vollendet wie nur möglich zur Erscheinung, die Vorstellung eines hochtechnisierten Nomadentums, dem jeder Raum erreichbar und verfügbar ist, ohne daß er auf Dauer besessen werden müßte. Wirkliche Instant Cities werden gleichzeitig in Woodstock und auf dem Mond errichtet.

Und es gibt noch einen dritten Ort, wo das geschieht, und der ist Vietnam. Der Krieg löste in der amerikanischen Armee einen epochalen Modernisierungsschub aus, dessen Ziel der umstrittene Oberbefehlshaber Westmoreland in seiner visionären Rede vom 14.10.1969 beschrieb: „In der Zukunft... wird es eher eine Frage der Zeit als des Raumes sein, den Gegner einzukreisen... Auf dem Schlachtfeld... wird man mit Hilfe eines engen Datennetzes, einer computergestützten Nachrichtentätigkeit und -auswertung sowie automatisierter Angriffsmethoden feindliche Streitkräfte bereits kurz nach dem Auftauchen orten, verfolgen und ins Visier nehmen können. Bei... Überwachungsgeräten, die den Feind ständig im Auge behalten, wird die Notwendigkeit einer großen Streitmacht nicht mehr so zwingend sein wie bisher."[659]

Der Militär hantiert, ganz wie Archigram, mit einem flexiblen Raumbegriff: den „Ho-Tschi-Minh-Pfad in eine Art Drugstore-Spielautomaten" zu verwandeln, wie sich ein Untergebener Westmorelands ausdrückte, also Nacht für Nacht Überwachungsgeräte einzuschalten und einen Raum zur Erscheinung zu bringen und damit auch zu kontrollieren, zu dem man keinen Zugang hat, das ist nicht allzu weit entfernt von den Instant Cities als der Beeinflussung von Umgebungen durch den Einsatz von Kommunikationstechnologie. Andererseits entsprechen die Transportluftschiffe der Instant Cities den Nachrichtensatelliten. Archigram erkannte, daß es in Zukunft, genau wie in der Weltraumfahrt, weniger um die reale Bewegung von Menschen und Dingen gehen würde, sondern um den Transport von Informationen, Nachrichtenverkehr also. Mitten im Weltraumzeitalter wird Archigram zum Propheten des Medienzeitalters.

3. Techniken der Manipulation

Am Ende der sechziger Jahre beginnt der Raum als ein manipulierbares Amalgam aus materiellen und immateriellen Qualitäten betrachtet zu werden. Die amerikanischen Militärs beherrschen den Ho-Tschi-Minh-Pfad, ohne sich zu ihm hin bewegen zu müssen, genau wie niemand zu den Instant Cities gehen muß, da Luftschiffe oder welche Vehikel auch immer sie genau dahin bringen, wo sie gebraucht werden. Die Manipulierbarkeit selbst, die Verwandlung also ortsfester Gebilde, machte der Komponist, Ingenieur und Architekt Jannis

Techniken der Manipulation

Archigram-Einfluß im Bühnendesign Mark Fishers für die „Steel Wheels"-Tour der Rolling Stones, 1989–90

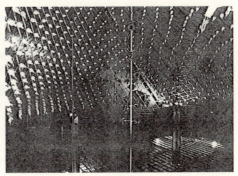

Jannis Xenakis, Innenansicht eines „Polytopen", Netz mit Licht- und Schallquellen

Xenakis mit seinem Konzept der „Polytope" zum architektonischen Thema. Seit der Mitte der fünfziger Jahre hatte er mit Le Corbusier zunächst im Kloster La Tourette und dann im Philips-Pavillon mit Tages- und Kunstlichtprojektionen an der beständigen Modulation der Erscheinung des Raumes gearbeitet. Mit den Polytopen, entstanden in den Jahren 1966–78, also lange nach der 1960 erfolgten Trennung von Le Corbusier, zielte er auf eine Ausdifferenzierung dieses Aspekts; es handelt sich dabei um die Überlagerung verschiedener Räume bzw. Raumcharaktere an einem Ort.[660] Die Realisation vor dem Centre Pompidou aus Anlaß von dessen Eröffnung im Jahr 1978 zeigt die Möglichkeiten. Ein Innenraum hinter einer halbdurchlässigen Membran war durch Lichtprojektionen und Lautsprecher in verschiedene Zonen unterteilt. Die Homogenität auch der Zeit zerstörte die Steuerung der Licht- und Klangquellen, die ganz verschiedenen Rhythmen unterlag. Die einzelnen Raumparameter waren also voneinander abgekoppelt. In solchen Bauten verlieren Grenzflächen als

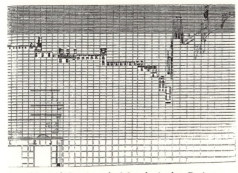

Jean Nouvel, Institut du Monde Arabe, Paris, 1983–87. Serigraphie mit der Pariser Silhouette auf dem Fensterglas

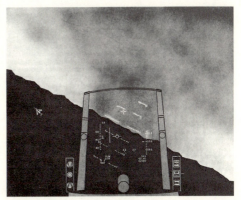

Typisches „heads-up display" (HUD)

Raumdefinition an Bedeutung; ein als Polytop ausgebildeter Raum ist in einem Zustand beständiger Veränderung. Doch die Arbeit von Xenakis blieb Experiment, eine Demonstration im ephemeren Pavillon.

Erst von der Mitte der achtziger Jahre an wurden derartige Möglichkeiten architektonisch wirklich fruchtbar. So installierte Jean Nouvel in der Doppelverglasung der Südfassade seines Pariser Institut du Monde Arabe[661] 30.000 Photoblenden, die sich je nach Lichteinfall öffnen oder schließen, was die Folge hat, daß sich die Transparenz der Fassade schrittweise verändert. Mit solcher Technologie wird der Begriff der Fassade selbst zweifelhaft; die Erscheinung des Baus verändert sich in Abhängigkeit von seiner Umgebung. Mit den Serigraphien hingegen, die er auf einige der Fensterflächen aufbrachte und die die Silhouetten historischer Pariser Bauwerke zeigen, veränderte Nouvel seinerseits die Erscheinung der Stadt: beim Blick vom Institut nach draußen überlagern sich Bild und Realität ähnlich wie sie es für einen Piloten tun, der ein Head-up-Display benutzt, bei dem durch eine spezielle Optik Flugdaten vor die Frontscheibe seines Cockpits projiziert werden. Konsequenterweise gebraucht Nouvel für seine Architektur auch weniger den Terminus „Raum", als vielmehr den der „Dichte" für die Überlagerung verschiedener Funktionen am gleichen Ort.

Anders als Nouvel geht es Norman Foster bei seinem Stansted Airport, eröffnet 1991, zunächst um die Reduktion von Komplexität. Der Bau ist von raffinierter Simplizität; große Funktionsdichte wird übersichtlich vermittelt. Das Zentrum des Flughafens, die große rechtwinklige Empfangshalle, liegt zwischen den Zubringern für Bahn und Auto und den auf dem Flugfeld befindlichen und von einer internen Bahn erschlossenen „Satelliten". Die große Halle ist kreuzförmig aufgeteilt in Land- und Luftseite einerseits und Ankunfts- und Abflugbereich andererseits. Sämtliche Nebenfunktionen sind unter das Erdgeschoßniveau

Norman Foster, Stansted Airport, 1986–91

verlegt, alles aber, was den Passagier betrifft, spielt sich auf der einen Hauptebene ab und in solcher Übersichtlichkeit, daß der Betrieb sich wie von selbst organisiert.

Aber diese Einfachheit und Selbstverständlichkeit ist das Ergebnis einer hochgradig differenzierten Raumorganisation. Foster löst die Halle in eine modulare Struktur von fast immaterieller Qualität auf. Anstelle von Wänden und Decken gibt es ein Raster von 24 sich nach oben hin spreizenden sogenannten Bäumen, die als grundlegendes Element sämtliche für den Bau wichtigen Funktionen erfüllen: sie sind Raumabschluß und Tragwerk und dienen der Klimatisierung sowie der Lichtführung bzw. Beleuchtung. Um die Seiten läuft eine gläserne Haut als Membran zwischen Innen- und Außenraum. Der teiltransparente Schirm des Daches, der Tageslicht einläßt, wird bei Dunkelheit, von unsichtbaren Lichtquellen angestrahlt, zum Reflektor. Der Übergang vom Tages- zum Kunstlicht ist gleitend, Computer schalten je nach Bedarf weitere Lichtquellen zu. Die Bäume sind also „Gerüste, die ständig den Raum verwandeln."[662] Stansted ist ein Licht-Raum-Modulator, ein Flughafengebäude als Steuergerät, ein Terminal der Informationsgesellschaft.

4. Das Ende der stabilen Gefüge

Eine der einprägsamsten Formeln für das metropolitane Leben der Gegenwart fand Rem Koolhaas: in seinem Buch „Delirious New York" von 1978 spricht er von der „Culture of congestion", also von der räumlichen und zeitlichen Überlagerung verschiedenartigster Dinge.[663] Am Beispiel Manhattans und insbesondere des Rockefeller Centers untersucht er die Organisation der Multifunktionalität eines Stadtraums, die hier so konsequent verwirklicht wurde, daß sie für aktuelle Problemstellungen bedeutsam bleibt. Das Hauptinstrument der „Culture of congestion" ist der Wolkenkratzer, erlaubt er doch die beliebige Vervielfachung einer gegebenen Bodenfläche. Was in einer berühmten Karikatur aus dem Jahr 1909 noch als Utopie erschien, nämlich Dutzende übereinander geschichteter Ebenen, auf deren jeder Behausungen ganz verschiedenen Charakters errichtet waren, wurde mit dem Skyscraper und insbesondere mit einer Agglomeration von Skyscrapern wie im Rockefeller Center Realität: ein Grundstück als Ort simultaner, nicht interdependenter und jederzeit austauschbarer Aktivitäten.

Manhattan aber bot und bietet durch das vorgegebene Raster eine stabile Struktur. Eingriffe sind nur blockweise möglich, und das sichert, bei aller Freiheit im Einzelnen, Kontinuität. Das Raster garantiert, so Koolhaas, ein „Gleichgewicht zwischen Planung und Unbestimmtheit". Im Urbanismus der Gegenwart, zumindest in seinen extremen Ausprägungen, findet sich keine derartige Bindung mehr. Tokio und Atlanta zeigen zwei grundsätzliche Entwicklungsmöglichkeiten

Toyo Ito, Egg of Winds, Tokio, 1989. Bildschirme und Ausstellungsräume als „outdoor video gallery" (Ito)

Kazuo Shinohara, Centennial Hall, Tokio, 1987

von Städten, die sich nicht mehr, wie die traditionelle europäische Metropole und in gewisser Weise auch Manhattan, innerhalb vorgegebener Formen entwickeln. In Tokio ist das Bautempo so hoch, daß nach einer Berechnung des dortigen Planungsamtes die Stadt alle zwanzig Jahre komplett neu entsteht. Architekturen wie Shinoharas „Centennial Hall" reagieren mit konsequenter Kontextfeindlichkeit und großer dekonstruktivistischer Geste auf die wandelbare Stadtstruktur.[664] Selbst ein Zwitter aus Maschine, Schiff und Flugkörper, steht sie in einer ihrerseits chaotischen Stadtlandschaft, ohne, wozu und womit auch, einen Zusammenhang zu suchen. Eine andere Strategie wählte John Portman in Atlanta: statt das Chaos der Innenstadt zu akzeptieren, schloß er es aus, baute künstliche Umwelten[665], Enklaven in der Stadt, die diese als öffentlichen und offenen Raum auf Dauer ersetzen.

Neben dem Spiel mit dem Chaos und der Introversion gibt es noch eine alternative urbanistische Radikalstrategie, die man als Verwandlung der Stadt in einen Transitraum bezeichnen könnte. Das aktuelle Beispiel ist der Umbau der nordfranzösischen Stadt Lille von einem regionalen Zentrum zum drittgrößten Verkehrs- und Wirtschaftszentrum Frankreichs. Der Anlaß ist eine Veränderung der Verkehrsströme, in diesem Fall, aber das ist prinzipiell gleichgültig, nicht des Auto- oder Flugverkehrs, sondern der Eisenbahn. Mit der Eröffnung des Ärmelkanaltunnels und dem Ausbau des europäischen Schnellbahnnetzes liegt Lille plötzlich zwischen Paris, London und Brüssel an einem Ort, wo sich die TGV-Linien kreuzen. Mit den erreichbaren Geschwindigkeiten kann ein Londoner beinahe ebenso gut wie in den Docklands in Lille arbeiten, an einem Standort also, der für Firmen wegen geringerer Mieten interessant wird. Für Rem Koolhaas, den leitenden Architekten des Großprojektes, ist der Bahnhof bei 30 Millionen Passagieren pro Jahr kein Bahnhof mehr, sondern ein Stadtteil. Wenn dieser neu errichtete zentrale innerstädtische Komplex aber „durch die gewaltigen Geschäfts- und Kongreßbauten ringsum... die Aufenthaltsqualitäten eines Flughafens" bekommt, dann bedeutet das für Lille und den Städtebau insgesamt, so Michael Mönninger, „daß vormals stabile Raum- und Ortsgefüge... radikal verzeitlicht und abstrahiert werden."666 Hochleistungsverkehr besorgt nicht nur den Verkehr von Ort zu Ort, sondern ist zugleich eine Maschine der Entortung.

5. Die kinetische Utopie

Daß das Projekt der Moderne sich in einer *„kinetischen Utopie"* gründe, ist eine These Peter Sloterdijks.667 Mit dem Gestus koketter Provokation spielt er diese bedenkenswerte Annahme am Beispiel von Marx, Nietzsche und Ernst Jünger durch. Alle sind ihm, hinter nur scheinbar verschiedener Ausrichtung, Mobilmachungsdenker. Sloterdijk liest das Kommunistische Manifest als „Magna Charta des offenen kinetischen Nihilismus"; Marxens einziger Fehler sei gewesen, sich zu sehr auf das Kapital als weltumwälzender Größe fixiert zu haben statt auf den allgemeinen kinetischen Prozeß. Genau wie Nietzsche habe er das Seiende ausschließlich als „Energiequelle und Baustelle" erfaßt und als nichts sonst.

Kronzeuge jedoch der Sloterdijkschen Argumentation ist Ernst Jünger; der Mobilmachungstheorie im „Arbeiter" wird bei aller Distanz der Rang einer Zeitdiagnose zugestanden, die das Phänomen „Mobilmachung" von der militärischen Spezialbedeutung gelöst und auf den allgemeinen Gesellschaftsprozeß übertragen habe.668 Jünger beschreibt Modernisierung als kinetischen Prozeß, die Technik als Mobilmachung des Planeten durch die Gestalt des Arbeiters. Sloterdijks Gegenentwurf aber, die „Skizze zum Grundriß einer Kritik der politischen Kinetik", versucht nichts anderes, als Möglichkeiten auszuloten, den gerade beschriebenen Phänomenen zu entgehen: mit der Kritik der politischen Kinetik arbeite er „auf eine kritische Theorie der Neuzeit zu, in der die problematische Aufhebung der altweltlichen Bestände durch Mobilmachung in Bewegungsausdrücken beschrieben und durch Demobilisierungsübungen kritisiert werden könnte."669

Als „Dromologe" geht Paul Virilio von ähnlichen Grundannahmen aus, anders aber als Sloterdijk gibt er sich nicht mit Begriffen und deren Umkehrung zufrieden, sondern läßt sich herab zu den Phänomenen des kinetischen Gesamtprozesses. Geschwindigkeit ist der primäre kulturhistorische Analysefaktor670, aber immer gedacht in den einzelnen und sich wandelnden Formen ihres Erscheinens. In seinem Buch „Rasender Stillstand" konstatiert Virilio das Ende der Transportmittelrevolution671: was im 19. Jahrhundert mit der Eisenbahn begonnen und sich später mit dem Auto fortgesetzt habe, sei mit dem Flugzeug vollendet worden, nämlich die Eroberung des Raumes im Zeitalter der industriellen Revolution. Was dem folgt, ist eine Beschleunigung auf ein ganz anderes

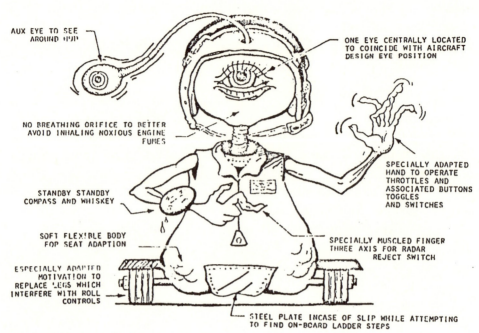

Der neue Mensch – multivalid im Cockpit. Karikatur aus: G. P. Carr/M. D. Montemerlo (Ed.), Aerospace Crew Station Design

Niveau, auf die Lichtgeschwindigkeit der Kommunikationstechnologien: nun braucht sich niemand mehr zu bewegen, da alle Informationen zu ihm kommen.

Ist die Eisenbahn noch fest mit dem Territorium verbunden, so setzt bereits mit dem Flugzeug ein Prozeß der „Deterritorialisierung" ein[672] und diese Entwicklung setzt sich von den Luftlinien bis zur Satellitenübertragung fort: eine progredierende Entregelung räumlicher Bezüge. Das hat Rückwirkungen – dieser ständig von Jets und Bits durcheilte Raum kennt keine festen Größen mehr. So wird der Stadt, schreibt Virilio, „bald ein tele-topischer Ballungsraum folgen, in dem das öffentliche Bild *in Echtzeit* den städtischen öffentlichen Raum der *res publica* ablösen wird."[673] Orte verlieren ihren topischen Charakter, werden zu Polytopen, leeren Gefäßen, Empfängern jedweder Botschaften. Wenn die Charaktere des Ortes wechseln können, ist der Wechsel des Ortes nicht mehr wichtig. Also ist letztlich auch nicht mehr die Stadt der Bezugspunkt, sondern der private Tele-Terminal. Genau das, was die Planer der Mediengesellschaft sich wünschen[674], qualifiziert Virilio als Invalidisierung.

„Rasender Stillstand" beschreibt eine lineare und irreversible Entwicklung von der Transportmittelrevolution zur „inertie polaire" der immobil gewordenen

Die kinetische Utopie   343

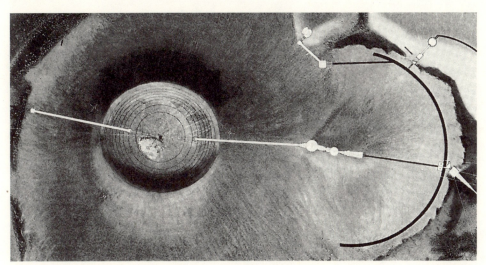

James Turrell, „Roden Crater Site Plan", 1985. Turrell plant, den Krater in Arizona mit einem System von Räumen, Gängen und Aussichtspunkten zu überziehen, um einen exakt gefaßten Rahmen für die Wahrnehmung von Licht und Raum zu erzeugen

Medienbenutzer. Den Beginn des Übergangs von einem zum anderen datiert Virilio in die Jahre zwischen 1960 und 1970. Die Verbannung des Menschen aus seiner gewohnten Umgebung wird total: wenn schon die „vehikularen Techniken" wie Flugzeug oder Rakete „uns vom vollen Körper der Erde, der vorrangigen Bezugsachse jeder menschlichen Mobilität haben abheben lassen", dann lösen die interaktiven Kommunikationstechnologien uns noch vom eigenen Körper.[675] Die Geschichte scheint damit an ein Ende zu kommen. Doch wer sagt, daß das, was für manche Bereiche der Arbeitswelt gilt, zugleich für jede andere Umwelt gelten muß? Vielleicht ist doch nicht Howard Hughes in seiner Hotelsuite, wie Virilio glaubt, der Zeitgenosse der Zukunft, sondern eher, wenn man die Frage schon personalisieren will, jemand wie James Turrell, der sich in allen Räumen gleichzeitig bewegt, in den virtuellen seiner „Perceptual Cells" genauso wie in seinem Flugzeug oder, über die Leere des Himmels meditierend, im kosmischen Rund des Roden Craters.

ANMERKUNGEN

1 Thomas P. Hughes, Die Erfindung Amerikas, München 1991, S. 108f
2 Felix Philipp Ingold, Literatur und Aviatik, Basel 1978, S. 51
3 Leicht gekürzt wieder in: Tilmann Buddensieg/Henning Rogge, Industriekultur – Peter Behrens und die AEG, Berlin 1979, S. D292ff
4 In: Umbro Apollonio, Der Futurismus – Manifeste und Dokumente, Köln 1972, S. 34. Vgl. Robert Wohl, A Passion for Wings, New Haven/London 1994, S. 138f
5 Fritz Wichert, Darstellung und Wirklichkeit – Ausgewählte Antikenaufnahmen als Spiegel des Sehens, Empfindens und Gestaltens in zwei Jahrhunderten italienischer Kunst, Freiburg 1907, S. 8
6 ebd., S.94
7 ebd., S.59f
8 Heinrich Wölfflin, Kunstgeschichtliche Grundbegriffe, Dresden 1983, S. 22
9 ebd., S. 68f
10 ebd., S. 76, 213
11 Martin Warnke, Bau und Überbau, Frankfurt 1976, S. 149
12 zit. n. Buddensieg/Rogge, Industriekultur, a.a.O., S. D292
13 ebd., S. D12ff, D41, D44ff
14 Peter Behrens, Die Turbinenhalle der Allgemeinen Elektricitätsgesellschaft zu Berlin (1910), ebd., S. D277
15 Peter Behrens, Kunst und Technik (1910), ebd., S. D284
16 vgl. etwa: Johannes L. Schröder, Das Automobil als Geschoss, in: Kritische Berichte, 12. Jg., 1984, H. 2, S. 36ff
17 s. Leo Steinberg, Cézannismus und Frühkubismus, in: Kat. Kubismus, Köln 1982, S. 59ff
18 Jahrbuch des Deutschen Werkbundes 1914, Der Verkehr, Jena 1914, S. 11, 20ff
19 ebd., S. 27f
20 s. Sabine Bohle, Peter Behrens und die Schnellbahnpläne der AEG, in: Buddensieg/Rogge, Industriekultur, a.a.O., S. 200
21 Kasimir Malewitsch, Suprematismus I/46, in: K. M., Suprematismus – Die gegenstandslose Welt, Hg. Werner Haftmann, Köln 1989, S. 229
22 Wieder in: Ulrich Conrads (Hg.), Programme und Manifeste zur Architektur des 20. Jahrhunderts, Braunschweig 1981, S. 93f
23 s. Ein Jahrhundert Flugzeuge, Hg. Ludwig Bölkow, Düsseldorf 1990, S. 27ff
24 ebd., S. 335ff u. Günther Ott, Pioniere der Verkehrsluftfahrt, in: Hundert Jahre deutsche Luftfahrt, Kat. MVT Berlin, Gütersloh/München 1991, S. 61ff
25 Ped., Flughäfen, ihre Anlage, Einrichtung und allgemeine Bedeutung, in: Luftfahrt, 1926, Nr. 12, S. 182ff
26 Sigfried Giedion, Nachwuchs in Deutschland, in: Bauwelt, 1931, H. 33, S. 17ff
27 Michael Mönninger, Rädelsführer der Moderne, in: FAZ 16.2.1989, S. 27
28 In Zusammenarbeit mit H. A. Ritscher, s. Martin Gärtner, Sergius Ruegenberg, Berlin 1990, S. 24ff

29 Richard J. Neutra, Einfahrt-Markt (Drive-in-market) Rush City, in: Die Form, 1929, S. 448f; Harwell H. Harris, Ein amerikanischer Flughafen, in: Die Form 1930, S. 184f
30 Sigfried Giedion, Bauen in Frankreich, Leipzig/Berlin 1928, S. 3
31 ebd., S. 7
32 Joachim Krausse, Versuch, auf's Fahrrad zu kommen, in: Kat. absolut modern sein, Berlin 1986, S. 66 u. Konrad Wachsmann, Wendepunkt im Bauen, Hamburg 1962, S. 20ff
33 s. Jürgen Joedicke, Schalenbau, Stuttgart 1962, S. 19, 10 u. Bölkow (Hg.), Flugzeuge, a.a.O., S. 109
34 Sigfried Giedion, Die Herrschaft der Mechanisierung (1948), Frankfurt 1982, S. 531ff
35 zit. n. Konrad Wünsche, Bauhaus: Versuche, das Leben zu ordnen, Berlin 1989, S. 50
36 Klaus-Jürgen Sembach u.a., Möbeldesign des 20. Jahrhunderts, Köln 1991, S. 112f
37 s. Stanislaus v. Moos, Le Corbusier und Gabriel Voisin, in: S. v. M. u. Chris Smeenk (Hg.), Avantgarde und Industrie, Delft 1983, S. 77ff
38 Le Corbusier 1920, zit. ebd., S. 87; vgl. Reyner Banham, Die Revolution der Architektur, Reinbek 1964, S. 191f
39 Le Corbusier, Ausblick auf eine Architektur (1922), Braunschweig 1982, S. 88, 92
40 ebd., S. 179
41 v. Moos, Le Corbusier und Gabriel Voisin, a.a.O., S. 86
42 Abb. in Le Corbusier, Ausblick, a.a.O., S. 92 – vgl. 100 Jahre Fliegen, Sonderheft der Flug Revue, Stuttgart 1991, S. 53
43 Bölkow (Hg.), Flugzeuge, a.a.O., S. 335f, vgl. S. 378ff
44 Le Corbusier, Ausblick, a.a.O., S. 174
45 ebd., S. 38ff
46 s. die grundlegenden Ausführungen Reyner Banhams, der, selbst Flugzeugingenieur und Architekturhistoriker, diese Zusammenhänge genau markierte – in: Banham, Revolution der Architektur, a.a.O., S. 15, 201, 275, 277
47 Franz Kafka, Die Aeroplane in Brescia, Frankfurt 1977
48 In: Kat. Léger, Haus der Kunst, München 1957
49 Henry van de Velde, Zum neuen Stil, Hg. Hans Curjel, München 1955, S. 165
50 Karl Vollmoeller, Die Geliebte, in: In Laurins Blick – Das Buch deutscher Phantasten, Hg. Kalju Kirde, Frankfurt-Berlin-Wien 1985, S. 147ff; zu Vollmoeller selbst: S. 319
51 zit. n. Gustav Vriesen/Max Imdahl, Robert Delaunay – Licht und Farbe, Köln 1967, S. 56
52 Robert Delaunay, Zur Malerei der reinen Farbe. Schriften, Hg. Hajo Düchting, München 1983, S. 46
53 In: Kat. Léger, Staatliche Kunsthalle, Berlin 1980, S. 65
54 ebd., S. 273f
55 Christopher Green, Léger and the Avant-Garde, New Haven and London 1976, S. 84f
56 Fernand Léger, Bekenntnisse und Gespräche mit André Verdet, Zürich 1957, S. 23
57 In: Kat. Léger, Staatliche Kunsthalle, Berlin 1980, S. 256
58 In: Kat. Duchamp, Museum Ludwig, Köln 1984, S. 130
59 Man Ray, Selbstporträt, München 1983, S. 63, vgl. Pierre Cabanne, Gespräche mit Marcel Duchamp, Köln 1972, S. 94f
60 Herbert Molderings, Marcel Duchamp, Frankfurt 1983, S. 53f, vgl. Cabanne, Gepräche, a.a.O., S. 109f
61 Laszlo Moholy-Nagy, von material zu architektur (1929), Mainz 1968, S. 167, vgl. S. 96, 152
62 vgl. Molderings, Duchamp, a.a.O., S. 49
63 s. Carola Giedion-Welcker, Constantin Brancusi, Basel-Stuttgart 1958, S. 199ff u. Friedrich Teja Bach, Constantin Brancusi, Köln 1987, S. 194f

64 s. die Dokumentation in: Pontus Hulten u.a., Constantin Brancusi, Stuttgart 1986, S. 174
65 Athena T. Spear, Brancusi's Birds, New York 1969, S. 36
66 Hulten u.a., Brancusi, a.a.O., S. 51
67 Walter Benjamin, Gesammelte Schriften III, Frankfurt 1972, S. 583
68 Otto Stelzer, Kunst und Photographie, München 1966, S. 63, vgl. 59
69 Nadar, Als ich Photograph war, Frauenfeld 1978, S. 69, vgl. 71
70 Sigfried Schneider, Luftbild und Luftbildinterpretation, Berlin/New York 1974, S. 5f
71 Kurt-Alex Büttner, Die wirtschaftliche Ausnützung der Luftbildtechnik, in: Luftfahrt, Jg. 1920, Nr. 7, S. 101
72 Martin Kutz, Das Fliegen als Waffe, in: Kat. MVT Berlin, Hundert Jahre deutsche Luftfahrt, a.a.O., S. 46f
73 Paul Virilio, Krieg und Kino, Frankfurt 1989, S. 157, vgl. 162f
74 Allan Sekula, The Instrumental Image – Steichen at War, in: Artforum, Dec. 1975, S. 26ff
75 Oskar Schlemmer, Tagebuch März 1916, in: O.S., Idealist der Form, Leipzig 1989, S. 26
76 ebd., S. 28, vgl. Virilio, Krieg und Kino, a.a.O., S. 31
77 Jürgen Thorwald, Das Zeichen des Kain, Zürich 1968, S. 39
78 Jean Paul, Des Luftschiffers Gianozzo Seebuch, in: J. P., Werke in drei Bänden, Hg. Norbert Miller, München 1969, Bd. 2, S. 668
79 Walter Höllerer, Über Jean Paul, in: J. P., Werke, a.a.O., Bd. 3, S. 854
80 s. Wolfgang Schivelbusch, Geschichte der Eisenbahnreise, München/Wien 1977, S. 39, 55f
81 Über die Entdeckung des Gleichgewichtssinns und seine Bedeutung für die Geschichte der modernen Kunst: Jeannot Simmen, Vertigo, München 1990, bes. S. 13ff
82 Joris-Karl Huysmans, Certains, Kap. „Le Fer"
83 Otto Stelzer, Kunst und Photographie, a.a.O., S. 61, vgl. Aaron Scharf, Art and Photography, London 1968, S. 129ff
84 Alexander Rodtschenko, Offene Unkenntnis oder ein gemeiner Trick? (1928), in: Wolfgang Kemp, Theorie der Fotografie, München 1979, Bd. II, S. 82f
85 Boris Kuschner, Offener Brief an Rodtschenko (1928), in: Kemp, Theorie, a.a.O., S. 84
86 Alexander Rodtschenko, Wege der zeitgenössischen Fotografie (1928), in: Kemp, Theorie, a.a.O., S. 87f
87 Rudolf Arnheim, Film als Kunst, München 1974, S. 64ff
88 Dieses Photo war auf dem Umschlag von: Werner Gräff, Es kommt der neue Fotograf!, Berlin 1929
89 Jean-Paul Sartre, Herostrat, in: J.-P. S., Die Mauer (1939), Hamburg 1950, S. 50
90 Rudolf Arnheim, Kunst und Sehen, Berlin 1965, S. 18
91 Laszlo Moholy-Nagy, von material zu architektur (1929), Mainz 1968, S. 37, 222
92 Deutschland aus der Vogelschau, Hg. H. de Vries, Berlin 1925, S. 9. Die Kritik von Theodor Heuß in: Die Form, 1926, S. 108. Das Lob der Einfalt bei: Martin Heidegger, Bauen Wohnen Denken, Vortrag Darmstadt 1951, in: M. H., Vorträge und Aufsätze, Pfullingen 1954, S. 139ff
93 Le Corbusier, Aircraft (London 1935), Faksimile-Reprint New York 1988, S. 9 u. Kap. 1
94 ebd., Kap. 4
95 Le Corbusier, Feststellungen zu Architektur und Städtebau (1929), Frankfurt/Berlin 1964, S. 17f, 220ff
96 Le Corbusier, Aircraft, a.a.O., S. 5, 12f
97 ebd., Text zwischen den Abb. Nr. 122 u. 123
98 Andrei Gozak/Andrei Leonidov, Ivan Leonidov, The Complete Works, London 1988, S. 9ff, 41ff u. Ivan Leonidov, IAUS-Kat. 8, New York 1981, S. 32ff

99   Etienne-Louis Boullée, Essay sur l'Art (1793), dt. Architektur, Abhandlung über die Kunst, Hg. Beat Wyss, Zürich/München 1987, S. 75, 131ff
100 Adolf Max Vogt, Russische und Französische Revolutionsarchitektur, Köln 1974, S. 94ff, 204
101 zit ebd., S. 217
102 Theo van Doesburg, „Una gracia puramente arquitectural" (1929), ders.: Betonromantik (1930), ders.: Madrid – Verkehrsarchitektur im klassischen Stadtbild (1930), alle in: Theo van Doesburg, Über Europäische Architektur, Basel 1990. Dazu: Theo van Doesburg, Die neue Gestaltung in der spanischen Architektur, in: Die Form 1931, S. 182
103 Kasimir Malewitsch, Suprematismus – Die gegenstandslose Welt, Hg. Werner Haftmann, Köln 1989, S. 196, 211
104 wieder in: Hans L. C. Jaffé, Mondrian und de Stijl, Köln 1967, S. 167ff
105 Ernst Kállai, Lissitzky (1922) u. ders., El Lissitzky (1924) – beide Texte wieder in: Sophie Lissitzky-Küppers, El Lissitzky, Dresden 1967, S. 376f
106 Theo van Doesburg, Der Wille zum Stil (1922), in: Jaffé, Stijl, a.a.O., S. 141ff
107 s. Rudolf zur Lippe, Kat. Die Geometrisierung des Menschen, Oldenburg 1983
108 s. Reyner Banham, Die Revolution der Architektur, Reinbek 1964, S. 179
109 Walter Hess, Dokumente zum Verständnis der modernen Malerei, Hamburg 1956, S. 101, auch: Jaffé, Stijl, a.a.O., S. 142
110 Larissa Shadowa, Kasimir Malewitsch und sein Kreis, München 1982, S. 45f
111 s. Werner Haftmann, Malerei im 20. Jahrhundert, München 1976, S. 237 u. Carel Blotkamp u.a., De Stijl – The Formative Years 1917–1922, Cambridge/Mass. 1986, S. 55f
112 Lewis Mumford, Die Stadt, München 1979, S. 242f, 704f
113 Kat. Luther und die Folgen für die Kunst, Hg. Werner Hofmann, München 1983, S. 594ff
114 Malewitsch, Suprematismus, a.a.O., S. 214, 217, vgl. Shadowa, Malewitsch, a.a.O., S. 96ff
115 Blotkamp u.a., Stijl, a.a.O., S. 212
116 Giedion, Bauen in Frankreich, a.a.O., S. 84ff
117 In: Jaffé, Stijl, a.a.O., S. 189ff
118 Blotkamp u.a., Stijl, a.a.O., S. 34f
119 Wolf Tegethoff, Mies van der Rohe – Die Villen und Landhausprojekte, Essen 1981, S. 50f, 69ff
120 wieder im Anhang von: Fritz Neumeyer, Mies van der Rohe – Das kunstlose Wort, Berlin 1986, S. 365
121 s. Neumeyer, Mies, a.a.O., S. 258ff
122 Romano Guardini, Briefe vom Comer See (1927), neu veröffentlicht u.d.T.: Die Technik und der Mensch, Mainz 1981, S. 64f, vgl. S. 15
123 Tegethoff, Mies, a.a.O., S. 96f
124 Oskar Schlemmer, Mensch und Kunstfigur, in: O.S. u.a., Die Bühne am Bauhaus (Bauhausbuch 4, 1925), Mainz 1965, S. 7ff
125 Blotkamp u.a., Stijl, a.a.O., S. 59ff
126 In: Jaffé, Stijl, a.a.O., S. 212ff
127 Eberhard Freitag, Arnold Schönberg, Reinbek 1973, S. 51f, 100
128 Jaffé, Stijl, a.a.O., S. 230ff
129 Kyrill N. Afanasjew, Ideen-Projekte-Bauten. Sowjetische Architektur 1917/32, Dresden 1973, S. 11, 157
130 vgl. Vogt, Revolutionsarchitektur, a.a.O., S. 209ff
131 s. Shadowa, Malewitsch, a.a.O., S. 299 u. Abb. Nr. 150–154
132 Die Zeitschrift „Magnum" konfrontierte (H. 24, Juni 1959) auf einer Doppelseite dieses

Aquarell mit dem Photo eines Raketenabschusses, dazu s. Walter Grasskamp, Die unbewältigte Moderne, München 1989, S. 101

133 Ernst Kállai, El Lissitzky (1924), in: Lissitzky-Küppers, Lissitzky, a.a.O., S. 378
134 Charles E. Gauss, The Aesthetic Theories of French Artists, Baltimore 1966, S. 25ff
135 s. Neumeyer, Mies, a.a.O., S. 43, vgl. 35ff
136 wieder in: Lissitzky-Küppers, Lissitzky, a.a.O., S. 350
137 Edgar Allan Poe, Das Manuskript in der Flasche, in: E. A. Poe, Der Untergang des Hauses Usher und andere Erzählungen, München 1959, S. 17
138 In: Lissitzky-Küppers, Lissitzky, a.a.O., S. 332
139 El Lissitzky, Rußland – Architektur für eine Weltrevolution (1930), Berlin 1965, S. 46, 48
140 In: Lissitzky-Küppers, Lissitzky, a.a.O., S. 332, 329
141 s. ebd., S. 365
142 s. ebd., S. 366f
143 Alexander Dorner, Zur abstrakten Malerei, in: Die Form, 1928, H. 4, wieder in: „Die Form" – Stimme des Deutschen Werkbundes, Hg. F. Schwarz/F. Gloor, Gütersloh 1969, S. 259ff; Sigfried Giedion, Lebendiges Museum (1929), in: Lissitzky-Küppers, Lissitzky, a.a.O., S. 383
144 Le Corbusier/Pierre Jeanneret, Fünf Punkte zu einer neuen Architektur (1926), in: Ulrich Conrads (Hg.), Programme und Manifeste zur Architektur des 20. Jahrhunderts, Braunschweig 1981, S. 93
145 Malewitsch, Suprematismus, a.a.O., S. 168, 104, 169, 43, 167, vgl. 139f
146 zit. ebd., S. 70
147 Dazu: Der Spiegel, Nr. 52/1991, S. 194f
148 zit. n. Shadowa, Malewitsch, a.a.O., S. 32
149 Linda Dalrymple Henderson, Theo van Doesburg, „die vierte Dimension" und die Relativitätstheorie in den zwanziger Jahren, in: Kat. Zeit – Die vierte Dimension in der Kunst, Weinheim 1981, S. 195ff. Vgl. Linda Dalrymple Henderson, The Fourth Dimension and Non-Euclidean Geometry in Modern Art, Princeton 1983, S. 245ff
150 Johannes Wickert, Albert Einstein, Reinbek 1972, S. 42ff
151 El Lissitzky, „Aus einem Briefe" (1925), in: Lissitzky-Küppers, Lissitzky, a.a.O., S. 355
152 Linda Dalrymple Henderson, Theo van Doesburg, a.a.O., S. 196, 199f, 203
153 Theo van Doesburg, Auf dem Weg zu einer gestaltenden Architektur (1923–25), in: Jaffé, Stijl, a.a.O., S. 191
154 Nach entlegenen tschechischen Quellen zitiert bei Dietrich Worbs, Der Raumplan im Wohnungsbau von Adolf Loos, in: Kat. Adolf Loos, Berlin 1983, S. 66
155 Sigfried Giedion, Bauen in Frankreich, a.a.O., S. 48f, vgl. ders., Raum, Zeit, Architektur, Ravensburg 1965, S. 314f
156 ebd., S. 279ff
157 Die Verse gibt wieder: Michael Mönninger, Rädelsführer der Moderne, FAZ 16.2.1989, S. 27
158 zit. n. Sebastian Müller, Kunst und Industrie, München 1974, S. 27
159 Wilhelm Lotz, Die Tarnkappe der Technik, in: Die Form, Jg. 1931, S. 401ff
160 Robert Michel, Formproblem mit Fragezeichen, in: die neue stadt, Nr. 6, März 1933, wieder in Design Report, Nr. 9, Jan 1989, S. 26f, vgl. Das neue Frankfurt/die neue stadt, auszugsweiser Reprint unter dem Titel „Neues Bauen/Neues Gestalten, Hg. Heinz Hirdina, Dresden 1984, S. 240ff
161 Le Corbusier, Städtebau, Stuttgart 1979, S. 10, 12, 255ff
162 Laszlo Moholy-Nagy, von material zu architektur, Mainz 1968, S. 11ff, 60; zu Francé: Fritz Neumeyer, Mies van der Rohe – Das kunstlose Wort, Berlin 1986, S. 138ff

163 ebd., S. 75ff
164 ebd., S. 96ff
165 Reyner Banham, Die Revolution der Architektur, Reinbek 1964, S. 267
166 Lotz, Tarnkappe, a.a.O., S. 409f
167 Sir D'Arcy Wentworth Thompson, On Growth and Form, Vol. II, Cambridge 1963, S. 941, zit. n. Donald J. Bush, The Streamlined Decade, New York 1975, S. 9; vgl. ebd., S. 8ff
168 Franz Ludwig Habbel, Formen im modernen Flugzeugbau, in: Die Form, Jg. 1930, S. 175ff
169 Walter Dorwin Teague, Design this Day, London o. J. (1946), S. 143
170 s. Rem Koolhaas, Delirious New York, London 1978, S. 196
171 Ernst Jünger, Totale Mobilmachung, in: Sämtliche Werke, Stuttgart 1978ff (im Folgenden: S.W.), Bd. 7, S. 128, vgl. die Rezension Walter Benjamins zu dem von Jünger herausgegebenen Sammelband „Krieg und Krieger", in: W. B., Gesammelte Schriften, Bd. III, Frankfurt 1972, S. 238ff
172 Ernst Jünger, Der Arbeiter, in: S.W., Bd. 8, S. 115f
173 Ernst Jünger, Das Abenteuerliche Herz, Erste Fassung, in: S.W., Bd. 9, S. 154
174 Jünger, Arbeiter, a.a.O., S. 126
175 ebd., S. 176f
176 ebd., S. 178
177 ebd., S. 191
178 ebd., S. 262
179 Peter Sloterdijk, Eurotaoismus, Frankfurt 1989, S. 52
180 Theodor W. Adorno, Dissonanzen, Göttingen 1956, S. 25, 38
181 Max Horkheimer/Theodor W. Adorno, Dialektik der Aufklärung, Frankfurt 1969, S. 108f
182 Siegfried Kracauer, Das Ornament der Masse, Frankfurt 1963, S. 50ff
183 s. Adolf Max Vogt, Russische und Französische Revolutionsarchitektur, Köln 1974, S. 209ff
184 vgl. William A. Curtis, Le Corbusier, Stuttgart 1987, S. 144ff u. Charles Jencks, Le Corbusier and the Tragic View of Architecture, London 1973, S. 103ff, 123ff
185 Thilo Hilpert, Le Corbusier, Hamburg 1987, S. 88ff
186 Sigfried Giedion, Architektur und das Phänomen des Wandels, Tübingen 1969, S. 97f
187 ebd., S. 134
188 Erich Maschke, Die Brücke im Mittelalter, in: Martin Warnke (Hg.), Politische Architektur in Europa, Köln 1984, S. 287f
189 Walfried Pohl, Karl Buschhüter, Krefeld 1987, S. 122
190 ebd., S. 365
191 ebd., S. 364
192 ebd., S. 367
193 Rainer Zerbst, Antoní Gaudi, Köln 1987, S. 82
194 Die Aussagen Le Corbusiers bei: George R. Collins, Gaudi, Ravensburg 1960, S. 130 u. David Mower, Gaudi, London 1977, S. 6
195 Jürgen Joedicke, Schalenbau, Stuttgart 1962, S. 11
196 Wolfgang Metternich, Turm und Brücke: Das Firmenzeichen, in: Bernhard Buderath (Hg.), Peter Behrens – Umbautes Licht, Frankfurt/München 1990, S. 156
197 Wolfgang Metternich, Traditionsgebundene Baustrukturen, ebd., S. 141
198 Bernhard Buderath, Ein Gesamtkunstwerk der Moderne, ebd., S. 52f
199 ebd., S. 22
200 zit. n. Tilmann Buddensieg, Architektur als freie Kunst, ebd., S. 64f
201 Wolfgang Pehnt, Der Architekt der Böttcherstraße, in: Bernhard Hoetger 1874–1949, Hg. L.

Roselius d. J., Bremen 1974, S. 124ff, vgl. Martin Tschechne über das Haus Atlantik, in: art 11/88, S. 103f

202 s. Michael Heidelberger/Sigrun Thiessen, Natur und Erfahrung, Reinbek 1981, S. 39ff u. John D. Bernal, Wissenschaft, Reinbek 1970, Bd. 2, S. 401ff

203 Ernst Jünger, In Stahlgewittern, S. W., Bd. 1, S. 156; vgl. zum Plan Obus: William J. R. Curtis, Le Corbusier, Stuttgart 1987, S. 145

204 Walter Bauersfeld, Die Entwicklung des Zeiss-Dywidag-Verfahrens, Vortrag Berlin 1942, in: Jürgen Joedicke, Schalenbau, Stuttgart 1962, S. 281ff, hier 281, vgl. ebd., S. 10ff u. Curt Siegel, Strukturformen der modernen Architektur, München 1960, S. 178ff, 192ff

205 s. Ludwig Bölkow (Hg.), Ein Jahrhundert Flugzeuge, Düsseldorf 1990, S. 31f, 106ff, 256f; H. G. Stever/J. J. Haggerty, Der Flug, Reinbek 1970, S. 95ff; David H. Allen/Walter E. Haisler, Introduction to Aerospace Structural Analysis, New York 1985, S. 5ff; zum Material: Alfried Gymnich, Duraluminium, in: Luftfahrt, Jg. 1926, Nr. 20, S. 312f

206 Hermann Landmann, Konstruktion der Motorflugzeuge, Berlin/Leipzig 1937 (Slg. Göschen), S. 81, vgl. 28f, 75f

207 S., Das Netzhaut-Verfahren von Vickers-Wallis, eine neue Bauweise für Flugzeuge, in: Deutsche Luftwacht, Ausgabe Luftwissen, 3. Jg. 1936, Nr. 2, S. 44f

208 Ada Louise Huxtable, Pier Luigi Nervi, New York 1960, S. 18f, vgl. Pier Luigi Nervi, Aesthetics and Technology in Building, Cambridge/MA 1965, S. 186f

209 Erich Mendelsohn, Das Gesamtschaffen des Architekten, Berlin 1930, Faksimile-Reprint Braunschweig/Wiesbaden 1988, S. 12f, 33

210 s. den Rückblick in: Ludwig von Bertalanffy, Das biologische Weltbild I, Bern 1949, S. 22ff, 40ff

211 John Dewey, Kunst als Erfahrung, Frankfurt 1980, S. 49, vgl. 22f

212 Talcott Parsons, The Social System (1951), New York 1968, S. 480ff

213 Robert Musil, Der Mann ohne Eigenschaften, Reinbek 1978, S. 247ff

214 ebd., S. 631f

215 ebd., S. 688

216 In: Psychologische Forschung, Erster Band, Berlin 1922, S. 130ff, hier bes. S. 151ff. Zur Bedeutung Hornbostels für Musil: Renate von Heydebrand, Die Reflexionen Ulrichs in Robert Musils Roman „Der Mann ohne Eigenschaften", Münster 1966, S. 97ff; zur Bedeutung der Gestaltpsychologie für Musil: Marie-Louise Roth, Robert Musil – Ethik und Ästhetik, München 1972, S. 207ff

217 Musil, Mann ohne Eigenschaften, a.a.O., S. 1232

218 ebd., S. 632

219 Hartmut Böhme, Anomie und Entfremdung, Kronberg/Ts. 1974, S. 303

220 Text in: Gudrun Escher, Im Zeichen der vierten Dimension – Das Flugzeug aus kunsthistorischer Sicht 1903–1930, Köln 1978 (Dissertationstyposkript), S. 133ff

221 s. ebd., S. 136f

222 Johannes Lothar Schröder, Das Automobil als Geschoss, in: Kritische Berichte, 12. Jg. 1984, H. 2, S. 36ff

223 Susanne v. Falkenhausen, Der zweite Futurismus und die Kunstpolitik des Faschismus in Italien von 1922–1943, Frankfurt 1979, S. 140ff

224 Etwas anders gesehen im Kat. der Beckmann-Retrospektive 1984/85, München 1984, S. 36

225 Wilhelm Fraenger, Die Radierungen des Hercules Seghers, Leipzig 1984, S. 20ff

226 Fritz Wichert, Max Beckmann und einiges zur Lage der Kunst, in: Die Form, Jg. 1928, S. 337ff, bes. 343f

227 zit. n. Edwin Lachnit, „Der Mensch hat zwei Augen", in: Kat. Oskar Kokoschka, Hg. Klaus Albrecht Schröder/Johann Winkler, München 1991, S. 30. Lachnits vorzüglicher Aufsatz behandelt die Städtebilder seit 1923
228 Oskar Kokoschka, Vom Erleben (1935), wieder in: O. K., Vom Erlebnis im Leben, Schriften und Bilder, Hg. Otto Breicha, Salzburg 1976, S. 136, vgl. Oskar Kokoschka, Mein Leben, München 1971, S. 159
229 Oskar Kokoschka, „Trakl zu Besuch" (1915), in: O. K., Erlebnis, Hg. Otto Breicha, a.a.O., S. 80
230 Jeannot Simmen, Vertigo, München 1990, S. 132
231 zit. n. Lachnit, „Der Mensch hat zwei Augen", a.a.O., S. 30
232 Oskar Kokoschka, Das Auge des Darius. Altdorfers „Alexanderschlacht" (1956), in: O. K., Aufsätze, Vorträge, Essays zur Kunst, Hamburg 1975, S. 87
233 Äußerung gegenüber Raymond Escholier, in: R. E., Matisse, Zürich 1958, S. 139; vgl. Henri Matisse, Über Kunst, Hg. Jack D. Flam, Zürich 1982, S. 70 (im Folgenden zit. als MüK)
234 s. beispielsweise MüK, S. 139f, 263
235 MüK, S. 251
236 MüK, S. 182, vgl. 118f, 170, 199f
237 MüK, S. 137f
238 Werner Spies, „Ich bin noch ganz in Gärung", in: FAZ, 25.6.92, S. 36; Spies diskutiert auch die Reihenfolge von Nr. 1 und Nr. 2
239 vgl. Jean Guichard-Meili, Henri Matisse, Köln 1968, S. 103
240 MüK, S. 128
241 MüK, S. 244
242 Gillets Kommentar in: Escholier, Matisse, a.a.O., S. 139ff
243 MüK, S. 130, 245, vgl. Guichard-Meili, Matisse, a.a.O., S. 99
244 MüK, S. 245f
245 Karl Jaspers, Die geistige Situation der Zeit, Berlin 1971, S. 72ff
246 Romano Guardini, Briefe vom Comer See, neu u. d. T. Die Technik und der Mensch, Mainz 1981, S. 37, 42f
247 In: Ernst H. Gombrich, Aby Warburg, Frankfurt 1981, S. 303
248 ebd., S. 382, vgl. 302, 322
249 ebd., S. 302f
250 Paul Valéry, Die Eroberung der Allgegenwärtigkeit, in: P. V., Über Kunst, Frankfurt 1959, S. 46f
251 A. S. Eddington, Weltbild der Physik, Braunschweig 1931, S. 334f, zit. n. dem Brief Walter Benjamins an Gerhard Scholem vom 12. 6. 1938, in: W. B., Briefe, Hg. Gershom Scholem/Theodor W. Adorno, Frankfurt 1966, S. 761
252 Elias Canetti, Die Blendung, Frankfurt 1965, S. 60f
253 Musil, Mann ohne Eigenschaften, a.a.O., S. 9
254 Arnold Gehlen, Die Seele im technischen Zeitalter, Hamburg 1957, S. 89ff
255 Paul Klee, Das bildnerische Denken, Hg. Jürg Spiller, Basel 1956, S. 79
256 Artur Fürst, Das Weltreich der Technik, Berlin 1926, Bd. III, S. 262
257 ebd., S. 257, vgl. Thomas P. Hughes, Elmer Sperry, Baltimore/London 1971, S. 129f
258 Fürst, Technik, a.a.O., S. 257
259 ebd., S. 257f
260 Thomas P. Hughes, Die Erfindung Amerikas, München 1991, S. 53
261 s. die Firmenschrift: Anschütz und Co. GmbH, Köln 1957, S. 59f, vgl. Hughes, Sperry, a.a.O., S. 131f

262 H. Chr. Andersen, Das Liebespaar (1843), in: H. Chr. Andersen, Märchen, Frankfurt 1975, Erster Band, S. 299; Perry zit. n. Fürst, Technik, a.a.O., S. 259; Michel Tournier, Der Erlkönig (1970), Frankfurt 1984, S. 39ff
263 s. Fürst, Technik, a.a.O., S. 259
264 Firmenschrift Anschütz, a.a.O., S. 92ff, vgl. Flugsport, Jg. 1926, H. 20, S. 393 u. Bölkow (Hg.), Flugzeuge, a.a.O., S. 35
265 Hans Bellmer, Die Puppe, Frankfurt/Berlin/Wien 1976, S. 29ff
266 Peter Webb with Robert Short, Hans Bellmer, London 1985, S. 229, Abb. Nr. 244
267 Bellmer, Puppe, a.a.O., S. 91f; Bilder der Zürn-Serie bei Webb, Bellmer, a.a.O., Nr. 246, 248, 249, vgl. Nr. 247
268 Bellmer, Puppe, a.a.O., S. 35, 92, 95
269 ebd., S. 12, Abb. S. 41–69
270 Kat. Alexander Calder, Berlin 1967, S. 17. (Calders Text stammt aus dem Jahr 1952.)
271 In Kat. Naum Gabo, Hg. Steven A. Nash/Jörn Merkert, München 1986, S. 37f. Zu den mathematischen Modellen auch: Kat. Wissenschaften in Berlin, Bd. Objekte, Hg. Tilmann Buddensieg u. a., Berlin 1987, S. 114
272 Max Ernst, Biographische Notizen (Wahrheitsgewebe und Lügengewebe), in: Kat. Max Ernst, Hg. Werner Spies, München 1979, S. 170f, vgl. ebd., S. 313, 317; dazu: Werner Spies, Max Ernst 1950–1970, Köln 1979, S. 57, 62 u. Winfried Konnertz, Max Ernst, Köln 1980, Abb. 125
273 s. die Dokumentation im Kat. Delaunay und Deutschland, Köln 1985, S. 385f; vgl. Kat. „Die Axt hat geblüht" – Europäische Konflikte der 30er Jahre in Erinnerung an die frühe Avantgarde, Düsseldorf 1987, S. 151ff, 173
274 s. Der deutsche Sportflieger, Jg. 1937, H. 6, H. 10, H. 11, auch die Anzeige der Firma Dornier, ebd., H. 12, S. 13
275 L. W. Laumon, William Lescaze – Architect, Philadelphia 1987, S. 122, vgl. Robert A. M. Stern (Hg.), New York 1930, New York 1987, S. 740
276 s. Kat. Amerika – Traum und Depression 1920/40, Berlin 1980
277 s. bes.: Bauwelt, Jg. 1938, H. 9, S. 1–16 u. Robert Grosch, Luftverkehr, in: Berlin und seine Bauten, Teil X, Band B: Fernverkehr, Berlin 1984, S. 270ff, bes. 280ff. Vittorio M. Lampugnani, Architektur als Kultur, Köln 1986, weist (S. 123) darauf hin, daß Sagebiel ein ehemaliger Mitarbeiter von Erich Mendelsohn ist. Dazu: Ernst Sagebiel, Die Konstruktion des Columbus-Hauses, in: Zentralblatt der Bauverwaltung, Berlin, 52. Jg., 1932, Nr. 46, S. 543ff. Es wäre einer näheren Untersuchung wert, welche Beziehungen zwischen Mendelsohns Metallarbeiter-Verbandshaus sowie dem Poelzigschen Verwaltungsgebäude für die I.G. Farben, das Mendelsohn lobte, und dem Tempelhofer Flughafen bestehen. Zur Rolle Sagebiels in der NS-Baupolitik und seiner Auseinandersetzung mit Mies van der Rohe: Elaine S. Hochman, Architects of Fortune, New York 1990, S. 285ff. Zu einer Neubewertung Tempelhofs: Dirk Mayhöfer, Verflogene Größe, in: ZEITmagazin, 1.5.1992, S. 64ff
278 So Bazon Brock in einem Gespräch vor Ort; Sommer 1993
279 Robert Delaunay, Zur Malerei der reinen Farbe – Schriften, Hg. Hajo Düchting, München 1983, S. 35
280 ebd., S. 65
281 s. Arthur A. Cohen, Herbert Bayer, Cambridge/MA und London 1984, S. 302ff sowie die beiden Kataloge: Herbert Bayer – Das künstlerische Werk 1918–1938, Berlin 1982 u. Herbert Bayer – Kunst und Design in Amerika 1938–1985, Berlin 1986
282 Giedion, Raum, Zeit, Architektur, a.a.O., S. 488f

283 Oskar Schlemmer, Mensch und Kunstfigur, in: O. S. u. a., Die Bühne am Bauhaus, Bauhausbuch Nr. 4 (1925), Mainz 1965, S. 7ff
284 Wolfgang Meisenheimer, Körperschema und Weltbild, in: DAIDALOS 45, 1992, S. 49, vgl. ders., Raumstrukturen, Düsseldorf 1988, Kap. 2.62
285 Meisenheimer, Körperschema, a.a.O., S. 52
286 Peter Joraschky, Das Körperschema und das Körperselbst als Regulationsprinzipien der Organismus-Umwelt-Interaktion, München 1983, S. 14–18
287 ebd., S. 28
288 ebd., S. 72f
289 zit. n. Rudolf Arnheim, Kunst und Sehen, Berlin 1978, S. 407
290 Joraschky, Körperschema, a.a.O., S. 91f
291 ebd., S. 158f
292 ebd., S. 83
293 ebd., S. 320, vgl. Ann F. Neel, Handbuch der psychologischen Theorien, München 1974, S. 358ff (Kap. XXIV.: Lewins Feldtheorie)
294 Joraschky, Körperschema, a.a.O., S. 314f
295 Arnheim, Kunst und Sehen (1978), a.a.O., S. 407ff
296 Siegfried J. Gerathewohl, Die Psychologie des Menschen im Flugzeug, München 1953, S. 91, vgl. 73, s. auch: Bruno Müller, Flugmedizin, Düsseldorf 1956, S. 150. Zur Geschichte der Luftfahrtpsychologie: Siegfried J. Gerathewohl, Short Survey of the Development of Aviation Psychology and its Methods in Germany, in: German Aviation Medicine, World War II, Hg. USAF School of Aviation Medicine, Randolph Field, Texas, 1950, Bd. 2, S. 1027f
297 Gerathewohl, Psychologie im Flugzeug, a.a.O., S. 91ff. Vgl. zur Entdeckung des Vestibularorgans: Jeannot Simmen, Vertigo und moderne Plastik, in: Schweizerisches Institut für Kunstwissenschaft, Jahrbuch 1984–1986, Zürich 1986, S. 124f
298 s. E. M. v. Hornbostel, Psychologie der Gehörserscheinungen (1926), in: E. M. v. H., Tonart und Ethos, Leipzig 1986, S. 315ff
299 Gerathewohl, Psychologie im Flugzeug, a.a.O., S. 105
300 ebd., S. 105f
301 Bölkow (Hg.), Ein Jahrhundert Flugzeuge, a.a.O., S. 193ff
302 Gerathewohl, Psychologie im Flugzeug, a.a.O., S. 113
303 Otto Steinitz, Optische Täuschungen des Fluggastes, in: Luftfahrt, 1926, Nr. 22, S. 338f
304 Gerathewohl, Psychologie im Flugzeug, a.a.O., S. 115ff
305 vgl. Rudolf Arnheim, Kunst und Sehen (1978), a.a.O., S. 440ff
306 James J. Gibson, Die Wahrnehmung der visuellen Welt, Weinheim/Basel 1973, S. 193, vgl. William P. Blatty, Ghosts in the Cockpit, in: Flying, Feb. 1960
307 Bruno Müller, Flugmedizin, a.a.O., S. 131, 148
308 ebd., S. 147f u. Gerathewohl, Psychologie im Flugzeug, a.a.O., S. 107ff
309 Blatty, Ghosts in the Cockpit, a.a.O.; vgl. Gerathewohl, Psychologie im Flugzeug, a.a.O., S. 148
310 ebd., S. 152, vgl. Bruno Müller, Flugmedizin, a.a.O., S. 126f
311 Gerathewohl, Psychologie im Flugzeug, a.a.O., S. 118ff, hier 123
312 Bruno Müller, Flugmedizin, a.a.O., S. 153; Gerathewohl, Psychologie im Flugzeug, a.a.O., S. 11ff
313 ebd., S. 131–140
314 ebd., S. 138f
315 ebd., S. 132
316 Michael Balint, Angstlust und Regression (Thrills and Regressions, 1959), Reinbek 1972, S. 17ff

317 ebd., S. 23ff
318 ebd., S. 54ff, vgl. 74
319 (1930), Kap. 1
320 Balint, Angstlust, a.a.O., S. 61ff
321 ebd., S. 67ff
322 ebd., S. 70, 72
323 s. Christoph Asendorf, Ströme und Strahlen, Gießen 1989, S. 66f
324 Balint, Angstlust, a.a.O., S. 17, 91, 27, 57f, 94f
325 ebd., S. 37
326 zit. n. K. Bering, Realisation von Raumvorstellungen in der Kunst des 20. Jahrhunderts, in: K. Bering/W. Hohmann (Hg.), Raumbegriff in dieser Zeit, Essen 1986, S. 159
327 Gertrude Stein, Picasso, Zürich 1990, S. 53
328 Hermann v. Helmholtz, Physiologische Optik (1866), hier zit. n. Marianne L. Teuber, Formvorstellung und Kubismus oder Pablo Picasso und William James, in: Kat. Kubismus, Köln 1982, S. 15
329 s. ebd., S. 16
330 Zu Mach s. beispielsweise: Gerathewohl, Psychologie im Flugzeug, a.a.O., S. 92, 104
331 Gibson, Wahrnehmung der visuellen Welt, a.a.O., S. 183ff
332 Kat. Kubismus, Köln 1982, S. 75ff u. Marianne L. Teuber, Formvorstellung und Kubismus, ebd., S. 26ff, 44; Robert Musil, Rede zur Rilke-Feier (1927), in: R. M., Gesammelte Werke II, Reinbek 1978, S. 1238; H.H. Stuckenschmidt, Schöpfer der neuen Musik, Frankfurt 1974, S. 202; Robert Schmutzler, Art Nouveau – Jugendstil, Stuttgart 1977, S. 15f
333 August Endell, Die Schönheit der großen Stadt (1908), Berlin 1984, S. 43, 51
334 Gerathewohl, Psychologie im Flugzeug, a.a.O., S. 57, 64, 145f
335 Arnheim, Kunst und Sehen (1978), a.a.O., S. 228f
336 Gerathewohl, Psychologie im Flugzeug, a.a.O., S. 52ff, hier 53. Vgl. Flugsport, 1926, Nr. 17, S. 340. Allgemein zu Bezugssystemen das Standardwerk: Wolfgang Metzger, Gesetze des Sehens, Frankfurt 1975, S. 617ff, vgl. 25ff
337 Antoine de Saint-Exupéry, Kriegsbriefe an einen Freund (1940), in: A. de S.-E., Gesammelte Schriften in drei Bänden, Düsseldorf 1959, Bd. III, S. 169
338 Müller, Flugmedizin, a.a.O., S. 12f, vgl. S. Ruff/H. Strughold, Grundriß der Luftfahrtmedizin (1939, 1944), München 1957, S. 123ff u. Siegfried Ruff u.a., Sicherheit und Rettung in der Luftfahrt, Koblenz 1989, S. 14f
339 ebd., S. 11–24
340 Klemens Polatschek, Geschoß aus der Hölle, in: DIE ZEIT, Nr. 41, 2.10.1992, S. 92; vgl. Wolfgang Benz, Herrschaft und Gesellschaft im NS-Staat, Frankfurt 1990, S. 83ff
341 Antoine de Saint-Exupéry, Flug nach Arras, Hamburg 1956, S. 30
342 ebd., S. 22f
343 ebd., S. 28, vgl. 36f, 41
344 ebd., S. 29, vgl. 43f, 47, 61
345 Ruff, Sicherheit, a.a.O., S. 35ff, vgl. German Aviation Medicine, World War II, a.a.O., Bd. 1, S. 526ff
346 Ruff, Sicherheit, a.a.O., S. 37
347 ebd., S. 38ff
348 Gerathewohl, Psychologie im Flugzeug, a.a.O., S. 214, vgl. 220; Ruff/Strughold, Luftfahrtmedizin, a.a.O., S. 124; Müller, Flugmedizin, a.a.O., S. 64
349 Reyner Banham, Die Architektur der wohl-temperierten Umwelt, in: Arch+, H. 93, Feb. 1988,

S. 24–26, 28. Dieses Heft von Arch+ enthält die vollständige Übersetzung von Banhams zuerst 1969 erschienenem Buch „The Architecture of the Well-tempered Environment"
350 ebd., S. 33–35
351 ebd., S. 35–38, 63
352 ebd., S. 62–65, 69
353 Jean-Louis Cohen, Le Corbusier and the Mystique of the USSR, Princeton 1992, S. 82f, 88ff, vgl. Banham, Wohl-temperierte Umwelt, a.a.O., S. 56–58
354 Giedion, Raum, Zeit, Architektur, a.a.O., S. 178ff; vgl. Edgar Tafel, Frank Lloyd Wright persönlich, Zürich/München 1981, S. 178ff
355 Donald J. Bush, The Streamlined Decade, New York 1975, S. 150ff, vgl. 136ff
356 Stever/Haggerty, Der Flug, a.a.O., S. 108–113
357 Hans Schueler, Die Pionierleistungen der Lufthansa, in: Lufthansa Jahrbuch '91, Köln 1991, S. 61f; Max v. Beyer-Desimon(Hg.), Flughafenanlagen, Berlin 1931, S. 128f; Otto Lehmann, Amerikanische Luftfahrt – Tages- und Nachtflüge, in: Luftfahrt, Jg. 1929, Nr. 6, S. 82ff
358 so bei Ernst Reinhardt, Gestaltung der Lichtreklame, in: Die Form, Jg. 1929, S. 74f
359 Stever/Haggerty, Der Flug, a.a.O., S. 113ff, vgl. Schueler, Pionierleistungen, a.a.O., S. 62ff
360 Gerathewohl, Psychologie im Flugzeug, a.a.O., S. 52ff; Bruno Müller, Die gesamte Luftfahrt- und Raumflugmedizin, Düsseldorf 1967, S. 237
361 Siegfried J. Gerathewohl, Instrument Flying, in: German Aviation Medicine, World War II, a.a.O., Bd. 2, S. 1034f
362 Gerathewohl, Psychologie im Flugzeug, a.a.O., S. 142ff, hier 149; vgl. Müller, Luftfahrt- und Raumflugmedizin, a.a.O., S. 235. Der Konflikt zwischen Sinneseindruck und Instrumentenanzeige ist auch heute noch eine mögliche Unfallursache, s. Der Spiegel, 10/93, S. 261
363 Friedrich General, Der Flug-Simulator, eine elektronische Rechenmaschine, in: Otto Fuchs (Hg.), Starten und Fliegen, Stuttgart 1958, S. 341f
364 Centrifuges for Investigating the Effect of Centrifugal Forces on Man, in: German Aviation Medicine, World War II, a.a.O., Bd. 1, S. 556ff, vgl. Paul Virilio, Rasender Stillstand, München 1992, S. 55f
365 Bölkow (Hg.), Ein Jahrhundert Flugzeuge, a.a.O., S. 22, bes. aber: J. M. Rolfe/K. J. Staples, Flight Simulation, Cambridge 1986, S. 14–17, 19
366 ebd., S. 17, 22
367 ebd., S. 19ff
368 so Müller, Flugmedizin, a.a.O., S. 129f
369 Rolfe/Staples, Flight Simulation, a.a.O., S. 27f
370 ebd., S. 25f
371 Stefan Oettermann, Das Panorama, Frankfurt 1980, S. 69ff; vgl. Rolfe/Staples, Flight Simulation, a.a.O., S. 28
372 Norbert Nowotsch, Der Flug des Blickes, in: W&M 5/1989, S. 9
373 Laszlo Moholy-Nagy, von material zu architektur, a.a.O., S. 194–222, 166
374 Siegfried Kracauer, Das neue Bauen, in: Frankfurter Zeitung, 31.7.1927
375 s. Dirk Scheper, Theater zwischen Utopie und Wirklichkeit, in: Kat. Tendenzen der Zwanziger Jahre, Berlin 1977, S. 192ff
376 Le Corbusier, Projet du Pavillon „Bat'a" à l'Exposition internationale Paris 1937, in: L. C., Oeuvre complète 1934–1938, Hg. Max Bill, Zürich 1967, S. 170f; Donald J. Bush, The Streamlined Decade, a.a.O., S. 166f, 155ff; Kat. Stromlinienform, Museum für Gestaltung, Zürich 1993, S. 116, 139; The New York World's Fair 1939/1940 in 155 Photographs by Richard Wurts and Others, Hg. Stanley Applebaum, New York 1977, S. 3, 20, 133

377 übersetzt als: Luftherrschaft, Berlin 1935. Vgl. Martin Kutz, Luftmacht, Luftrüstung, Luftkrieg im Dritten Reich, in: Hundert Jahre deutsche Luftfahrt, Kat. MVT Berlin, Gütersloh/München 1991, S. 87f
378 Bölkow (Hg.), Ein Jahrhundert Flugzeuge, a.a.O., S. 395ff, vgl. Erich Hampe, Der zivile Luftschutz im Zweiten Weltkrieg, Frankfurt 1963, S. 97ff
379 zit. n. Hampe, S. 98f
380 Kutz, Luftmacht, a.a.O., S. 95f
381 Janusz Piekalkiewicz, Luftkrieg 1939–1945, München 1978, S. 113f
382 Manfred Asendorf, Operation Gomorrha, in: DIE ZEIT, 31.7.1992, S. 62
383 zit. n. Piekalkiewicz, Luftkrieg, a.a.O., S. 181f, vgl. Albert Schäffer, „Die äußersten Schrecken des Krieges ins Heim bringen", in: FAZ, 30.5.1992, S. 7
384 Piekalkiewicz, Luftkrieg, a.a.O., S. 216
385 ebd., S. 390; Kutz, Luftmacht, a.a.O., S. 101f; Günther Gillessen, Die Rache der Veteranen, in: FAZ, 9.5.1992, Tiefdruckbeilage
386 Ernst Jünger, Totale Mobilmachung, in: E. J., Sämtliche Werke, Stuttgart 1978ff, Bd. 7, S. 128; ähnliche Äußerungen anderer Autoren bei: Armin Adam, Raumrevolution, in: Martin Stingelin/Wolfgang Scherer (Hg.), HardWar/SoftWar, München 1991, S. 151ff
387 zit. n. Paul Virilio, Die Ästhetik des Verschwindens, in: Tumult, Nr. 2, Berlin 1979, S. 120
388 ebd., S. 124, vgl. 126
389 Hampe, Luftschutz, a.a.O., S. 397, 336, 273ff
390 ebd., S. 354ff
391 ebd., S. 546ff
392 ebd., S. 559ff, hier 560
393 ebd., S. 567ff, 286
394 Braque: s. Hans Sedlmayr, Die Revolution der modernen Kunst (1955), Köln 1985, S. 50. Picasso: s. Fleur Cowles, Der Fall Dali, Berlin/Frankfurt/Wien 1970, S. 129
395 Bazon Brock, Zu den Aquarellen von Lucius Burckhardt, in: L. B., Die Kinder fressen ihre Revolution, Hg. Bazon Brock, Köln 1985, S. 16
396 s. Walter Hess, Dokumente zum Verständnis der modernen Malerei, Hamburg 1956, S. 49ff, hier 67
397 Werner Haftmann, Malerei im 20. Jahrhundert, München 1976, S. 379ff, hier 381
398 Richard Cork, Vorticism and Abstract Art in the First Machine Age, Vol. 2: Synthesis and Decline, London 1976, S. 520ff, hier 521
399 Dirk Schümer, Die Kulissen des Krieges, in: FAZ, 22.5.1991, S. N 3
400 Bruno Taut, Frühlicht 1920–1922, Reprint Fankfurt/Berlin 1963
401 Bruno Taut, Architekturmalereien, ebd., S. 139f
402 Lloyd C. Engelbrecht, Moholy-Nagy und Chermayeff in Chicago, in: Kat. New Bauhaus, Hg. Peter Hahn, Berlin 1987, S. 60
403 Die folgenden Zitate Schlemmers bei: Wulf Herzogenrath, Oskar Schlemmer – Wandgestaltung der neuen Architektur, München 1973, S. 165, 244. Dort auch weitere Literatur, die ich hier z. T. herangezogen habe. Besonders danke ich Heinz Rasch, Wuppertal, für Gespräche zum Thema im Frühsommer 1993
404 Herzogenrath, Schlemmer, a.a.O., S. 166
405 Oskar Schlemmer, Idealist der Form – Briefe, Tagebücher, Schriften, Leipzig 1990, S. 323, 328
406 Sedlmayr, Revolution der modernen Kunst, a.a.O., S. 50f

407 Albert Speer, Erinnerungen, Frankfurt/Berlin/Wien 1976, S. 363
408 Keith Mallory/Arvid Ottar, The Architecture of War, New York 1973, S. 151ff, vgl. 279
409 s. Paul Virilio, Bunker-Archäologie, München 1992, S. 211
410 ebd., S. 44
411 Dieter Hoffmann-Axthelm, Krieg und Architektur, in: Arch+, Nr. 71, Okt. 1983, S. 14
412 Paul Virilio, „Das irreale Monument" – Der Einstein-Turm (1979), Berlin 1992, bes. S. 26f; Joachim Krausse, Einsteins Weltbild und die Architektur, in: Arch+, Nr. 116, März 1993, S. 32ff, bes. 36
413 Hampe, Luftschutz, a.a.O., S. 289
414 Mallory/Ottar, Architecture of War, a.a.O., S. 281
415 Frank Lloyd Wright, The Natural House (1954), New York 1970, S. 17ff; vgl. Giedion, Raum, Zeit, Achitektur, a.a.O., S. 262ff
416 Speer, Erinnerungen, a.a.O., S. 363
417 Hans Schoszberger, Bautechnischer Luftschutz, Berlin 1934, S. 219, zit. n. Arch+, Nr.71, a.a.O., S. 33
418 Hampe, Luftschutz, a.a.O., S. 275–278
419 Sigfried Giedion, Befreites Wohnen, Faksimile-Reprint Frankfurt 1985, S. 15f, Abb. Nr. 39, 40
420 „CIAM": Charta von Athen – Lehrsätze, in: Programme und Manifeste zur Architektur des 20. Jahrhunderts, Hg. Ulrich Conrads, Braunschweig 1981, S. 129ff
421 Hans Scharoun, Zur Ausstellung „Berlin plant", in: Neue Bauwelt, H. 10, 1946, S. 3, zit. n. Vittorio M. Lampugnani, Architektur als Kultur, Köln 1986, S. 159
422 s. Ulrich Höhns, „Städtebau im Atomzeitalter", in: Arch+, Nr. 71, a.a.O., S. 34ff
423 In: Werner Durth, Deutsche Architekten, Braunschweig 1986, S. 216; vgl. Christoph Hackelsberger, Die aufgeschobene Moderne, München/Berlin 1985, S. 22ff, 33f
424 Frank Lloyd Wright, Natural House, a.a.O., S. 136
425 Alexander Kluge, „Bauen für den Krieg", in: Arch+, Nr. 71, a.a.O., S. 50
426 Mallory/Ottar, Architecture of War, a.a.O., S. 99ff
427 ebd., S. 105
428 s. Laszlo Moholy-Nagy, vision in motion (1947), Chicago 1969, S. 267, 188
429 s. Donald J. Bush, The Streamlined Decade, a.a.O., S. 150ff, hier 151f
430 Lewis Mumford, Die Stadt, München 1979, Bd.1, S. 558ff, 662f
431 Mallory/Ottar, Architecture of War, a.a.O., S. 107, vgl. Virilio, Bunker-Archäologie, a.a.O., S. 69
432 Anthony Verrier, Bomberoffensive gegen Deutschland 1939–1945, Frankfurt 1970, S. 105
433 ebd., S. 136, 176
434 ebd., S. 149, vgl. Piekalkiewicz, Luftkrieg, a.a.O., S. 160
435 ebd., S. 302f; Verrier, Bomberoffensive, a.a.O., S. 175
436 ebd., S. 136f, 143
437 ebd., S. 149f
438 Norbert Wiener, Mathematik – Mein Leben, Frankfurt 1965, S. 196ff; Friedrich Kittler, Grammophon, Film, Typewriter, Berlin 1986, S. 149ff
439 Paul Virilio, Krieg und Kino, Frankfurt 1989, S. 167, 171
440 In: Piekalkiewicz, Luftkrieg, a.a.O., S. 78
441 Antoine de Saint-Exupéry, Flug nach Arras, Hamburg 1956, S. 99–101, 108f
442 Beaumont Newhall, Airborne Camera, New York 1969, S. 62
443 Moholy-Nagy, von material zu architektur, a.a.O., S. 96ff, 166ff

444 Franz Roh, Mechanismus und Ausdruck, in: F. R. und Jan Tschichold, Foto-Auge, Stuttgart 1929, S. 6
445 Zu Gabo: Berlinische Galerie/MD Berlin (Hg.), Naum Gabo, Berlin 1989, S. 12 (frdl. Hinweis von Thilo Koenig); zu Speer: Wolfgang Schivelbusch, Licht, Schein und Wahn, Berlin 1992, S. 81ff
446 Speer, Erinnerungen, a.a.O., S. 301, auch Virilio, Krieg und Kino, a.a.O., S. 171f. Über den Auftrag an Moholy-Nagy und sich berichtet Gyorgy Kepes in: Douglas Davis, Vom Experiment zur Idee, Köln 1975, S. 141
447 Hampe, Luftschutz, a.a.O., S. 560f
448 Moholy-Nagy, vision in motion, a.a.O., S. 246, vgl. ders., von material zu architektur, a.a.O., S. 170
449 zit. n. Piekalkiewicz, Luftkrieg, a.a.O., S. 366
450 ebd., S. 377ff
451 Thomas Pynchon, Die Enden der Parabel (Gravity's Rainbow), Reinbek 1981, S. 14ff, vgl. 41. Pynchons Werk wird im Folgenden zitiert als EP
452 Frank H. Winter, Prelude to the Space Age, Washington 1983, S. 35ff
453 Paul Virilio, Krieg und Kino, a.a.O., S. 114
454 Ernst Peter, Der Weg ins All, Stuttgart 1988, S. 40ff
455 Heinrich v. Kleist, Entwurf einer Bombenpost, in: Berliner Abendblätter, Hg. Heinrich v. Kleist, 11tes Blatt, 12.10.1810, S. 45f; s. auch: 14tes Blatt, 16.10.1810, S. 57f
456 Steven Weisenburger, A Gravity's Rainbow Companion, Athens (Ga.) 1988, S. 309
457 Peter, Weg ins All, a.a.O., S. 48f
458 Walter Dornberger, Peenemünde – Die Geschichte der V-Waffen (urspr. Titel: V 2 – Der Schuß ins Weltall), Frankfurt/Berlin 1992, S. 28ff
459 ebd., S. 20f, 44ff, 74ff; Peter, Weg ins All, a.a.O., S. 54f; EP, S. 629, 636
460 Peter, Weg ins All, a.a.O., S. 55f
461 K. W. Fieber, Zur Geschichte der deutschen Raketensteuerung, Klagenfurt 1965, S. 1. (Typoskript in der TU Berlin, Abt. Luft- und Raumfahrt)
462 s. Mathew Winston, Auf der Suche nach Pynchon, in: Ordnung und Entropie, Zum Romanwerk von Thomas Pynchon, Hg. Heinz Ickstadt, Reinbek 1981, S. 306ff, bes. 317
463 EP, S. 620–677; vgl. auch die Kommentare von Douglas Fowler, A Reader's Guide to Gravity's Rainbow, Ann Arnbor 1980, und Steven Weisenburger, A Gravity's Rainbow Companion, a.a.O.
464 EP, S. 258–269
465 Robert Musil, Tagebücher, Hg. Adolf Frisé, Reinbek 1983, S. 722
466 EP, S. 625–630
467 ebd., S. 262, 632
468 ebd., S. 636–640, 652–670
469 ebd., S. 642–645
470 ebd., S. 902–906
471 Dornberger, Peenemünde, a.a.O., S. 27
472 Georg Simmel, Brücke und Tür, in: G. S., Brücke und Tür – Essays, Hg. Michael Landmann, Stuttgart 1957
473 EP, S. 333
474 ebd., S. 467
475 ebd., 688–692
476 Lawrence C. Wolfley, Parabeln der Verdrängung, in: Ickstadt (Hg.), Ordnung und Entropie, a.a.O., S. 197ff; Weisenburger, Gravity's Rainbow Companion, a.a.O., S. 205ff

477 EP, S. 473
478 ebd., S. 16, 1194
479 Lance W. Ozier, Kalküle der Wandlung, in: Ickstadt (Hg.), Ordnung und Entropie, a.a.O., 172ff, hier 174
480 EP, S. 256
481 ebd., S. 619f
482 Ozier, Kalküle der Wandlung, a.a.O., S. 185
483 EP, S. 1038f
484 Robert Musil, Die Amsel, in: R. M., Gesammelte Werke II, a.a.O., S. 555ff, vgl. ders., Tagebücher, a.a.O., S. 312
485 vgl. Friedrich Kittler, Medien und Drogen in Pynchons zweitem Weltkrieg, in: Die unvollendete Vernunft, Hg. Dietmar Kamper/Willem van Reijen, Frankfurt 1987, S. 341f u. David Leverenz, Verwirrung an den Enden der Parabel, in: Ickstadt (Hg.), Ordnung und Entropie, a.a.O., S. 150f
486 EP, S. 794
487 ebd., S. 972
488 ebd., S. 978, vgl. 1157f
489 ebd., S. 1140
490 Ebd., S. 725, 1191, 710f
491 Friedrich Teja Bach, Constantin Brancusi, Köln 1987, S. 194, 154
492 EP, S. 812f, 840, 883f
493 R. Buckminster Fuller, Bedienungsanleitung für das Raumschiff Erde, Hg. Joachim Krausse, Reinbek 1973, S. 168ff
494 Carl Schmitt, Land und Meer, Köln 1981, S. 16, 29ff
495 ebd., S. 94, vgl. 82f, 89
496 Carl Schmitt, Staat als ein konkreter, an eine geschichtliche Epoche gebundener Begriff (1941), in: C. S., Verfassungsrechtliche Aufsätze, Berlin 1973, S. 381f
497 Schmitt, Land und Meer, a.a.O., S. 87f
498 Armin Adam, Raumrevolution, in: HardWar/SoftWar, Hg. Martin Stingelin/Wolfgang Scherer, München 1991, S. 145ff
499 Schmitt, Land und Meer, a.a.O., S. 53ff
500 ebd., S. 64ff
501 ebd., S. 68f
502 ebd., S. 103ff
503 Henry Adams, Die Erziehung des Henry Adams, Zürich 1953, S. 586ff, auch 656f, 715, 774f; Thomas Pynchon zur Bedeutung von Adams für sein Denken in: Spätzünder, Reinbek 1985, S. 21
504 Carl Schmitt, Der Nomos der Erde, Berlin 1974, S. 20
505 ebd., S. 206f, 216
506 ebd., S. 290ff, hier 298
507 Joseph H. Kaiser, Europäisches Großraumdenken, in: Epirrhosis, Festgabe für Carl Schmitt, Hg. Hans Barion u. a., Berlin 1968, 2. Bd., S. 536ff; Helmut Quaritsch, Positionen und Begriffe Carl Schmitts, Berlin 1991, S. 56; Hasso Hofmann, Legitimität gegen Legalität, Berlin 1992, S. 242; Reinhard Mehring, Carl Schmitt, Hamburg 1992, S. 118, 132
508 Dornberger, Peenemünde, a.a.O., S. 207f
509 Wolfgang Voigt, Weltmacht Atlantropa, in: DIE ZEIT, 31.5.1991, S. 33f. Zu Sörgels Konzept und dem zeitgenössischen Kontext auch: Martin Mächler, TVA – Goelro – Atlantropa, in: M.

M., Weltstadt Berlin, Schriften und Materialien dargestellt und herausgegeben von Ilse Balg, Berlin 1987, S. 148ff

510 Speer, Erinnerungen, a.a.O., S. 446
511 Quaritsch, Schmitt, a.a.O., S. 36, 83ff; Mehring, Schmitt, a.a.O., S. 35, 66, 129, 149; vgl. Hofmann, Legitimität, a.a.O., 232, 226f
512 Nicolaus Sombart, Jugend in Berlin, Frankfurt 1987, S. 244, vgl. ders., Die deutschen Männer und ihre Feinde, München 1991
513 Hans Jaeger, Big Business und New Deal, Stuttgart 1974, S. 57f
514 Wendell Willkie, One World, New York 1943, zit. n. Roscoe Drummond, Wendell Willkie – A Study in Courage, in: The Aspirin Age, Ed. Isabel Leighton (1949), New York 1963, S. 456f
515 s. Karl Drechsler, Die USA zwischen Antihitlerkoalition und Kaltem Krieg, Berlin 1986, S. 29ff
516 Walter Dorwin Teague, Design This Day, London o. J. (1946), S. 207ff
517 William Fielding Ogburn, The Social Effects of Aviation, Cambridge/Mass. 1946, S. 513f
518 R. E. G. Davies, A History of the World's Airlines, London 1964, S. 246, 327, 480
519 Gerd Wolff, Die Entwicklung des Weltluftverkehrs nach dem Zweiten Weltkrieg, Tübingen 1967, S. 59f
520 G. Lloyd Wilson and Leslie A. Bryan, Air Transportation, New York 1949, S. 618ff
521 Frank Jackson, The New Air Age: BOAC and Design Policy 1945–60, in: Journal of Design History, Vol. 4, No. 3, 1991, S. 167
522 Fielding, Social Effects, a.a.O., S. 7f
523 ebd., S. 340ff, vgl. S. 238
524 ebd., S. 372ff, 424f
525 ebd., S. 503f
526 John Neuhart/Marylin Neuhart/Ray Eames, Eames Design, Berlin 1989, S. 27
527 Alan Jenkins, The Forties, New York 1977, S. 142
528 Neuhart, Eames, a.a.O., S. 28f, 32ff, 42f
529 ebd., S. 139f, vgl. Klaus-Jürgen Sembach u. a., Möbeldesign des 20. Jahrhunderts, Köln 1991, S. 165ff
530 ebd., S. 146f
531 Neuhart, Eames, a.a.O., S. 274f, vgl. 226ff
532 Fielding, Social Effects, a.a.O., S. 447ff
533 Le Corbusier, Der Modulor, Stuttgart 1980, S. 18, vgl. 126ff
534 Fielding, Social Effects, a.a.O., S. 696, vgl. 692f
535 Stanislaus v. Moos, „Modern Art Gets Down to Business" – Anmerkungen zu Alexander Dorner und Herbert Bayer, in: Kat. Herbert Bayer – Das künstlerische Werk 1918–1938, Berlin 1982, S. 93ff, hier 100; vgl. Stanislaus v. Moos, Die zweite Entdeckung Amerikas, Nachwort zu Sigfried Giedion, Die Herrschaft der Mechanisierung, Frankfurt 1982, S. 813f, ferner: Andreas Haus, Moholy-Nagy – Sinnlichkeit und Industrie, in: Avantgarde und Industrie, Hg. Stanislaus v. Moos u. Chris Smeenk, Delft 1983, S. 113f
536 Sigfried Giedion, Die Herrschaft der Mechanisierung, a.a.O., S. 135ff
537 Laszlo Moholy-Nagy, vision in motion (1947), Chicago 1969, S. 244f
538 Alexander Dorner, The Way Beyond Art (1947), deutsch: Überwindung der „Kunst", Hannover 1959, S. 155f
539 Dorner, The Way Beyond Art, aus dem in der deutschen Ausgabe nicht enthaltenen Schlußkapitel übers. in: Kat. Herbert Bayer 1918–1938, a.a.O., S. 90
540 Dorner, Überwindung der „Kunst", a.a.O., S. 127

541 ebd., S. 135ff, 171
542 So bei Beat Wyss, Die Trauer der Vollendung, München 1985, S. 265ff
543 Hans Sedlmayr, Verlust der Mitte, Frankfurt/Berlin/Wien 1973, S. 178
544 ebd., S. 8ff
545 ebd., S. 42
546 Giedion, Raum, Zeit, Architektur, a.a.O., S. 190f
547 Sedlmayr, Verlust der Mitte, a.a.O., S. 46f
548 ebd., S. 61f
549 ebd., S. 78f
550 ebd., S. 78, 84
551 ebd., S. 84, 116
552 ebd., S. 163
553 Das Menschenbild in unserer Zeit, Darmstädter Gespräch 1950, Hg. H. G. Evers, Darmstadt 1951, S. 59, 73ff
554 Martin Heidegger, Bauen Wohnen Denken/Das Ding, beide Texte in: M. H., Vorträge und Aufsätze, Pfullingen 1954, S. 141, 143f, 157f
555 Werner Haftmann, Malerei im 20. Jahrhundert, München 1976, S. 464, 518ff
556 s. Thomas Kellein, Sputnik-Schock und Mondlandung, Stuttgart 1989, S. 44 u. ders., Es ist die schiere Größe: Die Rezeption der amerikanischen Kunst in Europa, in: Kat. Amerikanische Kunst im 20. Jahrhundert, Hg. Christos M. Joachimides/Norman Rosenthal, München 1993, S. 211f, 215
557 zit. n. Kellein, Sputnik-Schock, a.a.O., S. 123
558 In: Steven Naifeh and Gregory White Smith, Jackson Pollock, New York 1991, S. 539
559 So Ralf Schiebler in dem so anregenden wie spekulativen Aufsatz: Die Kunst des Steuermanns – Jackson Pollock und die Kybernetik, in: FAZ, 8.9.1990, Tiefdruckbeilage
560 Wulf Herzogenrath, Vom Farbfeld zum Bildobjekt, in: Sammlung Beyeler, Kat. Neue Nationalgalerie Berlin 1993, S. 194
561 n. Wieland Schmied, Mark Tobey, Stuttgart 1966, S. 68, vgl. 46
562 s. ebd., S. 8, 13 und: Wieland Schmied, Mark Tobey, in: Kat. GegenwartEwigkeit, Hg. W. S. in Zusammenarbeit mit Jürgen Schilling, Stuttgart 1990, S. 302
563 Ernst Wilhelm Nay, Bilder und Dokumente, München 1980, S. 9f, 127ff, 134ff
564 ebd., S. 12f, 155f
565 Ernst Jünger, Strahlungen, Aufzeichnung vom 1.5.1943
566 Nay, Bilder und Dokumente, a.a.O., S. 82; Helmut Quaritsch, Positionen und Begriffe Carl Schmitts, a.a.O., S. 23. Der Briefwechsel ist nicht veröffentlicht; nach der freundlichen telephonischen Auskunft von Helmut Quaritsch liegen die noch vorhandenen Teile im Hauptstaatsarchiv Nordrhein-Westfalen, Nachlaß Carl Schmitt. Im Nay-Nachlaß am Germanischen Nationalmuseum in Nürnberg befinden sich keine Briefe von Carl Schmitt – briefliche Auskunft an den Verf. vom 26.10.1993
567 Georg Simmel, Brücke und Tür, a.a.O.
568 Eero Saarinen on His Work. A selection of buildings dating from 1947 to 1964 with statements by the architect, ed. by Aline B. Saarinen, New Haven/London 1968
569 ebd.
570 Paul Jacques Grillo, Form, Function and Design, New York 1975, S. 38 (unveränderter Nachdruck der 1960 unter dem Titel „What is Design?" erschienenen Erstausgabe)
571 Reyner Banham, Age of the Masters (1962), London 1975, S. 122ff
572 Jürgen Joedicke, Schalenbau, Stuttgart 1962, S. 19; Pier Luigi Nervi, Aesthetics and

Technology in Building, Cambridge/Ma. 1965, S. 186f; Oswald Mathias Ungers, Morphologie – City Metaphors, Köln 1982, S. 94f

573 Joedicke, Schalenbau, a.a.O., S. 10ff
574 s. Kenzo Tange, Zürich und München 1978, S. 163ff und, zu Félix Candela: Curt Siegel, Strukturformen der modernen Architektur, München 1960, S. 253
575 Grundlegend: Bart Lootsma, Poème Electronique, in: Le Corbusier, Synthèse des Arts, Kat. Badischer Kunstverein, Karlsruhe 1986, S. 111–147, vgl. Siegel, Strukturformen, a.a.O., S. 260f
576 Jean Rudolf v. Salis, Grenzüberschreitungen 2, Frankfurt 1978, S. 388ff
577 Max Frisch, Homo faber (1957), Frankfurt 1977, S. 194ff, vgl. 8f
578 dt. Ausgabe: Sprache des Sehens, Mainz 1970; über Kepes: Douglas Davis, Vom Experiment zur Idee, Köln 1975, S. 138ff
579 Gyorgy Kepes, Mobile Lichtwand, in: Wesen und Kunst der Bewegung, Hg. G. K., Brüssel 1969, S. 18ff, vgl. 16f
580 s. Patrick Werkner, Land Art USA, München 1992, S. 99ff
581 Gottfried Boehm, Ikonoklastik und Transzendenz, in: Kat. GegenwartEwigkeit, a.a.O., S. 30
582 Werkner, Land Art, a.a.O., S. 91f
583 ebd., S. 101
584 ebd., S. 97f
585 Boehm, Ikonoklastik, a.a.O., S. 30f, vgl. Werkner, Land Art, a.a.O., S. 108f. Boehm stellt auch eine Verbindung von Walter de Maria zu Barnett Newman her
586 So Newman 1948 in „The Nation". Auszüge dieses Textes im Anhang von: Max Imdahl, Barnett Newman – Who's Afraid of Red, Yellow and Blue III, Stuttgart 1971, S. 28f
587 s. Imdahl, Newman, a.a.O., S. 9
588 ebd., S. 17
589 Diese Möglichkeit erwähnt Werner Spies in: Das Auge am Tatort, München 1979, S. 160
590 Zuletzt in: Barnett Newman, Selected Writings and Interviews, New York 1990, vgl. Imdahl, Newman, a.a.O., S. 5f
591 Boehm, Ikonoklastik, a.a.O., S. 29f
592 s. Imdahl, Newman, a.a.O., S. 11
593 Dieser Vergleich ebd., S. 22
594 Wolfgang Schivelbusch, Licht, Schein und Wahn, Berlin 1992, S. 127
595 Barnett Newman, The Sublime is Now, n. Imdahl, Newman, a.a.O., S. 30 und Jean-Francois Lyotard, Der Augenblick – Newman, in: Aisthesis, Hg. Karlheinz Barck u. a., Leipzig 1990, S. 359
596 Diskussion der „negativen Darstellung" bei Lyotard, ebd., S. 365
597 Im Gespräch mit Christian Norberg-Schulz, wieder gedruckt im Anhang von Fritz Neumeyer, Mies van der Rohe, Berlin 1986, S. 404ff
598 Werner Blaser, Mies van der Rohe, Zürich 1980, S. 96ff, 176ff, vgl. Curt Siegel, Strukturformen der modernen Architektur, München 1960, S. 181, 188
599 Franz Schulze, Introduction, in: Franz Schulze (Hg.), Mies van der Rohe – Critical Essays, Cambridge/Ma. 1989, S. 12
600 s. Siegel, Strukturformen, a.a.O., S. 189
601 Hans T. v. Malotki, Nationalgalerie Berlin, in: Internationale Lichtrundschau, Jg. 19, 1968, S. 119ff
602 Charles Jencks, Spätmoderne Architektur, Stuttgart 1981, S. 58
603 Beaumont Newhall, Airborne Camera, New York 1969, S. 112ff

604 Das Menschenbild in unserer Zeit, Darmstädter Gespräch 1950, Hg. H. G. Evers, Darmstadt 1951, S. 31, 37
605 In: Guido Ballo, Lucio Fontana, Köln 1971, S. 198
606 ebd., S. 228ff, 253
607 Carla Schulz-Hoffmann, Lucio Fontana, München 1983, S. 94ff
608 zit. n. Kellein, Sputnik-Schock, a.a.O., S. 31. Zu den Quellen Kleins und einzelnen Arbeiten ebd., bes. S. 31ff, 18ff
609 Bernhard Kerber, „Schwebende" Plastik, in: Kat. Schwerelos, Hg. Jeannot Simmen, Berlin 1991, S. 68
610 Joseph Rykwert, Zweidimensionale Kunst für den zweidimensionalen Menschen, in: J. R., Ornament ist kein Verbrechen, Köln 1983, S. 156. Zu Joseph von Copertino: Blaise Cendrars, Der neue Schutzpatron der Flieger, Zürich 1980
611 Die Entstehung der Gruppe „Zero", in: ZERO, Köln 1973, S. XX
612 Wege zum Paradies, in: ZERO, Köln 1973, S. 147
613 Matthias Horx, Die schönste aller Welten, in: ZEITmagazin, 10.3.1989, S. 24
614 Bruno Müller, Die gesamte Luftfahrt- und Raumflugmedizin, Düsseldorf 1967, S. 169f, 193f
615 ebd., S. 196ff
616 H. Brausewaldt (Hg.), Sturzkampfflugzeuge, Berlin 1941, S. 24f, 52ff; vgl. Roderich Cescotti, Kampfflugzeuge und Aufklärer, Koblenz 1989, S. 92ff
617 Müller, Luftfahrt- und Raumflugmedizin, a.a.O., S. 173, 213ff
618 zit. ebd., S. 13
619 ebd., S. 244ff, hier 251. Müller beruft sich auf eine Untersuchung Gerathewohls
620 Lewis Mumford, Mythos der Maschine, Frankfurt 1977, S. 690
621 Charles Jencks, Spätmoderne Architektur, Stuttgart 1981, S. 100f
622 Kenzo Tange, in Zusammenarbeit mit Kenzo Tange und Udo Kultermann bearbeitet von H. R. Von der Mühll, Zürich und München 1978, S. 185ff, hier S. 203
623 Giedion, Raum, Zeit, Architektur, a.a.O., S. 282
624 s. R. Buckminster Fuller, Bedienungsanleitung für das Raumschiff Erde und andere Schriften, Hg. Joachim Krausse, Reinbek 1973, S. 144ff
625 ebd., S. 177
626 Wolfgang Friebe, Architektur der Weltausstellungen, Stuttgart 1983, S. 213; zu Roshdestwenski: Larissa Shadowa, Kasimir Malewitsch und sein Kreis, München 1982
627 Alexander Romanow, Sergej Koroljow, Moskau 1976, S. 36, zit. n. Ulrich Giersch, Hain der Kosmonauten, in. Kat. Schwerelos, a.a.O., S. 33
628 La ville-aèroport, Entretien avec Paul Andreu, in: Kat. La vitesse, Paris 1991, S. 119, vgl.: Der Charles de Gaulle-Flughafen in Paris, in: Weltwunder der Baukunst, Bd. Zentren staatlicher Herrschaft – Triumphe der Technik, Hg. Flavio Conti, Augsburg 1987, S. 302ff
629 Tom Wolfe, Die Helden der Nation (The Right Stuff, 1979), Frankfurt/Berlin 1986, S. 274
630 ebd., S. 274, 279
631 Stewart Kranz, Science and Technology in the Arts, New York 1974, S. 145
632 ebd., S. 152
633 Craig Adcock, James Turrell, Berkeley/Los Angeles/Oxford 1990, S. 61ff, hier 64; vgl. Douglas Davis, Vom Experiment zur Idee, Köln 1975, S. 201f
634 Adcock, Turrell, a.a.O., S. 65
635 ebd., S. 219
636 ebd., S. 219f
637 ebd., S. 220, vgl. 67

638 ebd., S. 221. Vgl. den Katalog James Turrell, Perceptual Cells, Hg. Jiri Svestka, Düsseldorf 1992
639 Adcock, Turell, a.a.O., S. 76
640 Michael Balint, Angstlust und Regression, Reinbek 1972, S. 53ff, hier 64
641 Abbildungen z. B. bei Kranz, Science and Technology in the Arts, a.a.O., S. 153 und bei James Monaco, Film verstehen, Reinbek 1980, S. 125
642 Monaco, Film verstehen, a.a.O., S. 192f
643 Rolf Giesen, Special Effects, Ebersberg 1985, S. 22
644 Arthur C. Clarke, 2001: Odyssee im Weltraum, München 1975, S. 178
645 Kay Kirchmann, Stanley Kubrick, Marburg 1993, S. 127
646 In: Jerome Agel, The Making of Kubricks 2001, New York 1970, zit. n. Himmlisches Kino, Hg. Deutsche Lufthansa AG, Frankfurt 1991, S. 77
647 s. Flug Revue 2/94, S. 66ff u. Gero v. Randow, Himmlisch geführter Blindflug, in: DIE ZEIT, 19.6.92, S. 51
648 Michael Herr, Dispatches, dt.: An die Hölle verraten, Reinbek 1987, S. 15, 14. Zu Herrs Buch und zu einem Vergleich mit der Raumgestaltung John Portmans s. Frederic Jameson, Zur Logik der Kultur im Spätkapitalismus, in: A. Huyssen/K. R. Scherpe (Hg.), Postmoderne, Reinbek 1986, S. 89f
649 Paul Virilio, Rasender Stillstand, München/Wien 1992, S. 128f
650 s. Paul Virilio, Revolutionen der Geschwindigkeit, Berlin 1993, S. 38f
651 Archigram, Hg. Peter Cook, Basel/Boston/Berlin 1991, S. 5. (Die Originalausgabe erschien 1972)
652 ebd., S. 27, 32f, 7, 48f
653 ebd., S. 44
654 ebd., S. 64f
655 ebd., S. 52
656 ebd., S. 86ff
657 ebd., S. 68
658 ebd., S. 96
659 Paul Dickson, The Electronic Battlefield (1976), dt.: Elektronik auf dem Gefechtsfeld, Stuttgart 1979, S. 216f, vgl. 91
660 s. Philipp Oswalt, Polytope von Iannis Xenakis, in: Arch+, Nr. 107, 1991, S. 50ff
661 s. Arch+, Nr. 108, 1991, S. 32ff (Jean Nouvel im Gespräch mit Patrice Goulet und Paul Virilio) u. S. 77 (Gespräch mit Joachim Krausse)
662 Nikolaus Kuhnert/Wolfgang Wagener, Das Verschwinden der Architektur, in: Arch+, Nr. 95, 1988, S. 32f, vgl. 38f
663 Rem Koolhaas, Delirious New York, London 1978, auszugsweise übers. in. Arch+, Nr. 105/106, 1990, S. 59ff
664 vgl. Kazuo Shinohara, Tokyo – Die Schönheit des Chaos, in: Arch+, Nr. 105/106, 1990, S. 48ff; dazu: Michael Mönninger, Das geordnete Chaos, FAZ, 16.11.91, Tiefdruckbeilage
665 s. Rem Koolhaas, Das Atlanta-Experiment, in. Arch+, Nr. 105/106, 1990, S. 73ff, vgl. Michael Mönninger, Die verschwundene Stadt, FAZ, 7.7.1990, Tiefdruckbeilage
666 Michael Mönninger, Der Angriff der Geschwindigkeit auf Raum und Zeit, in: FAZ, 21.1.1994, S. 33
667 Peter Sloterdijk, Eurotaoismus, Frankfurt 1989, S. 23, vgl. 76, 61, 69
668 ebd., S. 48ff
669 ebd., S. 79
670 Paul Virilio, Revolutionen der Geschwindigkeit, a.a.O., S. 37
671 Paul Virilio, Rasender Stillstand, a.a.O., S. 38f

672 Paul Virilio, Revolutionen der Geschwindigkeit, a.a.O., S. 22, 24
673 ebd., S. 65
674 Paul Virilio, Rasender Stillstand, a.a.O., S. 50, 134ff; Alles, überall, jederzeit, in: Der Spiegel, 8/94, S. 94ff; Inseln der Seligen, in: Der Spiegel, 11/94, S. 240ff
675 Paul Virilio, Rasender Stillstand, a.a.O., S. 42f, 148

NAMENSVERZEICHNIS

Abbott, B. 157
Adams, H. 261
Adelt, L. 22
Adorno, Th. W. 96, 254
Afanasjew, K. 68
Altdorfer, A. 128
Andersen, H. C. 141
Andreu, P. 323, 324
Anschütz-Kaempfe, H. 139, 141
Apollinaire, G. 26
Aristoteles 107
Arnheim, R. 44, 45, 161, 177
Arp, H. 66, 177, 178
Astaire, F. 328, 329
Aublet, F. 149
Azari, F. 120

Bach, J. S. 254
Baldessari, L. 109
Balbo, I. 122
Balint, M. 168–172, 328
Balla, G. 119
Banham, R. 87, 186, 187, 291, 333
Barany, R. 195
Barnes, A. C. 129
Bauersfeld, W. 110, 111
Baumeister, W. 222, 230
Bayer, H. 84, 97, 98, 153–157, 221, 258, 274,
    275, 277, 278
Beckmann, M. 122–125
Beethoven, L. van 254
Behrens, P. 4–8, 103–106, 109, 188, 254, 262,
    279
Bell, A. G. 15
Bel Geddes, N. 203, 205, 206
Bellmer, H. 143–146, 148
Benevolo, L. 186
Benjamin, W. 34, 56, 96
Berenson, B. 172

Bergamin, R. 52, 53
Bergson, H. 77
Bertalanffy, L. von 116
Bertillon, A. 38
Beuys, J. 317
Blériot, L. 21, 23–25, 112, 148, 153, 191
Blake, P. 334
Bouché 78
Boullée, E. L. 50, 51, 279
Bourke-White, M. 205
Bragdon, C. 78, 79
Brancusi, C. 21, 26, 31–33, 87, 257
Braque, G. 217, 223
Braun, A. 41
Braun, W. von 246, 248, 249, 262, 318
Brausewaldt, H. 121
Breuer, M. 16, 162, 163
Breuhaus, F. A. 272, 273
Brown, N. O. 254
Bruguière, F. 137
Bühler, C. 160
Burke, E. 304
Buschhüter, K. 102, 103

Caillebotte, G. 40–42
Calder, A. 146
Candela, F. 293, 294
Canetti, E. 137
Cardano, G. 143, 144
Carr, J. G. 150, 151
Cassirer, P. 126
Caulkin, D. 190
Cézanne, P. 173, 278
Chalk, W. 333
Churchill, W. 210
Clarke, A. C. 329
Cook, P. 335
Copertino, J. von 314
Cottancin 279

Crali, T. 121

Degas, E. 40, 41, 279
DeHart, R. L. 165
Delaunay, R. 23–27, 33, 148–150, 152–154, 217
De Maria, W. 299–302, 310
Dewey, J. 116, 276, 281
Diehl, G. 129
Dietrich, M. 22
Dischinger, F. 111
Doesburg, T. van 52, 53, 55, 61, 62, 66–68, 70, 80
Donen, S. 328
Doolittle, J. 194
Dornberger, W. 248, 250, 252, 262
Dorner, A. 74, 276–278, 281
Dottori, G. 119, 120, 122
Douhet, G. 208, 213
Dreyfuss, H. 203
Drysdale, J. J. 186
Duchamp, M. 21, 26, 29–31, 33, 144
Dutert, F. 279
Dutertre, J. 241

Eames, C. 271–274, 330
Eames, R. 271, 272
Eddington, A. S. 81, 137
Edison, Th. A. 188
Eichendorff, J. von 39
Eiermann, E. 151
Eiffel, G. 82, 100, 108
Einstein, A. 79, 82
Eisenstein, S. 202
Eliot, T. S. 217
Elsässer, M. 112
Eluard, P. 143
Endell, A. 6, 176
Ernst, M. 146–148, 154, 283
Esteren, C. van 61
Etchells 218

Faulkner, W. 269
Ferris, H. 280
Fillia 122
Fischer, O. 220
Fischer von Erlach, J. B. 3, 4

Fisher, M. 337
Fitzgerald, S. 269
Fontana, L. 312–316
Foster, N. 152, 322, 338, 339
Foucault, L. 140, 141
Fraenger, W. 125
Freud, S. 170, 254
Friedrich, C. D. 304
Frisch, M. 297
Freyssinet, E. 100, 101, 279
Fridljand, S. 43
Fuller, R. B. 15, 110, 258, 267, 274, 275, 308, 321, 322
Fürst, A. 138, 139

Gabo, N. 32, 33, 87, 146, 243
Gagarin, J. 316
Gance, A. 201, 202
Gaudi, A. 103
Gaulle, Ch. de 237
Gehlen, A. 138
George, S. 251
Gibson, J. J. 174, 175, 328
Giedion, S. 10, 12, 15, 16, 61, 74, 81, 82, 154, 156, 186, 191, 228, 230, 276, 278, 279, 281, 320
Gilbreth, F. 276
Gillet, L. 133
Goebbels, J. 245, 249
Göring, H. 237
Goethe, J. W. von 279
Gorky, A. 150
Grillo, P. J. 292
Grimoin-Sanson 201, 202
Gropius, W. 16, 81, 84, 85, 186, 203, 205, 230
Guardini, R. 64, 65, 135
Guderian, H. 237
Guggenheim, D. 194

Habbel, F. L. 89
Haftmann, W. 282
Harris, A. 212
Hartl, K. 93
Hayward, J. 186
Head 159
Hegemann, W. 52
Heidegger, M. 76, 281

Heine, H. 39
Helmholtz, H. von 162, 173, 174
Henderson, L. D. 78
Hering, E. 162
Herr, M. 332
Herron, R. 334, 335
Hesse, H. 251
Heuß, T. 45
Hillebrecht, R. 231
Himmler, H. 262
Hinton, C. H. 78
Hitler, A. 91, 239, 251, 262
Hoeber, F. 5, 6
Hoetger, B. 105, 106, 109
Hofmann, W. 60
Hoffmann-Axthelm, D. 225
Höger, F. 263
Höllerer, W. 39
Holmes 159
Hornbostel, E. M von 118, 163
Hughes, H. 268, 271, 332, 343
Hulten, P. 33
Hunte, O. 106
Huysmann, J. 41

Imdahl, M. 303
Irwin, R. 326, 328
Ito, T. 340
Itten, J. 312

Janis, S. 147
Jaspers, K. 134, 135
Jeanneret, P. 74
Johannes 60
Joedicke, J. 291
Joyce, J. 217
Jünger, E. 90, 93, 95, 96, 98, 108, 135, 213, 287, 341
Junkers, H. 9, 112, 113

Kafka, F. 21
Kahn, A. 306, 307
Kalff, L. C. 294
Kállai, E. 54, 55, 70
Kammhuber, J. 233, 237–240
Kandinsky, W. 69, 70
Kant, I. 77

Kaufmann, M. A. 43
Kekulé von Stradonitz, F. A. 252
Kepes, G. 220, 243, 297–300, 310
Kepler, J. 260
Kettelhut, E. 93, 106
Kiesler, F. 157, 203, 204
Kikutake, K. 320, 322
Klanke 183
Klee, P. 138, 154, 276
Klein, Y. 314–316
Kleist, H. von 248
Kluge, A. 233
Koffka, K. 327
Kokoschka, O. 126–128, 195, 207
Kolbe, G. 64
Koolhaas, R. 339, 340
Korda, A. 235, 236
Koroljow, S. P. 324
Kracauer, S. 97, 98, 204
Krasner, L. 283
Krause, F. 230
Krayl, C. 220
Kreis, W. 263
Kress, R. 325
Kries, J. von 163
Kropp, E. 88
Krutschonych, A. J. 77
Kubrick, S. 328, 329, 331
Kurokawa, K. 322
Kuschner, B. 42

Lang, F. 93, 106, 109, 247, 252
LaRussa, J. 325
Le Corbusier 7, 8, 16–20, 28, 46–48, 52, 57, 61, 71, 74, 85, 86, 90–101, 103, 104, 106–110, 149, 189, 190, 204, 205, 228, 230, 231, 254, 268, 270, 274, 279–281, 287, 294–296, 305, 334, 337
Ledoux, C. N. 279–281, 324
Léger, F. 21, 26, 28, 29, 33
Lenin, W. I. 49, 69, 70
Leonidow, I. 49–53
Leonow, A. 331
Lescaze, W. 150, 151
Levenfeld, A. 52, 53
Lewin, K. 161
Libera, A. 287

Liebermann, M. 243
Lindbergh, Ch. 191
Link, E. 196, 198–200
Linnekogel, O. 180
Lipps, T. 103
Lisker, R. 104
Lissitzky, E. 51, 54, 55, 67–75, 80, 235, 281
Lobatschewski, N. I. 78
Loewy, R. 46, 115, 205
Loos, A. 80
Lotz, W. 83, 88
Lotze, H. 83
Lucas, G. 329
Luce, H. R. 266
Lyotard, J.-F. 305

Mach, E. 162, 173, 174, 195
Mack, H. 314, 315
Mackintosh, C. R. 187
Maginot, A. 233–237
Magritte, R. 222, 223
Mahler, A. 127
Maillart, R. 109
Malewitsch, K. 7, 8, 53–60, 75–78, 300, 316, 322, 331
Mallory, K. 235
Mann, T. 170, 251
March, W. 253
Marey, E.-J. 107, 108
Marinetti, E. F. T. 1, 119
Marx, K. 341
Matisse, H. 128, 129, 131–133, 312
Matjuschin, K. 78
Melville, H. 259
Mendelsohn, E. 43, 115, 226, 263
Menière, P. 39, 71, 162
Merleau-Ponty 160
Meßter, O. 35
Metzger, W. 326, 327
Meyer, H. 12
Michel, R. 85
Michelet, J. 259
Mies van der Rohe, L. 12, 61, 62, 64, 65, 71, 204, 280, 306–310
Minkowski, H. 78
Mitscherlich, A. 281
Moholy-Nagy, L. 30, 31, 45, 74, 81, 85–87, 111, 203, 220, 235, 242–244, 276, 277, 281, 298
Mondrian, P. 57, 58, 60, 65, 66, 299, 300, 302, 303
Monet, C. 40–42, 305
Mönninger, M. 341
Montgolfier, Brüder 50
Moore, H. 146
Morgenstern, Ch. 82
Mumford, L. 236, 319
Musil, R. 116–119, 138, 175, 251, 256, 257
Mussolini, B. 47

Nadar, G. F. 34, 35, 41, 311
Nay, E. W. 285–287
Nervi, P. L. 113, 114, 291
Neutra, R. 13, 14, 290
Newman, B. 302–306, 309, 310
Newton, I. 50, 260
Niemeyer, O. 108, 109
Nietzsche, F. 254, 341
Noguchi, I. 321–323
Nouvel, J. 337, 338
Nowicki, M. 289, 290
Nowland, P. 190

Oberth, H. 246, 247
Ogburn, W. F. 269–271, 274
Ottar, A. 235
Ouspensky, P. 78
Ozenfant, A. 16

Paolozzi, E. 169
Paul, J. 38
Paxton, J. 39
Perret, A. 188
Perry, J. 141
Pétain, P. 237
Pevsner, N. 186
Philoponos, J. 107
Piaget, J. 161
Picasso, P. 5, 6, 81, 82, 86, 172, 175, 209, 217
Piccard, A. 180, 184
Pick 159
Piene, O. 298, 314, 315
Piscator, E. 205
Poe, E. A. 71

Poelzig, H. 262
Poincaré, J. H. 78
Pollock, J. 148, 282–284, 286, 287
Portman, J. 340
Pötzl 159
Pound, E. 217, 218
Prampolini, E. 119, 122, 155
Pynchon, T. 246, 248, 250–258, 315

Quételet, L. A. J. 38

Rathenau, W. 251
Rasch, H. 221, 230
Ray, M. 30, 146
Renger-Patzsch, A. 42
Rey, A. 230
Riefenstahl, L. 91
Riemann, G. F. B. 78
Rilke, R. M. 175, 257
Rodtschenko, A. 42–45, 51, 87
Roeder 198
Rolland, R. 170
Roosevelt, T. 265
Roselius, L. 106
Rosenblueth, A. 284
Roshdestwenski, K. 321, 322
Rossini, G. 254
Ruegenberg, S. 12, 13
Ruff, S. 181
Ruhnau, W. 314

Saarinen, E. 271, 274, 287, 288, 289
Sagebiel, E. 150, 151, 152
Saint-Exupéry, A. de 179, 181, 183, 241
Sakhnoffsky, Count A. de 90
Salis, J. R. von 297
Sartre, J.-P. 44
Scharoun, H. 53, 230, 231
Schilder 159
Schlemmer, O. 36, 62, 65, 158, 159, 221–223, 230
Schmitt, C. 258–264, 266, 274, 287
Schönberg, A. 66
Schulze, F. 307
Sedlmayr, H. 223, 278–281
Seghers, H. 125
Seitz, W. C. 286

Sert, J. L. 277, 278
Seurat, G. 70
Shepard, A. 324
Shinohara, K. 340
Simmel, G. 253, 287
Sloterdijk, P. 96, 341
Smago, R. 104
Sörgel, H. 262
Soler, L. B. 52, 53
Sombart, N. 264
Speer, A. 224, 228, 242, 243, 253, 263
Sperry, E. 140, 142, 194
Stalin, J. W. 99
Stam, M. 16
Stein, G. 172, 173, 175, 217
Stickell, J. 244
Stockhausen, K. 322
Streichen, E. 36, 38
Strughold, H. 163, 181
Stuckenschmidt, H. H. 176
Sujetin, N. 59, 322

Tange, K. 291, 293, 320–323
Tartaglia, N. 107, 108
Tatlin, W. J. 68–70
Taut, B. 218–220
Teague, W. D. 89, 90, 266, 267
Thompson Wentworth, Sir D'Arcy 88
Tobey, M. 284–287
Todt, F. 224
Tournier, M. 141
Trenchard, Hugh Sir 209
Tschaschnik, I. 68, 69
Turrell, J. 326–328, 331, 343
Tzara, T. 25

Ulrichs, T. 256
Ungers, O. M. 290, 291

Valéry, P. 136
Van't Hoff, R. 59–61
Velde, H. van de 21, 103
Virilio, P. 227, 341–343
Vogt, A. M. 52
Voisin, G. 16, 17
Vollbrecht, K. 106
Vollmoeller, K. 22, 33

Wachsmann, K. 308
Wadsworth, E. 217–219
Wagner, O. 91, 106, 187
Waller, F. 201
Wallis, B. N. 113, 114
Warburg, A. 135, 136
Warnke, M. 4
Weber, M. 257
Webern, A. von 176, 254
Weiss, E. R. 22, 176
Wells, H. G. 235
Wertheimer, M. 163
Westmoreland, W. C. 336
Wever, K. 209
Weyl, H. 81

Wichert, F. 1, 2, 4, 5, 8, 56, 60, 74, 125, 270
Wiener, N. 239, 284
Wilhelm, R. 251
Wilkinson, N. 218
Willkie, W. 265, 266
Wittwer, H. 10, 12
Wolfe, T. 324
Wölfflin, H. 2–5
Wortz, E. 326–328
Wright, F. L. 80, 187–191, 226–228, 233, 236
Wright, Gebrüder 112, 135, 172
Wright, W. 1
Wundt, W. 56, 57

Xenakis, J. 294, 296, 337, 338

BILDNACHWEIS*

S. 7: 2 Abb. Behrens aus: Buddensieg/Rogge, Industriekultur; 13: Martin Gärtner, Ruegenberg; 22 rechts: Kat. Die nützlichen Künste, Hg. Buddendsieg/Rogge; 37 oben: Allan Sekula, The Instrumental Image, Artforum Dec. 1975; 37 unten: Kat. Identités, Paris 1975; 43 oben: Wolfgang Kemp, Theorie der Fotografie, Bd. II; 79: Kat. Zeit – Die vierte Dimension im der Kunst; 90: Rem Koolhaas, Delirious New York; 99, 190 oben: J.-L. Cohen, Le Corbusier; 102: Pohl, Buschhüter; 108 links: Heidelberger/Thiessen, Natur und Erfahrung; 111 oben: Joedicke, Schalenbau; 114 oben, 211, 238, 240: Piekalkiewicz, Luftkrieg; 119: Kat. „Die Axt hat geblüht", Düsseldorf 1987; 134: G. Herbert/S. Sosnovsky; Bauhaus on the Carmel; 137: Neusüss, Fotogramme; 142: Hughes, American Genesis; 151 Mitte, 242 unten: Nerdinger (Hg.), Bauhaus-Moderne im Nationalsozialismus; 162 links: W. Metzger, Gesetze des Sehens; 162 rechts, 337 rechts unten: Roy L. DeHart, Fundamentals of Aerospace Medicine; 166: Bruno Müller, Flugmedizin; 171, 180, 197 rechts: Bölkow (Hg.), Ein Jahrhundert Flugzeuge; 177 unten: Gerathewohl, Die Psychologie des Menschen im Flugzeug; 183, 197 links: German Aviation Medicine I; 185, 193 unten: Bergius, Straße der Piloten; 187, 189: Arch+ 93, 1988; 190 unten rechts, 203 links unten, 236: Donald J. Bush, Streamlined Decade; 193 oben: v. Beyer-Desimon, Flughafenanlagen; 194: G. P. Carr, Aerospace Crew Station Design; 199, 200, 202 unten: Rolfe/Staples, Flight Simulation; 202 oben: Oettermann, Panorama; 203 rechts unten: Richard Wurts u. a., New York World's Fair 1939/40; 205: Kat. Stromlinienform, Zürich 1993; 207: K. A. Schröder/J. Winkler (Hg.), Kokoschka; 208: Thirties, British Design before World War II; 216: Don Albrecht (Ed.), World War II and the American Dream; 219: Richard Cork, Vorticism; 220: Bruno Taut (Hg.), Frühlicht; 402 oben links: Herzogenrath, Schlemmer; 225, 226 unten, 227 oben, 234f, 252: Mallory/Ottar, Architecture of War; 231 unten: Lampugnani, Architektur als Kultur; 244 oben, 247, 311: Beaumont Newhall, Airborne Camera; 265: Müller-Brockmann, Visuelle Kommunikation; 270: Ogburn, Social Effects of Aviation; 272 oben: Sembach u. a., Möbeldesign; 280: John Zukowsky, Chicago Architecture; 283: Kat. Amerikanische Kunst im 20. Jahrhundert; 290 unten links: Curt Siegel, Strukturformen der modernen Architektur; 290 unten rechts: Richard Neutra, Gestaltete Umwelt; 292 unten rechts: Kat. Modern Dreams, New York 1988; 294: Kat. Le Corbusier, Synthèse des Arts, Karlsruhe 1986; 297: G. Kepes (Hg.), Wesen und Kunst der Bewegung; 299, 300 links: Patrick Werkner, Land Art USA; 306: Neumeyer, Mies van der Rohe; 308 oben rechts: F. Schulze (Ed.), Mies van der Rohe – Critical Essays; 317 oben, 319 rechts: Bruno Müller, Luftfahrt- und Raumflugmedizin; 317 unten: Brausewaldt, Stuka; 319 oben links, 325: Stewart Kranz, Science and Technology in the Arts; 321 oben rechts: Kellein, Sputnik-Schock und Mondlandung; 327 links, 343: Craig Adcock, James Turrell; 329: J. Monaco, How to read a Film; 330: J. u. M. Neuhart/R. Eames, Eames Design; 333, 335: Peter Cook u. a. (Ed.), Archigram; 337 oben links: Architectural Design Vol 60 3–4/1990; oben rechts: Arch+ 107; 340 oben links: Dirk Meyhöfer, Contemporary Japanese Architects, oben rechts: Arch+ 105/106, 1990

---

* Der Autor bittet um Verständnis dafür, daß in Einzelfällen seine Bemühungen um die Abklärung der Urheberrechte des Bildmaterials ohne Ergebnis geblieben sind.

SpringerKulturwissenschaft

Ästhetik und Naturwissenschaften

Bildende Wissenschaften – Zivilisierung der Kulturen
Herausgegeben von Bazon Brock
Medienkultur
Herausgegeben von Hans Ulrich Reck
Neuronale Ästhetik
Herausgegeben von Olaf Breidbach

Die Reihe „Ästhetik und Naturwissenschaften" verknüpft geistesgeschichtliches Wissen über das Innere der westlichen Hochkultur mit biologisch-quantitativen Darstellungen kultureller Evolutionsprozesse. Dabei soll die Kulturbefangenheit durchbrochen werden, um den Blick von Außen auf die eigene Situation zu ermöglichen. Die Reihe gliedert sich in drei Sektionen: Bazon Brock präsentiert im Abschnitt „Bildende Wissenschaften – Zivilisierung der Kulturen" die Lerneffekte, die ein „technischer" Umgang mit der eigenen Kultur bedingt. Hans Ulrich Recks „Medienkultur" beachtet besonders den Einfluß neuerer Entwicklungen in der zeitgenössischen Kunst auf den Gesamtkomplex der technisch mediatisierten Zivilisation. Und die Sektion „Neuronale Ästhetik" von Olaf Breidbach sucht nach der Logik des Bild- und Hörraumes und findet diese in den Eigenschaften des menschlichen Nervensystems.

SpringerWienNewYork

P.O.Box 89, A-1201 Wien • New York, NY 10010, 175 Fifth Avenue
Heidelberger Platz 3, D-14197 Berlin • Tokyo 113, 3-13, Hongo 3-chome, Bunkyo-ku

SpringerNewsKulturwissenschaft

Wolfgang Müller-Funk, Hans Ulrich Reck (Hrsg.)
Inszenierte Imagination

Beiträge zu einer historischen Anthropologie der Medien

1996. 59 Abbildungen. VII, 250 Seiten.
Broschiert DM 69,–, öS 485,–. ISBN 3-211-82772-2
Ästhetik und Naturwissenschaften
Medienkultur

Schwerpunkt des Bandes ist eine historisch-anthropologische Grundlegung medialer Kommunikation. Die kulturgeschichtliche Einbindung inszenierter Imagination und medial geformter Phantasien wird aus unterschiedlichen Perspektiven untersucht.

Heiner Mühlmann
Die Natur der Kulturen

Entwurf einer kulturgenetischen Theorie

1996. X, 152 Seiten
Broschiert DM 49,–, öS 345,–. ISBN 3-211-82778-1
Ästhetik und Naturwissenschaften
Bildende Wissenschaften – Zivilisierung der Kulturen

Durch die Erfahrungen des 20. Jahrhunderts sind wir gezwungen, die Kulturgeschichte in die Naturgeschichte zu reintegrieren. Die wohlmeinende Verklärung der Kulturen zu eigenständigen Realitäten jenseits der blinden Naturevolution ist nicht länger haltbar.

SpringerWienNewYork

P.O.Box 89, A-1201 Wien • New York, NY 10010, 175 Fifth Avenue
Heidelberger Platz 3, D-14197 Berlin • Tokyo 113, 3-13, Hongo 3-chome, Bunkyo-ku

SpringerNewsKulturwissenschaft

Elizabeth L. Eisenstein
Die Druckerpresse

Kulturrevolutionen im frühen modernen Europa

Aus dem Amerikanischen übersetzt von Horst Friessner
1997. 51 Abbildungen. XI, 270 Seiten.
Broschiert DM 57,–, öS 398,–
ISBN 3-211-82848-6
Ästhetik und Naturwissenschaften
Medienkultur

Schon lange wurde die Wichtigkeit der Erfindung des Buchdrucks für die westliche Zivilisation erkannt. Aber erst mit diesem Buch von Elizabeth Eisenstein werden die Konsequenzen dieser Erfindung im Zusammenhang analysiert. Denn weit über die subtilen technischen Innovationen hinaus ist der Buchdruck Medium von gesamtgesellschaftlichen Revolutionen. Renaissance, Reformation und die gesamte Entstehung der neuzeitlichen Wissenschaften sind in den Mediatisierungsprozeß des Buchdrucks eingeflochten. Der Buchdruck ist nicht allein der Triumph der Reproduktion über das Original, nicht allein Zeichen einer neuen Herrschaft der Schrift über das Bild in der Öffentlichkeit – er ist vor allem auch das Medium einer gesamten psychosozialen und mentalitätsgeschichtlichen Umwälzung.

P.O.Box 89, A-1201 Wien • New York, NY 10010, 175 Fifth Avenue
Heidelberger Platz 3, D-14197 Berlin • Tokyo 113, 3-13, Hongo 3-chome, Bunkyo-ku

SpringerNewsKulturwissenschaft

Karlheinz Barck (Hrsg.)

Harold A. Innis

Kreuzwege der Kommunikation

Ausgewählte Texte

Aus dem Englischen übersetzt von Friederike v. Schwerin-High
1997. 4 Abbildungen. VII, 267 Seiten.
Broschiert DM 68,–, öS 480,–
ISBN 3-211-82847-8
Ästhetik und Naturwissenschaften
Medienkultur

Der kanadische Wirtschafts- und Medienhistoriker Harold Adam Innis (1894-1952) gilt als eigentlicher Begründer der „Toronto School of Communication" und als geistiger Vater von Marshall McLuhan, der sein Buch „Die Gutenberg-Galaxis" eine Fußnote zu Innis' kommunikationsgeschichtlichem Hauptwerk „Empire and Communication" (1950) nannte. Die Abhängigkeit aller Kommunikation von Medien wird von Innis erstmals als Kriterium der Unterscheidung von Geschichtsepochen analysiert. Verschiedene mediale Kommunikationsweisen prägen Raum-Zeit-Strukturen ebenso wie ökonomische, soziopsychologische und politische Verhältnisse. „Kreuzwege der Kommunikation" stellt den unveränderten Klassiker moderner Medienkultur erstmalig in deutscher Übersetzung vor.

P.O.Box 89, A-1201 Wien • New York, NY 10010, 175 Fifth Avenue
Heidelberger Platz 3, D-14197 Berlin • Tokyo 113, 3-13, Hongo 3-chome, Bunkyo-ku

Springer-Verlag
und Umwelt

ALS INTERNATIONALER WISSENSCHAFTLICHER VERLAG sind wir uns unserer besonderen Verpflichtung der Umwelt gegenüber bewußt und beziehen umweltorientierte Grundsätze in Unternehmensentscheidungen mit ein.

VON UNSEREN GESCHÄFTSPARTNERN (DRUCKEREIEN, Papierfabriken, Verpackungsherstellern usw.) verlangen wir, daß sie sowohl beim Herstellungsprozeß selbst als auch beim Einsatz der zur Verwendung kommenden Materialien ökologische Gesichtspunkte berücksichtigen.

DAS FÜR DIESES BUCH VERWENDETE PAPIER IST AUS chlorfrei hergestelltem Zellstoff gefertigt und im pH-Wert neutral.